国家制造业信息化

三维 CAD 认证规划教材

Pro/ENGINEER Wildfire
标准案例式培训教程

张安鹏　魏　超　编著

北京航空航天大学出版社

内容简介

本书为案例式培训教材，以丰富的案例全面介绍使用Pro/ENGINEER软件进行产品设计的基本过程，以及软件中各种命令的使用方法及技巧，由浅入深，使读者了解草图设计、零件设计、装配设计、工程图设计及运动仿真这一整套产品的设计流程。

本书附DVD光盘一张，内容包括案例操作视频教程以及案例源文件。

本书适合于产品结构设计人员、大(中)专院校工业与机械设计专业师生，以及想快速掌握Pro/ENGINEER软件并应用于实际产品设计开发的各类读者阅读，同时也可作为社会各类相关专业培训机构和学校的教学参考书。

图书在版编目(CIP)数据

Pro/ENGINEER Wildfire标准案例式培训教程 / 张安鹏，魏超编著. -- 北京 : 北京航空航天大学出版社，2012.9

ISBN 978-7-5124-0882-1

Ⅰ. ①P… Ⅱ. ①张… ②魏… Ⅲ. ①产品设计-计算机辅助设计—应用软件—技术培训——教材 Ⅳ. ①TB472-39

中国版本图书馆CIP数据核字(2012)第167990号

Pro/ENGINEER Wildfire标准案例式培训教程

张安鹏 魏 超 编著

责任编辑 王 实

*

北京航空航天大学出版社出版发行

北京市海淀区学院路37号(邮编100191) http://www.buaapress.com.cn

发行部电话:(010)82317024 传真:(010)82328026

读者信箱:bhpress@263.net 邮购电话:(010)82316936

涿州市新华印刷有限公司印装 各地书店经销

*

开本:710×1 000 1/16 印张:19.5 字数:416千字

2012年9月第1版 2012年9月第1次印刷 印数:4 000册

ISBN 978-7-5124-0882-1 定价:39.80元(含1张DVD光盘)

若本书有倒页、脱页、缺页等印装质量问题，请与本社发行部联系调换。联系电话:(010)82317024

前　言

Pro/ENGINEER(以下简称Pro/E)作为当今流行的三维实体建模软件之一,内容丰富,功能强大,是美国PTC公司研发的一款应用于机械设计与制造的自动化软件。该软件是一款参数化、基于特征的实体造型系统,是当今应用最广泛、最具竞争力的大型集成软件之一。该软件包括产品设计、零件装配、模具设计、工程图设计、运动仿真、钣金设计等多个模块,能使工程设计人员在第一时间设计出完美的产品。因此,该软件广泛应用于电子、通信、航空航天、汽车、自行车、家电和玩具等工业及制造业。

Pro/E Wildfire中文版4.0是Pro/E软件中应用最广的版本,它具有更好的绘图界面,更加形象生动、简捷的设计环境及渲染功能,体现了更多的灵活性,利用计算机预先进行静态与动态分析及装配干涉检查等工作,从而最大限度地提高工作效率,降低设计成本。

本书是标准案例式培训教程,全书以案例为主,通过案例诠释整个产品设计过程以及软件中各种设计命令的使用方法与技巧。全书由6章组成,具体内容如下:

第1章介绍Pro/E软件基础知识,以及主菜单、工具栏、鼠标的使用,环境参数的配置等。

第2章介绍二维草绘。内容涉及二维截面的绘制与编辑、几何约束的添加、尺寸标注及修改。

第3章重点介绍零件设计过程以及常用建模命令的使用方法。

第4章介绍零件的装配与运动仿真。内容涉及零件装配的顺序与装配过程、装配体分析与检查、装配体爆炸视图、机构的连接与运动仿真。

第5章重点介绍零件设计曲面特征。内容涉及基本曲面、高级曲面特征的创建,曲面命令与实体命令相结合的造型方法。

第6章介绍零件与装配体的工程图。内容涉及工程图图框、参数与配置、视图的创建操作及工程图的编辑等技巧。

本书附 DVD 光盘一张，内容包括案例操作视频教程以及案例源文件。

本书适合于产品结构设计人员，大(中)专院校工业与机械设计专业师生，以及想快速掌握 Pro/E 软件并应用于实际产品设计开发的各类读者阅读，同时也可作为社会各类相关专业培训机构和学校的教学参考书。

本书以 Pro/E 设计为背景，结合编写组多位专家(从事多年的机械设计/制图教学/三维 CAD 软件应用培训等)的丰富经验，结合实例由浅入深、循序渐进地介绍 Pro/E 各种特征创建编辑功能，以及操作技巧和创建思路。

由于作者经验和水平所限，加上编著本书的时间仓促，书中难免存在不足之处，恳请广大读者批评指正。

作　者

2012 年 2 月

目　　录

第 1 章　Pro/ENGINEER Wildfire 4.0 概述与基础操作

本章介绍 Pro/ENGINEER Wildfire 4.0 的工作界面，并对“文件”菜单的使用方法作了详细介绍，同时对主菜单、工具栏及鼠标的使用方法也作了介绍。

熟悉 Pro/ENGINEER Wildfire 4.0 的工作环境，掌握 Pro/ENGINEER Wildfire 4.0 的基本操作，为学习后面的内容做准备。

本章知识要点：

❋ 软件背景与发展历史；

❋ Pro/ENGINEER Wildfire 4.0 工作环境；

❋ 各种文件管理方法；

❋ 鼠标的使用方法。

1.1　软件概述

美国参数技术公司（PTC 公司）于 1985 年成立了美国水上波士顿，开始进行基于特征建模参数化设计软件的研究。1988 年，PTC 公司发布了 Pro/E V1.0，经过 20 多年的发展，Pro/E 已经成为世界上最先进的 CAD/CAM/CAE 软件之一。2008 年，PTC 公司发布了该软件的最新版本 Pro/ENGINEER Wildfire 4.0。最新版本进一步优化了设计功能，丰富了设计工具，使之更加方便用户使用。

Pro/ENGINEER Wildfire 4.0 的主要特点是提供了一个基于过程的虚拟产品开发设计环境，使产品开发从设计到加工真正实现了数据的无缝集成，从而优化了企业的产品设计与制造。Pro/ENGINEER Wildfire 4.0 不仅具有强大的实体造型功能、曲面设计功能、虚拟产品装配功能和工程图生成等设计功能，而且在设计过程中可以进行有限元分析、机构运动分析及仿真模拟等，提高了设计的可靠性。Pro/ENGINEER Wildfire 4.0 软件所有的模块都是全相关的。这就意味着在产品开发过程中，某一处进行的修改能扩展到整个设计中，同时自动更新所有的工程文件，包括装配体、工程图纸及制造数据等。另外，Pro/ENGINEER Wildfire 4.0 提供了二次开发设计环境及与其他 CAD 软件进行数据交换的接口，能够使多种 CAD 软件配合工作，实现优势互补，从而提高产品设计的效率。

1.2 工作界面

图1-1所示为进入Pro/ENGINEER Wildfire 4.0中文版后的起始界面。

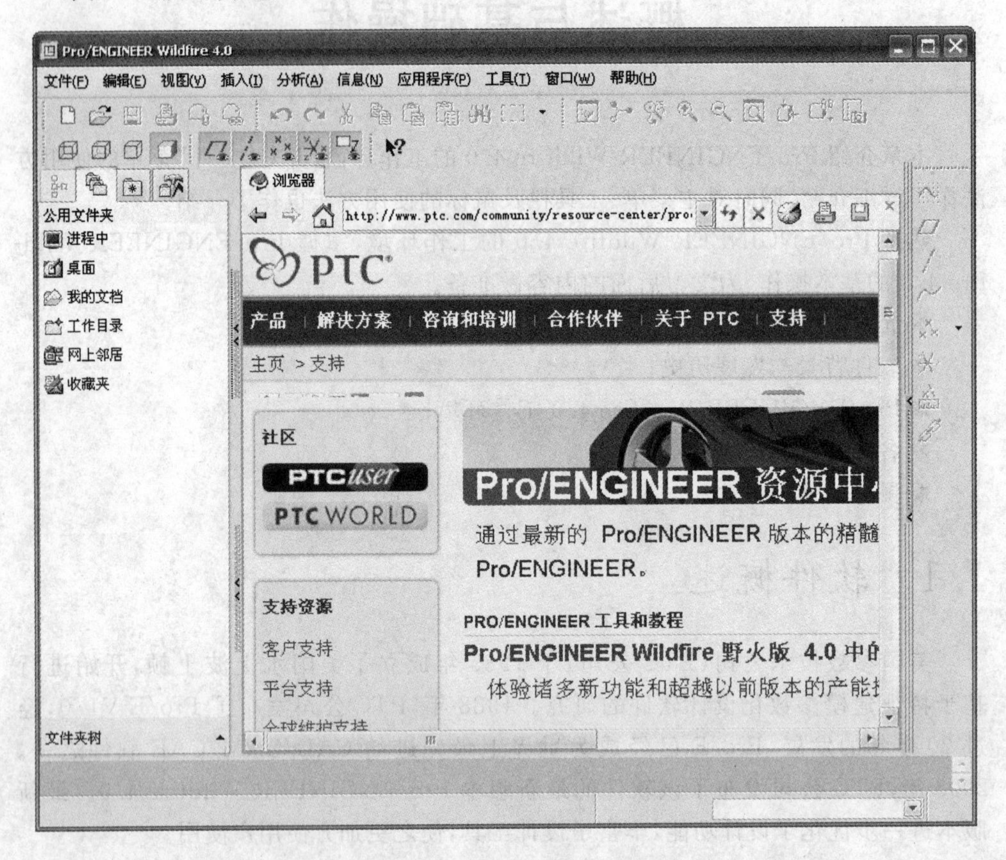

图1-1 起始工作界面对话框

当新建Pro/ENGINEER零件或打开现有的零件文件时，界面如图1-2所示，此模块为零件设计的工作界面，其他模块的界面风格也基本如此。

以零件设计模块为对象，Pro/ENGINEER Wildfire 4.0的工作界面由以下几部分组成：

“标题栏”：主窗口标题显示了当前软件的版本和正在操作的文件名称等。

“主菜单”：位于窗口的上部，放置系统的主菜单。不同的模块，显示的菜单和菜单中的内容也不同。

“特征树”：默认状态下位于窗口的左侧，按照用户建立特征的顺序，将它们以树状结构列出。它是一个非常重要的使用对象，既反映特征的顺序，又方便特征的选取。

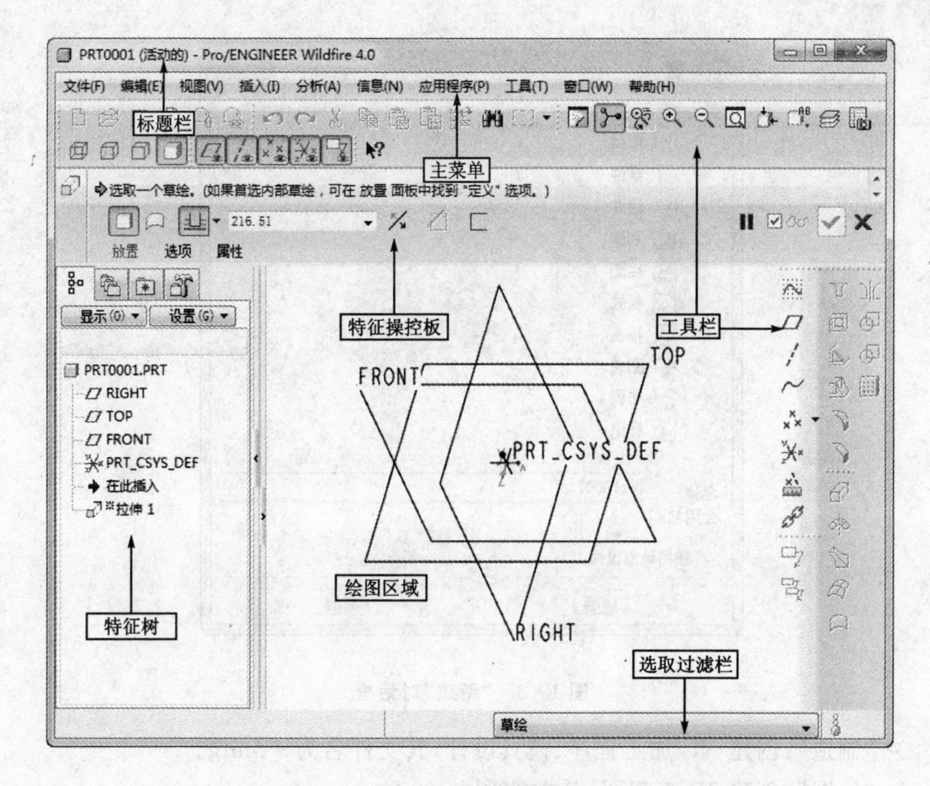

图 1－2　工作界面

"工具栏"：一些常用的基本操作命令以快捷图标按钮的形式显示，用户可以根据需要设置快捷图标的显示状态。不同的模块，显示的快捷图标也不同。

"选取过滤栏"：位于主窗口的右下角，使用该栏相应选项，可以有目的地选择模型中的对象。利用该功能，可以在较复杂的模型中快速选择要操作的对象。单击其右侧的下三角按钮，打开下拉列表，显示当前模型可供选择的项目。

1.3　文件管理

打开"文件"菜单，现将该菜单中常用的功能选项介绍如下。

1. 新建文件

选择菜单"文件"|"新建"选项，打开如图 1－3 所示的对话框。该对话框中包括要建立的文件类型及其子类型。

"类型"：在该选项区域列出 Pro/ENGINEER Wildfire 4.0 提供的功能模块。

- "草绘"：创建 2D 草图文件，其文件名为 *.Sec。
- "零件"：创建 3D 零件设计模型文件，其文件名为 *.prt。
- "组件"：创建 3D 零件模型装配文件，其文件名为 *.asm。

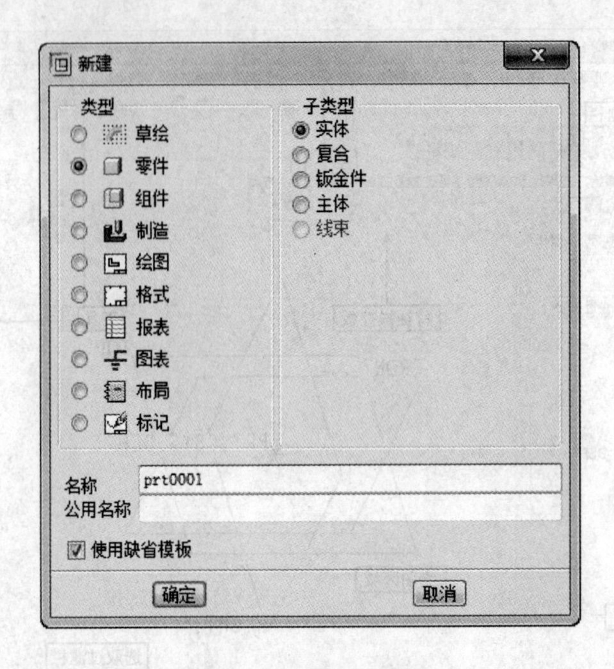

图 1－3 “新建”对话框

- “制造”:创建 NC 加工程序、模具设计,其文件名为 *.mfg。
- “绘图”:创建 2D 工程图,其文件名为 *.drw。
- “格式”:创建 2D 工程图的图纸格式,其文件名为 *.frm。
- “报表”:创建模型报表,其文件名为 *.rep。
- “图表”:创建电路、管路流程图,其文件名为 *.dgm。
- “布局”:创建产品装配布局,其文件名为 *.lay。
- “标记”:注解,其文件名为 *.mrk。

“名称”:在该文本框中输入新的文件名,不输入则为默认的文件名。

“使用缺省模板”:使用系统默认的模块选项,如默认的单位、视图、基准平面、图层等设置。

2. 打开文件

选择“文件”菜单中的“打开”选项,打开如图 1－4 所示的对话框,使用该对话框可以打开系统接收的图形文件。

3. 设置工作目录

Pro/E 软件在运行过程中会将大量的文件保存在当前的目录中,并且也常常从当前目录中自动打开文件。为了更好地管理 Pro/E 软件的大量有关联的文件,应特别注意,在进入 Pro/E 软件后、开始工作前,最关键的事情就是“设置工作目录”。

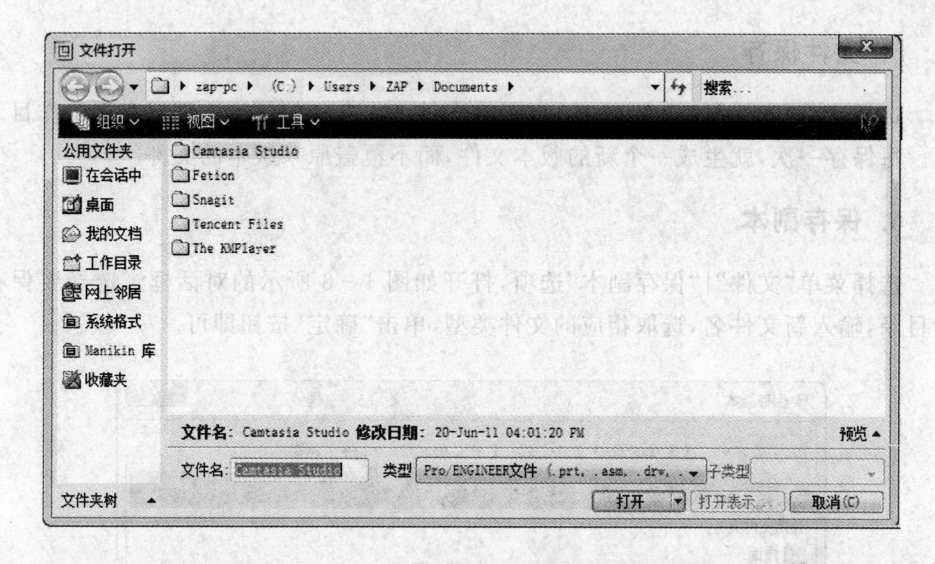

图 1－4 “文件打开”对话框

选择菜单“文件”|“设置工作目录”选项，打开如图 1－5 所示的对话框。在“文件名”文本框中输入一个目录名称，单击“确定”按钮即可完成工作目录的设置。设置当前工作目录，可以方便文件的保存和打开，有利于文件的管理。

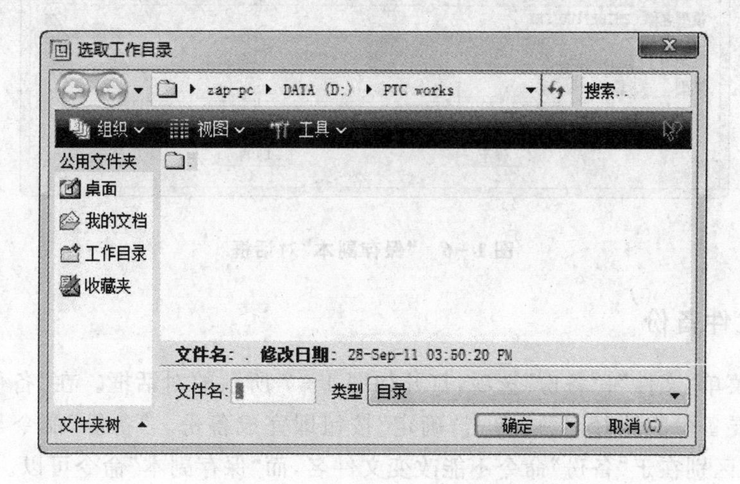

图 1－5 “选取工作目录”对话框

4. 关闭窗口

选择菜单“文件”|“关闭窗口”选项，可以关闭当前模型的工作窗口。但是关闭窗口后，创建或打开过的模型文件还保留在内存中，可以在“文件打开”对话框中打开该文件。

5. 文件保存

选择菜单“文件”|“保存”选项，可以将当前工作窗口的模型文件保存到工作目录中。每保存一次，就生成一个新的版本文件，而不覆盖原来版本的文件。

6. 保存副本

选择菜单“文件”|“保存副本”选项，打开如图 1－6 所示的对话框。选择要保存的目录，输入新文件名，选取相应的文件类型，单击“确定”按钮即可。

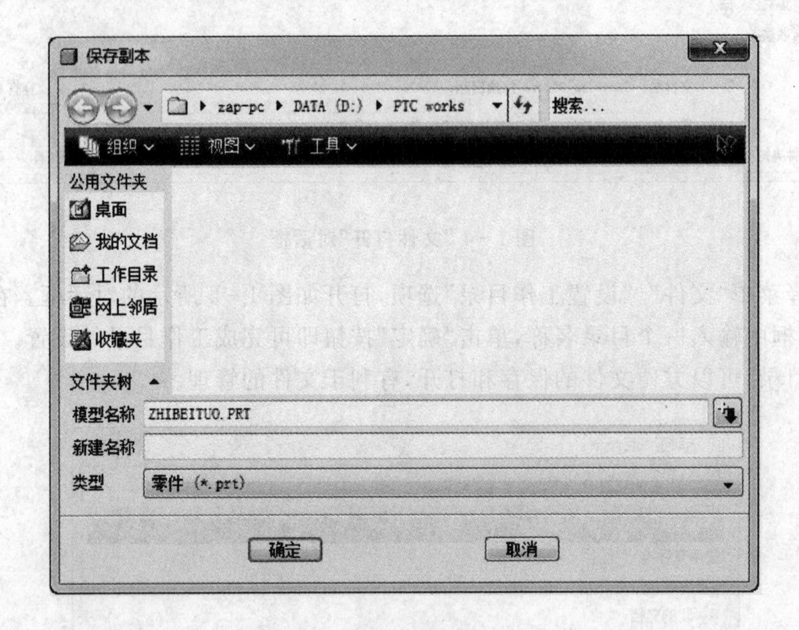

图 1－6 “保存副本”对话框

7. 文件备份

选择菜单“文件”|“备份”选项，打开如图 1－7 所示的对话框。在“备份到”文本框中输入要备份的路径名称，单击“确定”按钮即完成备份。“备份”命令与“保存副本”命令的区别在于“备份”命令不能改变文件名，而“保存副本”命令可以。

8. 重命名

选择菜单“文件”|“重命名”选项，打开如图 1－8 所示的对话框。可以更改当前工作窗口的“模型”文件的名称。在“新名称”文本框中输入新文件名，再选取“在磁盘上和会话中重命名”(更改在硬盘和内存中的文件名)或“在会话中重命名”(更改内存中的文件名)单选项。

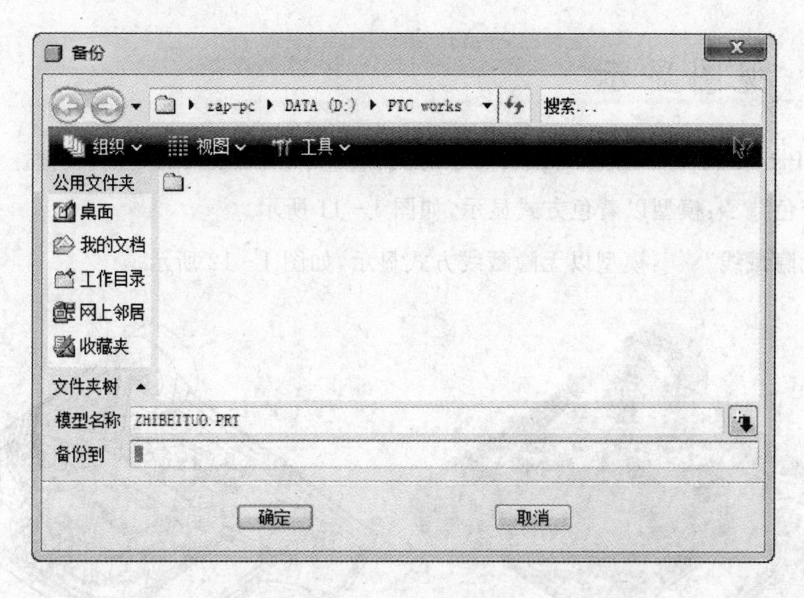

图 1-7　“备份”对话框

9. 拭　除

选择菜单“文件”|“拭除”选项，出现如图 1-9所示的下拉菜单。可以将内存中的模型文件擦除，但不会删除硬盘中的原文件。

- “当前”：将当前工作窗口中的模型文件从内存中擦除。
- “不显示”：将没有显示在工作窗口中，但存在于内存中的所有模型文件擦除。
- “元件表示”：从进程中移除未使用的简化表示。

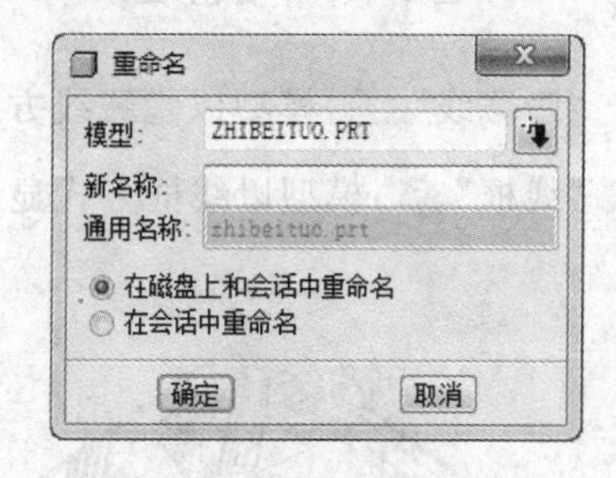

图 1-8　“重命名”对话框

10. 删　除

选择菜单“文件”|“删除”选项，出现如图 1-10 所示的下拉菜单。可以删除当前模型的所有版本文件，或者删除当前模型的所有旧版本，只留下最新版本。

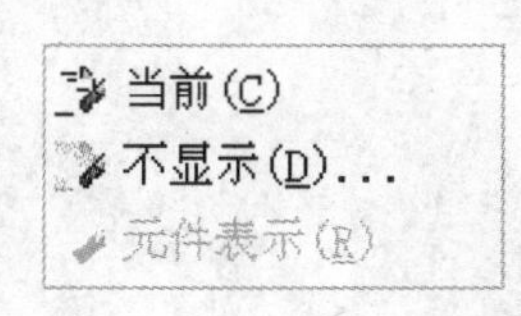

图 1-9　当前下拉菜单

旧版本(O)
所有版本(A)

图 1-10　删除下拉菜单

1.4 视图显示

在 Pro/E 软件中，模型有四种显示方式：着色、无隐藏线、隐藏线、线框。

“着色”：模型以着色方式显示，如图 1-11 所示。

“无隐藏线”：模型以无隐藏线方式显示，如图 1-12 所示。

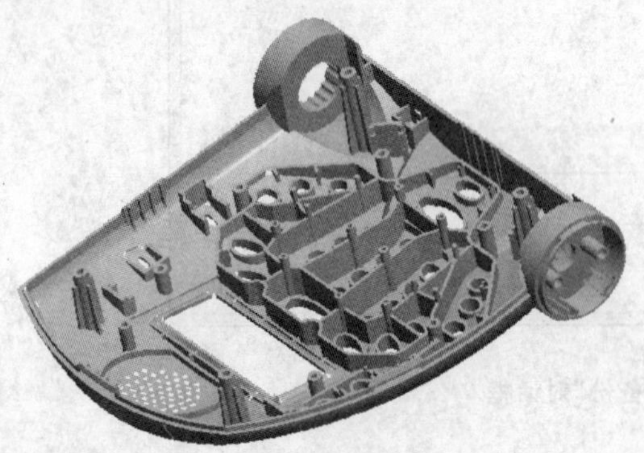

图 1-11 “着色”显示

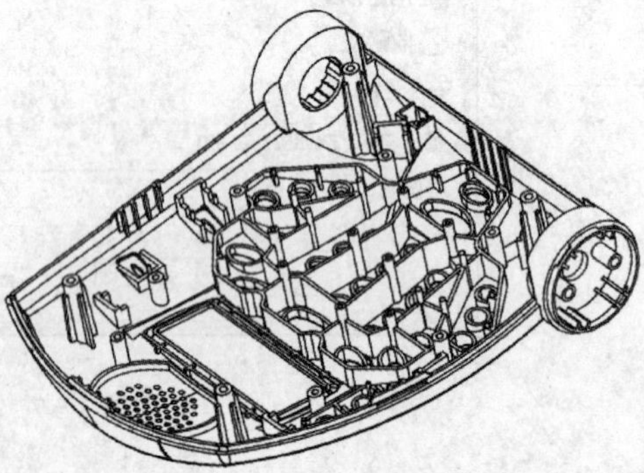

图 1-12 “无隐藏线”显示

“隐藏线”：模型以隐藏线方式显示，如图 1-13 所示。

“线框”：模型以线框方式显示，如图 1-14 所示。

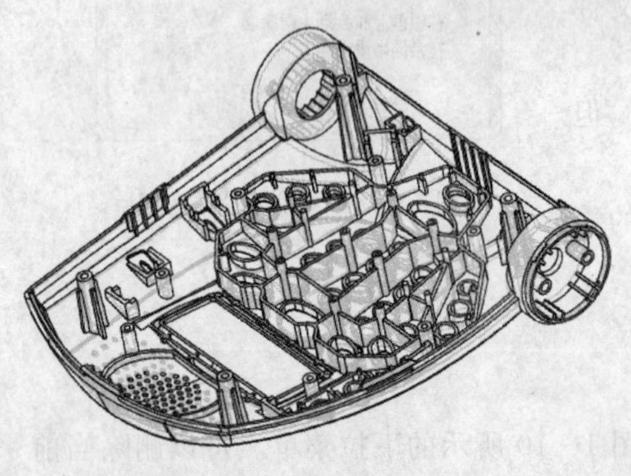

图 1-13 “隐藏线”显示

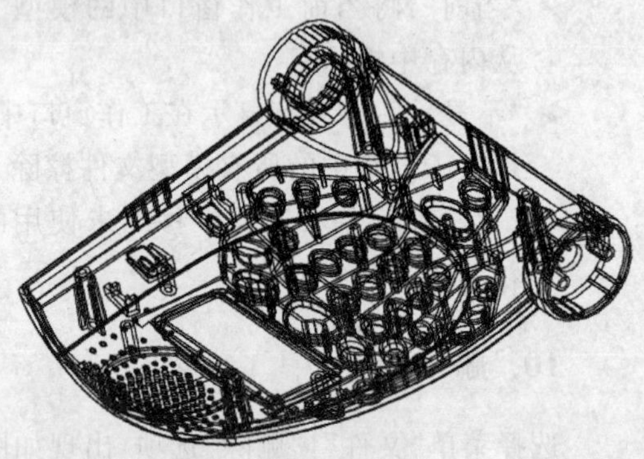

图 1-14 “线框”显示

1.5 鼠标的功能

在 Pro/ENGINEER Wildfire 4.0 中使用的鼠标必须是三键鼠标，其操作有别于 Pro/ENGINEER 2000i、2001 版本中的操作。下面就三键鼠标在 Pro/ENGINEER

Wildfire 4.0 中的常用操作说明如下：

左键：用于选取菜单、图标工具按钮、选取对象、确定位置等。

中键：单击鼠标中键可以结束当前的操作，一般情况下与菜单中的 Done 选项、对话框中的 OK 按钮功能相同。另外，鼠标中键还可用于控制视图方位、动态缩放显示模型及动态平移显示模型等。具体操作如下：

① 按住鼠标中键并拖动，可以动态地旋转显示在工作区中的模型。

② 转动鼠标的滚轮可以动态地放大或缩小显示在工作区中的模型。

③ 同时按住 Ctrl 键和鼠标中键，上下拖动可以动态地放大或缩小显示在工作区中的模型。

④ 同时按住 Shift 键和鼠标中键并拖动，可以动态地平移显示在工作区中的模型。

右键：选取在工作区的对象、模型树中的对象和工具按钮等，右击显示相应的快捷菜单。

1.6 入门案例——铰链

铰链案例是一个入门案例，零件不多，结构简单。通过该案例，读者可以体会到 Pro/E 软件从零件设计到装配设计再到爆炸工程图设计的一整套产品设计流程，如图 1-15 所示。

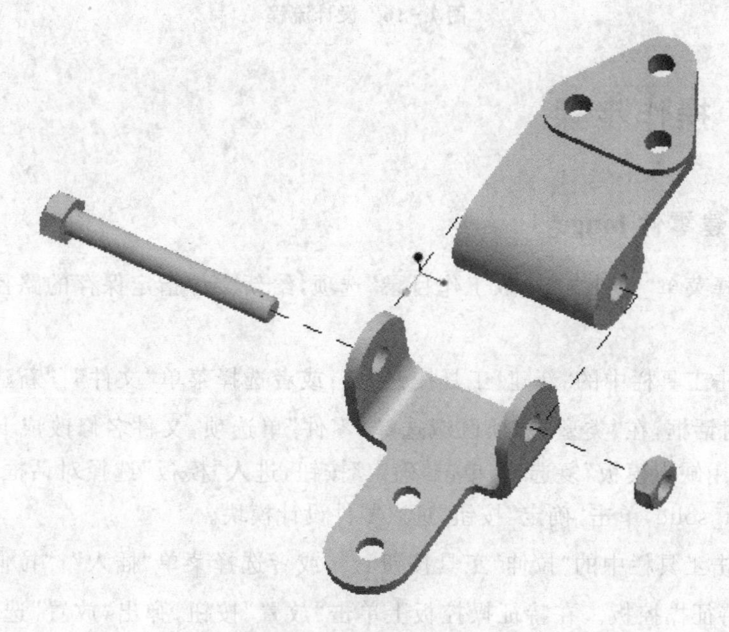

图 1-15 铰 链

1.6.1 设计流程

铰链零件的设计流程如图 1-16 所示。

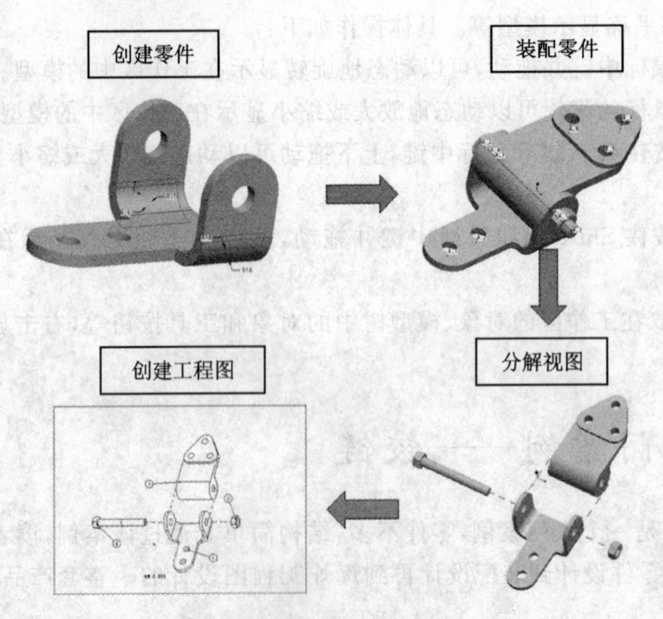

图 1-16 设计流程

1.6.2 操作步骤

1. 新建零件 hinge_1

① 选择菜单"文件"|"选取工作目录"选项,给新文件指定保存的路径,单击"确定"按钮。

② 单击工具栏中的"新建"工具按钮 ,或者选择菜单"文件"|"新建"选项,弹出"新建"对话框,在"类型"选项区域选择"零件"单选项,文件名修改成 hinge_1,取消选择"使用缺省模板"复选项,单击"确定"按钮,进入"模板"选择对话框,选择模板 mmns_part_solid,单击"确定"按钮,进入零件设计模块。

③ 单击工具栏中的"拉伸"工具按钮 ,或者选择菜单"插入"|"拉伸"选项,弹出"拉伸"特征操控板。在特征操控板上单击"放置"按钮,弹出"放置"选项卡,选择"定义"选项,弹出"草绘"对话框,在绘图区选择 TOP 平面作为草绘平面,单击"确定"按钮,进入"草绘"界面。

④ 单击工具栏中的“直线”工具按钮 ╲ ▾ 右边的下三角按钮▾，单击“中心线”工具按钮 ┆，以坐标系为交点分别绘制一条水平中心线和一条垂直中心线。

⑤ 单击“矩形”工具按钮 □，指定矩形两个对角点，以中心线交点为中心绘制一个矩形；在确定第二个对角点时，注意在出现两组对称约束的位置上单击，如图 1－17 所示。

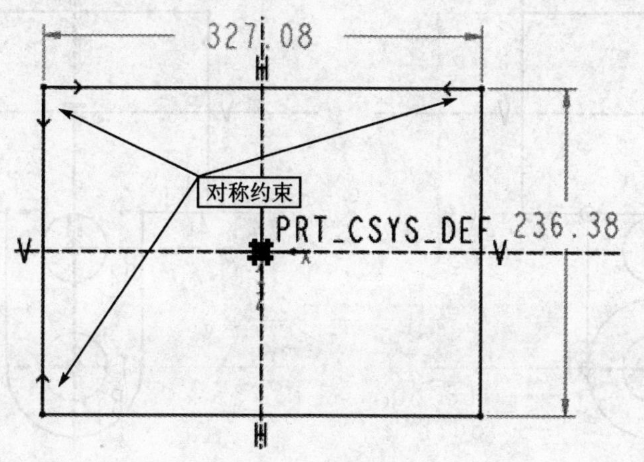

图 1－17　绘制矩形

⑥ 单击“圆心和点”工具按钮 ○，在矩形下方的中心线上绘制一个圆，如图 1－18 所示。

⑦ 单击“直线”工具按钮 ╲，在圆的两侧引两条切线，与圆相切并垂直于矩形，如图 1－19 所示。

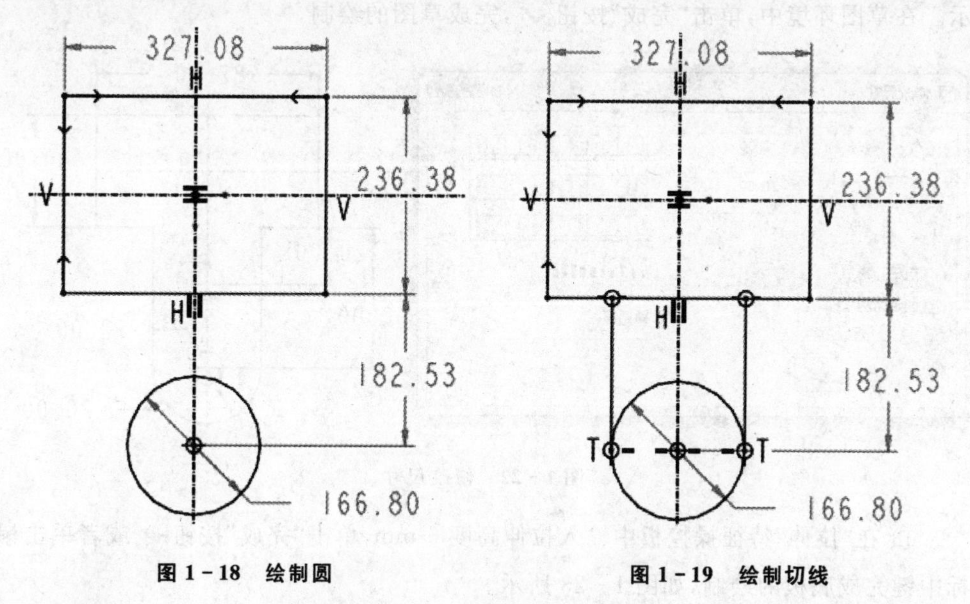

图 1－18　绘制圆　　　　**图 1－19　绘制切线**

⑧ 单击“圆心和点”工具按钮 ○，在圆心以及圆的中心线上绘制两个半径相等的圆，如图 1－20 所示。

⑨ 单击“删除段”工具按钮 ，选择多余的线段，将其删掉，如图 1－21 所示。

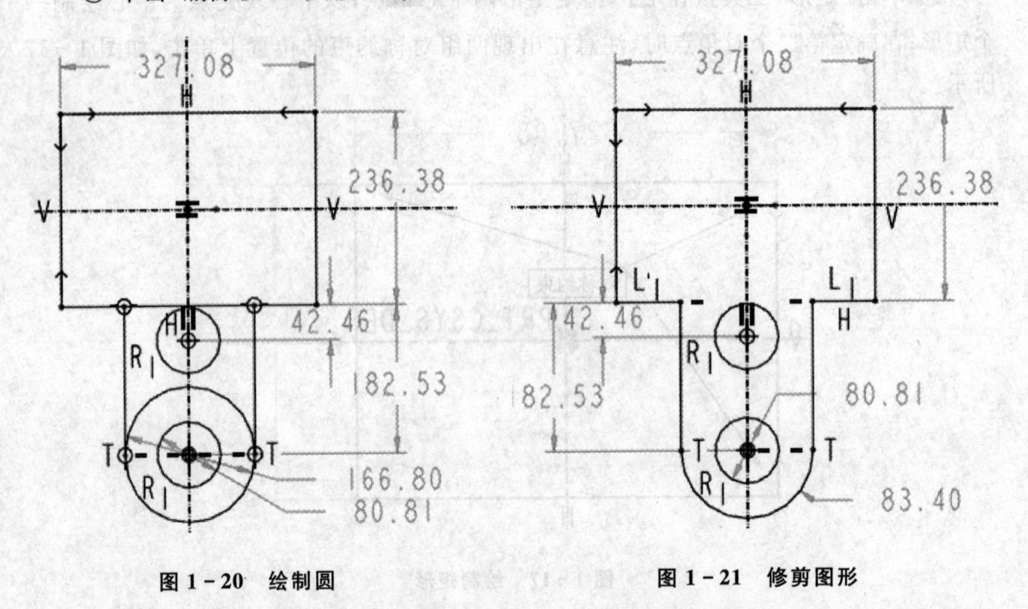

图 1－20　绘制圆　　　　图 1－21　修剪图形

⑩ 选择绘图区的所有尺寸，单击工具栏中的“修改”工具按钮 ，弹出“修改尺寸”对话框；在对话框中取消选择“再生”复选项，选择“锁定比例”复选项，在对话框中修改每一个尺寸参数，单击“完成”按钮 ✓，完成图形尺寸的整体修改，如图 1－22 所示。在草图环境中，单击“完成”按钮 ✓，完成草图的绘制。

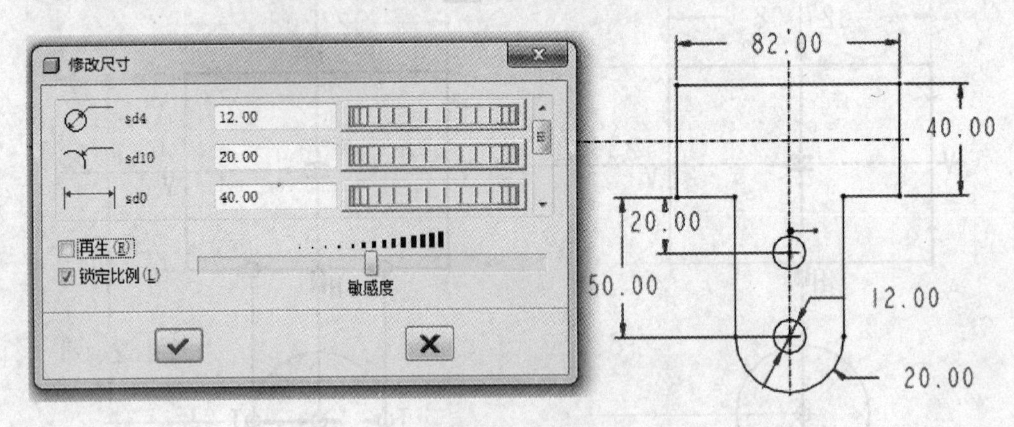

图 1－22　修改尺寸

⑪ 在“拉伸”特征操控板中输入拉伸高度 6 mm，单击“完成”按钮 ✓ 或者单击鼠标中键完成底板的绘制，如图 1－23 所示。

图 1-23　底　板

⑫ 单击工具栏中的“拉伸”工具按钮，或者选择菜单“插入”|“拉伸”选项，弹出“拉伸”特征操控板。在特征操控板上单击“放置”按钮，弹出“放置”选项卡，选择“定义”选项，弹出“草绘”对话框，在绘图区选择底板的侧面作为草绘平面，单击“确定”按钮，进入“草绘”界面。

⑬ 选择菜单“草绘”|“参照”选项，弹出“参照”对话框，在绘图区选择底板的上表面和两个侧面作为草绘的参照，然后单击“关闭”按钮完成“参照”的设置，如图 1-24 所示。

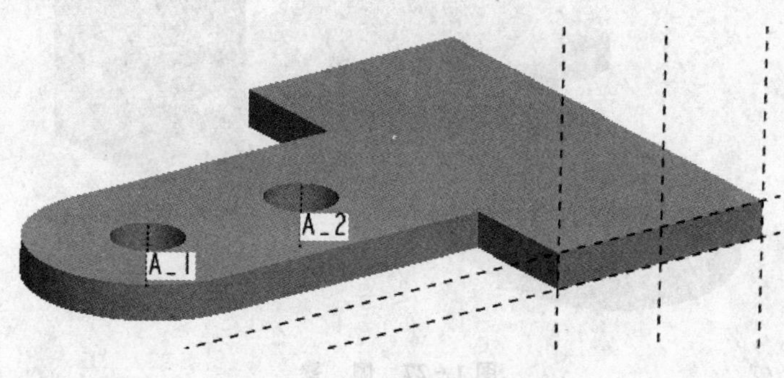

图 1-24　“参照”设置

⑭ 单击“草绘工具器”工具栏中的“矩形”工具按钮，捕捉参照线的交点，绘制一个矩形，双击其高度尺寸，修改为 30 mm；单击“圆心和点”工具按钮，在矩形上边的中点绘制同心圆，双击小圆直径尺寸，修改为 13 mm，如图 1-25 所示。

⑮ 单击“删除段”工具按钮，将多余的线段删掉，即完成截面轮廓的绘制，单击“完成”按钮，如图 1-26 所示。

⑯ 在“拉伸”特征操控板上输入拉伸高度 6 mm，单击按钮或者单击鼠标中键完成侧壁的绘制，如图 1-27 所示。

⑰ 选择上一步的拉伸特征，单击工具栏中的“镜像”工具按钮，选择中间的 RIGHT 面作为镜像平面，单击按钮或者单击鼠标中键完成镜像操作，结果如图 1-28 所示。

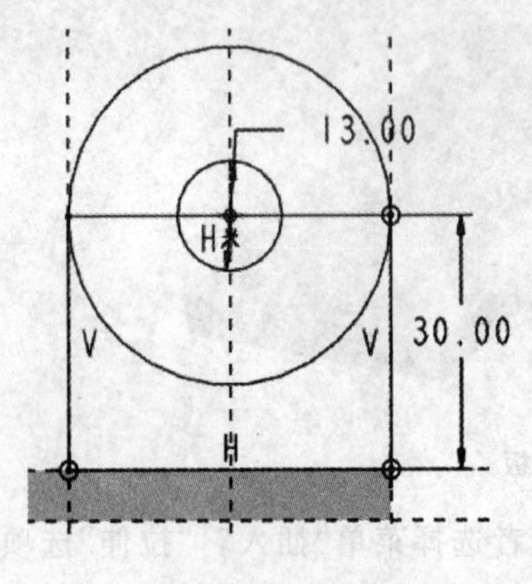

图 1-25 草 图

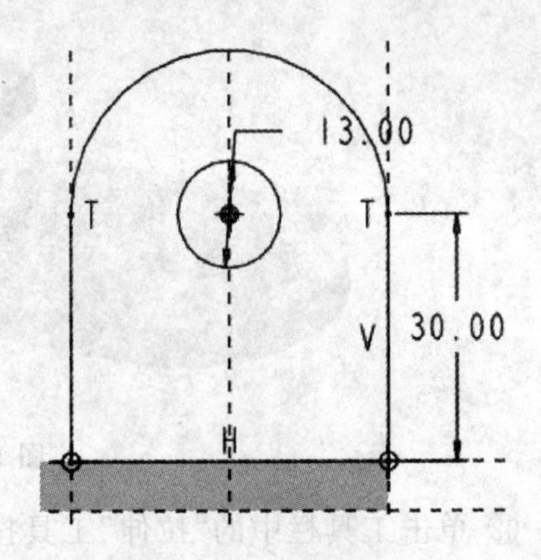

图 1-26 删除线段

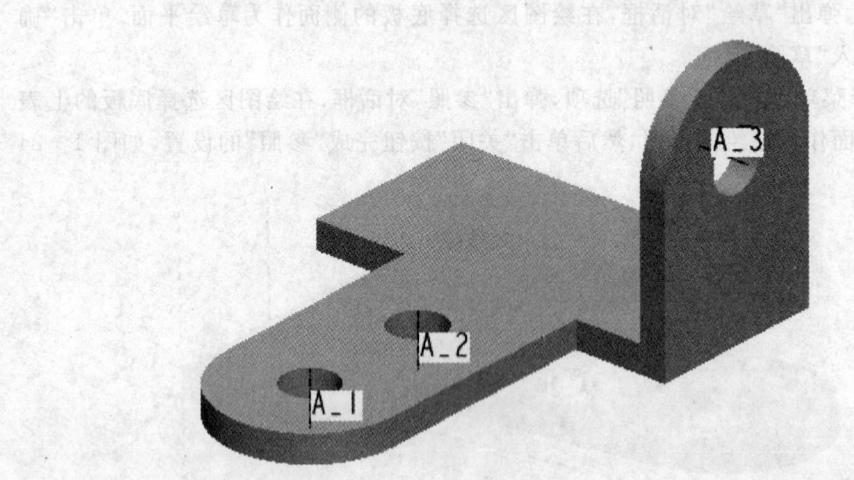

图 1-27 侧 壁

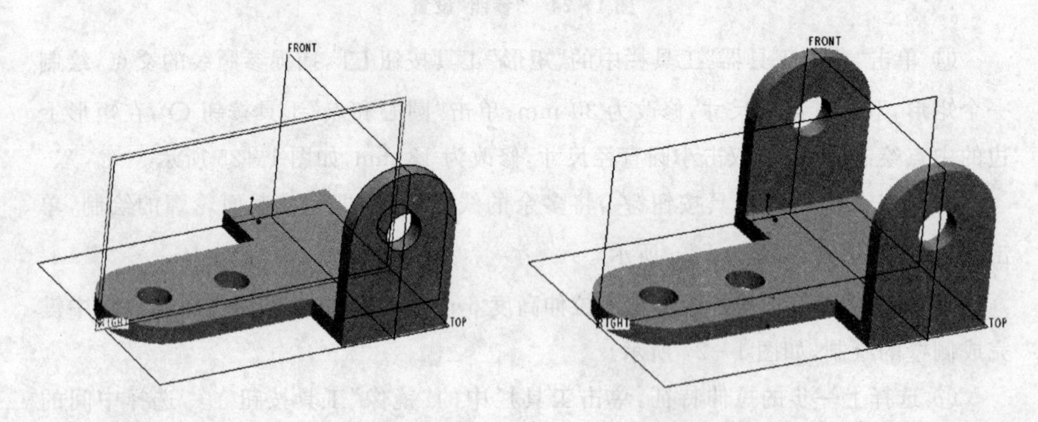

图 1-28 镜 像

⑱ 单击“工程特征”工具栏中的“圆角”工具按钮 ，弹出“圆角”特征操控板，输入圆角半径 10 mm，按住 Ctrl 键选中内侧的两条边；然后将圆角半径修改为 16 mm，选中外侧的两条边，单击 按钮或者单击鼠标中键完成圆角特征的创建，如图 1－29 所示。

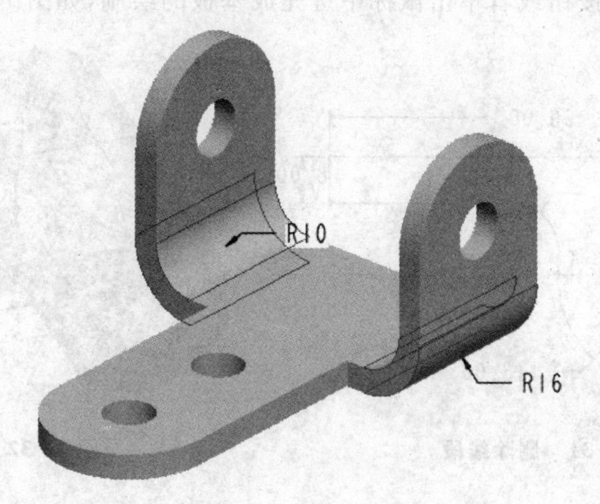

图 1－29　倒　角

⑲ 单击工具栏中的“保存”按钮，保存模型并关闭窗口，完成 hinge_1 的绘制。

2. 新建零件 hinge_2

① 单击“文件”工具栏中的“新建”工具按钮 ，或者选择菜单“文件”|“新建”选项，弹出“新建”对话框，在“类型”选项区域选择“零件”单选项，文件名修改成 hinge_2，取消选择“使用缺省模板”复选项，单击“确定”按钮，进入“模板”选择对话框，选择 mmns_part_solid，单击“确定”按钮，完成新建文件设置。

② 单击工具栏中的“拉伸”工具按钮 ，弹出“拉伸”特征操控板。在特征操控板上单击“放置”按钮，弹出“放置”选项卡，选择“定义”选项，弹出“草绘”对话框，在绘图区选择 TOP 平面作为草绘平面，单击“确定”按钮，进入“草绘”界面。

③ 单击“草绘工具器”工具栏中的“圆心和点”工具按钮 ，以坐标系原点为圆心绘制两个同心圆，直径分别为 13 mm 和 40 mm；单击“直线”工具按钮 ，出现如图 1－30 所示的图形并修改尺寸。

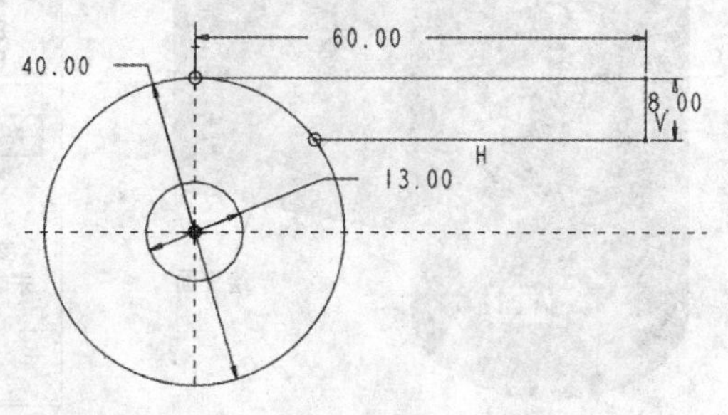

图 1－30　草　图

④ 单击“圆形”工具按钮 ，选择需要倒圆角的边，创建一个半径为

8 mm的圆角；单击“删除段”工具按钮 ，将多余的线段删掉，即完成截面轮廓的绘制，单击“完成”按钮 ✔，完成草图的绘制，如图 1－31 所示。

⑤ 将“拉伸”特征操控板上的“拉伸深度值”改为 70 mm，“拉伸方式”改为“对称拉伸” ，单击 按钮或者单击鼠标中键完成基板的绘制，如图 1－32 所示。

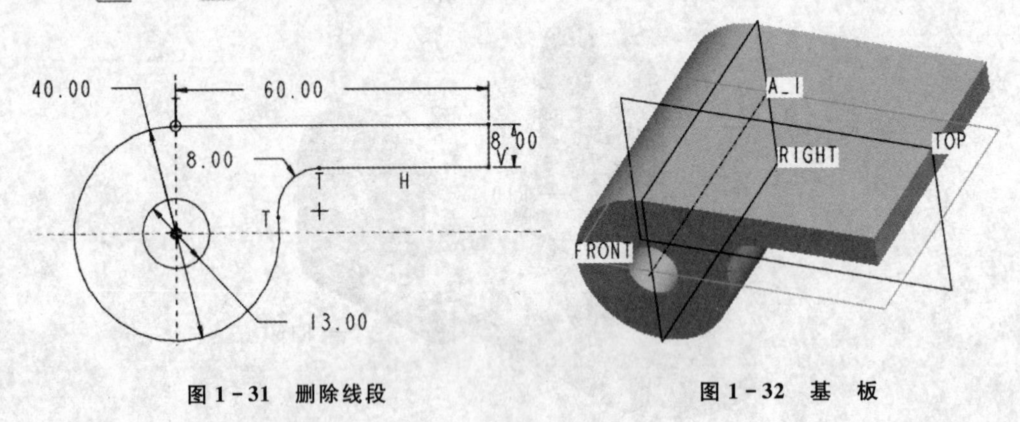

图 1－31　删除线段　　　　图 1－32　基　板

⑥ 单击“基础特征”工具栏中的“拉伸”工具按钮 ，弹出“拉伸”特征操控板。在特征操控板上单击“放置”按钮，弹出“放置”选项卡，选择“定义”选项，弹出“草绘”对话框，在绘图区选取基板前部的底面作为草绘平面，如图 1－33 所示，单击“确定”按钮，进入“草绘”界面。

⑦ 选择菜单“草绘”|“参照”选项，弹出“参照”对话框，在绘图区选择 TOP 面和基板的前部侧面作为草绘的参照；然后单击“关闭”按钮完成参照的设置，如图 1－34 所示。

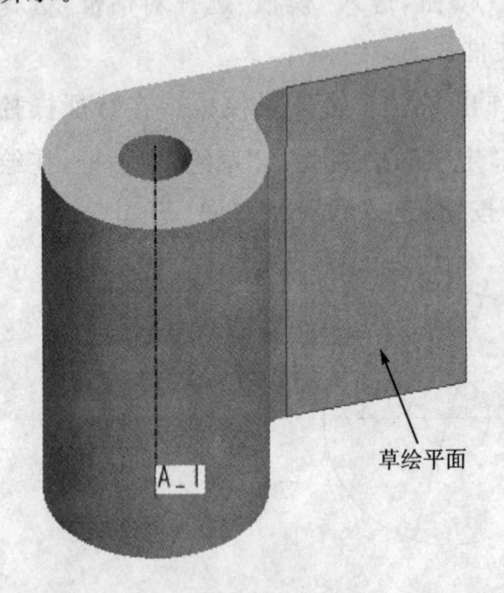

图 1－33　草绘平面

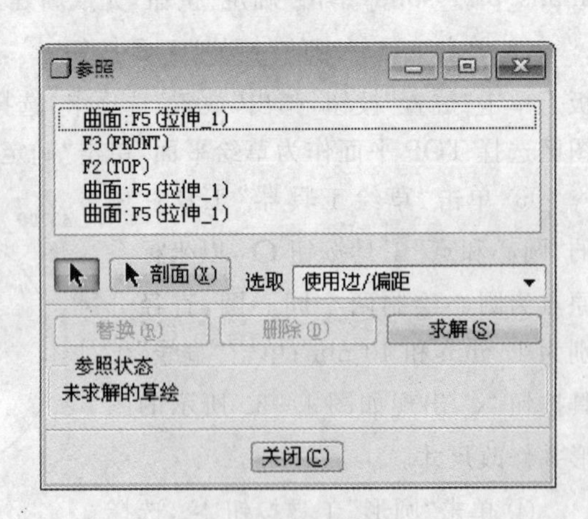

图 1－34　设置参照

⑧ 单击“圆心和点”工具按钮 ○，绘制三个半径相等的圆，圆的半径为 15 mm；单击“约束”工具按钮，弹出“约束”对话框，单击“相切”约束工具按钮，将其中两圆与辅助线相切，如图 1-35 所示。

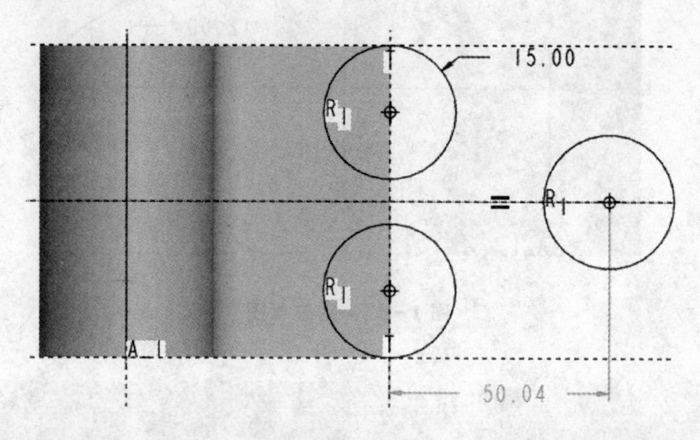

图 1-35　绘制圆

⑨ 单击“直线”工具按钮右边的下三角按钮，弹出工具按钮列表，选择“直线切线”工具按钮，分别作三个圆的切线；单击“约束”工具按钮，弹出“约束”对话框，单击“相等”约束工具按钮 =，将三条切线长度约束为等长，如图 1-36 所示。

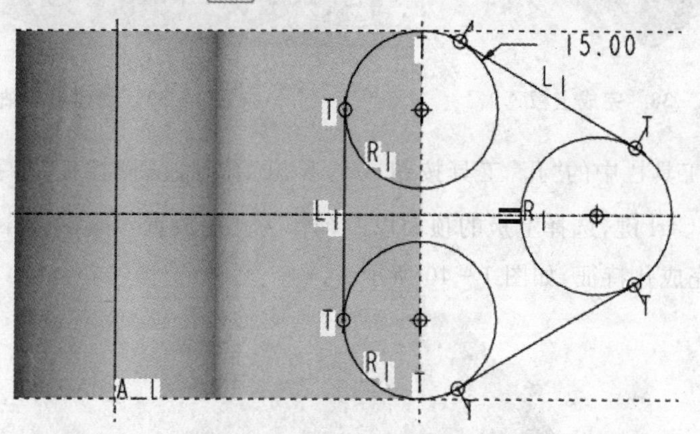

图 1-36　创建公切线

⑩ 单击“删除段”工具按钮，将多余的线段删掉；最后绘制一个直径为 12 mm 的小圆，小圆的圆心与顶圆同心，如图 1-37 所示。单击“完成”按钮 ✔。

⑪ 将“拉伸”特征操控板的“拉伸深度值”改为 12 mm，单击 ✔ 按钮或者单击鼠标中键完成上板的绘制，如图 1-38 所示。

⑫ 单击“轴”工具按钮，弹出“基准轴”对话框，选择如图 1-39 所示的曲面，单击“确定”按钮。

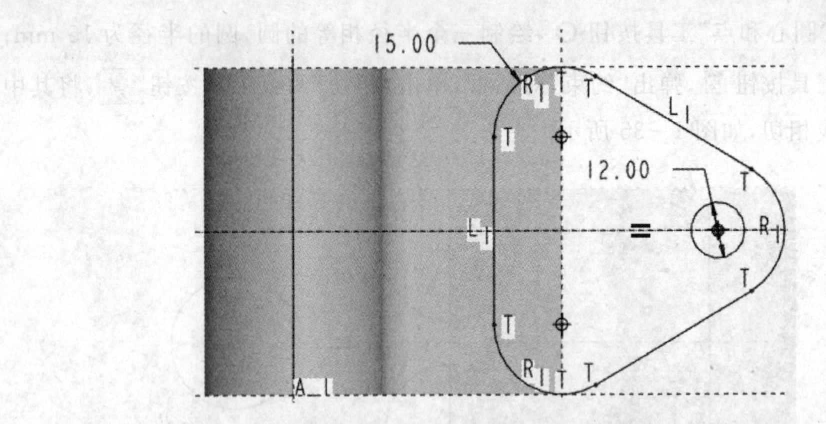

图 1-37　完成草图

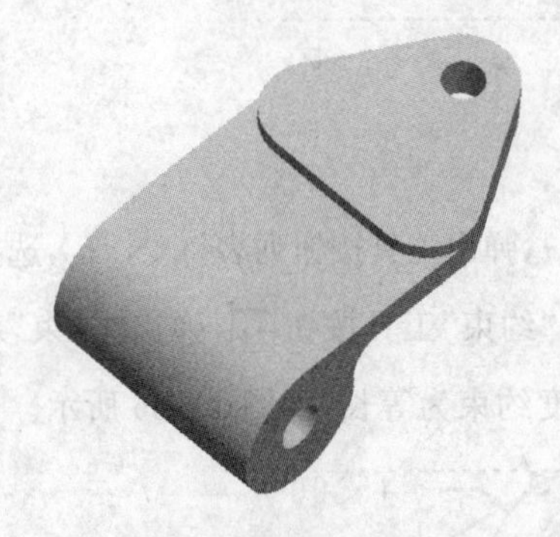

图 1-38　完成上板

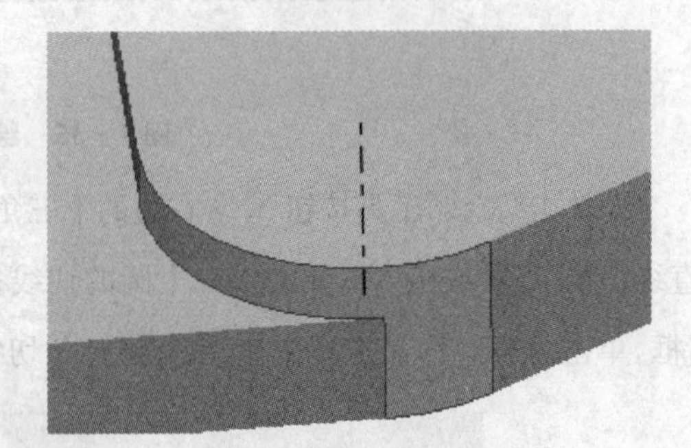

图 1-39　创建基准轴

⑬ 单击工具栏中的“孔”工具按钮 ，弹出“孔”特征操控板，将孔的直径改为 12 mm；按住 Ctrl 键，选择上板的顶面以及轴作为孔的放置参照；单击 按钮或者单击鼠标中键完成孔特征，如图 1-40 所示。

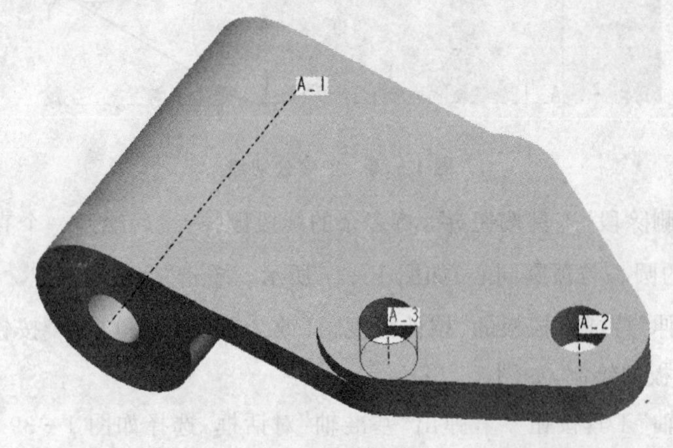

图 1-40　创建孔

⑭ 选择上一步创建的孔特征，单击“编辑特征”工具栏中的“镜像”工具按钮，选择中间的 TOP 面作为镜像平面，单击按钮或者单击鼠标中键完成镜像，如图 1-41 所示。

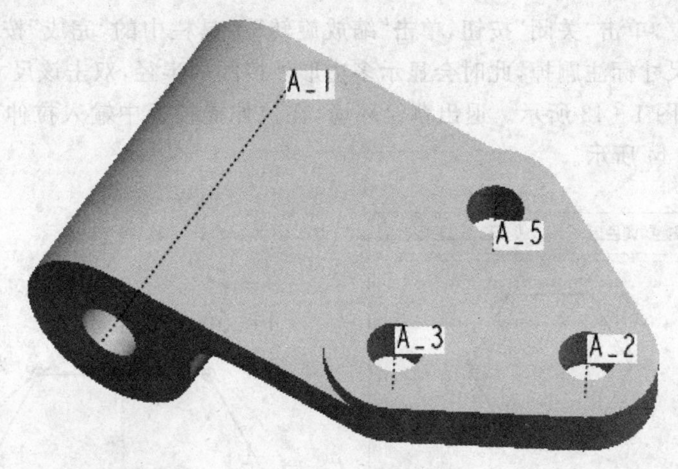

图 1-41　镜像孔

⑮ 保存模型并关闭窗口，完成 hinge_2 的绘制。

3. 新建零件 blot

① 单击工具栏中的“新建”工具按钮，或者选择菜单“文件”|“新建”选项，弹出“新建”对话框，在“类型”选项区域选择“零件”选项，文件名修改成 blot，取消选择“使用缺省模板”复选项，单击“确定”按钮。进入“模板”选择对话框，选择 mmns_part_solid，单击“确定”按钮，完成新建文件设置。

② 单击工具栏中的“拉伸”工具按钮，或者选择菜单“插入”|“拉伸”选项，使用对称拉伸的方式创建一个直径为 12 mm 的圆柱，拉伸高度为 100 mm，拉伸方式选择“对称拉伸”选项，如图 1-42 所示。

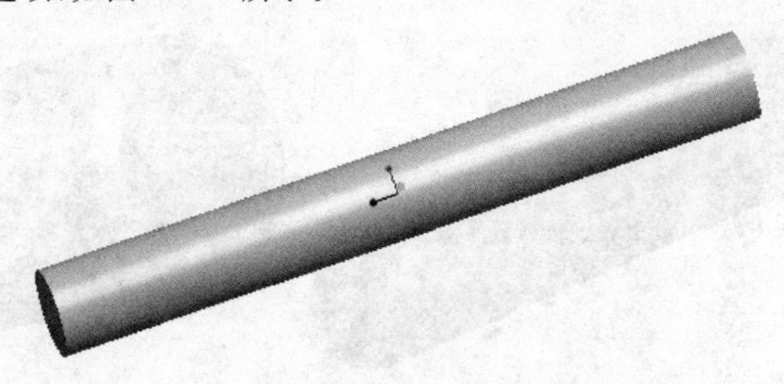

图 1-42　圆　柱

③ 单击工具栏中的“拉伸”工具按钮，或者选择菜单“插入”|“拉伸”选项，以圆柱端面作为草绘平面，在草绘环境中单击“调色板”工具按钮，弹出“草绘器调色板”对话框，在“多边形”选项卡中将“六边形”拖入绘图区域，再从绘图区域拖动到辅助线的交点上，单击“关闭”按钮，单击“缩放旋转”工具栏中的“完成”按钮，将正多边形中的边长尺寸标注删掉，此时会显示多边形外接圆的半径，双击该尺寸将其修改为11.5 mm，如图 1-43 所示。退出草绘环境，在拉伸操控板中输入拉伸高度 10 mm，结果如图 1-44 所示。

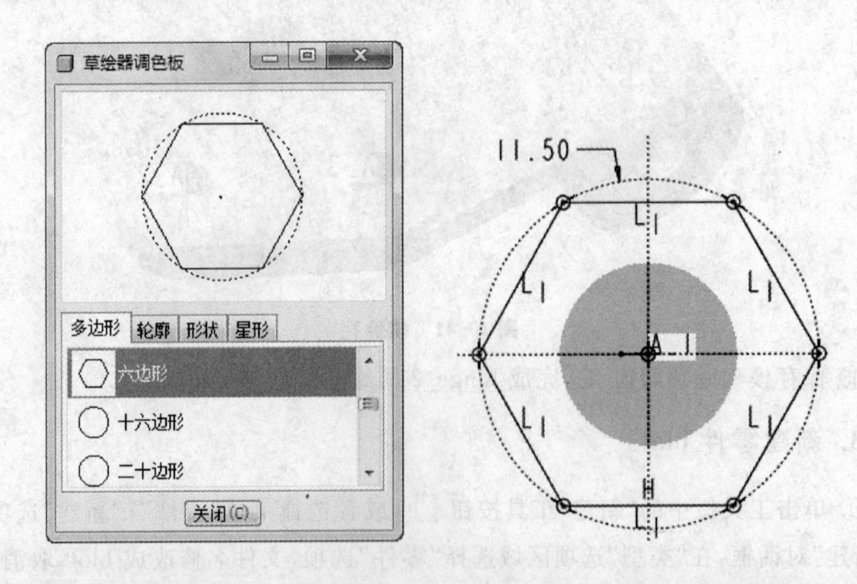

图 1-43 绘制正六边形

④ 单击工具栏中的“倒角”工具按钮，在操控板中选择“45×D”的方式，在文本框中输入 1 mm，选择需要倒角的边，单击“完成”按钮，如图 1-45 所示。

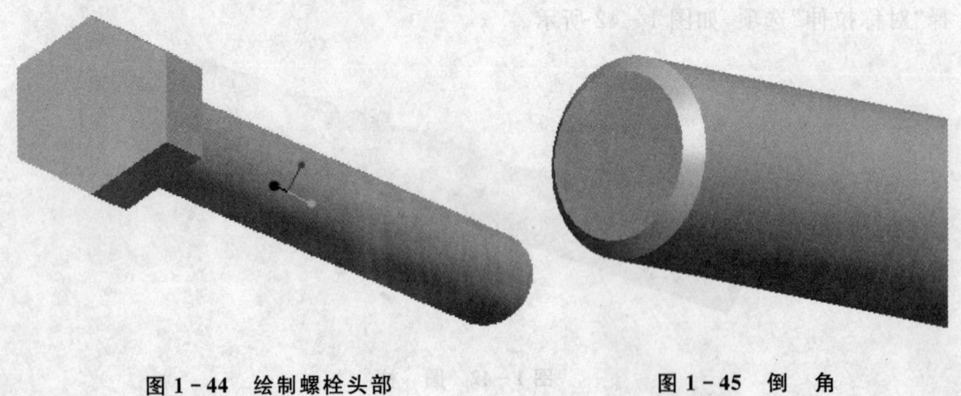

图 1-44 绘制螺栓头部　　图 1-45 倒 角

⑤ 单击工具栏中的“旋转”工具按钮，或者选择菜单“插入”|“旋转”选项；然后在“旋转”特征操作面板上选中“去除材料”工具按钮；选择过正多边形对角线的基准平面为草绘平面，选择上方和左侧边为辅助线，绘制草图，草图中要包含一条中心线作为旋转轴，如图 1－46 所示。

⑥ 保存模型并关闭窗口，完成 blot 的绘制。

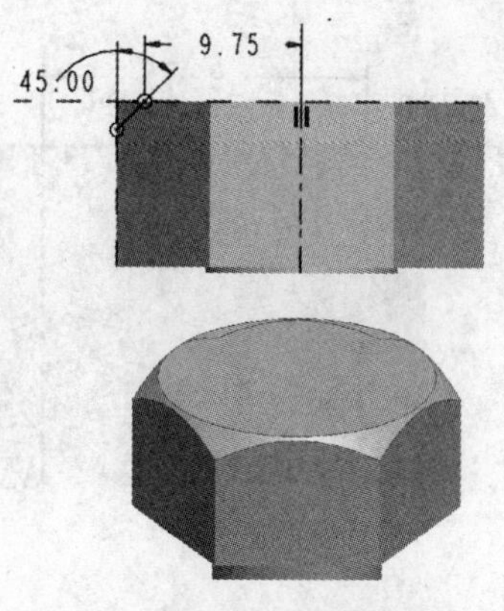

图 1－46　旋转减料

4. 新建 nut 零件文件

① 单击工具栏中的“新建”工具按钮，或者选择菜单“文件”|“新建”选项，弹出“新建”对话框，在“类型”选项区域选择“零件”单选项，文件名修改为 nut，取消选择“使用缺省模板”复选项，单击“确定”按钮，进入“模板”选择对话框，选择 mmns_part_solid 选项，单击“确定”按钮，完成新建文件设置。

② 单击工具栏中的“拉伸”工具按钮，或者选择菜单“插入”|“拉伸”选项，以 TOP 作为草绘平面，绘制一个外接圆半径为 11.5 mm 的正六边形，在其中心绘制一个直径为 12 mm 的圆，拉伸高度为 10 mm，拉伸方式为对称拉伸，如图 1－47 所示。

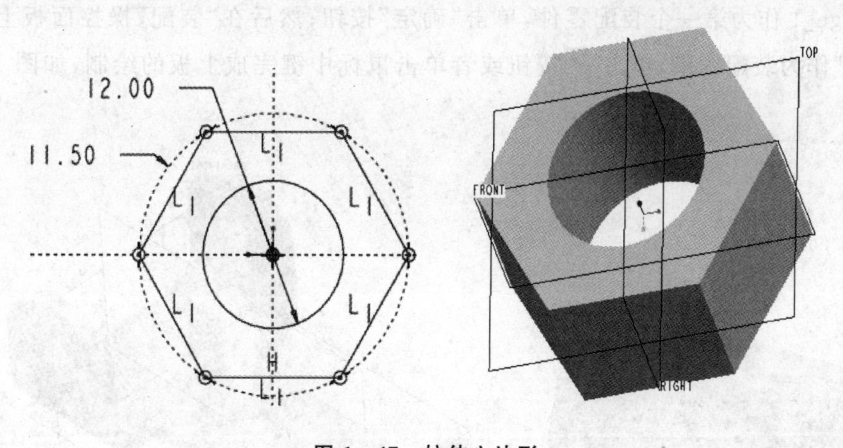

图 1－47　拉伸六边形

③ 单击工具栏中的“旋转”工具按钮，或者选择菜单“插入”|“旋转”选项；然后在“旋转”特征操作面板上选中“去除材料”工具按钮；选择通过六边形两个端点的基准平面作为草绘平面，绘制如图 1－48 左图所示的一条直线和中心线，旋转修剪后的图形，如图 1－48 右图所示。

④ 选中上一步旋转除料特征，单击工具栏中的“镜像”工具按钮，选择 TOP 作为镜像平面，单击鼠标中键完成镜像，如图 1－49 所示。

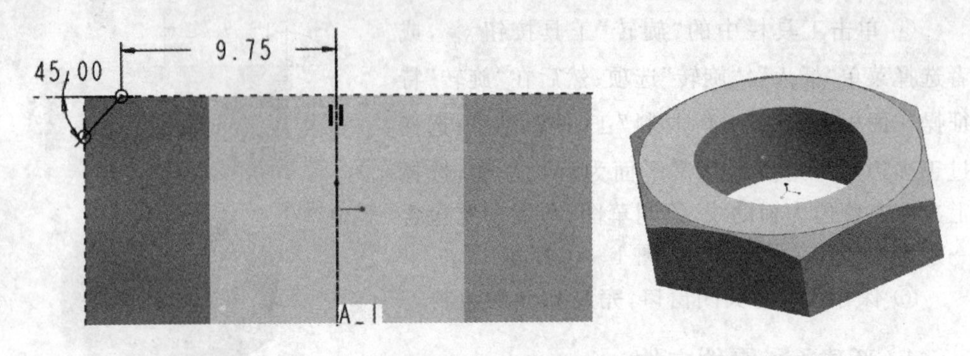

图 1－48　旋转减料

⑤ 保存模型并关闭窗口，完成 nut 的绘制。

5. 装配铰链

① 单击工具栏中的“新建”工具按钮 ，或者选择菜单“文件”|“新建”选项，弹出“新建”对话框，在“类型”选项区域选择“组件”单选项，文件名修改成 hinge，取消选择“使用缺省模板”复选项，单击“确定”按钮，进入“模板”选择对话框，选择 mmns_asm_design，单击“确定”按钮，完成新建装配文件设置。

② 单击工具栏中的“装配”工具按钮 ，弹出选择零件对话框。在对话框中，选择 hinge_1 作为第一个装配零件，单击“确定”按钮；然后在“装配”操控面板上选择“缺省”作为装配约束，单击 按钮或者单击鼠标中键完成上板的绘制，如图 1－50 所示。

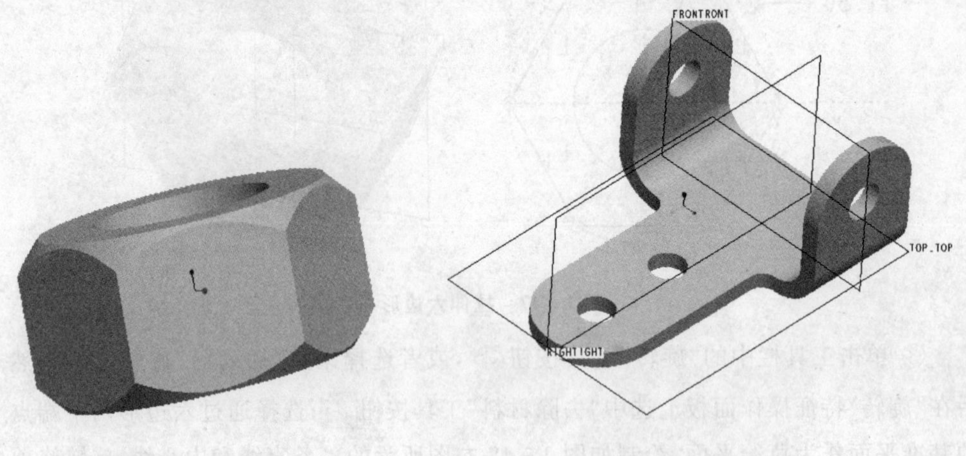

图 1－49　镜像特征　　　　图 1－50　缺省装配

③ 单击工具栏中的“装配”工具按钮 ，弹出选择零件对话框。在对话框中，选择 hinge_2 作为第一个装配零件，单击“确定”按钮；然后在“装配”操控面板中，选择

“销钉”装配约束集;最后选择 hinge_2 的侧面与 hinge_1 的侧面对齐,选择 hinge_2 的中心轴与 hinge_1 的中心轴对齐。单击 ✔ 按钮或者单击鼠标中键完成上板的绘制,如图 1－51 所示。

④ 单击工具栏中的“装配”工具按钮,弹出选择零件对话框。在对话框中,选择 hinge_2 作为第一个装配零件,单击“确定”按钮;然后选择 blot 的端面与 hinge_1 的端面用“匹配”约束,选择 blot 的中心轴与 hinge_1 的中心轴用“对齐”约束。单击 ✔ 按钮或者单击鼠标中键完成上板的绘制。使用相同的方法将 nut 装配到铰链上,即完成了铰链的装配,如图 1－52 所示。

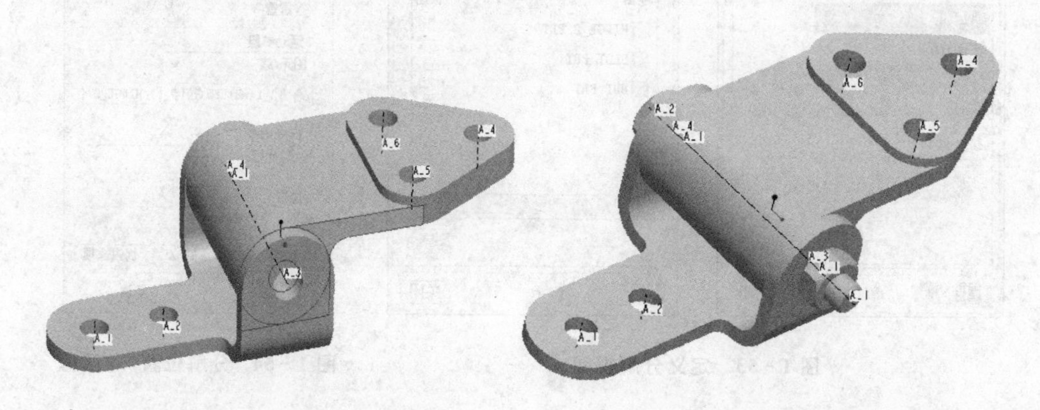

图 1－51　“销钉”约束装配　　　　图 1－52　“匹配”和“对齐”装配

⑤ 选择菜单“视图”|“视图管理器”选项,弹出“视图管理器”对话框;选择“分解”选项卡,单击“新建”按钮将名称改为 hinge,单击鼠标中键,完成新建分解视图;单击“属性”按钮,进入分解视图的定义,如图 1－53 所示。

⑥ 单击“编辑位置”工具按钮,弹出“分解位置”对话框,如图 1－54 所示;选择 hinge_1 的一条水平的边作为运动参照,然后选择 hinge_2 作为移动的元件,将其移动到一定位置,单击确定移动的位置,单击“确定”按钮完成第一个零件的分解。用相同的方法选择 hinge_1 孔上的轴作为运动参照,将 blot 和 nut 分解。

⑦ 在“视图管理器”对话框中,单击“创建分解线”工具按钮,弹出分解线“菜单管理器”,如图 1－55 所示;选择“轴”的方式,定义分解线;最后单击“切换至垂直视图”按钮 << ...,回到“分解”选项卡,保存分解视图,关闭“视图管理器”对话框,完成分解视图的定义,如图 1－56 所示。

⑧ 保存模型并关闭窗口,完成铰链的装配和分解视图。

6. 创建工程图

① 单击“文件”工具栏中的“新建”工具按钮,或者选择菜单“文件”|“新建”选

项，弹出“新建”对话框，在“类型”选项区域选择“绘图”单选项，文件名修改成 hinge_drw，取消选择“使用缺省模板”复选项，单击“确定”按钮，进入“新制图”选择对话框，在“指定模板”选项下选择“空”，“图纸大小”选择 A4，单击“确定”按钮，完成新建工程图设置。

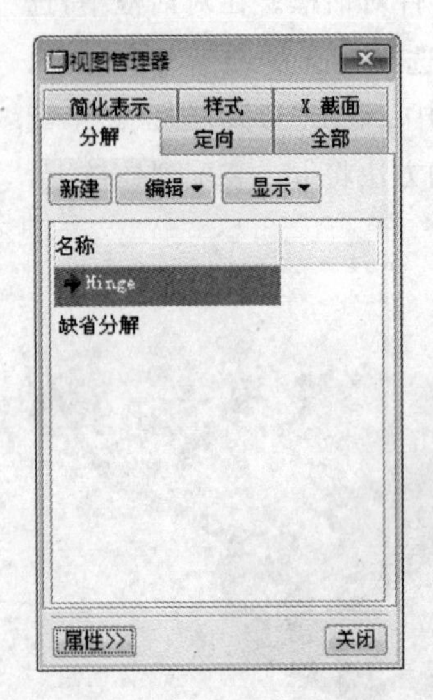

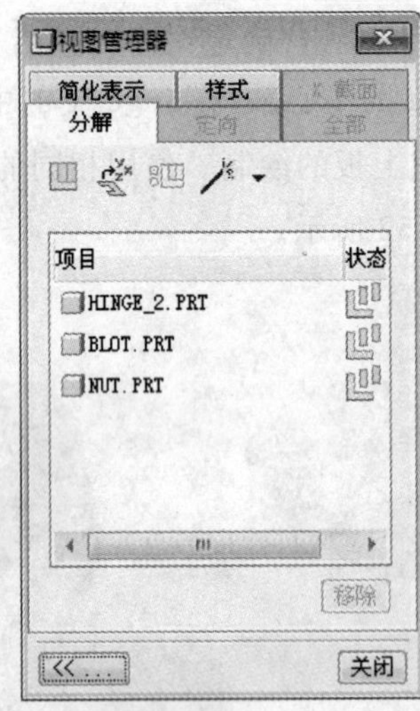

图 1-53 定义分解视图

图 1-54 “分解位置”对话框

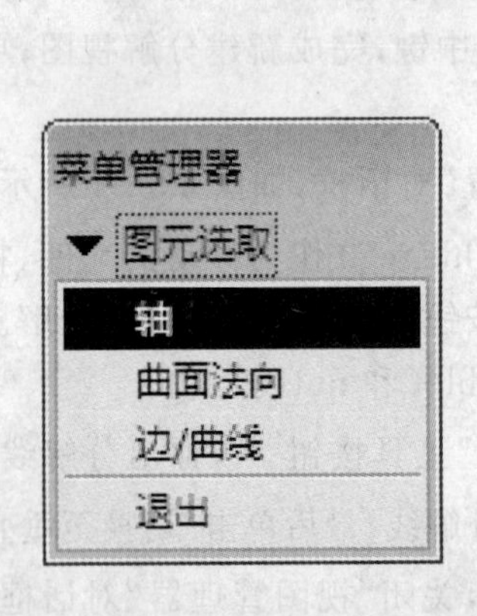

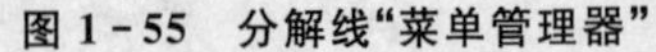

图 1-55 分解线“菜单管理器”

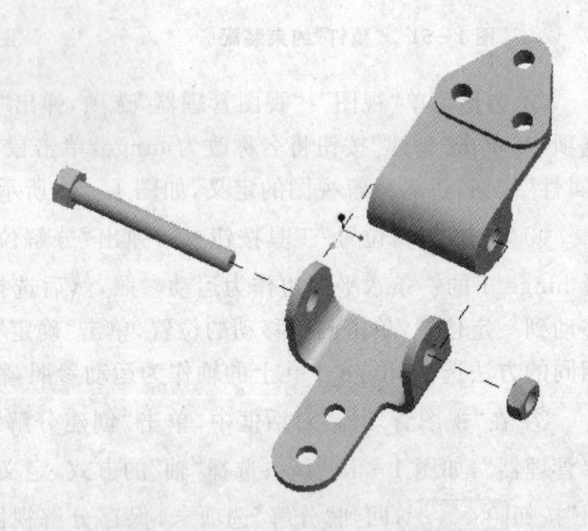

图 1-56 完成后的分解视图

② 单击“绘制”工具栏中的“一般”工具按钮，弹出“绘图视图”对话框，在“组合状态”选项区域选择“无组合状态”选项，单击“确定”按钮；单击选中工程图放置的中心位置，弹出“绘图视图”对话框；单击“比例”选项卡，将比例修改为 0.6；单击“视图状态”选项卡，在“分解视图”选项区域选择 hinge；单击“视图显示”选项卡，将显示

线型改为“无隐藏线”。单击“确定”按钮完成工程图的定义，如图 1－57 所示。

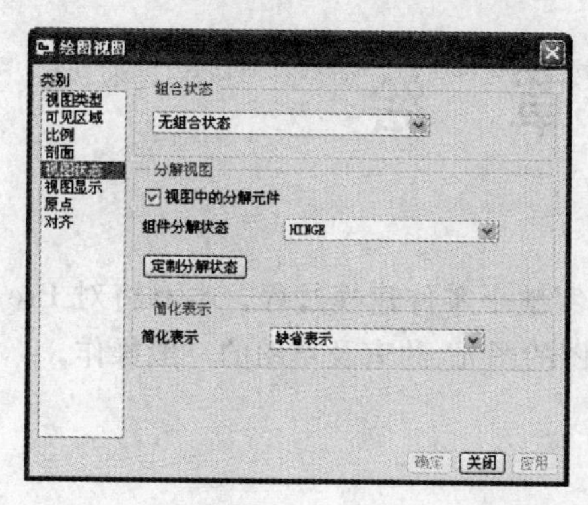

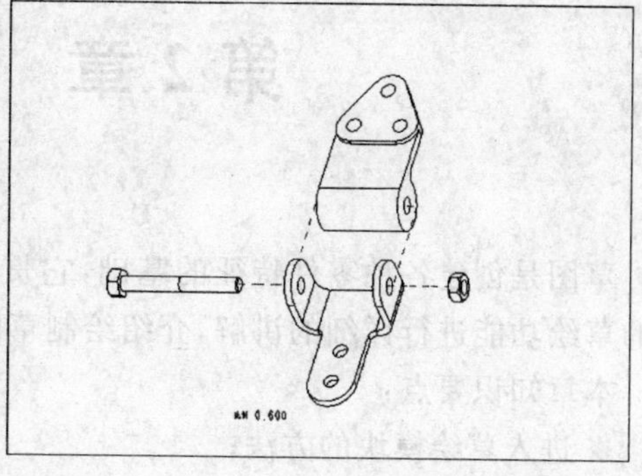

图 1－57　定义工程图

③ 选择菜单“插入”|“球标”选项，弹出“球标”的“菜单管理器”；选择“注释类型”为“带引线”，其他设置为默认，单击“制作注释”选项，弹出“依附类型”的“菜单管理器”，将“箭头”修改为“点”；然后在绘图区选择 hinge_1 零件上的一条边作为球标引线指示的位置，再在球标放置位置单击鼠标中键，弹出“输入注释”对话框。在对话框中输入 1，单击鼠标中键两次，完成球标的定义。按照同样的方法在工程图上创建其他 3 个球标，如图 1－58 所示。

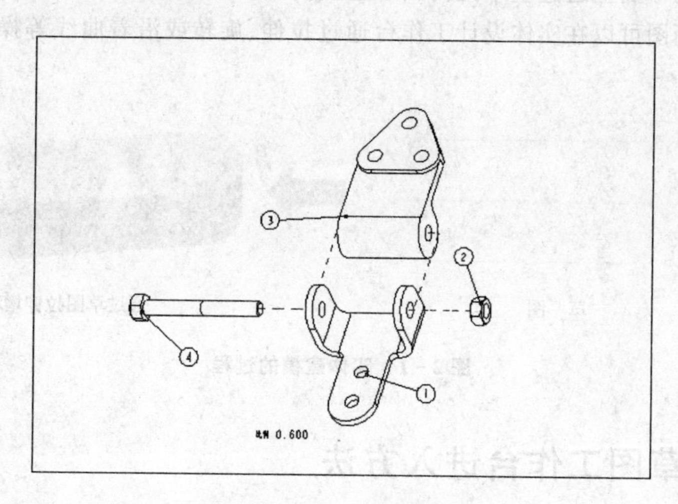

图 1－58　创建球标

④ 保存模型并关闭窗口，完成工程图的绘制。

第2章 草　绘

草图是创建各种零件特征的基础，它贯穿整个零件建模过程。本章将对 Pro/E 中的草绘功能进行详细的讲解，介绍绘制草图的图元、约束及草图的一般操作。

本章知识要点：

※ 进入草绘模块的方法；

※ 各种几何图元的绘制方法；

※ 几何约束的使用方法。

2.1 概　述

草图是创建各种零件特征的基础，它贯穿于整个零件的建模过程。

Pro/E 实体模型的建立，首先应确定草图，再生成实体特征，如图 2-1 所示。草图是指在二维平面上通过基本几何图形组成实体模型的轮廓图或截面图。这些实体轮廓图和截面图可以在实体设计工作台通过拉伸、旋转或沿着曲线等操作形成基本的实体特征。

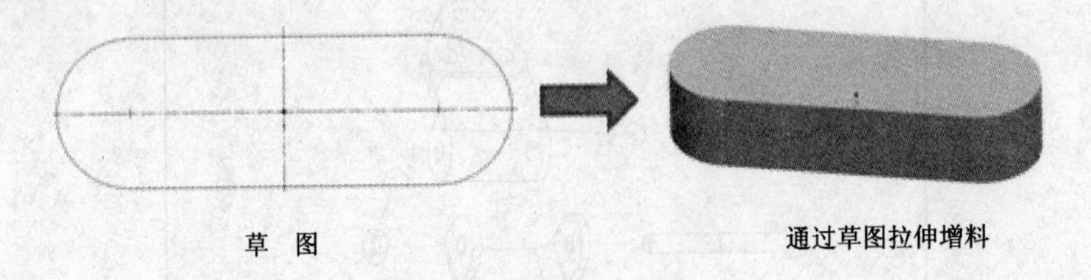

图 2-1　实体建模的过程

2.1.1 草图工作台进入方法

方法一：单击工具栏中的“新建”工具按钮 ，或者选择菜单“文件”|“新建”选项，弹出“新建”对话框，在“类型”选项区域选择“草绘”单选项，如图 2-2 所示。

方法二：单击“文件”工具栏中的“新建”工具按钮 ，或者选择菜单“文件”|“新建”选项，弹出“新建”对话框，在“类型”选项区域选择“零件”单选项，如图 2-3 所示。

单击“基准”工具栏中的“草绘”工具按钮 ，弹出“草绘”对话框，如图 2-4 所示。选择一个平面，单击“草绘”按钮进入草图工作界面，绘制草图生成独立草绘特征，在模型特征树中会显示单独的特征树节点，称为外部草绘；与之对应的内部草绘，是实体特征的一部分。外部草绘的特点可以作为多个特征的草图。

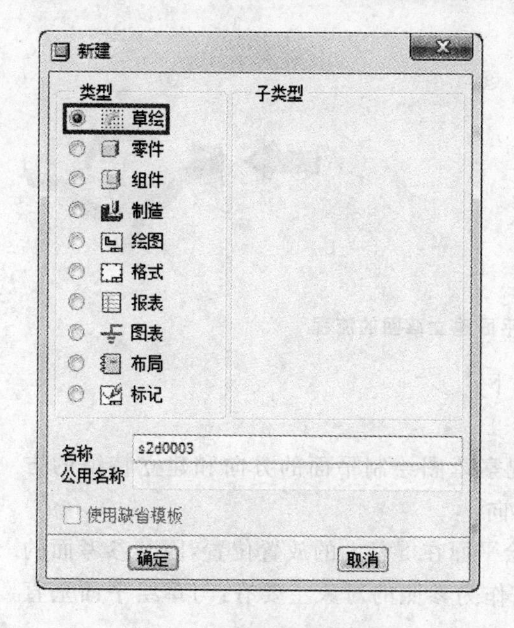

图 2－2 新建草图的方法

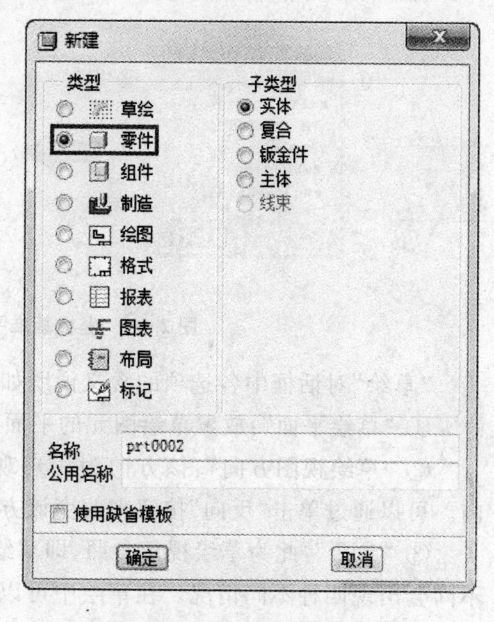

图 2－3 新建“零件”

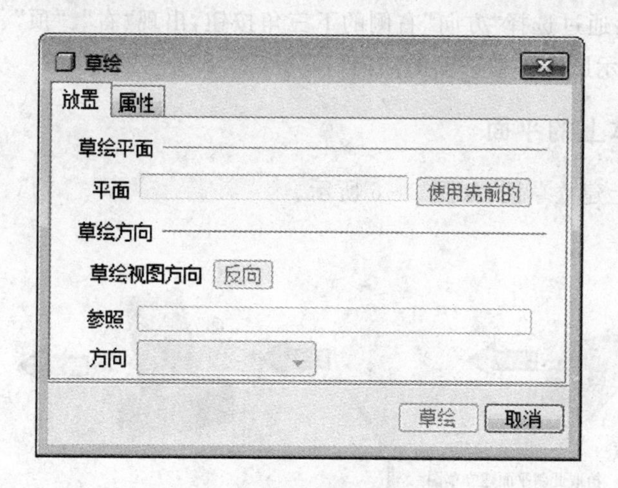

图 2－4 “草绘”对话框

2.1.2 草图基准平面放置

草图必须依附于一个平面，可以选择坐标基准平面，或利用现有的几何体上的平面和用户自定义的基本平面放置草图。

1. 坐标基准平面

在坐标基准平面上建立草图，生成拉伸特征，如图2-5所示。

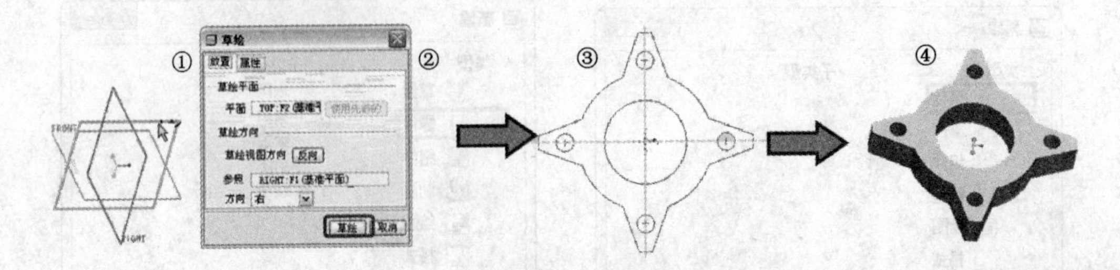

图2-5 坐标基准平面建立草图的流程

“草绘”对话框中各选项的含义说明如下：

①“草绘平面”：放置草绘图元的平面。

②“草绘视图方向”：该方向为用户观察草图绘制平面的方向和建立特征的方向。可以通过单击“反向”按钮来改变该方向。

③“参照”：此为草绘视角参照，即草绘平面在屏幕上的放置位置，因其参考面的不同会出现四种不同情况。在草绘中可以作为参照的对象主要有：与草绘平面垂直的模型表面和基准平面。

④“方向”：通过选择“方向”右侧的下三角按钮，出现“右”、“顶”、“底部”、“左”四个选项，分别表示所选参考平面的法向。

2. 几何体上的平面

在几何体上建立草图，如图2-6所示。

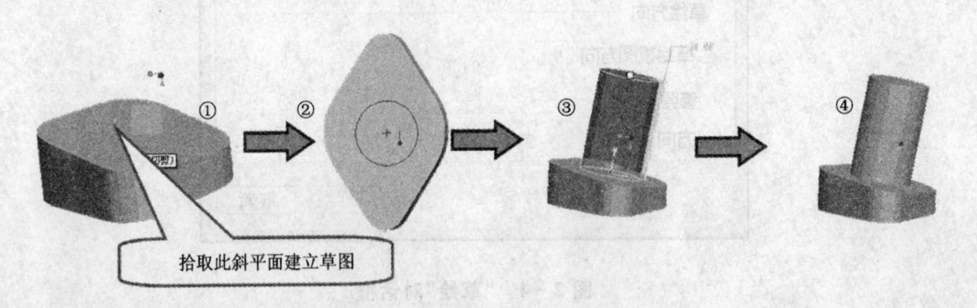

图2-6 几何体建立草图的流程

3. 用户自定义的基准平面

在用户自定义的基准平面上创建草图，如图2-7所示。

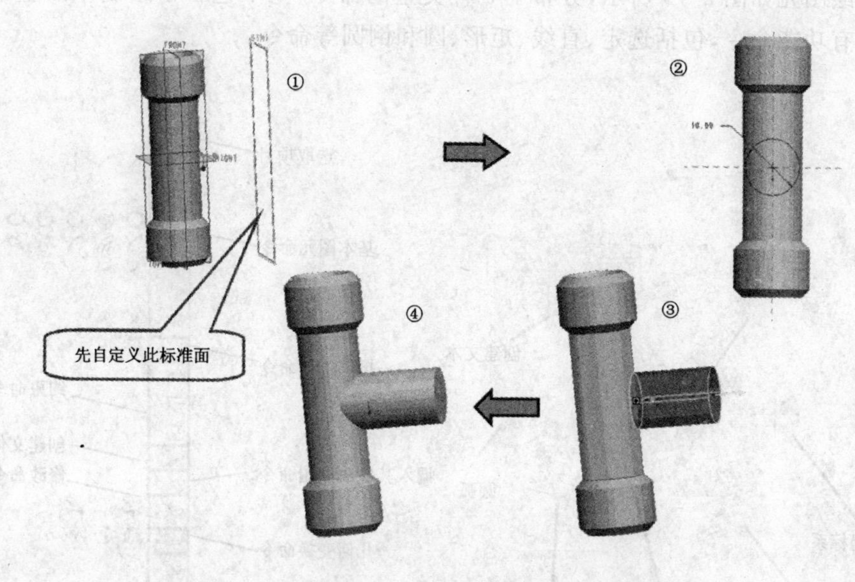

图 2-7 用户自定义基准平面建立草图的流程

2.2 草绘图元

草图绘制的一般流程是：单击“草绘”工具按钮→选择基准平面→绘制草图轮廓→添加约束→编辑草图→进行草图分析→单击“继续当前部分”按钮→使用草图拉伸，如图 2-8 所示。

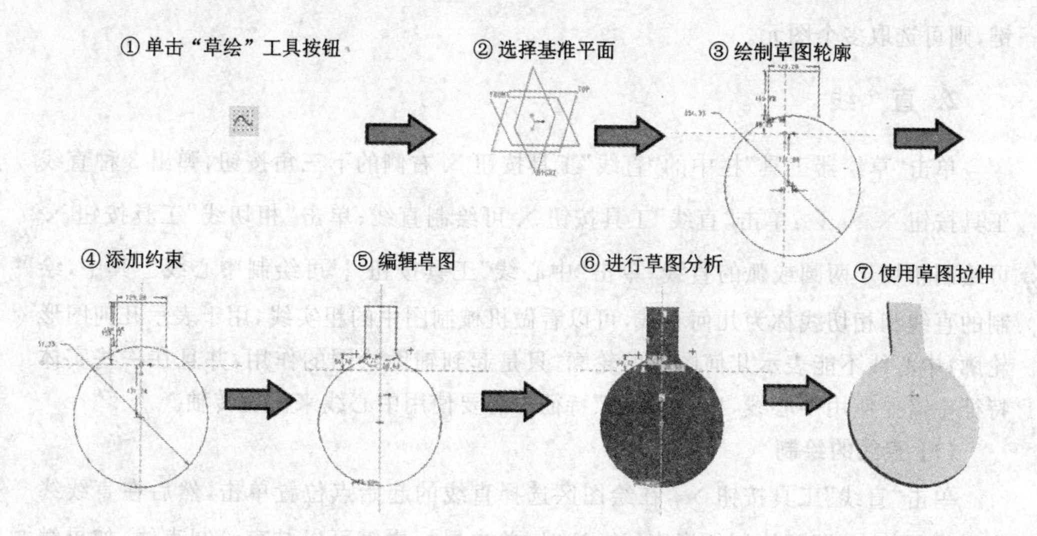

图 2-8 草图绘制的一般流程

草绘图元如图 2-9 所示，分布了 9 种类型的命令，基本包含了绘制草图整个过程的所有功能命令，包括选定、直线、矩形、圆和倒圆等命令。

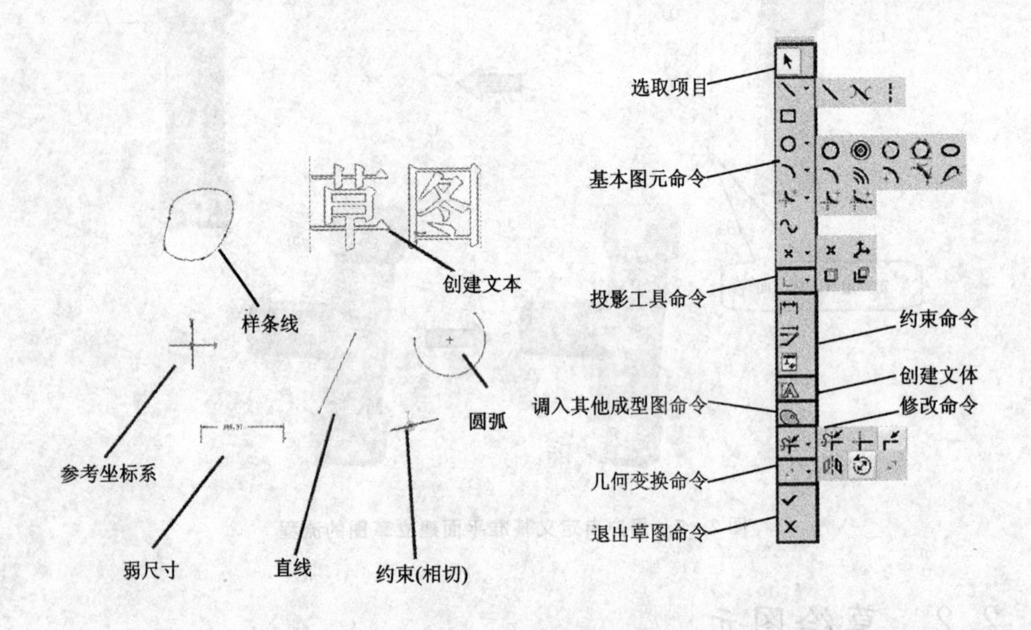

图 2-9　草图图元

1. 选取项目

单击“草绘器工具”栏中的“选定”工具按钮 ，可以用来选取图元；若按住 Ctrl 键，则可选取多个图元。

2. 直　线

单击“草绘器工具”栏中的“直线”工具按钮 右侧的下三角按钮，弹出 3 种直线工具按钮 ：单击“直线”工具按钮 可绘制直线；单击“相切线”工具按钮 可绘制相切于两圆或弧的直线；单击“中心线”工具按钮 可绘制中心线。其中，绘制的直线和相切线称为几何直线，可以看做机械制图中的粗实线，用于表示几何图形轮廓；中心线不能表示几何图形的轮廓，只是起到辅助绘图的作用，并且在一些实体特征中需要使用中心线，比如“旋转”特征中需要使用中心线来做旋转轴。

(1) 直线的绘制

单击“直线”工具按钮 ，在绘图区选择直线的起始点位置单击，然后在直线终止点位置单击，即可绘制任意直线。这时，单击鼠标中键可以结束绘制直线；如果继续在新的位置单击，系统会把前一直线的终止点作为新直线的起始点，把新选点作为新直线的终止点，生成新直线。

(2) 相切线的绘制

绘制相切直线是指绘制两个圆或弧（已绘制好）的公切线，与圆或弧的切点即线的起点和终点。

如图 2-10 所示，单击“草绘器工具”栏中的“直线”工具按钮 ╲ 右侧的下三角按钮，再单击“相切线”工具按钮 ╲；单击选择第一个切点；而后选择另一个切点，即生成公切线。公切线生成后，在切点旁有字母“T”，表示相切约束存在。

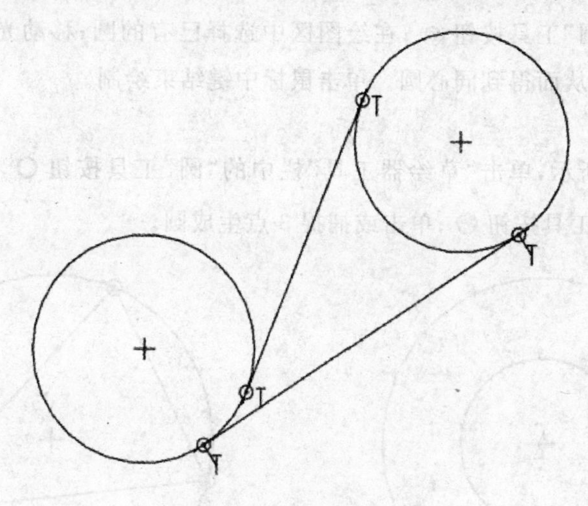

图 2-10　绘制相切直线

(3) 中心线的绘制

单击“草绘器工具”栏中的“直线”工具按钮 ╲ 右侧的下三角按钮，再单击“中心线”工具按钮 ┆，可绘制中心线，如旋转创建实体时必须绘制旋转中心线一样。

3. 矩　形

单击“草绘器工具”栏中的“矩形”工具按钮 □；在绘图区单击确定第一个点，单击确定对角点，即可绘出矩形。

4. 圆

单击“草绘器工具”栏中的“圆”工具按钮 ○ 右侧的下三角按钮，弹出 5 种圆的工具按钮 ○◎○○⬭：单击“圆”工具按钮 ○ 可确定圆心和半径，绘制几何圆；单击“同心圆”工具按钮 ◎ 可绘制同心圆；单击“3 点”工具按钮 ○ 可以 3 点方式绘制圆；单击“3 相切”工具按钮 ○ 可以 3 切点方式绘制圆；单击“椭圆”工具按钮 ⬭ 可以绘制椭圆。

(1) 圆

单击“草绘器工具”栏中的“圆”工具按钮 ○，在绘图区任意一点单击确定圆心，移动光标到适当位置单击，确定半径。若要结束绘制圆命令，则单击鼠标中键。

(2) 同心圆

同心圆的圆心一定要指定在绘图区中原有的圆或圆弧的圆心上，如果绘图区中没有可以共享的圆心，则必须先绘制一个圆或圆弧，否则该命令是不可用的。

如图 2－11 所示，单击“草绘器工具”栏中的“圆”工具按钮 ○ 右侧的下三角按钮，再单击“同心圆”工具按钮 ◎；在绘图区中选择已有的圆；移动光标到适当位置，再单击确定半径，从而得到同心圆。单击鼠标中键结束绘制。

(3) 3 点圆

如图 2－12 所示，单击“草绘器工具”栏中的“圆”工具按钮 ○ 右侧的下三角按钮，再单击“3 点”工具按钮 ○；单击或捕捉 3 点生成圆。

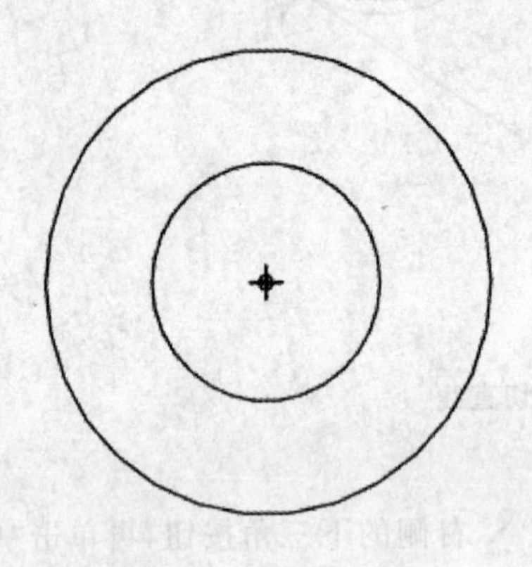

图 2－11　绘制同心圆

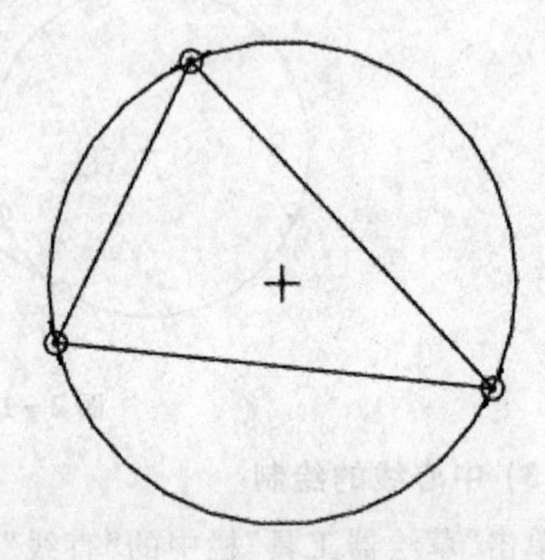

图 2－12　绘制三角形的外接圆

(4) 内切圆

绘制三角形的内切圆，步骤与绘制外接圆类似，单击“草绘器工具”栏中的“圆”工具按钮 ○ 右边的下三角按钮，再单击“3 相切”工具按钮 ○，依次选择 3 个需要相切的图元即可。

(5) 椭　圆

单击“草绘器工具”栏中的“圆”工具按钮 ○ 右侧的下三角按钮，再单击“椭圆”工具按钮 ⬭，可绘制椭圆。其方法与绘制自由圆形类似：首先在绘图区单击选择圆心点，然后移动光标到适当的位置，单击确定长短轴，即绘出椭圆。

5. 圆　弧

单击“草绘器工具”栏中的“圆弧”工具按钮 ╮ 右侧的下三角按钮，弹出 5 种圆弧的工具按钮：单击“3点/相切端”工具按钮可以3点绘制圆弧；单击“同心”工具按钮可绘制同心圆弧；单击“圆心和端点”工具按钮可指定圆心与两个端点绘制圆弧；单击“3相切”工具按钮可以3点相切绘制圆弧；单击“圆锥”工具按钮可绘制抛物线、双曲线等形状的锥形弧（绘图方法与圆的绘制类似）。

6. 圆 角

单击“草绘器工具”栏中的“圆角”工具按钮右边的下三角按钮，弹出两种圆角的工具按钮：单击“圆形”工具按钮可以进行圆形倒角操作；单击“椭圆形”工具按钮可以进行椭圆形倒角操作。其中，圆形倒角应用最广泛，椭圆形倒角请自己练习。

如图2-13所示，单击“草绘器工具”栏中的“圆形”工具按钮，单击在绘图区选择第一条直线作为圆形倒角起始线；移动光标，单击选择第二条直线作为圆形倒角终止线，即可得到圆形倒角。

7. 样条曲线

(1) 绘制样条曲线

如图2-14所示，单击“草绘器工具”栏中的“样条曲线”工具按钮；在绘图区单击确定第一点，再确定第二点，并依次确定第三点、第四点、终点。单击鼠标中键结束绘制，即可绘出图示样条曲线。

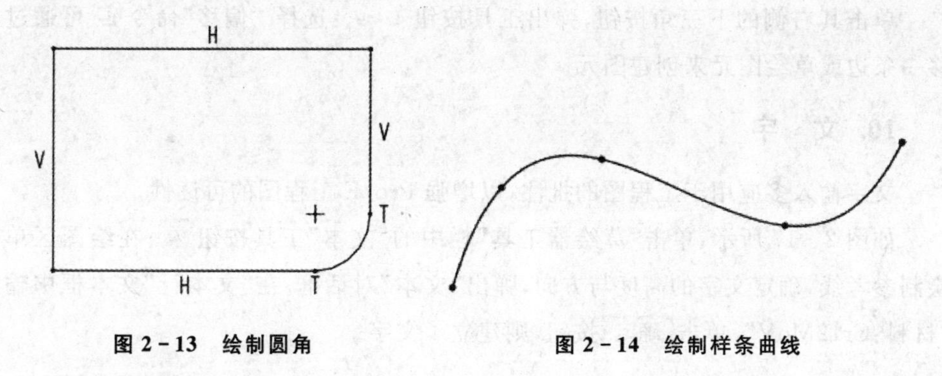

图2-13 绘制圆角　　图2-14 绘制样条曲线

(2) 编辑样条曲线

双击样条曲线，出现操控板，移动光标至需要添加控制点的位置，右击，弹出快捷菜单，选择“添加点”命令；样条曲线上即出现了添加的控制点；单击“完成”按钮，完成添加控制点的编辑操作，如图2-15所示。在控制点上右击，在弹出的快捷菜单中选择“删除”即可。

双击样条曲线，出现操控板，单击“使用控制点”工具按钮；移动控制点即可改变样条曲线的形态，如图 2-16 所示。

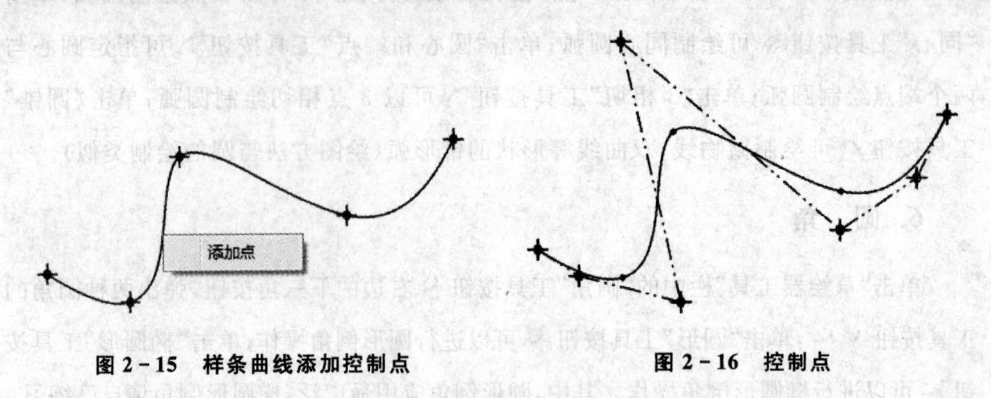

图 2-15　样条曲线添加控制点　　　　图 2-16　控制点

8. 点、参照坐标系

单击“草绘器工具”栏中的“点、参照坐标系”工具按钮 × 右侧的下三角按钮，弹出两个工具按钮 × ⅄ :单击“点”工具按钮 × 可绘制点；单击“坐标系”工具按钮 ⅄ 可绘制参照坐标系。

9. 使　用

“草绘器工具”栏中的“使用”命令 □ 可以将已有的实体边或曲线投影到当前的草绘平面，使用时直接选取投影元素即可。

单击其右侧的下三角按钮，弹出工具按钮 □ ⧉ :选择“偏移”命令 ⧉ 可通过偏移一条边或草绘图元来创建图元。

10. 文　字

文字输入多应用于工程图的批注，以增强 Pro/E 工程图的可读性。

如图 2-17 所示，单击“草绘器工具”栏中的“文本”工具按钮 A ；在绘图区单击绘制参考线，确定文字的高度与方向，弹出“文本”对话框；在“文本行”文本框中输入“材料:Cr12MoV”，单击 确定 按钮，则建立了文字。

11. 尺寸标注

Pro/E 中的尺寸有两种：一种是自动标注的尺寸，这种尺寸呈现灰色，称为弱尺寸；另一种是手动标注的尺寸，呈现黑色，称为强尺寸。因为 Pro/E 图形会受到尺寸改变的影响，而重新生成原来的图形，所以标注对控制几何图形是必不可少的。标注尺寸之前，必须将尺寸标注显示出来，即使“草绘器工具”栏中的“显示尺寸”工具按钮 ⊢⊣ 处于激活状态。

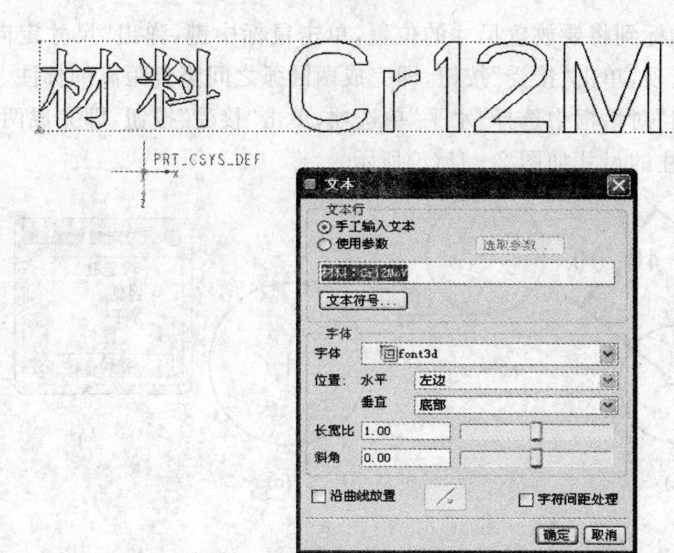

图 2-17 文字输入

(1) 尺寸修改

Pro/E 能自动标注，但是常需要手动修改。手动修改尺寸的方法有两种：一种是直接在尺寸上双击，在文本框中修改；另一种是单击“草绘器工具”栏中的“修改”工具按钮，选择需要修改的尺寸，弹出“修改尺寸”对话框进行修改。

自动标注的尺寸呈灰色，经修改后的尺寸则呈黑色。

(2) 手动标注

1) 线性标注

线性标注可以标注点-点距离、线段长度、点-线距离和两圆弧之间的距离等。

① 点-点距离标注

单击“草绘器工具”栏中的“垂直”工具按钮，选择需要标注距离的两个点，再移动光标到将放置尺寸的位置，单击鼠标中键即完成点-点距离的标注。

② 线段长度标注

单击“草绘器工具”栏中的“垂直”工具按钮，选择需要标注尺寸的线段，移动光标到将要放置尺寸的位置，单击鼠标中键即完成线段长度的标注。

③ 点-线距离标注

如图 2-18(a)所示，单击“草绘器工具”栏中的“垂直”工具按钮，选择需要标注的线段，再单击选择要标注的点，移动光标到将要放置尺寸的位置，单击鼠标中键即完成点-线之间距离的标注。

④ 两圆弧之间距离的标注

如图 2-18(b)所示，单击“草绘器工具”栏中的“垂直”工具按钮，选择需要标注的两个圆弧,移动光标到将要放置尺寸的位置,单击鼠标中键,弹出"尺寸定向"对话框;选择"竖直"单选项,单击"接受"按钮,即完成两圆弧之间竖直距离的标注。

如果在"尺寸定向"对话框中选择"水平"单选项,单击"接受"按钮,即完成两圆弧水平距离的标注。标注的尺寸如图 2-18(c)所示。

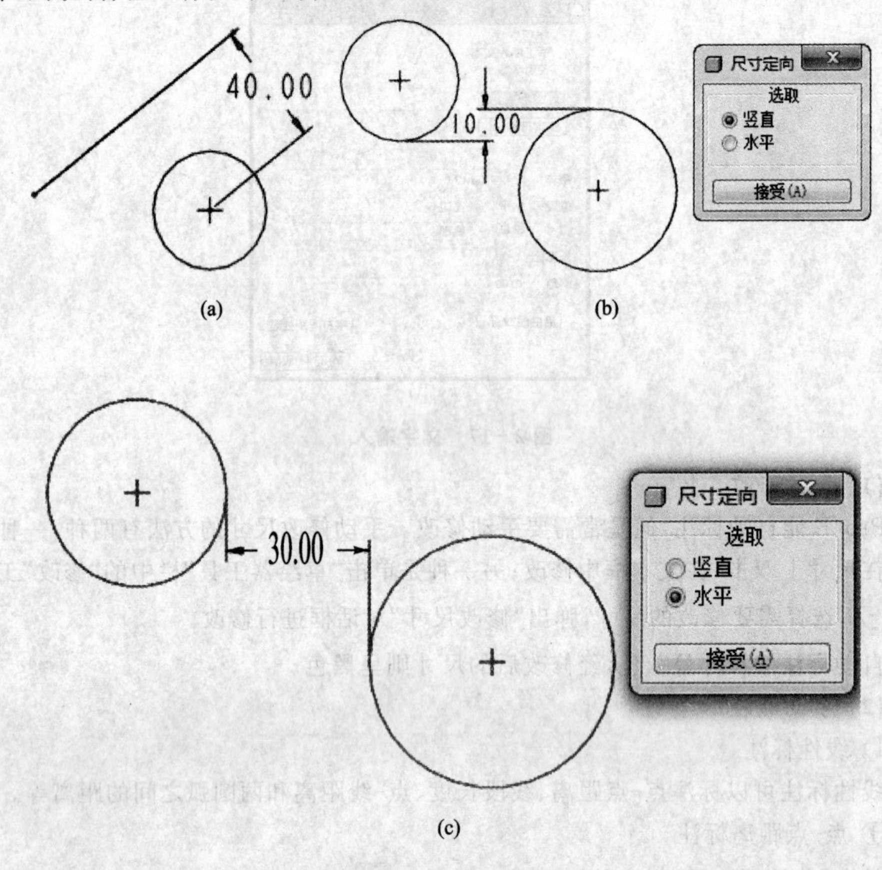

图 2-18　尺寸标注

2) 角度标注

角度标注有两种:一种是两直线夹角的标注;另一种是圆弧的角度标注。

① 两直线夹角的标注

如图 2-19(a)所示,单击"草绘器工具"栏中的"垂直"工具按钮 ,选择需要标注的两条直线,移动光标到将要放置尺寸的位置,单击鼠标中键,即得到两直线夹角的标注。

② 圆弧的角度标注

如图 2-19(b)所示,单击"草绘器工具"栏中的"垂直"工具按钮 ,选择圆弧的两个端点,在圆弧上单击,移动光标到将要放置尺寸的位置,单击鼠标中键,即得到圆弧的角度标注。

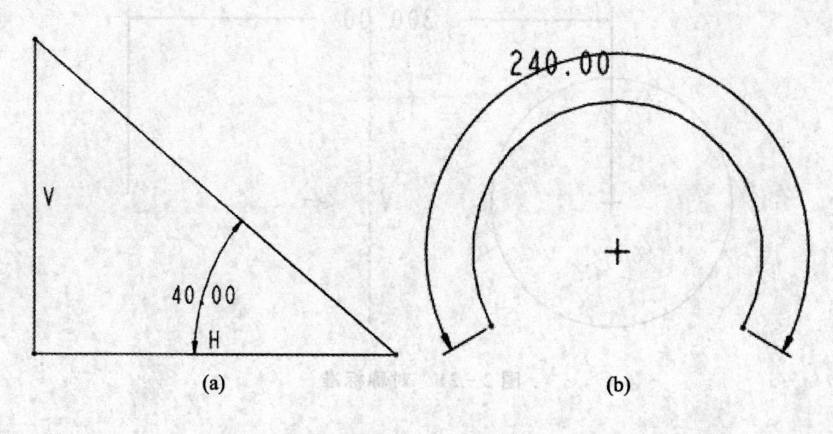

(a)　　　　(b)

图 2-19　角度标注

3）直径与半径的标注

① 半径标注

如图 2-20(a)所示，单击"草绘器工具"栏中的"垂直"工具按钮，单击需要标注的圆或圆弧，移动光标到将要放置尺寸的位置，单击鼠标中键，即得到圆或圆弧的半径标注。

② 直径标注

如图 2-20(b)所示，单击"草绘器工具"栏中的"垂直"工具按钮，双击需要标注的圆或圆弧，移动光标到将要放置尺寸的位置，单击鼠标中键，即得到圆或圆弧的直径标注。

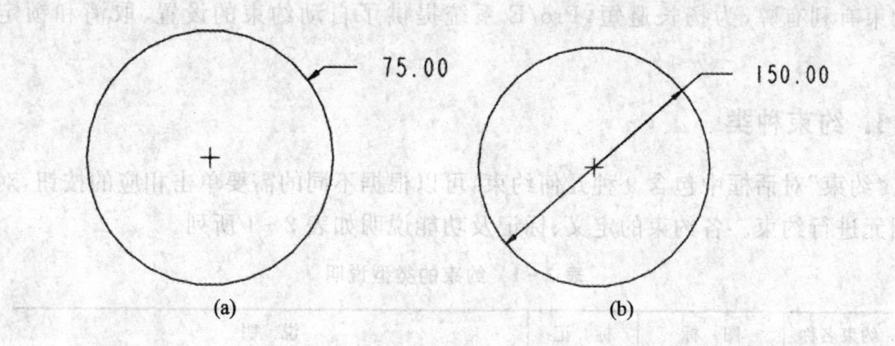

(a)　　　　(b)

图 2-20　半径与直径的标注

4）对称标注

如图 2-21 所示，单击"草绘器工具"栏中的"垂直"工具按钮，选择需要标注的点，然后选择中心线，再次选择标注点；移动光标到将要放置尺寸的位置，单击鼠标中键，即得到图元的对称标注。

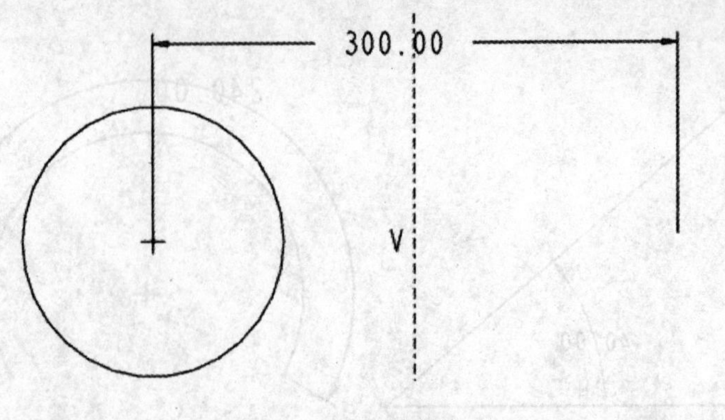

图 2-21 对称标准

2.3 草绘约束

草图绘制时，常遇到草绘约束的问题，例如，绘制直线时，单击确定起点，再移动光标拉出直线，如果确定的终点与起点近似在水平线上时，则系统会自动使直线成为水平线，并在线旁显示字幕“H”，表示该直线受到水平约束。

Pro/E 草绘可以自动判断约束条件，也可以手动设置。

2.3.1 自动判断约束

自动判断约束是指系统根据用户绘图意向，自动判断给定的约束条件。自动判断约束有利有弊，为扬长避短，Pro/E 系统提供了自动约束的设置、取消和锁定等操作。

1. 约束种类

“约束”对话框中包含 9 种几何约束，可以根据不同的需要单击相应的按钮，对几何图元进行约束。各约束的定义、标记及功能说明如表 2-1 所列。

表 2-1 约束的类型说明

约束名称	图 标	标 记	说 明
竖直排列	↕	V	使直线竖直或使顶点位于同一条竖直线上
水平排列	↔	H	使直线水平或使顶点位于同一条水平线上
平行	//	//	使两直线平行
垂直	⊥	⊥	使两线垂直

续表 2-1

约束名称	图　标	标　记	说　明
等长		L 或 R	使两直线、两边线等长或使两圆弧等半径
共线			使两点重合或使点到线上
对称			使两点相对于中心对称
中点		M	使点位于线的中点
相切		T	使直线、圆弧或样条线两两相切

2. 设置约束环境

系统自动约束给用户的操作带来不少的方便，但是有时也需要不进行自动判断约束，这时就需要对约束环境进行设置。

如图 2-22 所示，选择“草绘”|“选项”命令，在弹出的“草绘器优化选项”对话框中，选择“约束”选项卡；去除或添加项目前的复选框中的“√”，单击 ✔ 按钮，即完成草绘约束的设置。

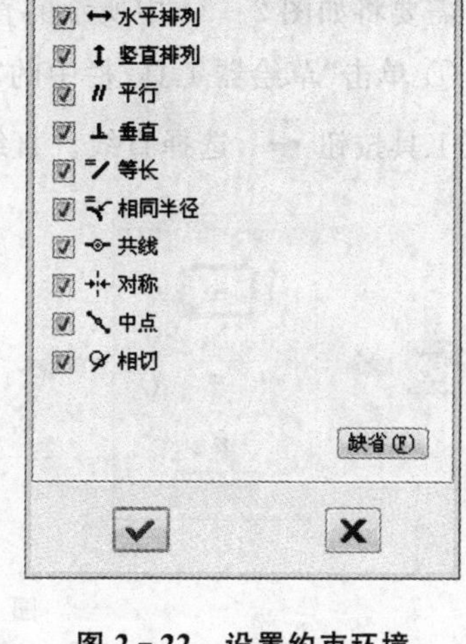

图 2-22　设置约束环境

3. 取消自动约束

绘图时有些约束的存在会对其他条件产生干扰，这时需要取消某些约束。如图 2-23 所示，绘制两圆时，通常系统会自动判断两圆半径相等。当出现“R1”约束符号时右击，符号变成了“R/”表示该约束已经取消。

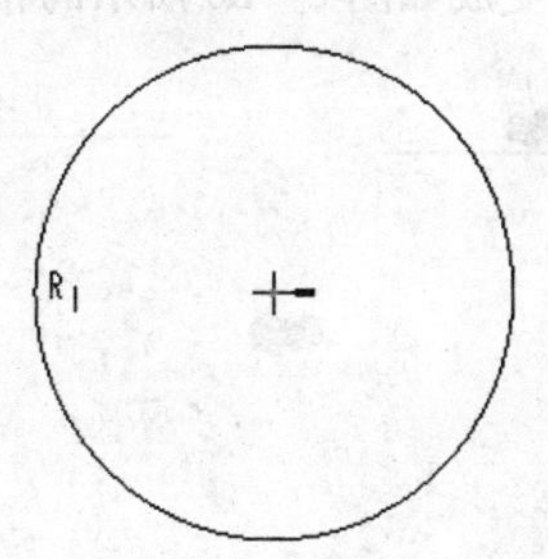

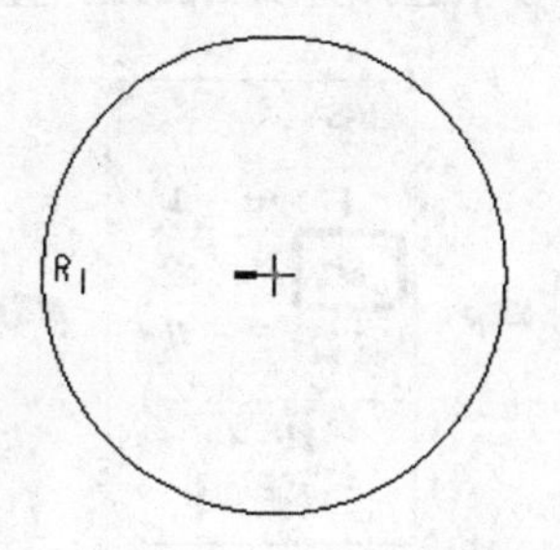

图 2-23　取消自动约束

2.3.2 手动设置约束

除了系统自动判断约束外，还可以手动设置约束。单击"草绘器工具"栏中的"约束"工具按钮，弹出如图 2－24 所示的"约束"面板，其中包含竖直、水平、垂直和相切等 9 种约束。

图 2－24 "约束"面板

需要将如图 2－24 中所示的直线设置为水平线并且与圆弧相切，步骤如下：

① 单击"草绘器工具"栏中的"约束"工具按钮；在弹出的"约束"面板上单击约束工具按钮，选择直线。直线在水平约束下变成如图 2－25 所示的水平状态。

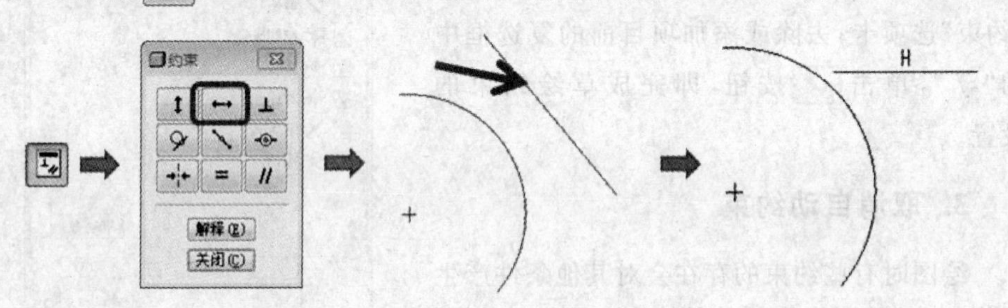

图 2－25 水平约束操作

② 单击"草绘器工具"栏中的"约束"工具按钮；在弹出的"约束"面板上单击约束工具按钮，选择直线和圆弧。直线在水平约束下变成如图 2－26 所示的相切状态。

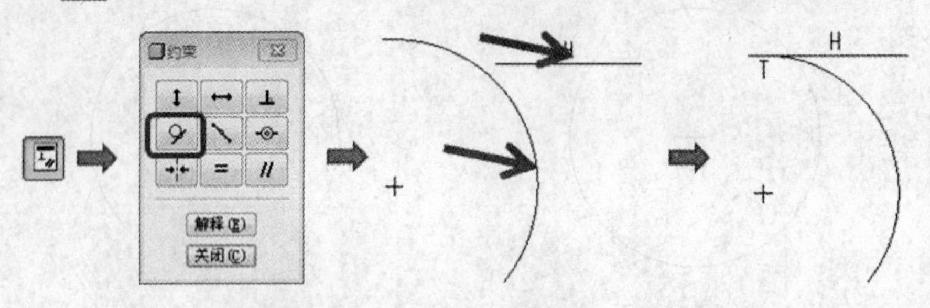

图 2－26 相切约束操作

2.4 草绘编辑

草图绘制完成后往往需要进行编辑。编辑命令包括裁剪、分割、镜像、旋转和复制等。

2.4.1 裁剪和分割

单击“草绘器工具”栏中的“删除段”工具按钮右边的下三角按钮，弹出3种裁剪和分割工具按钮：单击“删除段”工具按钮可进行动态裁剪；单击“拐角”工具按钮可进行静态裁剪；单击“分割”工具按钮可以对图元进行分割。

1. 动态裁剪

如图2-27所示，如果需要由图(a)获得图(b)的图形，即可利用动态裁剪命令快速地将图(a)中一些多余的线条修剪掉。

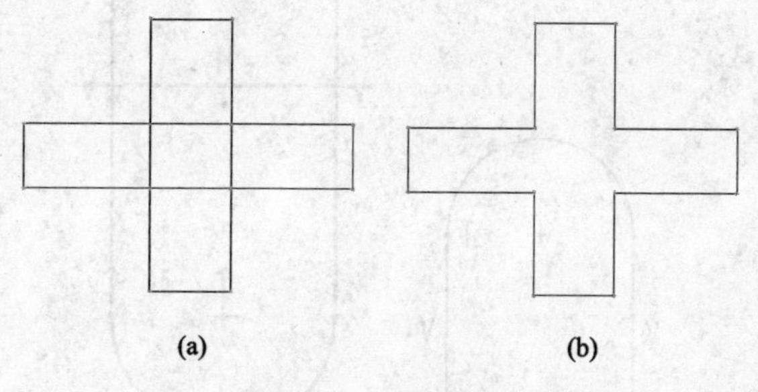

图2-27 动态裁剪

单击“草绘器工具”栏中的“删除段”工具按钮，拖动使其路径通过要裁剪的线条，路径和被选择的线段就会呈现红色，然后放开，选中的线段就会被修剪掉，得到所需的图形。

2. 静态裁剪

静态裁剪是指依照设置的边界，对图形进行修剪或延伸。其方法是，单击“草绘器工具”栏中的“删除段”工具按钮右边的下三角按钮，再单击“拐角”工具按钮；先单击选择边界对象，再单击选择需要裁剪的对象。

3. 分 割

“分割”命令可以将图元分割成多个小段，成为各自独立的线段。

单击“草绘器工具”栏中的“删除段”工具按钮右边的下三角按钮，再单击“分割”工具按钮；单击选择第一点，再单击选择第二点，得到分割的曲线。

2.4.2 镜 像

单击“草绘器工具”栏中的“镜像”工具按钮右边的下三角按钮，弹出 2 个工具按钮：单击“镜像”工具按钮可对图元进行镜像；单击“旋转”工具按钮可对图元进行缩放并旋转。

如图 2-28 所示的图形，上下关于中心线对称，可以先绘制图形一部分及中心线，再利用“镜像”命令对称复制剩下的部分，从而大大提高绘图效率。

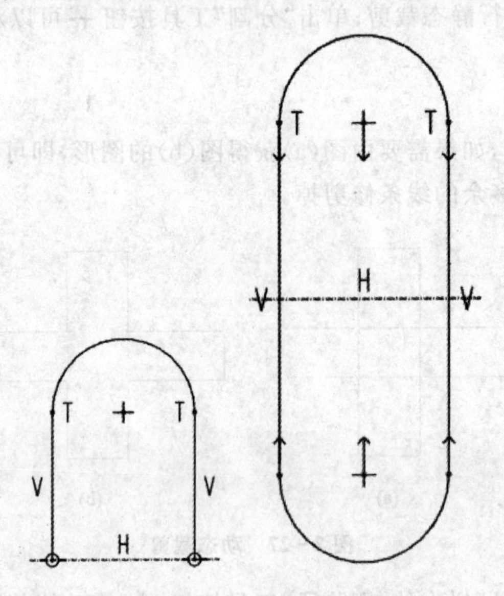

图 2-28 镜像对象

按住 Ctrl 键，在绘图区选择所有要进行镜像的图形；单击“草绘器工具”栏中的“镜像”工具按钮；选择中心线作为镜像的参考线，即可得到所需的图形。

2.4.3 草绘器诊断

“草绘器诊断”工具栏主要用于对用户绘制的二维截面草图进行检测，以检查截面是否封闭、是否存在开放断点、是否存在重叠的几何图元等，如图 2-29 所示。当单击各工具按钮时，相应的功能即起作用。

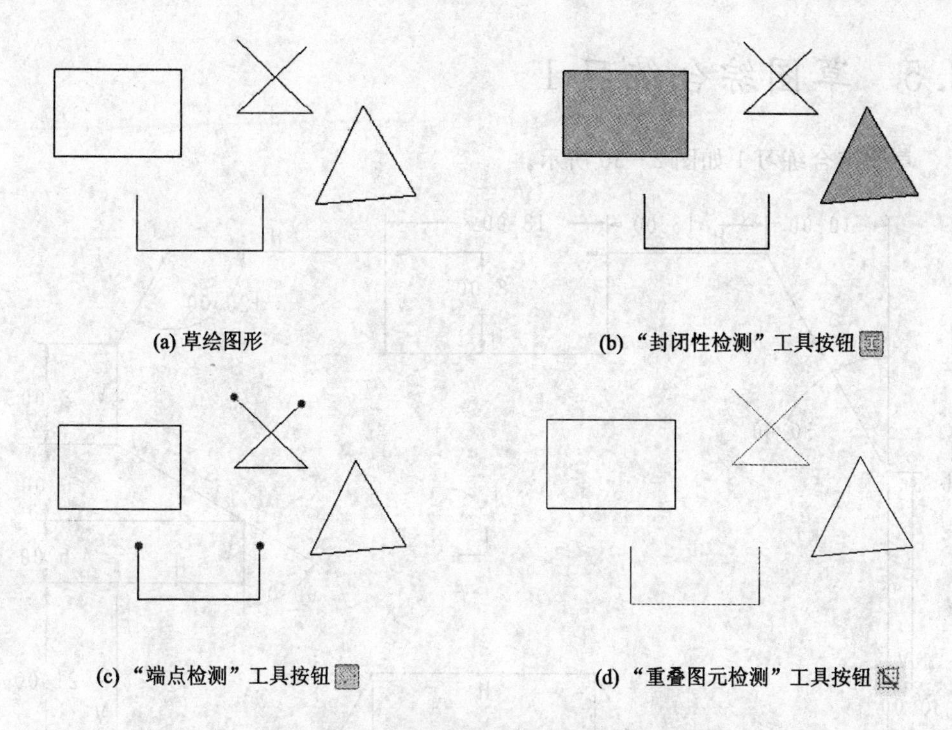

(a) 草绘图形 (b) “封闭性检测”工具按钮

(c) “端点检测”工具按钮 (d) “重叠图元检测”工具按钮

图 2-29 “草绘器诊断”工具按钮使用示例

2.4.4 草绘环境下鼠标的使用技巧

在草绘图形时，为了快速观察和绘制草图，应当掌握鼠标结合键盘的一些使用技巧，如表 2-2 所列。

表 2-2 鼠标的使用技巧

操作方式	功能说明
单击	选取单个图元
Ctrl 键＋鼠标左键	一次选取多个图元
拖动	框选多个图元
右击	打开快捷菜单
单击鼠标中键	确认并结束操作
按住鼠标中键并拖动	在绘图区内任意旋转图元
Shift 键＋鼠标中键	在绘图区任意平移图元
滚动鼠标中键(滚轮)	在绘图区任意缩放图元

2.5 草图综合练习 1

草图综合练习 1 如图 2－30 所示。

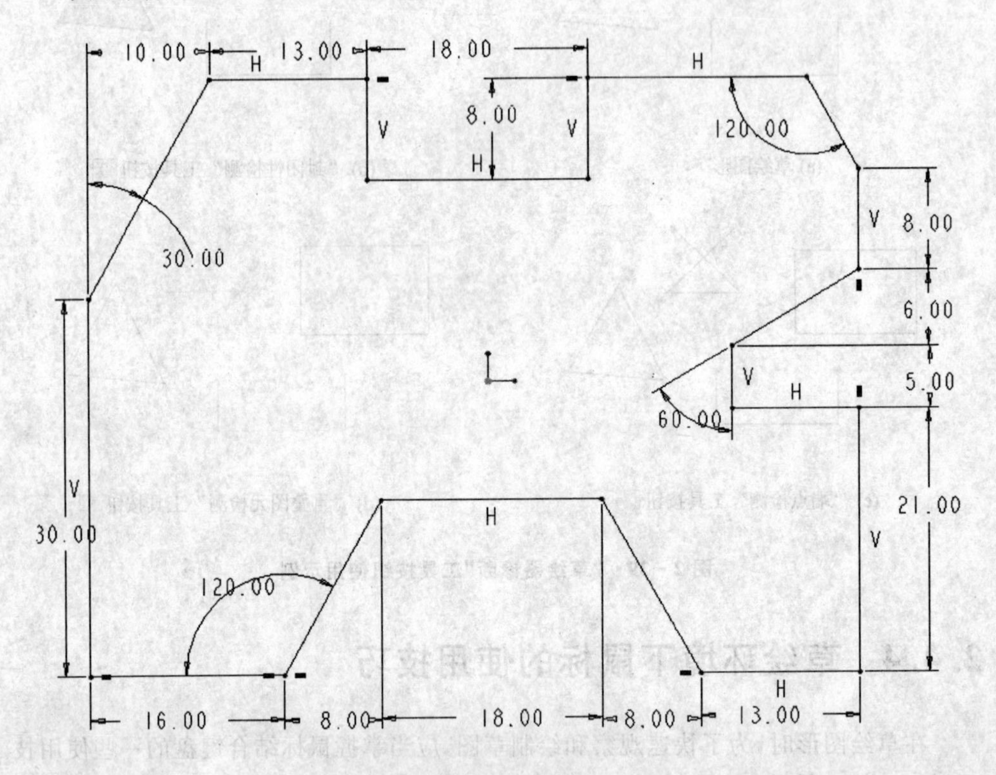

图 2－30 草图综合练习 1

2.5.1 案例分析

本案例是一个技巧性很强的图形，它主要通过多条直线连接而成，不存在对称结构。

2.5.2 操作步骤

本例的操作步骤如下：

① 单击工具栏中的“新建”工具按钮 ，或者选择菜单“文件”|“新建”选项，弹出“新建”对话框，在“类型”选项区域选择“零件”单选项，文件名修改成 caohui_1，取消选择“使用缺省模板”复选项，单击“确定”按钮，进入“模板”选择对话框，选择

mmns_part_solid，单击“确定”按钮，完成新建文件设置。

② 单击工具栏中的“草绘”工具按钮，弹出“草绘”对话框，选择 FRONT 面作为草绘平面，单击“确定”按钮或鼠标中键，进入草图工作界面。

③ 单击工具栏中的“直线”工具按钮，绘制出图形的草图，如图 2－31 所示。

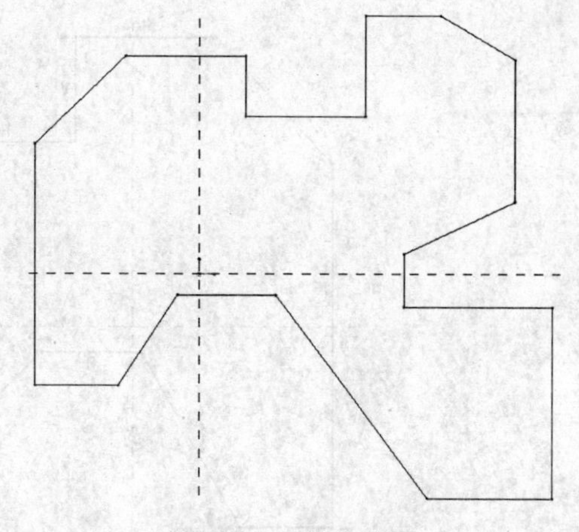

图 2－31　绘制草图

④ 单击“约束”工具按钮；在弹出的“约束”面板上，单击“水平”工具按钮，选中图形上方两条直线的端点；然后选中图形下方两条直线的端点，添加两个水平约束，如图 2－32 所示。

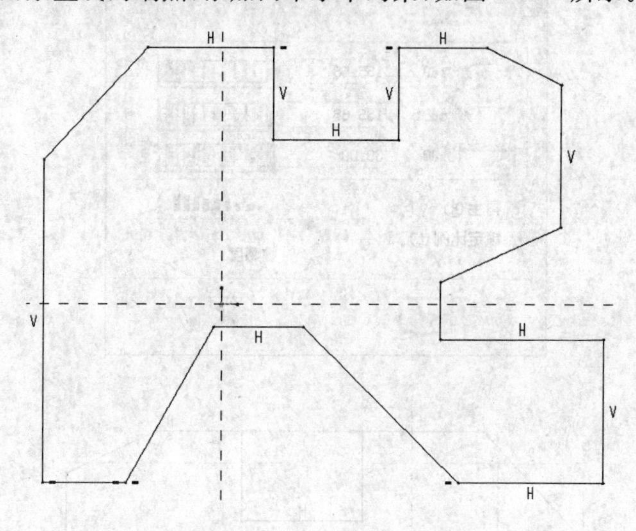

图 2－32　添加水平约束

⑤ 单击“约束”工具按钮，在弹出的“约束”面板上，单击“竖直”工具按钮，选中图形右侧的两条直线的端点，添加一个竖直约束，如图 2－33 所示。

⑥ 单击“草绘器工具”栏中的“修改”工具按钮，弹出“修改尺寸”对话框；在对话框中取消选择“再生”复选项，选择“锁定比例”复选项，选中图形左侧的直线长度将其修改成 30，单击按钮完成图形尺寸的整体修改，如图 2－34 所示。

⑦ 单击“垂直”工具按钮，按照图形的要求将没有标注的尺寸标注上，如图 2－35 所示。

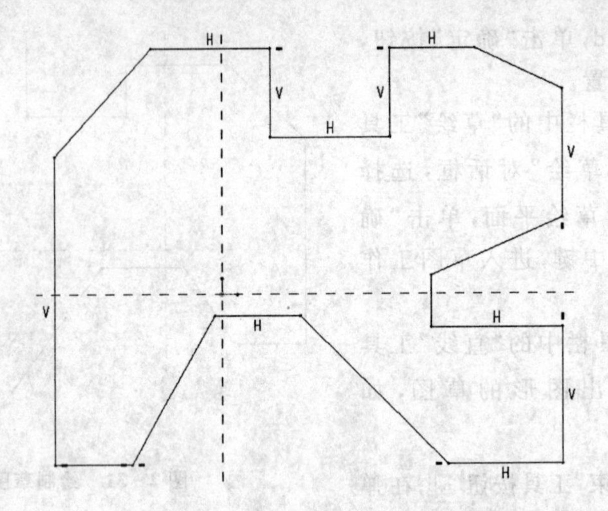

图 2-33　添加竖直约束

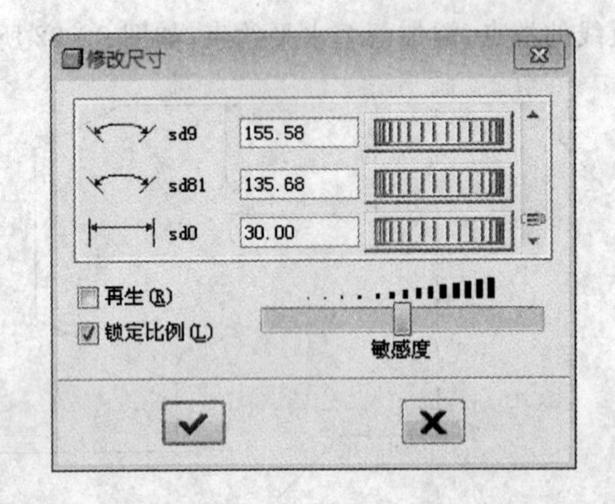

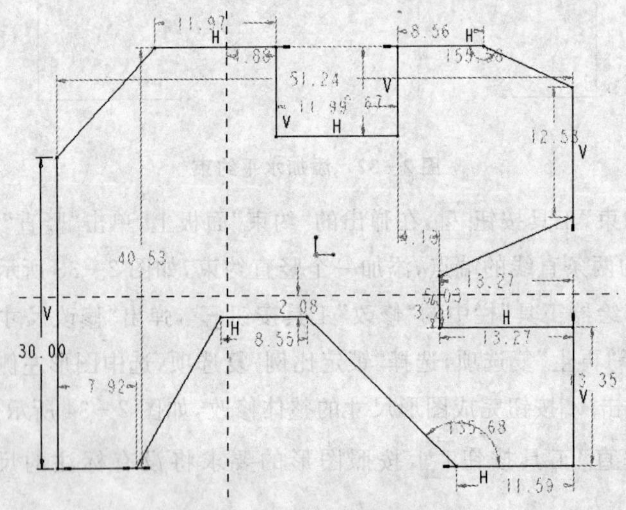

图 2-34　整体修改尺寸

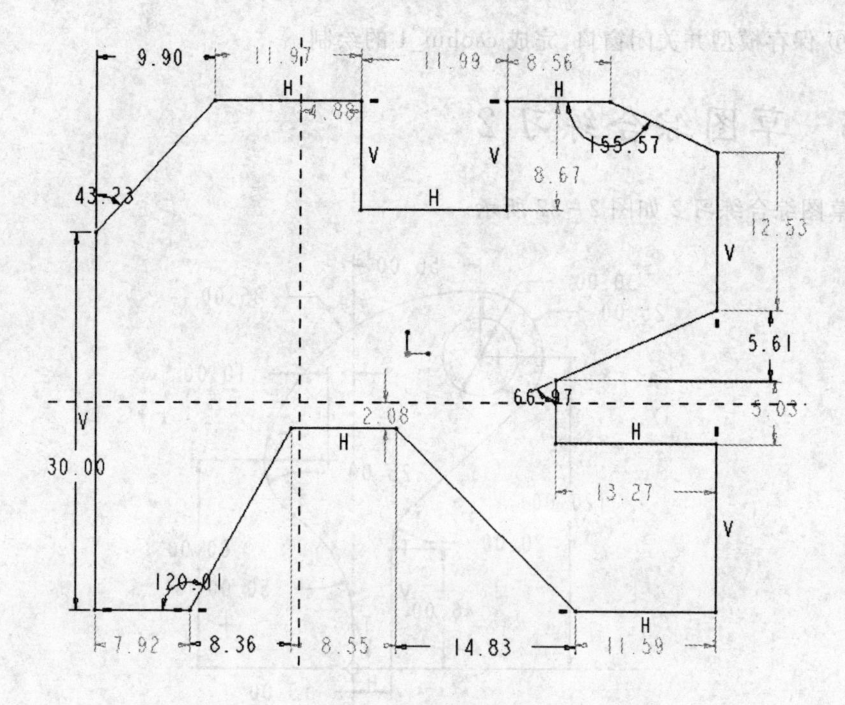

图 2-35　标注尺寸

⑧ 双击尺寸修改成要求的数值，从而完成截面尺寸的修改，如图 2-36 所示。单击“完成”按钮 ✔，完成草图的绘制。

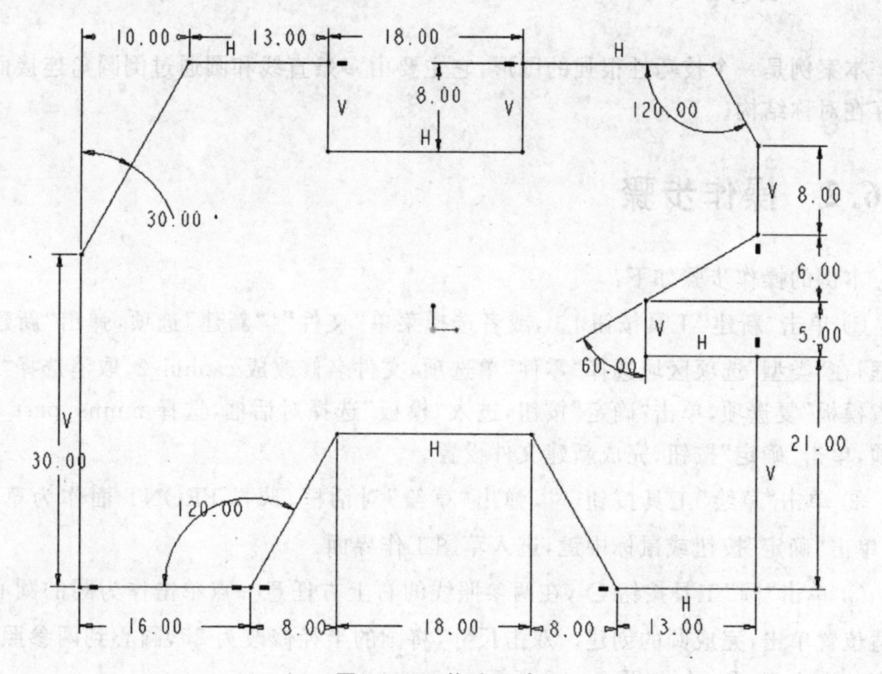

图 2-36　修改尺寸

⑨ 保存模型并关闭窗口，完成 caohui_1 的绘制。

2.6 草图综合练习 2

草图综合练习 2 如图 2-37 所示。

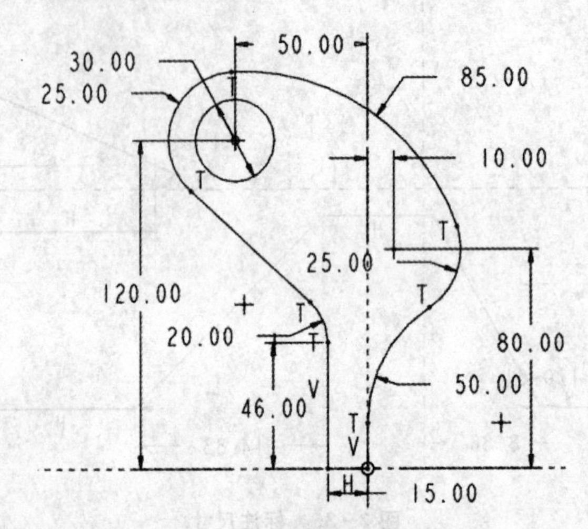

图 2-37 草图综合练习 2

2.6.1 案例分析

本案例是一个技巧性很强的图形，它主要由多条直线和圆通过倒圆角连接而成，不存在对称结构。

2.6.2 操作步骤

本例的操作步骤如下：

① 单击“新建”工具按钮 ，或者选择菜单“文件”|“新建”选项，弹出“新建”对话框，在“类型”选项区域选择“零件”单选项，文件名修改成 caohui_2，取消选择“使用缺省模板”复选项，单击“确定”按钮，进入“模板”选择对话框，选择 mmns_part_solid 选项，单击“确定”按钮，完成新建文件设置。

② 单击“草绘”工具按钮 ，弹出“草绘”对话框，选择 FRONT 面作为草绘平面，单击“确定”按钮或鼠标中键，进入草图工作界面。

③ 单击“圆”工具按钮 ，在两参照线的右上方任意一点单击作为圆的圆心，在合适位置单击，完成圆的创建。双击尺寸，将圆的半径修改为 25，圆心到两参照线的距离分别为 10 和 80，如图 2-38 所示。

④ 单击“直线”工具按钮 ╲，在竖直参照线的上方任意一点单击作为直线的起点，在坐标原点单击作为直线的一个折点，在水平参照线的左侧任意一点单击作为直线的另一个折点，最后在过这一点的竖直方向上的任意一点单击作为直线的终点，然后双击尺寸，修改直线的长度，如图 2-39 所示。

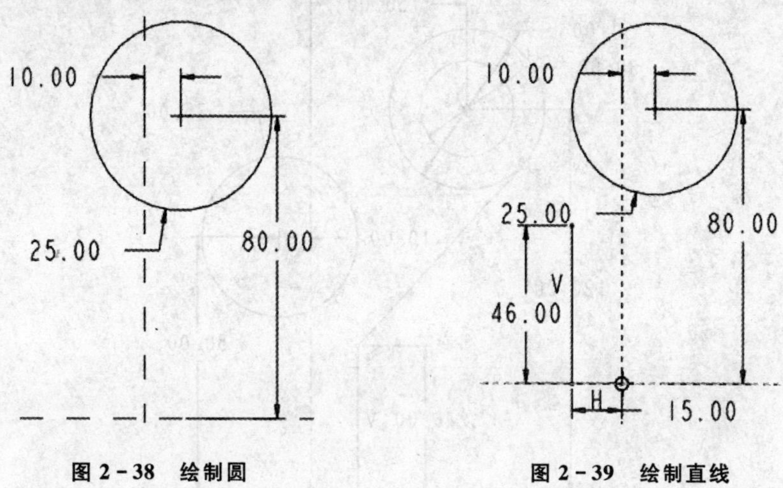

图 2-38　绘制圆　　**图 2-39　绘制直线**

⑤ 单击“草绘器工具”栏中的“圆”工具按钮 ○，在两参照线的左上方任意一点单击作为圆的圆心，在合适位置单击，完成圆的创建；单击“草绘器工具”栏中的“圆”工具按钮 ○ 右边的下三角按钮，再单击“同心圆”工具按钮 ◎，选择上一步创建的圆作为同心圆的基础圆，在合适位置单击，然后双击尺寸，修改两圆的直径分别为 50 和 30，如图 2-40 所示。

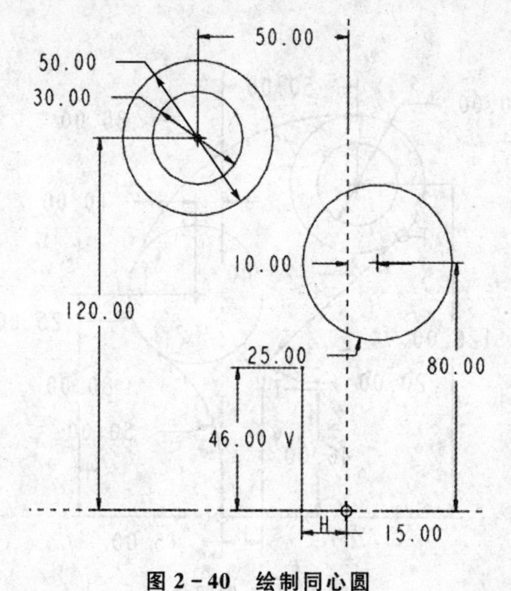

图 2-40　绘制同心圆

⑥ 单击“直线”工具按钮 ╲，在长度为 46 的直线的终点单击作为直线的起始点，将光标移动到直径为 50 的圆上，当出现“T”相切约束时单击作为直线的终点，如图 2-41 所示。

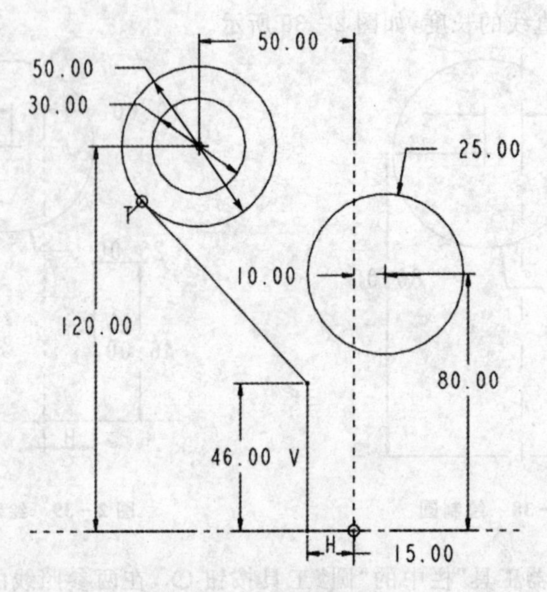

图 2-41　绘制圆的切线

⑦ 单击“圆角”工具按钮 ⌒，在半径为 25 的圆倒角的大致位置单击，完成两个圆圆角的创建；在直线的端点附近和圆上单击，完成圆和直线圆角的创建；在两直线的端点附近单击，完成两直线圆角的创建。双击圆角，修改圆角的尺寸，如图 2-42 所示。

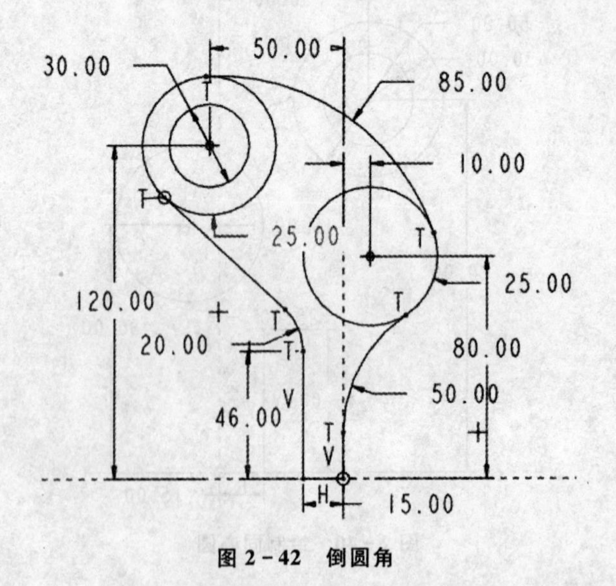

图 2-42　倒圆角

⑧ 单击"删除段"工具按钮 ，删除多余线段，如图 2－43 所示；单击"完成"按钮 ，完成草图的绘制。

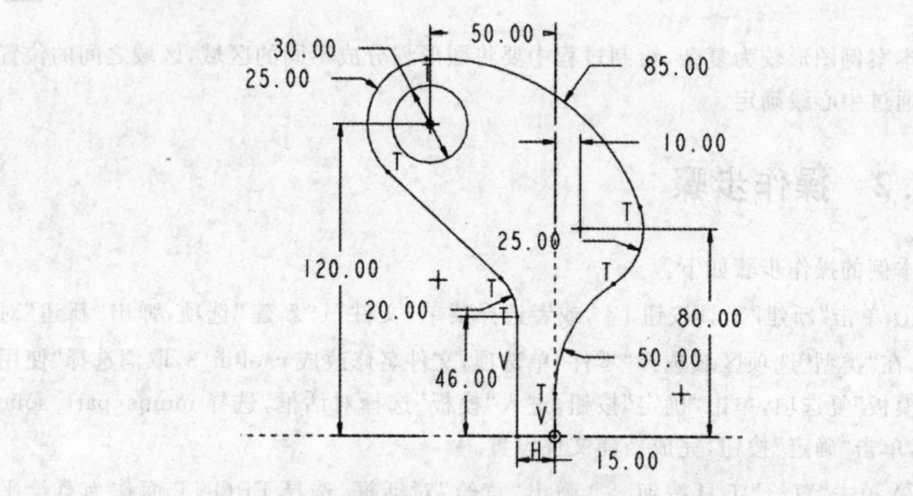

图 2－43　删除多余线段

⑨ 保存模型并关闭窗口，完成 caohui_2 的绘制。

2.7　草图综合练习 3

草图综合练习 3 如图 2－44 所示。

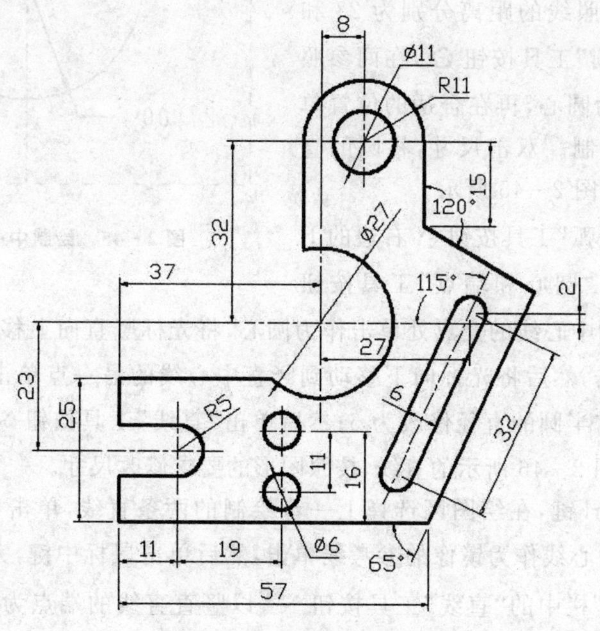

图 2－44　草图综合练习 3

2.7.1 案例分析

本案例图形较为复杂，绘制过程中要将图形划分成不同的区域，区域之间的位置主要通过中心线确定。

2.7.2 操作步骤

本例的操作步骤如下：

① 单击“新建”工具按钮，或者选择菜单“文件”|“新建”选项，弹出“新建”对话框，在“类型”选项区域选择“零件”单选项，文件名修改成 caohui_3，取消选择“使用缺省模板”复选项，单击“确定”按钮，进入“模板”选择对话框，选择 mmns_part_solid 选项，单击“确定”按钮，完成新建文件设置。

② 单击“草绘”工具按钮，弹出“草绘”对话框，选择 FRONT 面作为草绘平面，单击“确定”按钮或鼠标中键，进入草图工作界面。

③ 单击“直线”工具按钮右边的下三角按钮，再单击“中心线”工具按钮，在两参照的位置绘制两条中心线，在两中心线的左下方再绘制两条水平和竖直的中心线，到两参照线的距离分别为 23 和 26；然后单击“圆”工具按钮，在两参照的交点单击作为圆心，再在合适的位置单击，完成圆的绘制。双击尺寸，将圆的直径修改为 27，如图 2-45 所示。

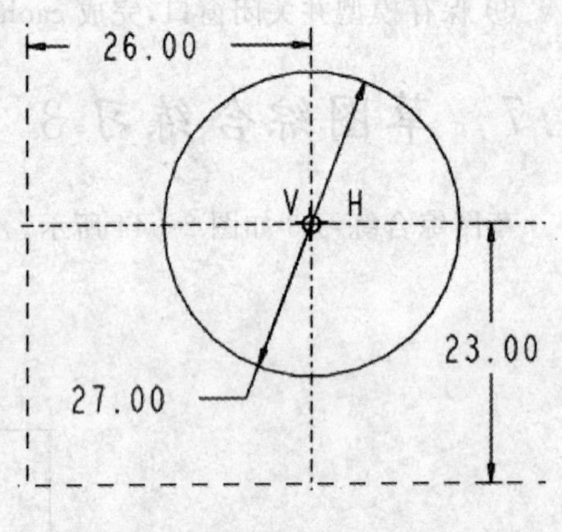

图 2-45 绘制中心线和圆

④ 单击“圆弧”工具按钮右边的下三角按钮，单击“圆心和端点”工具按钮，在左下方两中心线的交点处单击作为圆心，将光标竖直向上移动到竖直中心线的任意一点单击，然后将光标向下移动到竖直中心线的另一点单击，完成半圆的绘制；双击尺寸，将半圆的直径修改为 5；然后单击“直线”工具按钮，以半圆的端点为起点绘制如图 2-46 所示的直线，按照图形的要求修改尺寸。

⑤ 按住 Ctrl 键，在绘图区选择上一步绘制的两条直线，单击“镜像”工具按钮，选择水平中心线作为镜像的参考线单击，然后单击鼠标中键，完成镜像操作；单击“草绘器工具”栏中的“直线”工具按钮，以竖直直线的端点为起点绘制一条长 57 的水平直线，如图 2-47 所示。

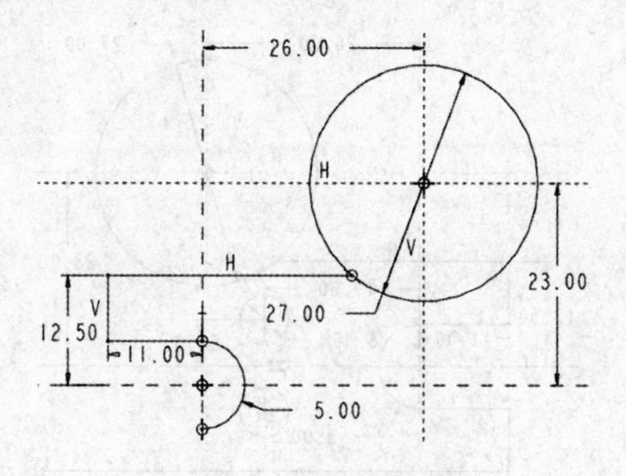

图 2-46 绘制圆弧和直线

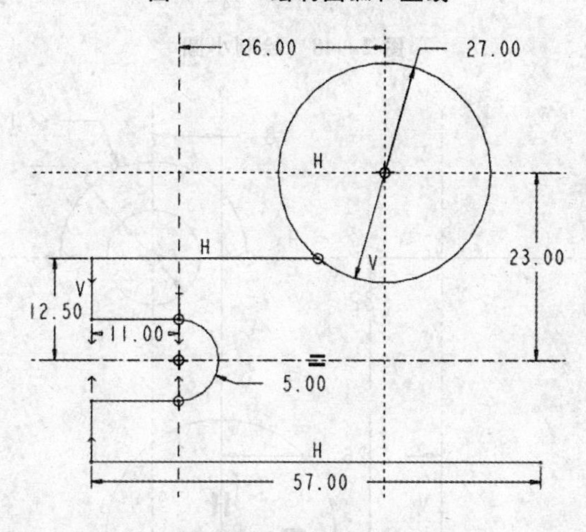

图 2-47 镜像曲线

⑥ 单击“圆”工具按钮 ○ ,在两参照线的左下方任意一点单击,在合适的位置单击,完成圆的绘制。双击尺寸,将圆的直径改为 6,圆心到左下方的两中心线的距离分别为 5.5 和 19;选中绘制的圆,单击“镜像”工具按钮 ,选择水平中心线作为镜像的参考线单击,然后单击鼠标中键,完成镜像操作,如图 2-48 所示。

⑦ 单击“直线”工具按钮 ╲ 右边的下三角按钮,再单击“中心线”工具按钮 ⁞ ,在参照线的右上方再绘制两条水平和竖直的中心线,到两参照线的距离分别为 32 和 8;然后单击“圆”工具按钮 ○ ,在两中心线的交点处单击作为圆心,在合适的位置单击,完成圆的绘制;然后单击“圆弧”工具按钮 ◝ 右边的下三角按钮,单击“同心”工具按钮 ,选择直径为 11 的圆单击作为同心圆弧的基础圆,将光标水平向左移动到水平中心线的任意一点单击,然后将光标水平向右移动到水平中心线的另一点单击,完成半圆的绘制。双击尺寸,将圆的直径修改为 11,半圆的半径修改为 11,如图 2-49 所示。

⑧ 单击“直线”工具按钮 ╲ ,绘制如图 2-50 所示的直线;双击尺寸,按照图形要

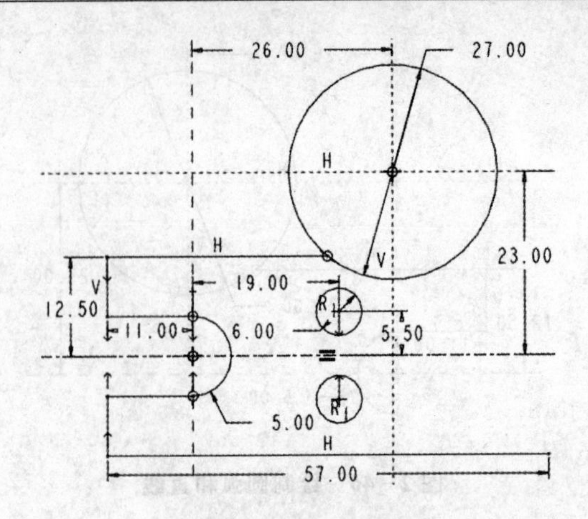

图 2-48　绘制小圆

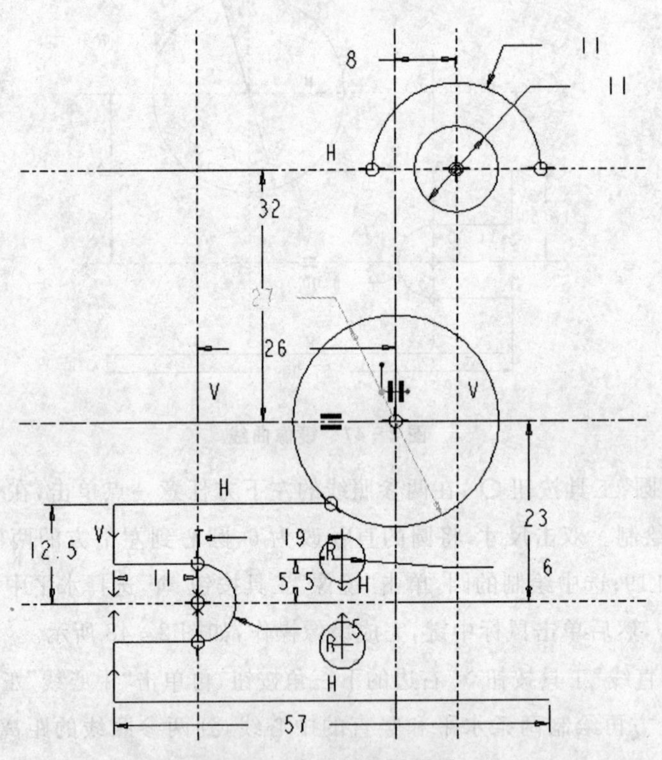

图 2-49　绘制圆和圆弧

求修改尺寸。

⑨ 单击“点、参照坐标系”工具按钮 ×，在水平中心线上任意一点单击，绘制一个点，点到竖直中心线的距离为 27；单击“直线”工具按钮 ＼ 右边的下三角按钮，再单击“中心线”工具按钮 ¦ ，过上一步绘制的点绘制一条与水平中心线夹角为 115°的中心线，如图 2-51 所示。

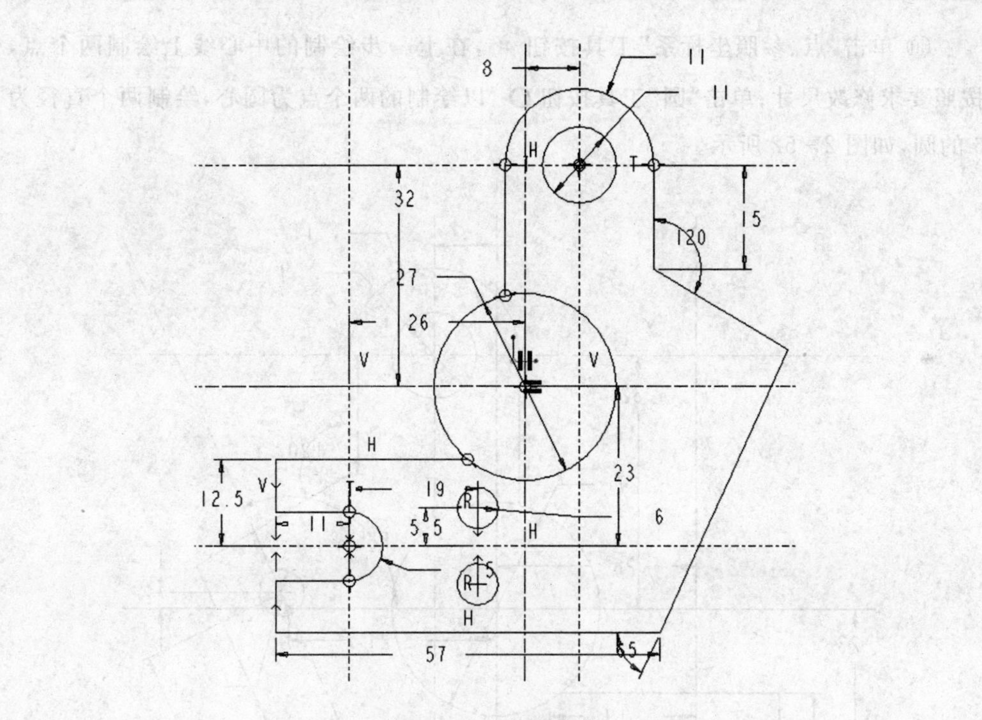

图 2-50 绘制直线

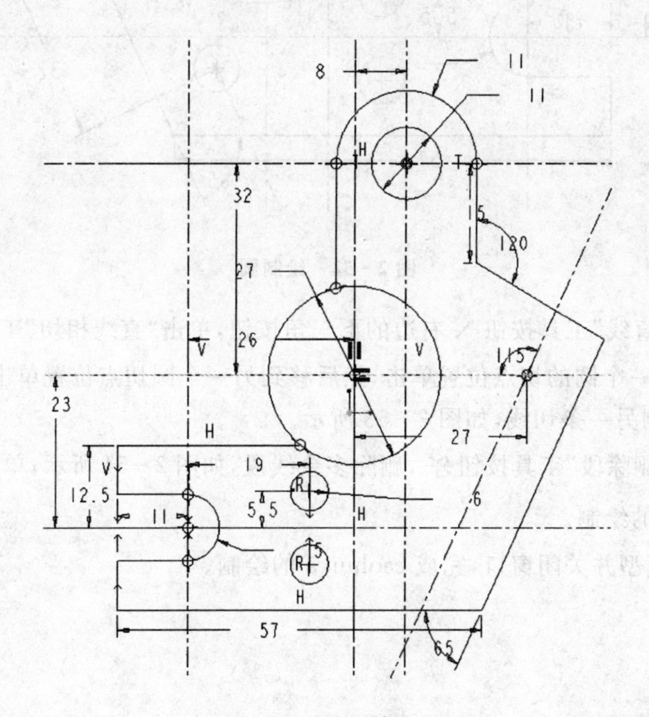

图 2-51 绘制辅助线

⑩ 单击“点、参照坐标系”工具按钮 × ,在上一步绘制的中心线上绘制两个点,按照要求修改尺寸;单击“圆”工具按钮 ○ ,以绘制的两个点为圆心,绘制两个直径为 6 的圆,如图 2-52 所示。

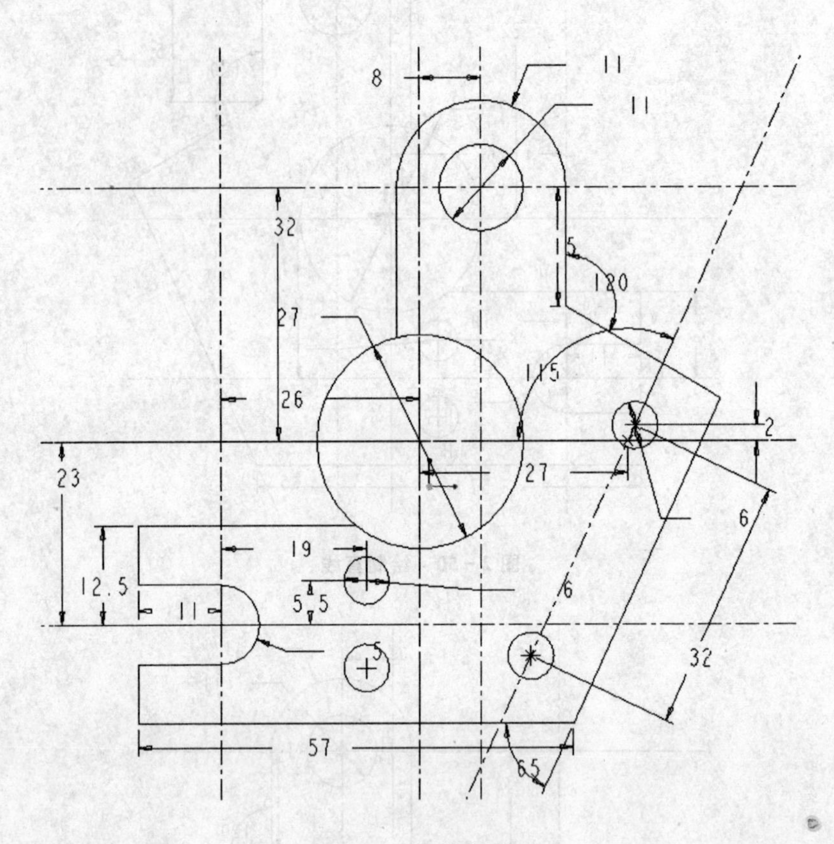

图 2-52 绘制圆

⑪ 单击“直线”工具按钮 \ 右边的下三角按钮,单击“直线相切”工具按钮 ,在上一步绘制的一个圆的切点位置单击,然后移到另一个圆切点位置单击,完成切线的绘制;同样绘制另一条切线,如图 2-53 所示。

⑫ 单击“删除段”工具按钮 ,删除多余线段,如图 2-54 所示;单击“完成”按钮 ✔,完成草图的绘制。

⑬ 保存模型并关闭窗口,完成 caohui_3 的绘制。

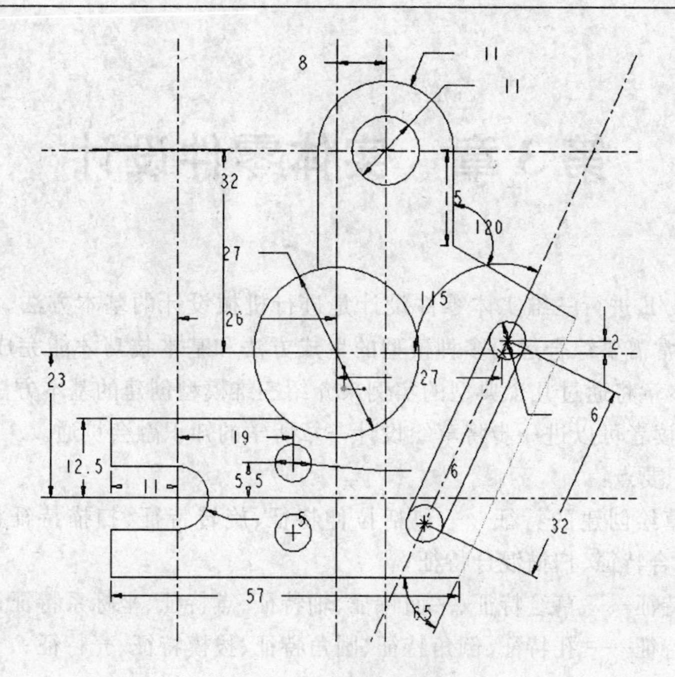

图 2-53　绘制相切线

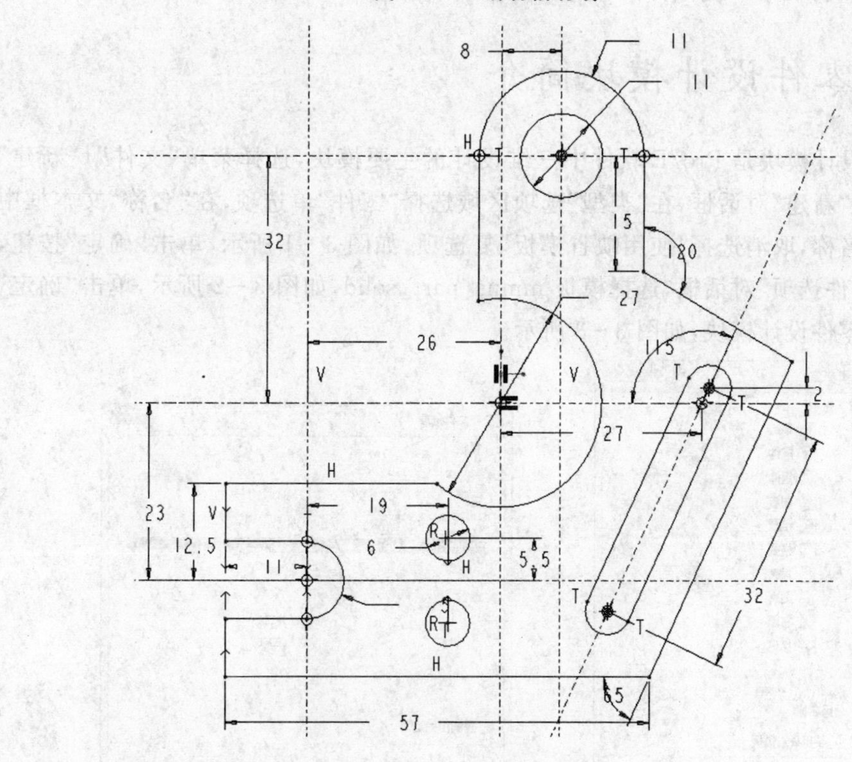

图 2-54　删除多余线段

第3章 实体零件设计

使用Pro/E进行三维实体零件设计是进行机械设计的基本方法。在实体的创建过程中,常常需要综合运用多种模型的生成方法和基本技巧才能完成实体模型的创建工作。本章将通过几个典型的实例来介绍三维模型创建的基本方法和技巧。借助这些实例,读者可以进一步将草绘设计一章所学的知识融会贯通。

本章知识要点:

※ 基于草绘创建的特征——包括拉伸特征、旋转特征、扫描特征、螺旋扫描特征、混合特征、扫描混合特征;

※ 基准特征——草绘特征、平面特征、轴特征、点特征、坐标系特征;

※ 修饰特征——孔特征、倒角特征、圆角特征、拔模特征、壳特征;

※ 装换特征——镜像特征、阵列特征。

3.1 零件设计模块简介

零件设计模块是Pro/E软件中三维设计的主要模块,选择菜单“文件”|“新建”选项,弹出“新建”对话框,在“类型”选项区域选择“零件”单选项,在“名称”文本框中输入零件名称,取消选择“使用缺省模板”复选项,如图3-1所示,单击“确定”按钮,弹出“新文件选项”对话框,选择模板mmns_part_solid,如图3-2所示,单击“确定”按钮进入零件设计模块,如图3-3所示。

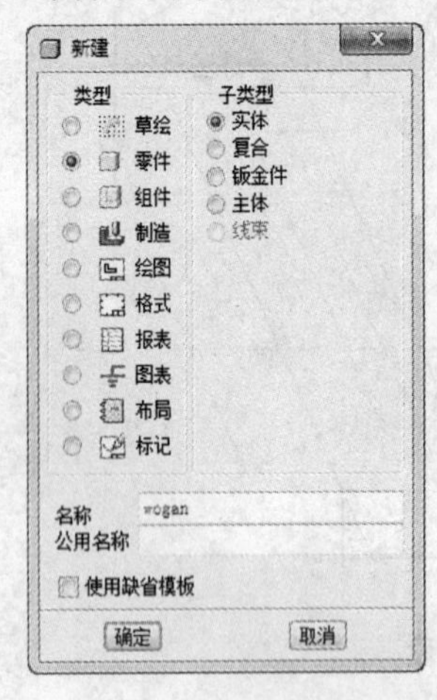

图3-1 “新建”对话框

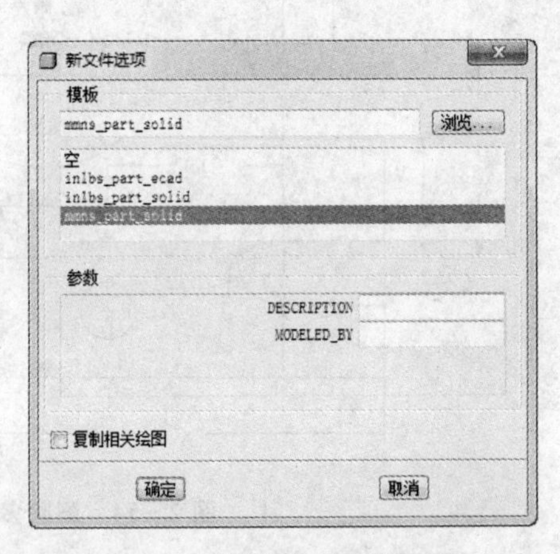

图3-2 “新文件选项”对话框

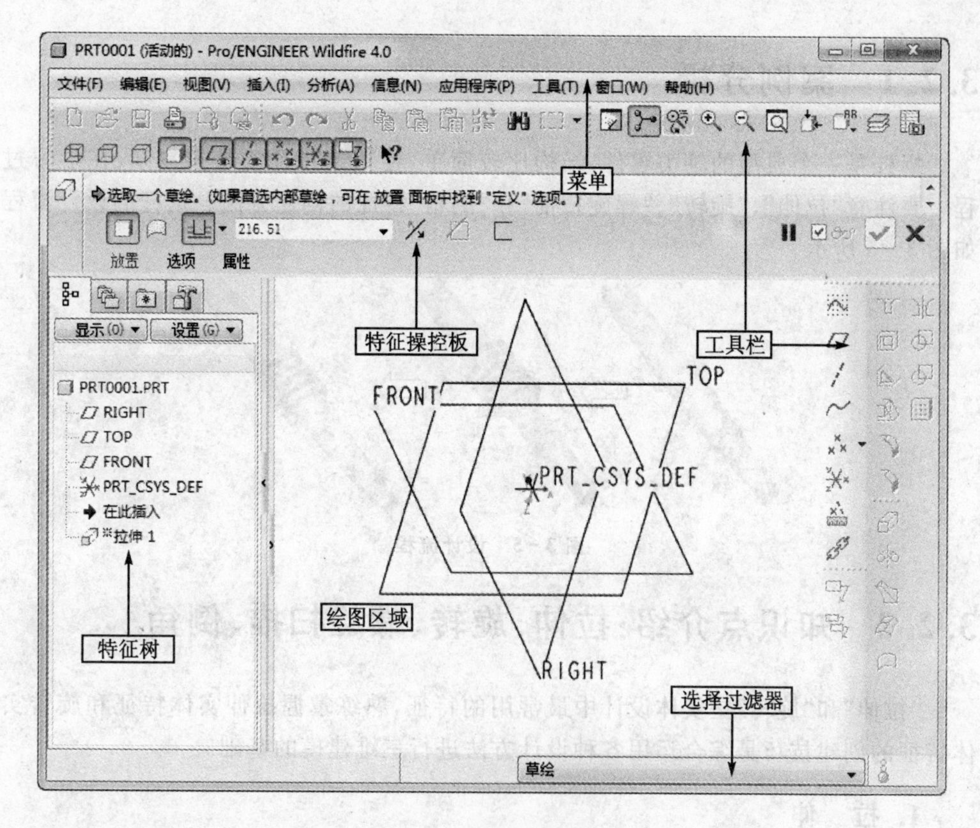

图 3-3　零件设计模块

3.2　零件设计案例 1——蜗杆

零件设计案例 1——蜗杆，如图 3-4 所示。

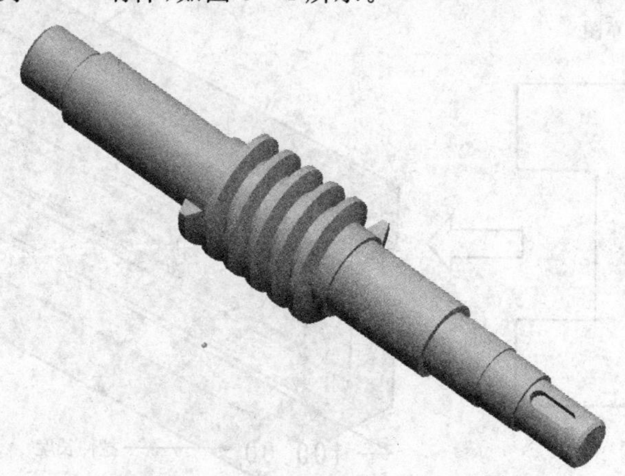

图 3-4　零件设计案例 1——蜗杆

3.2.1　案例分析

蜗杆是一个典型的轴类零件，结构比较简单，使用的特征不是很复杂，在学习过程中要注意“拉伸”、“旋转”、“螺旋扫描”和“倒角”特征的创建方法。蜗杆的设计流程如图 3－5 所示。

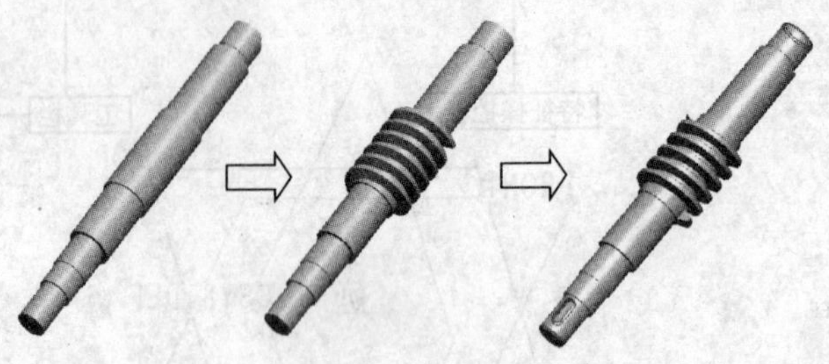

图 3－5　设计流程

3.2.2　知识点介绍：拉伸、旋转、螺旋扫描、倒角

“拉伸”和“旋转”是实体设计中最常用的特征，熟练掌握拉伸实体特征和旋转实体特征的创建技巧是综合运用各种设计方法进行三维建模的基础。

1. 拉　伸

将绘制的二维截面沿着该截面所在平面的法向拉伸指定的深度生成的三维特征，称为拉伸特征。其中，用拉伸特征得到伸出或去除材料的实体特征，称为实体拉伸特征，如图 3－6 所示。

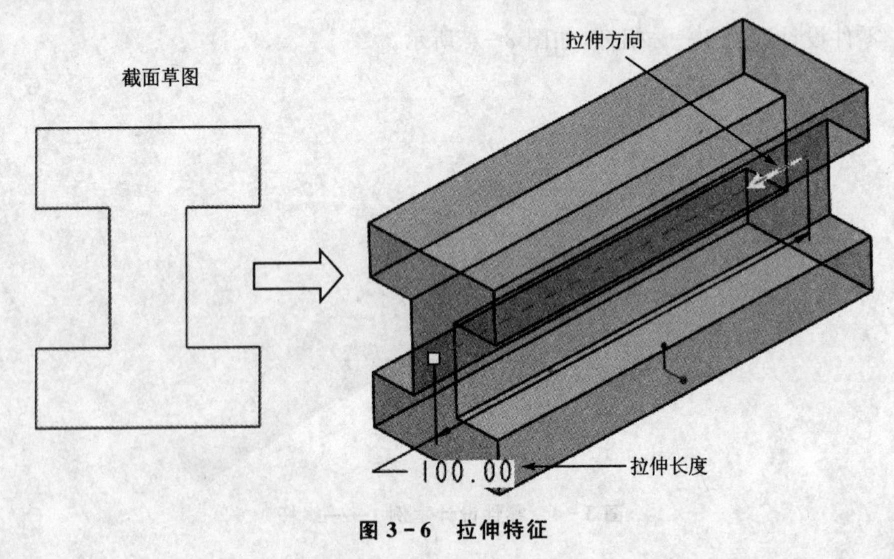

图 3－6　拉伸特征

单击工具栏中的“拉伸”工具按钮，或选择菜单“插入”|“拉伸”选项，系统弹出如图3-7所示的拉伸特征操控板。

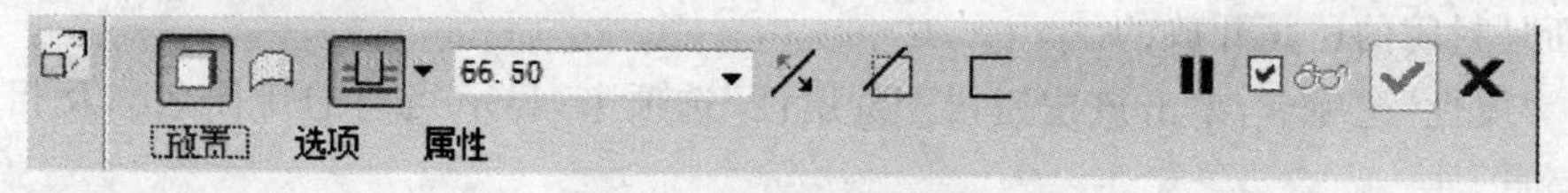

图3-7　拉伸特征操控板

其中：

创建实体拉伸特征。

创建曲面拉伸特征。

切换拉伸方向。

从模型中去除材料。

创建薄壁实体拉伸特征。

暂停当前的特征命令，去执行其他操作。

预览生成的特征。

确定当前特征的创建。

取消当前特征的创建。

确定拉伸深度的图标选项：

用户给定的拉伸深度值，不能小于或等于0。

按给定的拉伸深度值，沿草绘平面两侧对称拉伸。

拉伸到下一个面。

拉伸通过所有的面。

拉伸通过指定的面。

拉伸到指定的基准点/顶点、曲线、平面或曲面。

“放置”选项卡：单击该按钮，可以定义或编辑拉伸特征的二维截面。

“选项”选项卡：单击该按钮，显示如图3-8所示的“深度”面板。其中：“第1

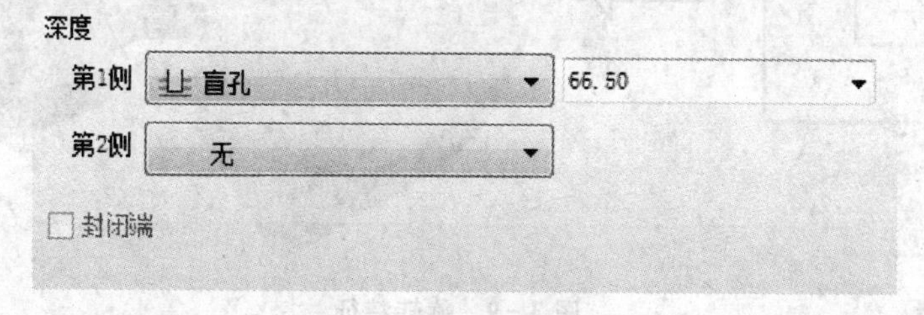

图3-8　选项特征操控板

侧”、“第 2 侧”选项，为两侧拉伸时，可分别设定每一侧的拉伸深度；“封闭端”复选项，在创建曲面拉伸特征且拉伸截面为封闭轮廓时才能被激活，以确定曲面拉伸特征的端面是封闭的还是开放的。

“属性”选项卡：单击该按钮，打开“属性”选项卡，显示当前的特征名称及相关特征信息。

注意：在草绘实体拉伸截面时，要求截面一定要封闭、截面线不能相交、截面不能有重线等。在草绘实体去除材料拉伸截面时，要求截面必须将被去除材料的实体分出区域等。

创建实体拉伸特征的操作过程如下：

① 单击工具栏中的“拉伸”工具按钮，或选择菜单“插入”|“拉伸”选项，弹出拉伸特征操控板。

② 单击“放置”选项卡中的“定义”按钮，弹出“草绘”对话框，在绘图区选取放置二维草图的平面，单击“草绘”按钮，进入草绘模块绘制草图，绘制完成后单击草图环境中的“完成”按钮。

③ 在拉伸特征操控板中的文本框中输入拉伸高度，单击“完成”按钮，完成拉伸特征的创建。

2. 旋　转

将绘制的二维截面绕给定的轴线旋转指定的角度后生成的三维特征，称为旋转特征。其中用旋转特征生成或去除材料的实体特征，称为实体旋转特征，如图 3－9 所示。

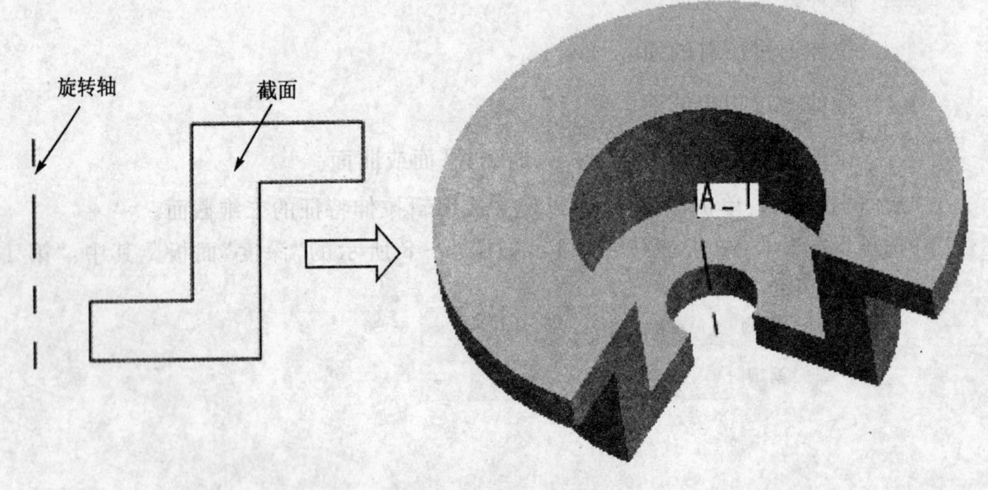

图 3－9　旋转特征

单击工具栏中的“旋转”工具按钮，或选择菜单“插入”|“旋转”选项，弹出如图 3－10 所示的旋转特征操控板。

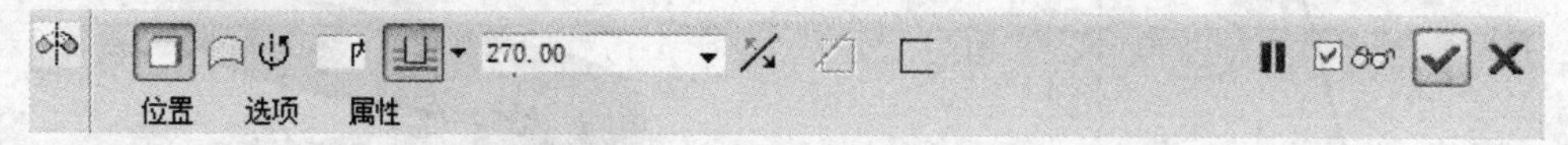

图 3－10　旋转特征操控板

：指定一个旋转角度。

：按指定的旋转角度，以草绘平面为分界向两侧对称旋转。

：旋转到指定的点、曲线、平面。

注意：在创建旋转特征时，旋转轴可以选在草绘二维截面中的中心线，也可以选模型中已有的边或基准轴，但选中的旋转轴线和截面必须满足：截面只能位于旋转轴线的一侧、截面一般要封闭、截面线不能相交、截面不能有重线等要求。

创建实体旋转特征的操作过程如下：

① 单击工具栏中的“旋转”工具按钮，或选择菜单“插入”|“旋转”选项，弹出旋转特征操控板。

② 单击“放置”选项卡中的“定义”按钮，弹出“草绘”对话框，在绘图区选取放置二维草图的平面，单击“草绘”按钮，进入草绘模块绘制草图，绘制完成后单击草图环境中的“完成”按钮。

③ 在旋转特征操控板中的文本框中输入旋转角度，单击“完成”按钮，完成旋转特征的创建。

3. 螺旋扫描

螺旋扫描是用来创建螺旋状造型的指令，通常用于创建弹簧、螺纹等造型，螺旋扫描特征是一个特殊类型的扫描特征，特殊的地方在于其扫描轨迹是有规律的螺旋线，如图 3－11 所示。

选择菜单“插入”|“螺旋扫描”|“伸出项”选项，弹出“伸出项：螺旋扫描”对话框，如图 3－12 所示。该对话框中列出了 4 个控制选项。

“属性”：用于设置螺旋扫描的基本属性。

“扫描轨迹”：用于创建和修改扫描轨迹。

“螺距”：用于确定螺旋的螺距。

“截面”：用于创建和修改扫描截面。

在属性“菜单管理器”中有 3 个控制属性，分别是：“常数”、“可变的”（控制螺距）；“穿过轴”、“轨迹法向”（截面方向）；“右手定则”、“左手定则”（螺旋方向），如图 3－13 所示。

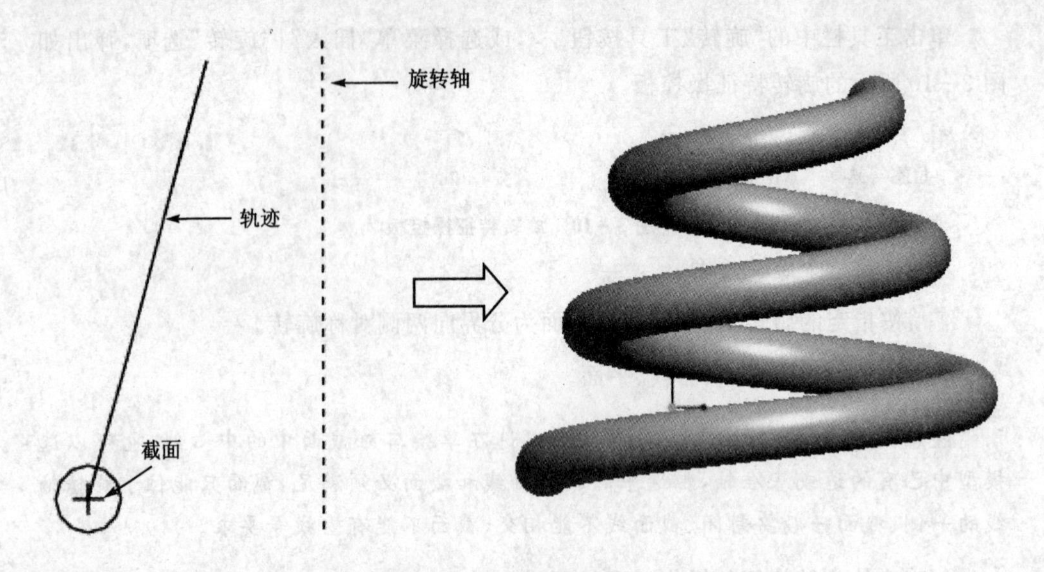

图 3－11　螺旋扫描特征

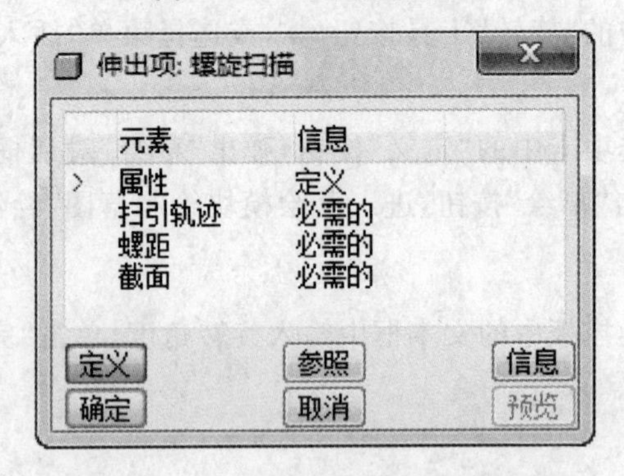

图 3－12　“伸出项:螺旋扫描”对话框

① 控制螺距选项区域主要用于定义螺距属性，如图 3－14 所示。

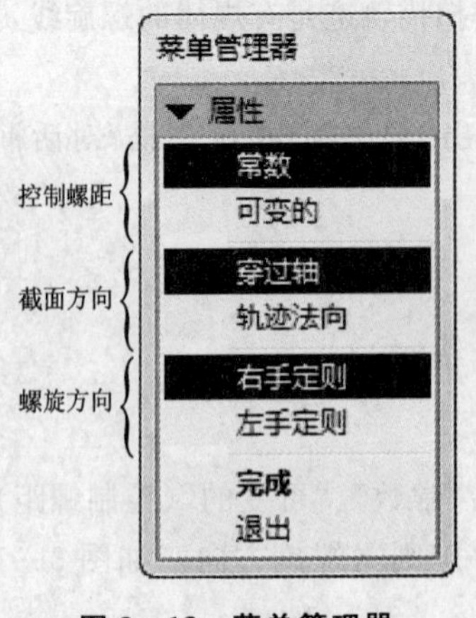

图 3－13　菜单管理器

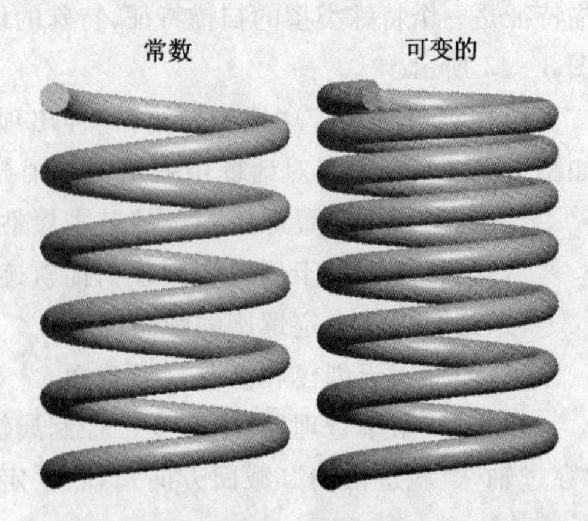

图 3－14　螺距属性

“常数”：螺距为常数。

“可变的”：螺距是可变的，并可由一个图形来定义。

② 截面方向选项区域主要定义截面和旋转轴之间的位置关系，如图 3－15 所示。

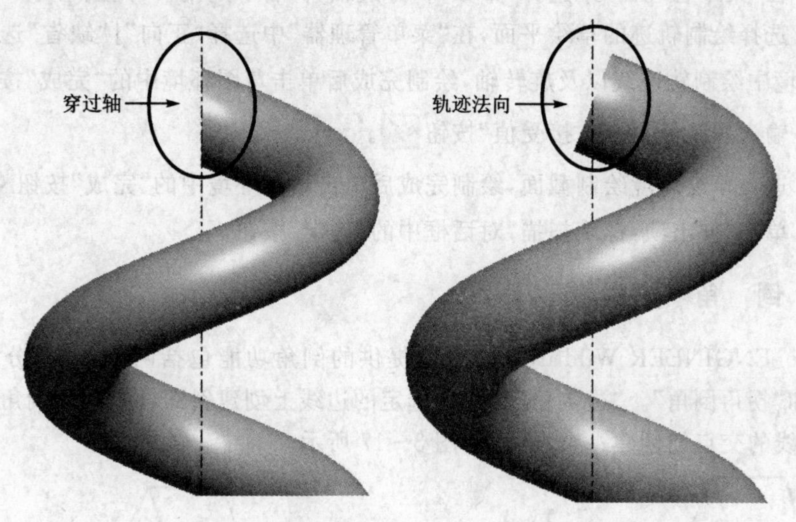

图 3－15　截面方向

“穿过轴”：截面位于穿过轴的平面内。

“轨迹法向”：截面方向垂直于轨迹。

③ 螺旋方向选项区域包含“左手定则”和“右手定则”，如图 3－16 所示。

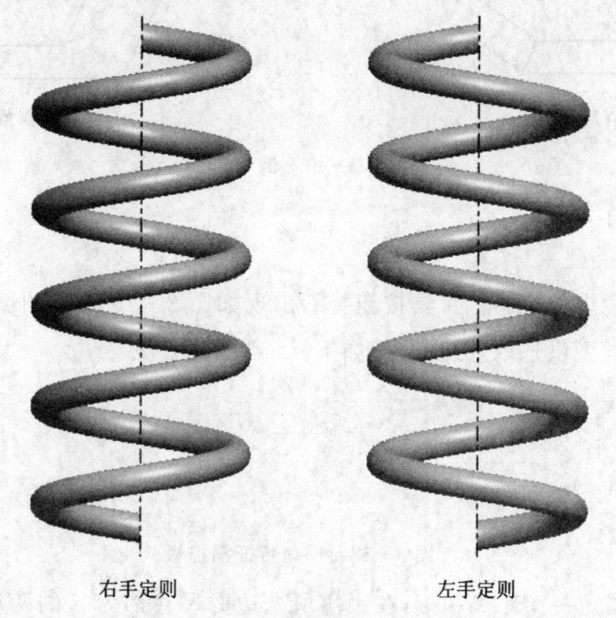

图 3－16　螺旋方向

创建螺旋扫描特征的操作过程如下：

① 选择菜单“插入”|“螺旋扫描”|“伸出项”选项，弹出“伸出项：螺旋扫描”对话框以及“菜单管理器”。

② 在“菜单管理器”中选择“常数”|“穿过轴”|“右手定则”|“完成”。

③ 选择绘制轨迹的草绘平面，在“菜单管理器”中选择“正向”|“缺省”选项，进入草绘环境中绘制轨迹线以及旋转轴，绘制完成后单击草图环境中的“完成”按钮。

④ 输入螺距值，单击“接受值”按钮。

⑤ 进入草绘环境绘制截面，绘制完成后单击草图环境中的“完成”按钮。

⑥ 单击“伸出项：螺旋扫描”对话框中的“确定”按钮。

4. 倒　角

Pro/ENGINEER Wildfire 4.0 系统提供的倒角功能包括两种选项，分别是“边倒角”和“拐角倒角”。“边倒角”是指在选定的边线上创建斜面，而“拐角倒角”是指在三条边线的交点处创建一个斜面，如图 3-17 所示。

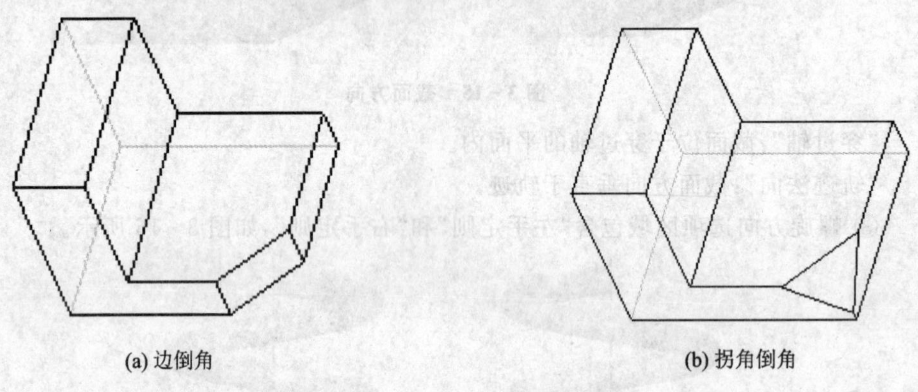

(a) 边倒角　　(b) 拐角倒角

图 3-17　倒　角

(1) 边倒角

1) 边倒角类型

单击工具栏中的“倒角”工具按钮，出现如图 3-18 所示的倒角特征操控板。有四种边倒角类型供选取，分别介绍如下：

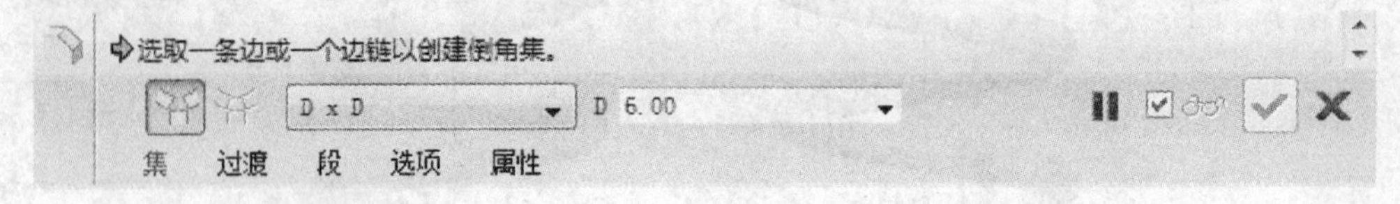

图 3-18　倒角特征操控板

“D×D”：指定一个距离值 d，在距离所选边的尺寸都为 d 的两相接表面位置产生倒角，如图 3-19(a)所示。

“D1×D2”:指定两个距离值 d_1、d_2,在选取边的两相接表面上产生不等尺寸的倒角。如图 3-19(b)所示,可单击 按钮切换 d_1 和 d_2 在两相接表面的尺寸分配。

“角度×D”:指定一个距离值 d,以及倒角斜面与某相接面(参照面)的夹角来产生倒角。如图 3-19(c)所示,系统内定在参照面上测得的倒角距离为 d,可单击 按钮来切换参照面的设定。

“45×D”:指定一个距离值 d 以产生一个 45°的倒角。此项仅适于两个相互垂直的平面间产生倒角,如图 3-19(d)所示。

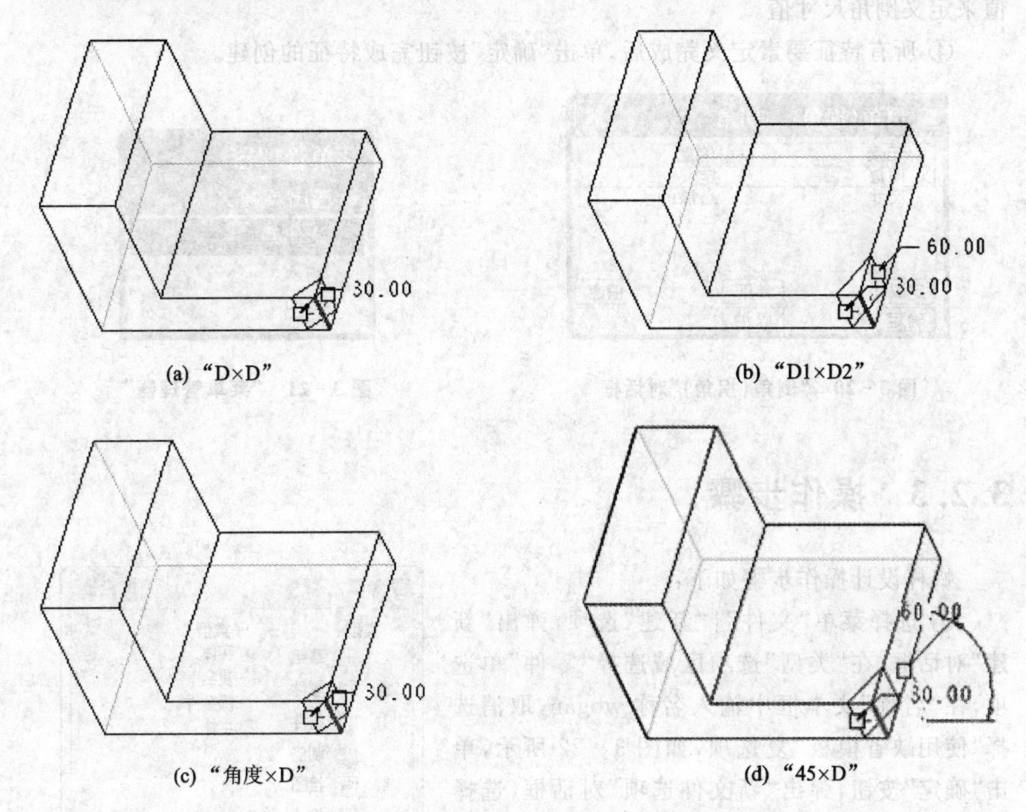

图 3-19 边倒角形式

2) 边倒角的创建

创建边倒角的步骤如下:

① 选择菜单“插入”|“倒角”|“边倒角”选项,或单击工具栏中的“倒角”工具按钮 ,系统显示倒角特征操控板。

② 选取合适的边倒角类型,并输入相应的尺寸,对于多条相邻边构成的倒角接头,可使用“切换至过渡设置”工具按钮 ,对其外形及尺寸进行设置。

③ 单击工具按钮 进行预览,或单击“完成”按钮 ,完成特征的创建。

(2) 拐角倒角

创建拐角倒角的步骤如下：

① 选择菜单“插入”|“倒角”|“拐角倒角”选项，出现如图 3－20 所示的对话框。

② 选取创建倒角的实体顶点。

③ 此时，系统会逐一高亮显示顶点处的每条边线，出现如图 3－21 所示的“菜单管理器”，用于定义各条边线的倒角尺寸。若用“选出点”方式，需在依次高亮显示的边线上选取点，以点选取的位置来确定倒角尺寸值；若用“输入”方式，则直接输入数值来定义倒角尺寸值。

④ 所有特征要素定义完成后，单击“确定”按钮完成特征的创建。

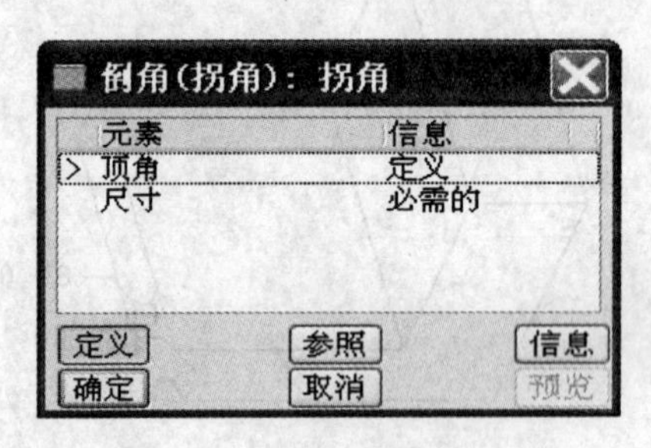

图 3－20 “倒角(拐角)”对话框

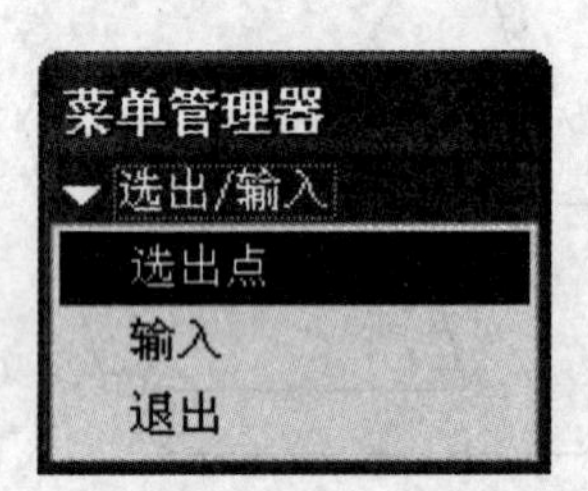

图 3－21 “菜单管理器”

3.2.3 操作步骤

蜗杆设计操作步骤如下：

① 选择菜单“文件”|“新建”选项，弹出“新建”对话框，在“类型”选项区域选择“零件”单选项，在“名称”文本框中输入名称 wogan，取消选择“使用缺省模板”复选项，如图 3－22 所示，单击“确定”按钮，弹出“新文件选项”对话框，选择模板 mmns_part_solid，如图 3－23 所示，单击“确定”按钮进入零件设计模块。

② 单击工具栏中的“旋转”工具按钮，在绘图区域右击，在弹出的快捷菜单中选择“定义内部草绘”选项，选择 FRONT 平面为草绘平面，绘制草图。注意要绘制一条水平的中心线为旋转轴，如图 3－24 所示，单击草图环境中的“完成”按钮，在操控板中单击“完成”按钮，结果如图 3－25 所示。

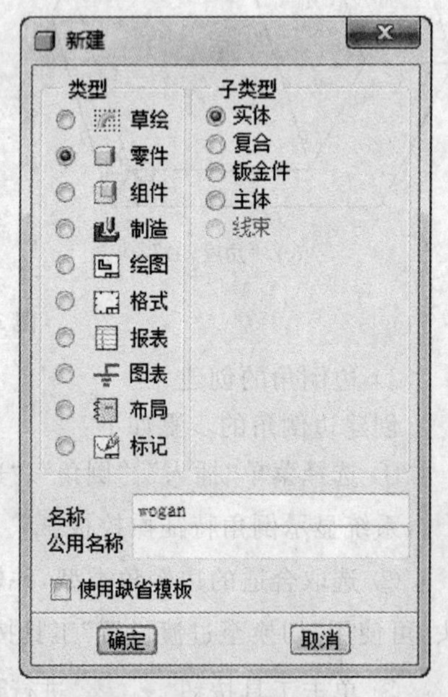

图 3－22 “新建”对话框

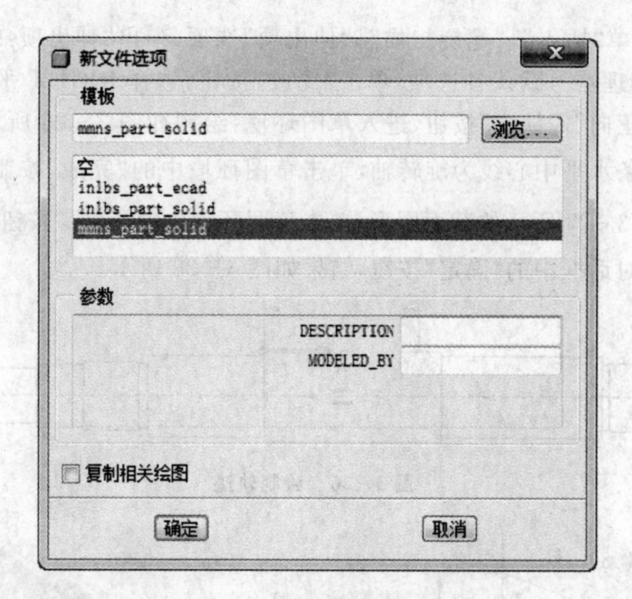

图 3-23　“新文件选项”对话框

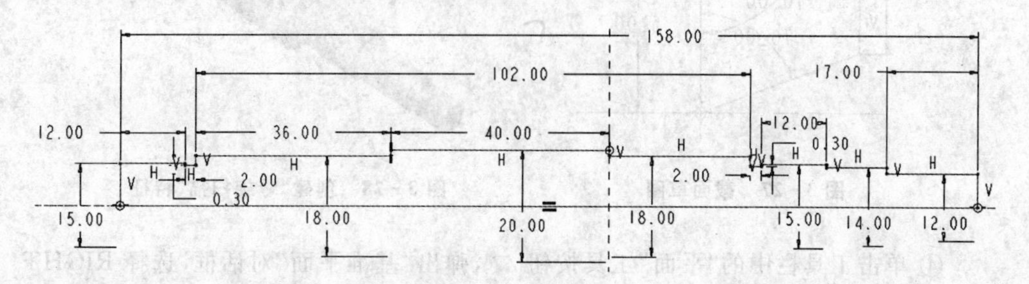

图 3-24　旋转草图

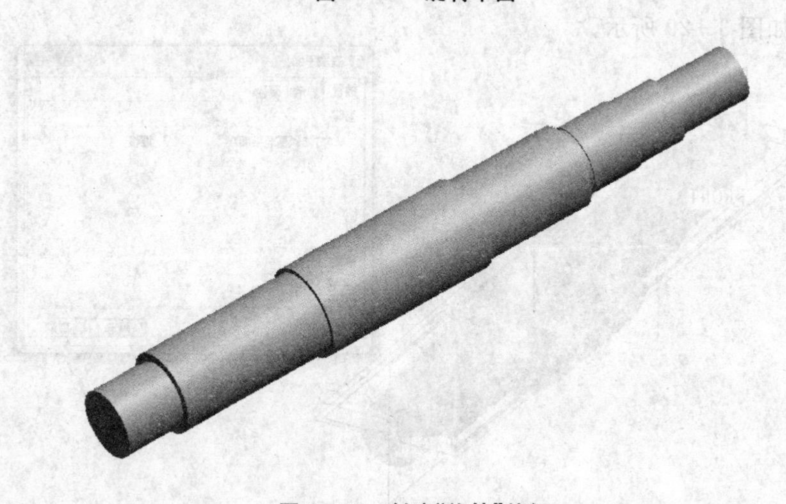

图 3-25　创建“旋转”特征

③ 选择菜单“插入”|“螺旋扫描”|“伸出项”选项，弹出“伸出项：螺旋扫描”对话框以及“菜单管理器”，默认各选项，单击“完成”按钮，选择 RIGHT 平面，在“菜单管理器”中选择“正向”|“缺省”按钮，进入草图环境，绘制如图 3－26 所示的轨迹草图，注意要绘制一条水平中心线为旋转轴，单击草图环境中的“完成”按钮 ✔，输入螺距值 6，绘制如图 3－27 所示的截面图形，单击草图环境中的“完成”按钮 ✔，单击“伸出项：螺旋扫描”对话框中的“确定”按钮，结果如图 3－28 所示。

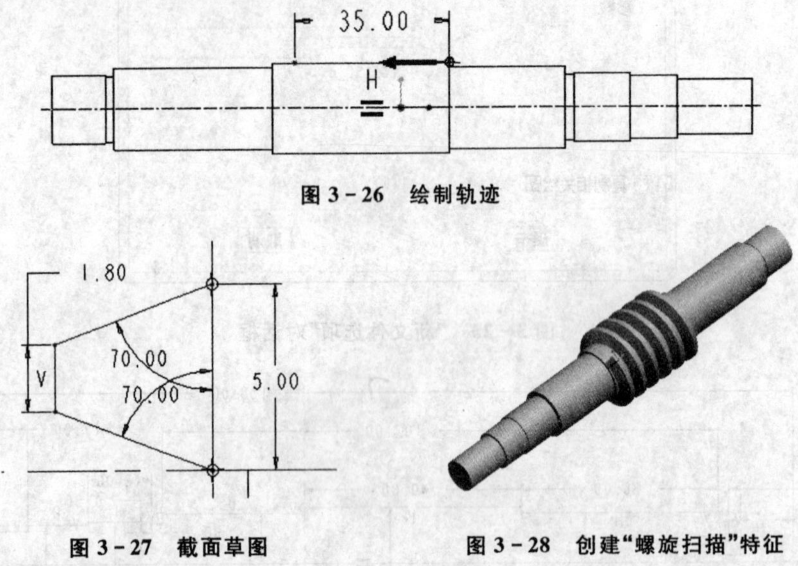

图 3－26　绘制轨迹

图 3－27　截面草图

图 3－28　创建“螺旋扫描”特征

④ 单击工具栏中的“平面”工具按钮 ▱，弹出“基准平面”对话框，选择 RIGHT 平面，选择平面创建类型为“偏移”，在“平移”文本框中输入偏移距离 3.5，单击“确定”按钮，如图 3－29 所示。

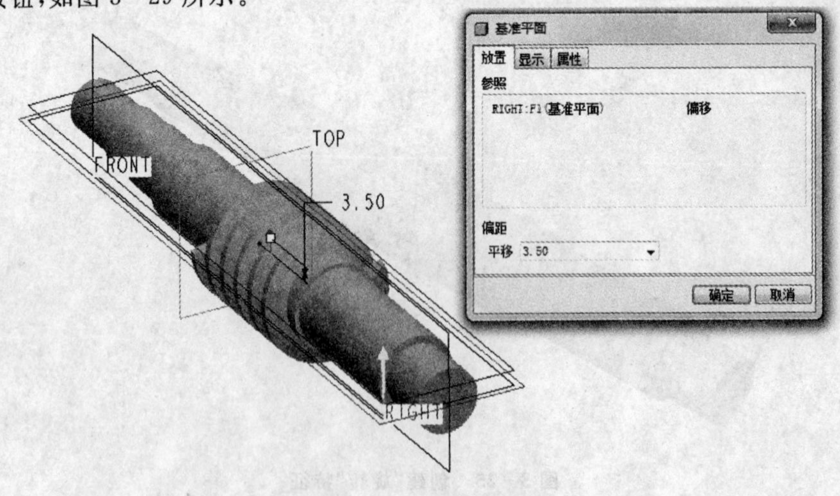

图 3－29　创建基准平面

⑤ 单击工具栏中的“拉伸”工具按钮，在操控板中单击“去除材料”工具按钮，在绘图区域右击，在弹出的快捷菜单中选择“定义内部草绘”选项，选择新创建的平面 DTM1 为草绘平面，绘制如图 3-30 所示的图形，单击草图环境中的“完成”按钮，在操控板中单击“完成”按钮，结果如图 3-31 所示。

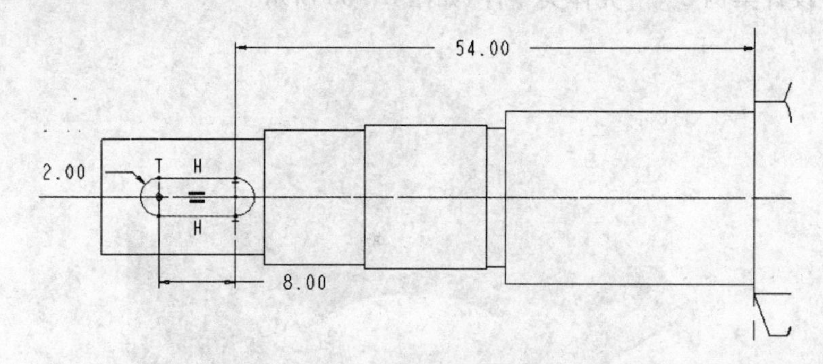

图 3-30　绘制草图

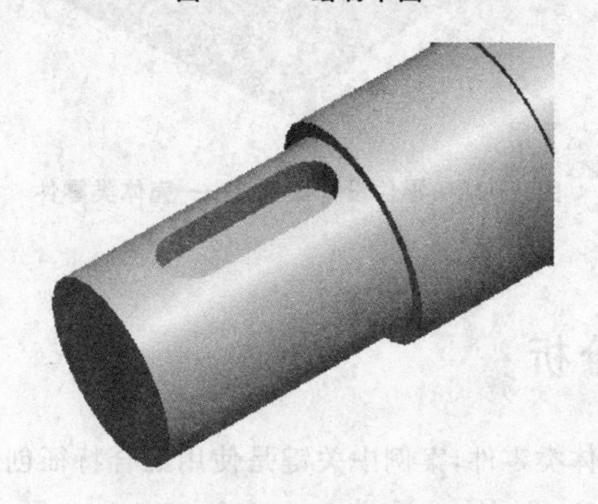

图 3-31　创建“拉伸”特征

⑥ 单击工具栏中的“倒角”工具按钮，选择需要倒角的边，在操控板中选择“45×D”，在 D 文本框中输入 0.8，在操控板中单击“完成”按钮，如图 3-32 所示。

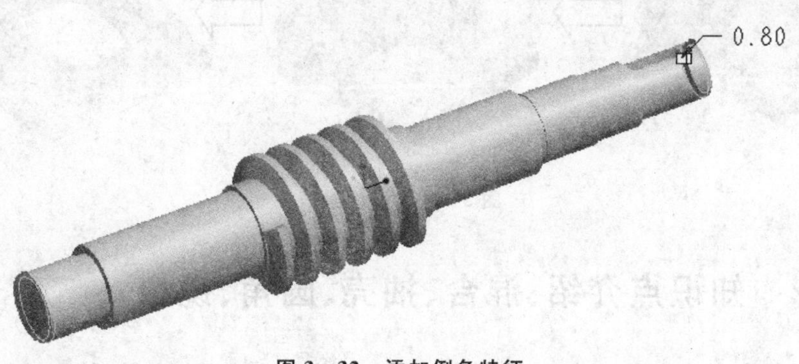

图 3-32　添加倒角特征

⑦ 单击工具栏中的“保存”按钮保存零件。

3.3 零件设计案例 2——壳体类零件

零件设计案例 2——壳体类零件，如图 3-33 所示。

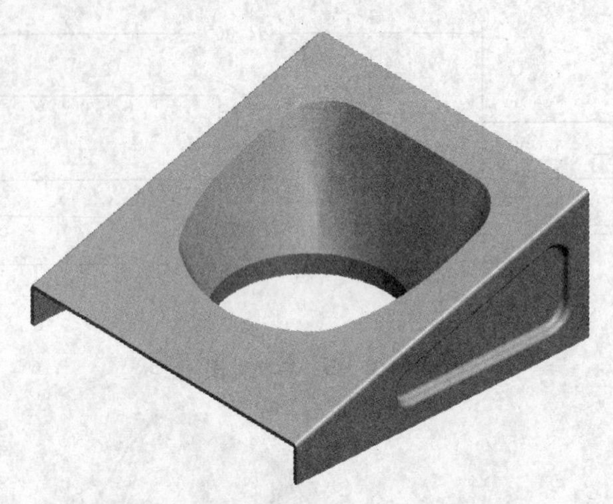

图 3-33 零件设计案例 2——壳体类零件

3.3.1 案例分析

此零件是一个壳体类零件，案例中关键是使用混合特征创建中间的孔。壳体类零件的设计流程如图 3-34 所示。

图 3-34 设计流程

3.3.2 知识点介绍：混合、抽壳、圆角、镜像

本节的知识点不是很难，除了混合特征的操作方法略微复杂外，抽壳、圆角、镜像

命令都是比较简单的。

1. 混　合

混合特征是将多个不同截面按照关系链接而形成的实体，其中用混合特征生成或去除材料的实体特征，称为实体混合特征。

选择菜单“插入”|“混合”选项，出现如图 3－35 所示的下拉菜单，可选取创建混合特征的类型。

“伸出项”：伸出实体特征。

“薄板伸出项”：伸出薄壁实体特征。

“切口”：去除材料实体特征。

“薄板切口”：去除材料薄壁实体特征。

“曲面”：创建曲面特征。

选择菜单“插入”|“混合”|“伸出项”选项，弹出“菜单管理器”。在“菜单管理器”中有 3 个控制属性分别是：“平行”、“旋转的”、“一般”(混合属性)；“规则截面”、“投影截面”(截面属性)；“选取截面”、“草绘截面”(截面获取方式)，如图 3－36 所示。

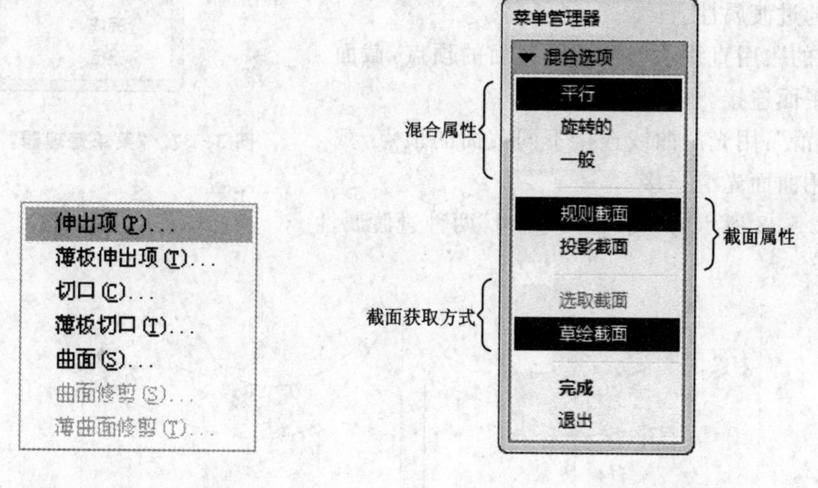

图 3－35　混合下拉菜单　　图 3－36　“菜单管理器”

(1) 混合属性

该区域用于定义混合类型。

“平行”：所有的混合截面在相互平行的多个平面上。

“旋转的”：混合截面绕 Y 轴旋转，最大角度可达 120°。每个混合截面都需要单独草绘，并用截面坐标系对齐。

“一般”：一般混合截面可以绕 X、Y、Z 轴旋转或平移。每个混合截面都需要单独草绘，并用截面坐标系对齐。

(2) 截面属性

该区域用于定义混合特征截面的类型。

“规则截面”:以绘制的截面或选取特征的表面为混合截面。

“投影截面”:特征截面使用选定曲面上的截面投影。该命令只用于平行混合。

(3) 截面获取方式

该区域用于定义截面的来源。

“选取截面”:选取截面为混合截面。该选项对平行混合无效。

“草绘截面”:草绘截面图元。

注意:在创建混合特征时,各混合截面中图元的数量要相同。若截面的边数不相同,则可以使用草绘模块中的“分割”命令将图元打断。

创建混合特征的操作过程如下:

① 选择菜单“插入”|“混合”|“伸出项”选项,弹出“菜单管理器”,选择“平行”|“规则截面”|“草绘截面”选项,单击“完成”按钮,弹出如图 3-37 所示的“菜单管理器”。该“菜单管理器”中显示了截面间的过渡属性。

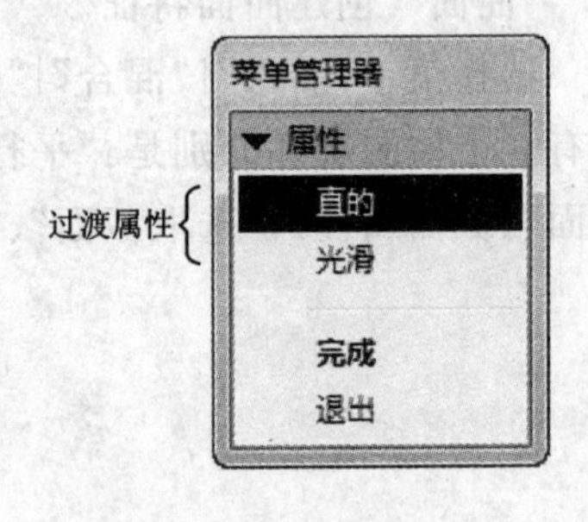

图 3-37 “菜单管理器”

“直的”:用直线段连接不同截面的顶点,截面的边用平面连接。

“光滑”:用光滑曲线连接不同截面的顶点,截面的边用曲面光滑连接。

图 3-38 所示为“直的”和“光滑”两种过渡属性。

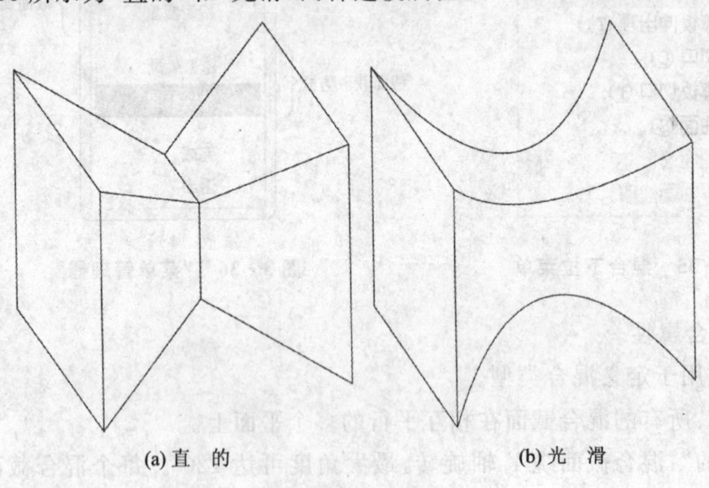

(a) 直 的　　(b) 光 滑

图 3-38 过渡属性

② 在“菜单管理器”中选择“光滑”|“完成”|“设置平面”|“平面”选项,选取草绘平面,在“菜单管理器”中选择“正向”|“缺省”选项,进入草绘环境。

③ 在草绘环境中绘制混合截面，切换截面需要右击，在弹出的快捷菜单中选择“切换剖面”选项，或者选择菜单“草图”|“特征工具”|“切换截面”选项。

注意：

a) 即使是隐藏线的剖面也可以进行尺寸标注，无须切换到该剖面作业。

b) 每个剖面的图元数量必须相等，较少者可以利用“分割”命令来切断线段，或者在顶点上右击，在弹出的快捷菜单中选择“混合顶点”来添加顶点、添加图元。

c) 每个剖面绘制的起始点是用来作各剖面相连时顺序的对应参考，所以当某一剖面的起始点与其他剖面不同时，产生的实体将会扭曲，这时可以利用“草图”|“特征工具”|“起始点”命令或右键定出新的起始点。

④ 截面绘制完成后，单击工具栏中的“完成”按钮 。

⑤ 按系统提示，在信息区文本栏中输入各截面间的距离。

⑥ 单击“伸出项”对话框中的“确定”按钮，完成混合特征的创建。

2. 抽　壳

“抽壳”特征是将实体的一个或几个表面除去，然后掏空实体的内部，留下一定壁厚的壳，如图 3－39 所示。

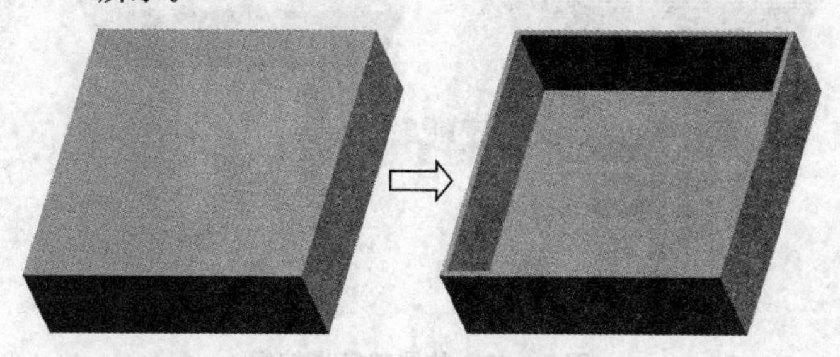

图 3－39　抽壳特征

创建抽壳特征的步骤如下：

① 选择菜单“插入”|“壳”选项，或单击工具栏中的“壳”工具按钮 ，出现如图 3－40所示的抽壳特征操控板。

图 3－40　抽壳特征操控板

② 单击抽壳特征操控板中的“参照”选项，出现如图 3－41 所示的操控板。选取要去除的实体表面（一个或多个），若要选取多个表面，则按下 Ctrl 键，所选取的表面将会显示在操控板的“移除曲面”栏中。

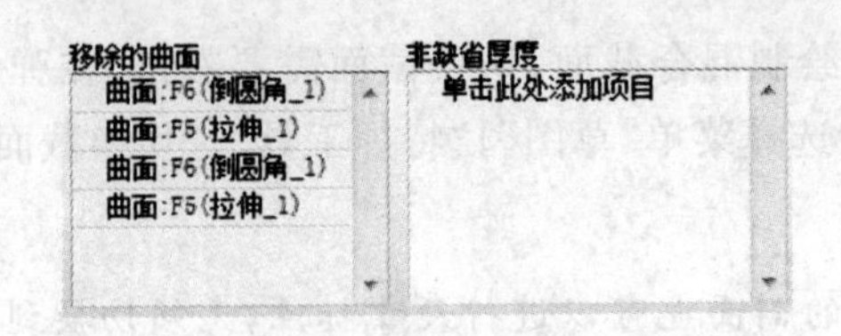

图 3-41 “参照”选项

③ 在操控板中的“厚度”文本框中指定薄壁的厚度,可为负值。若输入正值,则表示以外壳为准在实体内部抽空余下指定的厚度;若为负值,则表示以外壳为准在实体外部加上指定的厚度。

④ 若实体模型中有厚度不等的外壳面,则可单击“参照”操控板的“非缺省厚度”栏,选取模型中某实体表面作为厚度不等面,并输入新的厚度值。

⑤ 单击“完成”按钮,完成特征的创建,如图 3-42 所示。

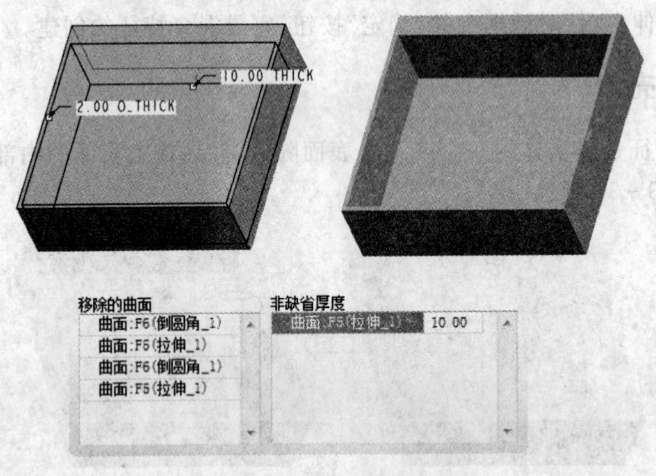

图 3-42 放置特征操控板

3. 圆 角

圆角是工程设计、制造中不可缺少的一个环节,具有极其重要的作用。光滑过渡的外观使产品更加精美,同时满足工艺结构的需要,几何边缘的光滑过渡对产品机械结构性能也非常重要。

选择菜单“插入”|“倒圆角”选项,或单击工具栏中的“圆角”工具按钮,出现如图 3-43 所示的倒圆角特征操控板。

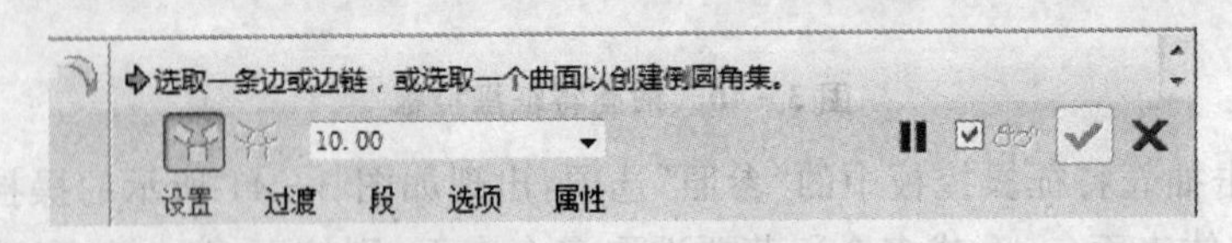

图 3-43 倒圆角特征操控板

根据倒圆角参照的不同,可产生 4 种不同的倒圆角类型:

(1) 等半径

等半径指创建的倒圆角半径值为一个常数。按住 Ctrl 键依次选取需要倒角的边作为倒圆角参照,在倒圆角特征操控板中输入半径,单击"完成"按钮☑,如图 3-44 所示。

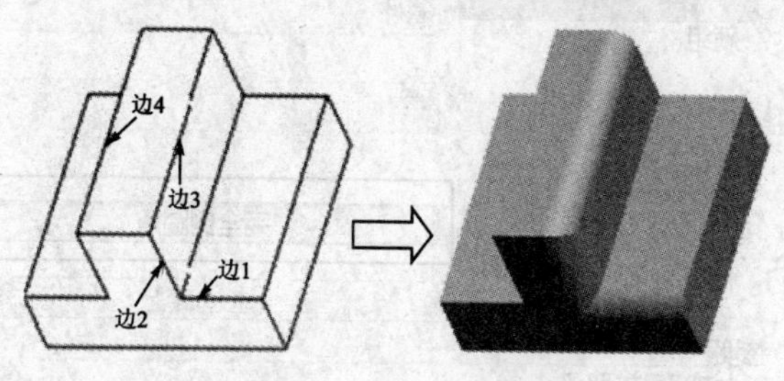

图 3-44　等半径圆角

(2) 变半径

变半径指创建的倒圆角允许有不等的半径。选择需要倒角的边,单击"设置"选项卡,在"#1"半径处右击,然后选取"添加半径"选项,修改圆角半径,移动圆角位置,如图 3-45 所示。

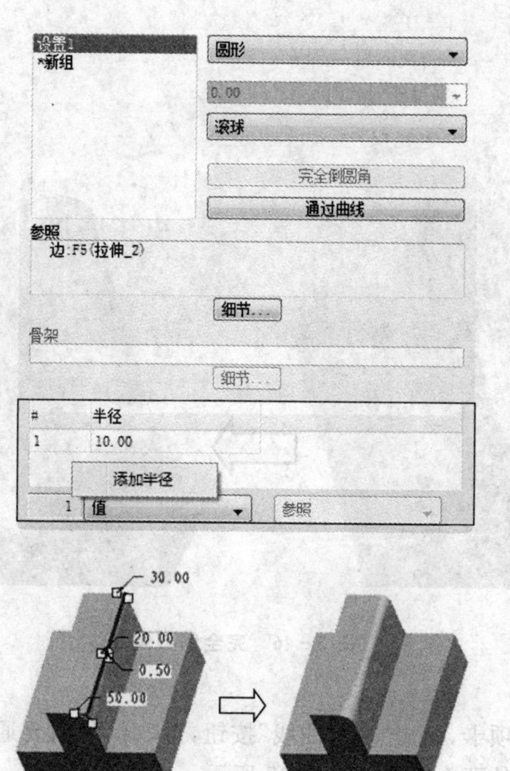

图 3-45　创建变半径圆角

(3) 完全倒圆角

完全倒圆角指选取两个平行的平面或两条平行的倒圆角边自动产生完全倒圆角，半径值为两平行对象间距离的一半，选择“设置”选项卡，单击“完全倒圆角”按钮，如图 3－46 所示。

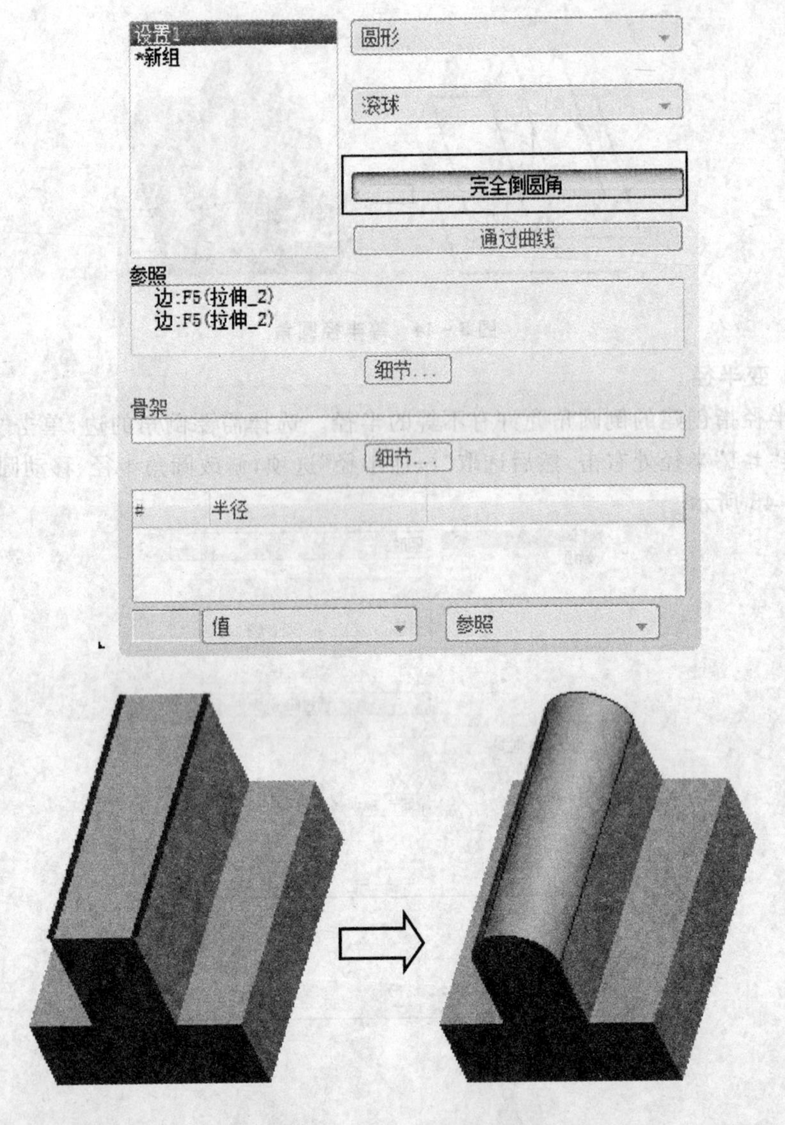

图 3－46　完全倒圆角

(4) 通过曲线

选择“设置”选项卡，单击“通过曲线”按钮，选取倒圆角要通过的曲线为“驱动曲线”，选择生成圆角的两个面，如图 3－47 所示。

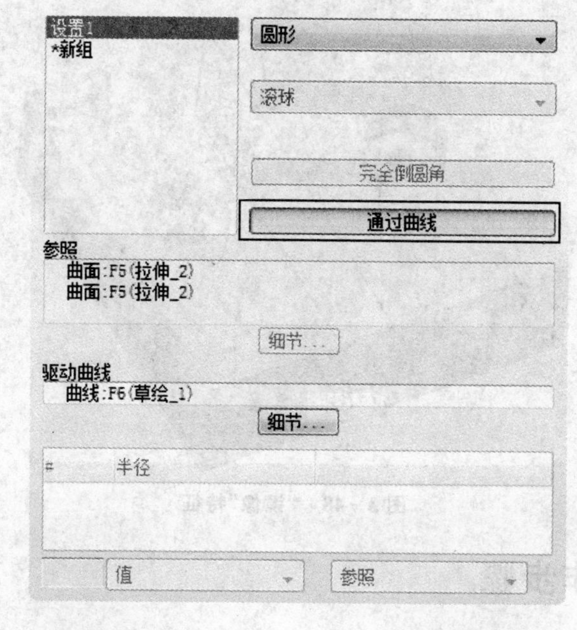

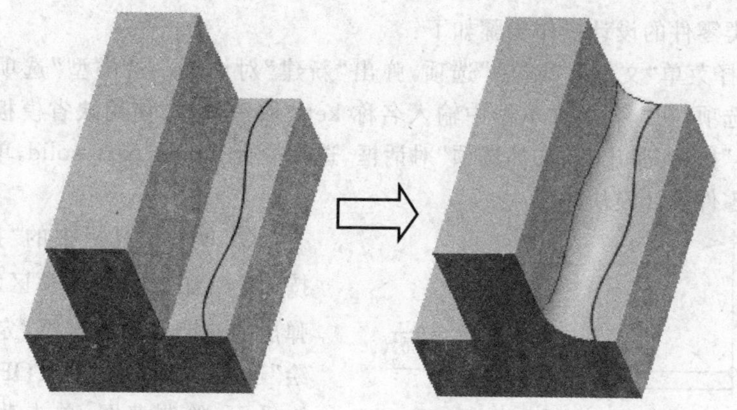

图 3-47　通过曲线

4. 镜　像

镜像命令就是将源特征对一个平面进行镜像复制，从而得到源特征的副本。“镜像”命令操作比较简单。在特征树中选择需要复制的特征，单击工具栏中的“镜像”工具按钮，选择镜像平面，单击特征操控板中的“完成”按钮即可，如图 3-48 所示。

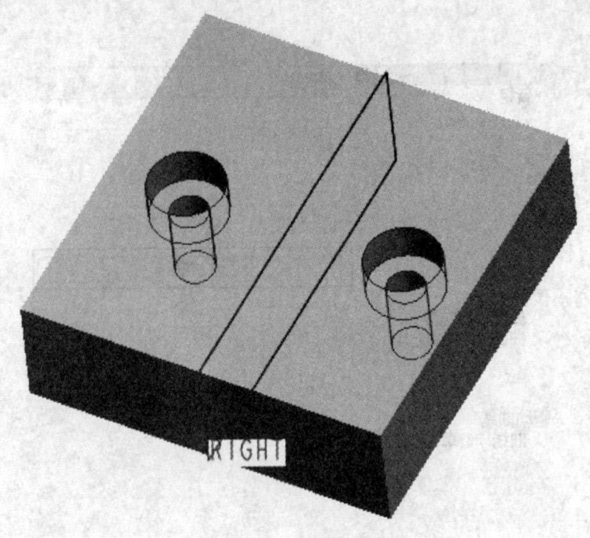

图 3-48 “镜像”特征

3.3.3 操作步骤

壳体类零件的设计操作步骤如下：

① 选择菜单“文件”|“新建”选项，弹出“新建”对话框，在“类型”选项区域选择“零件”单选项，在“名称”文本框中输入名称 keti，取消选择“使用缺省模板”复选项，单击“确定”按钮，弹出“新文件选项”对话框，选择模板 mmns_part_solid，单击“确定”按钮进入零件设计模块。

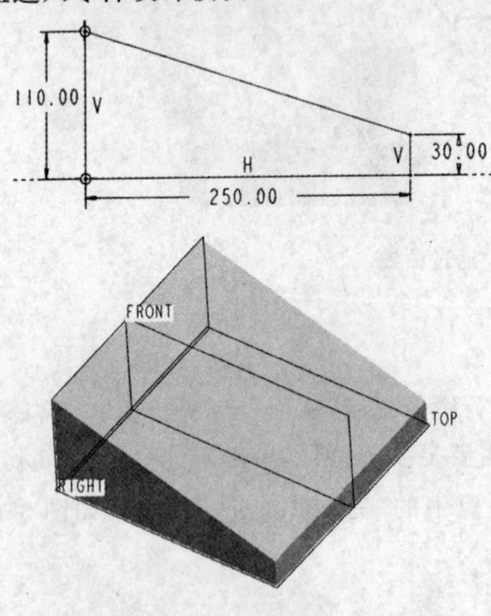

图 3-49 创建拉伸特征

② 单击工具栏中的“拉伸”工具按钮，在“绘图”选项区域右击，在弹出的快捷菜单中选择“定义内部草绘”选项，选择创建的 TOP 平面为草绘平面，绘制草图，单击草图环境中的“完成”按钮，在操控板中选择“对称”工具按钮，在操控板中输入拉伸高度 250，单击“完成”按钮，结果如图 3-49 所示。

③ 单击工具栏中的“拉伸”工具按钮，在操控板中单击“去除材料”工具按钮，在绘图区域右击，在弹出的快捷菜单中选择“定义内部草

绘”选项，选择 TOP 平面为草绘平面，绘制图形，单击“完成”按钮，结果如图 3－50 所示。

④ 单击工具栏中的“平面”工具按钮，弹出“基准平面”对话框，按住 Ctrl 键选择 TOP 平面以及模型上方的棱边，在对话框中的 TOP 下拉列表中选择“平行”选项，单击“确定”按钮，如图 3－51 所示。

⑤ 选择菜单“插入”|“混合”|“切口”选项，弹出“菜单管理器”，选择“平行”|“规则截面”|“完成”|“直的”|“完成”选项，选择上一步创建的平面绘制草图，将方向设置为实体一侧，选择“菜单管理器”中的“正向”|“缺省”选项，进入草绘环境绘制第一个截面草图，如图 3－52 所示。在绘图区域右击，在弹出的快捷菜单中选择“切换剖面”选项，绘制第二个截面。该截面图形为一个圆，注意需要把圆形打断为四个图元，第一个截面的起始点和第二个截面的起始点要对应，如图 3－52 所示。单击草图环境中的“完成”按钮，弹出“菜单管理器”，选择“正向”|“完成”选项，输入截面深度 95，如图 3－52 所示。

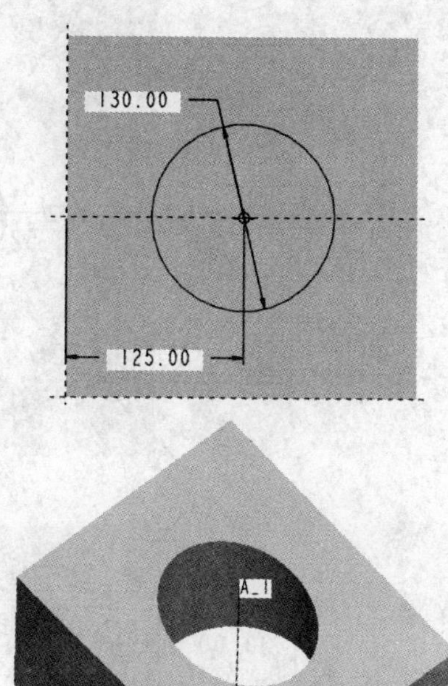

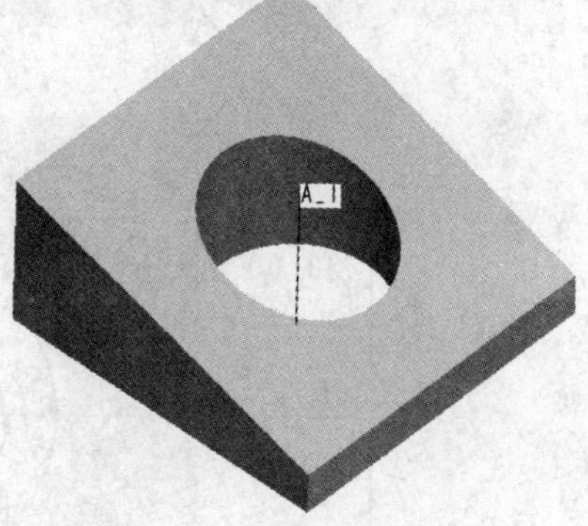

图 3－50　创建拉伸除料特征

⑥ 单击“圆角”工具按钮，选择需要倒圆角的边，在圆角控制点上右击，在弹

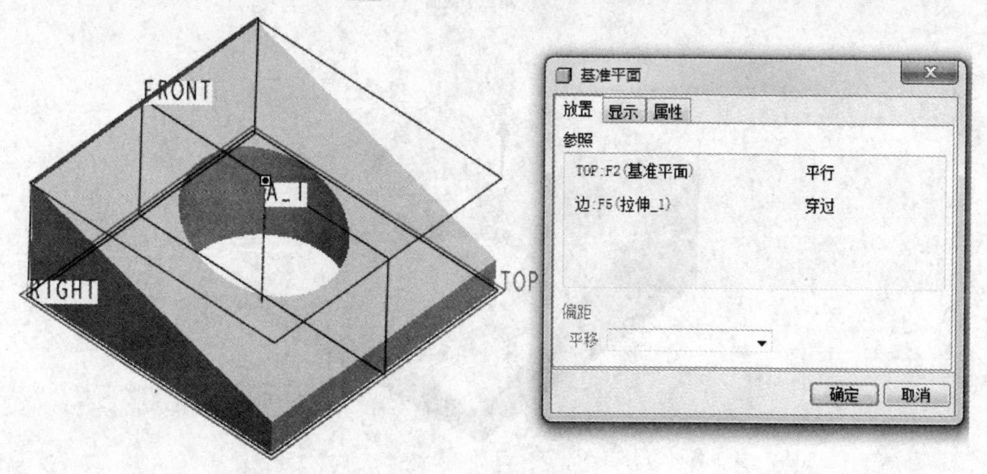

图 3－51　创建基准平面

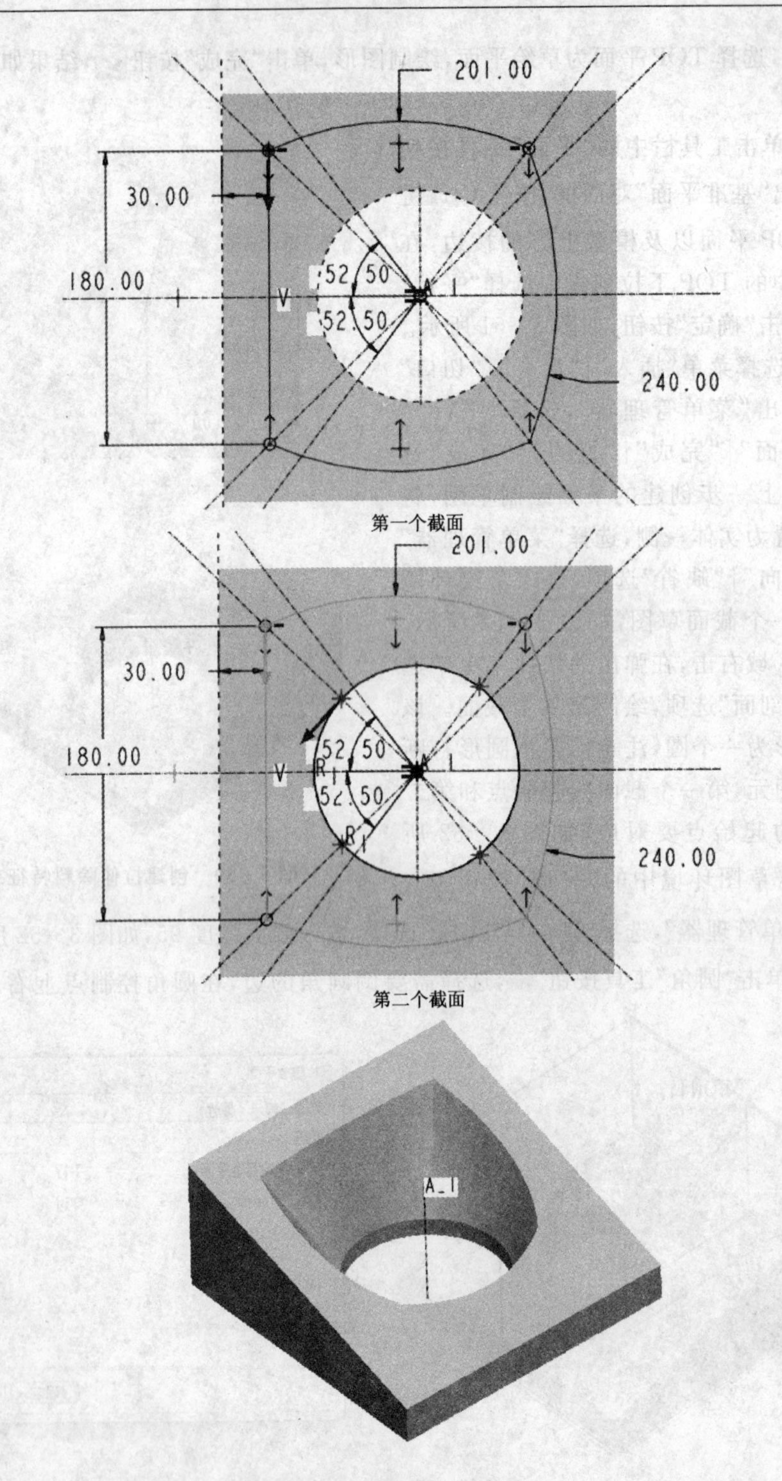
201.00
30.00
180.00
52.50
52.50
240.00
V
第一个截面
201.00
30.00
180.00
52.50
52.50
240.00
V
第二个截面
A_1

图 3-52　创建混合特征

出的快捷菜单中选择“添加半径”选项，增加圆角半径控制点，输入各个控制点的圆角半径，如图 3－53 所示。

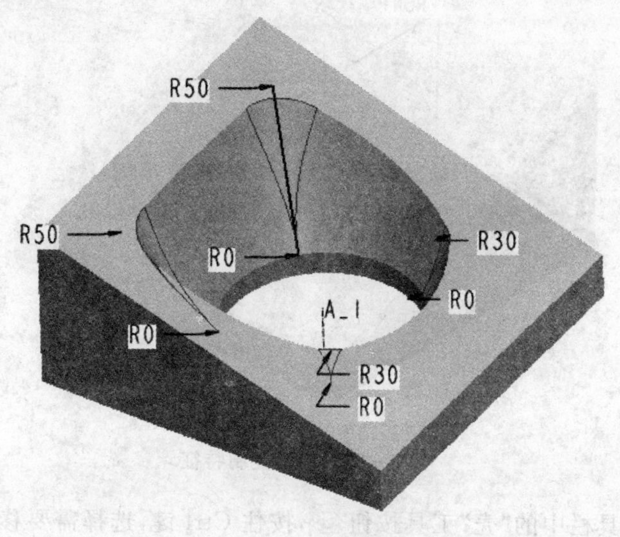

图 3－53　添加圆角

⑦ 单击工具栏中的“拉伸”工具按钮，在操控板中单击“去除材料”工具按钮，在绘图区域右击，在弹出的快捷菜单中选择“定义内部草绘”选项，选择实体的侧面为草绘平面，绘制草图，输入拉伸高度 8，单击“完成”按钮，结果如图 3－54 所示。

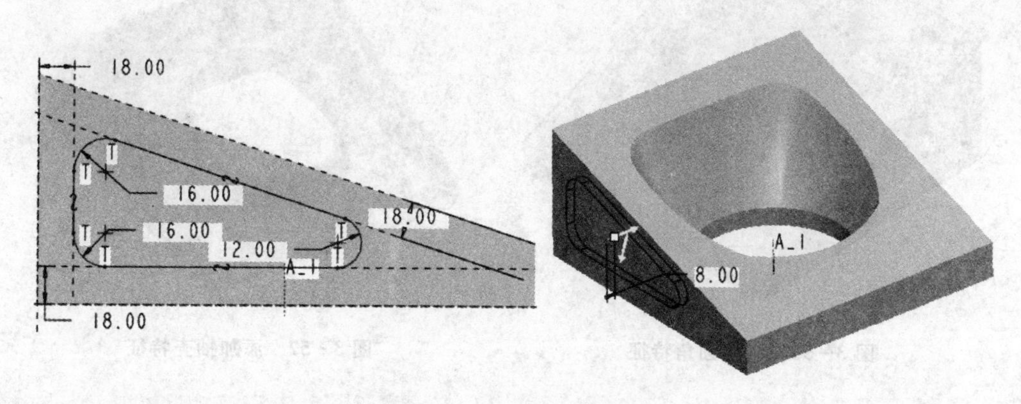

图 3－54　创建拉伸除料特征

⑧ 在特征树中选择上一步创建的拉伸除料特征，单击工具栏中的“镜像”工具按钮，选择 FRONT 平面，单击“完成”按钮，如图 3－55 所示。

⑨ 单击绘图工具栏中的“圆角”工具按钮，选择倒圆角的边，在操控板中输入圆角半径 3，单击“完成”按钮，结果如图 3－56 所示。

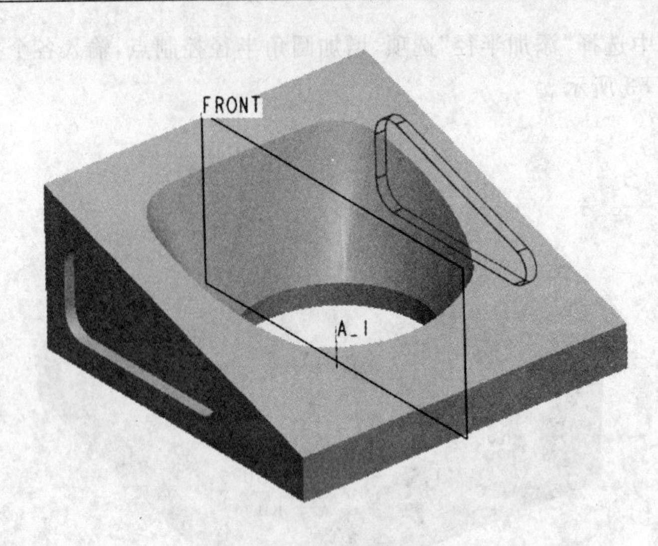

图 3-55 镜像复制特征

⑩ 单击工具栏中的“壳”工具按钮，按住 Ctrl 键，选择需要移除的表面，在操控板中输入厚度值 3，单击“完成”按钮，如图 3-57 所示。

⑪ 单击工具栏中的“保存”按钮保存零件。

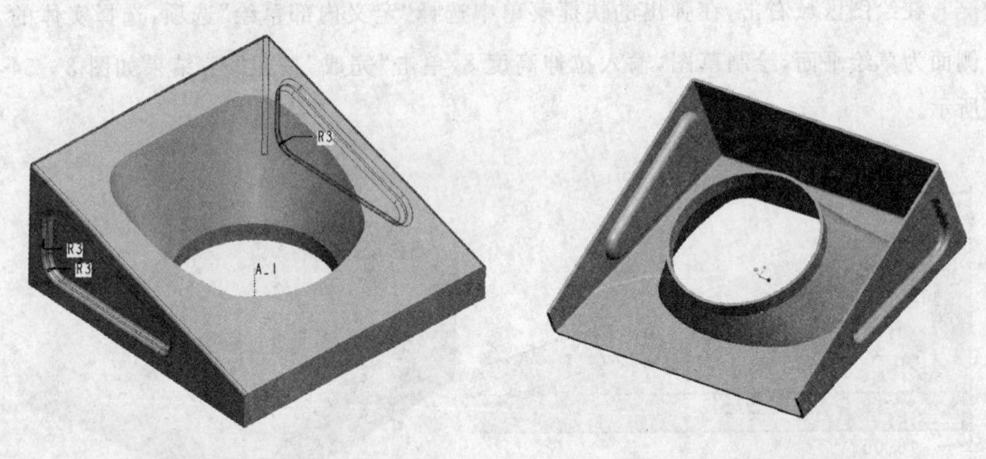

图 3-56 创建圆角特征　　　　图 3-57 添加抽壳特征

3.4 零件设计案例 3——机械零件

零件设计案例 3——机械零件，如图 3-58 所示。

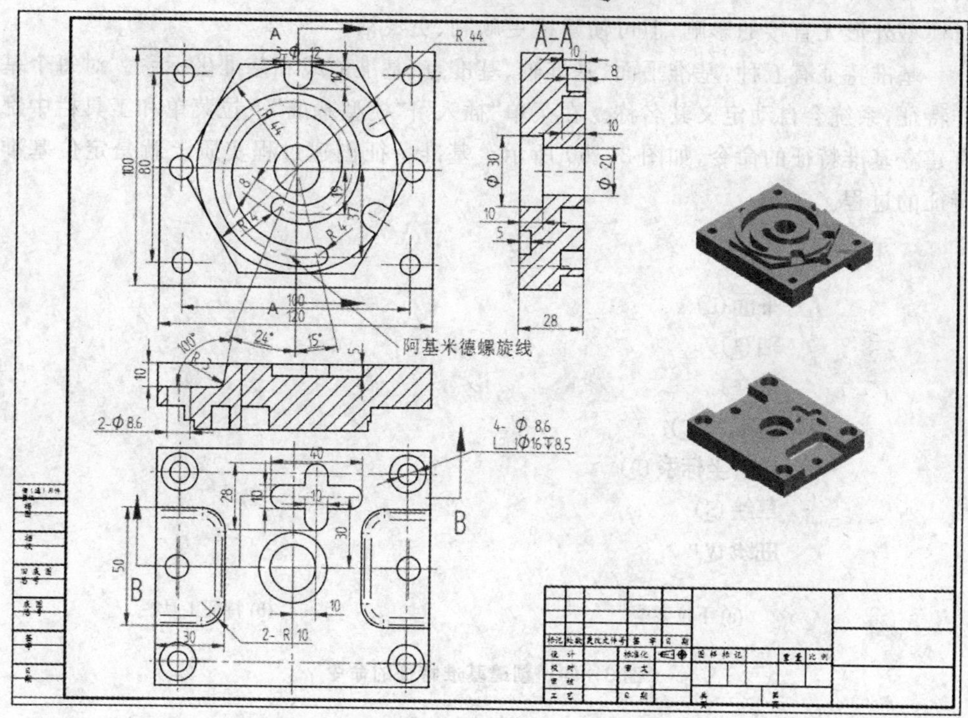

图 3－58　零件设计案例 3——机械零件

3.4.1　案例分析

该案例机构比较复杂，使用的命令比较多，综合性比较强，创建过程中将使用大量基准特征辅助建模。机械零件的创建流程如图 3－59 所示。

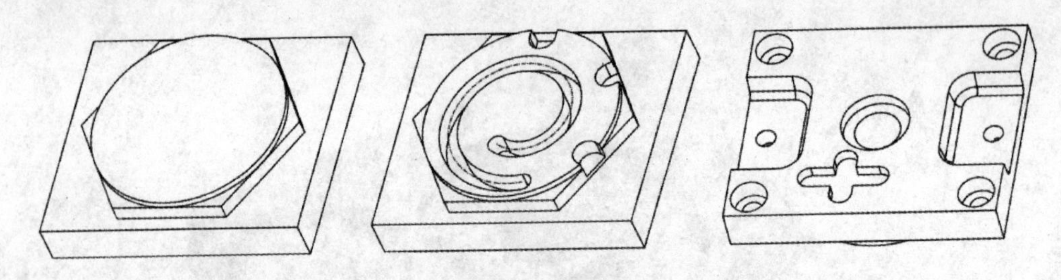

图 3-59 创建流程

3.4.2 知识点介绍:基准特征、阵列、孔、拔模

基准特征是零件建模的参照特征,其主要用途是辅助实体特征的创建。在生成实体特征时,往往需要一个或多个基准特征来确定具体位置。基准特征属虚拟特征,对模型外形无直接的影响,但可使建模更顺利、更灵活。

基准特征有五种:基准平面、基准轴、基准点、基准曲线和基准坐标系。对每个基准特征,系统会自动定义其名称。在菜单"插入"|"模型基准"下拉菜单和工具栏中都有建立基准特征的命令,如图 3-60 所示。基准特征创建过程实质上就是定位基准特征的过程。

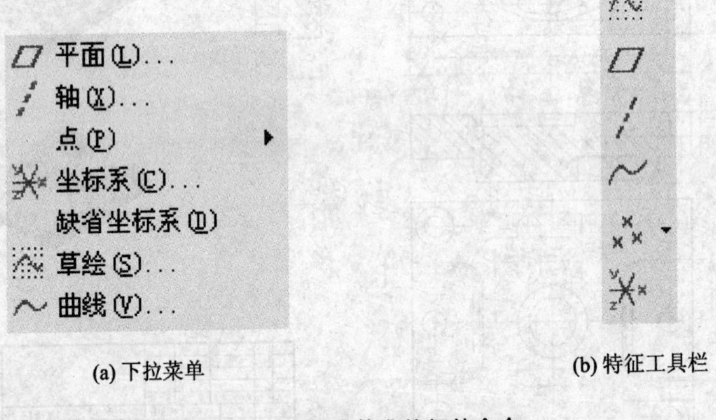

(a) 下拉菜单　　(b) 特征工具栏

图 3-60 创建基准特征的命令

1. 基准平面

基准平面是一种没有大小限制、但实际不存在的平面,主要用来绘制图形和放置特征,具有以下几种用途:

① 作为截面图形的草绘平面和参照平面。

② 作为镜像操作的对称平面。

③ 作为模型视图的定位参照(如前、后、左、右参照)。

④ 作为创建其他基准特征(如基准轴、基准曲线)的参照。

⑤ 作为一些特征(如孔特征)的放置平面。

⑥ 作为零件装配的参照面(如对齐平面)。

单击特征工具栏中的“平面”工具按钮，弹出“基准平面”对话框，选取放置参照，并设置相关参数后，即可创建一个新的基准平面，如图 3-61 所示。

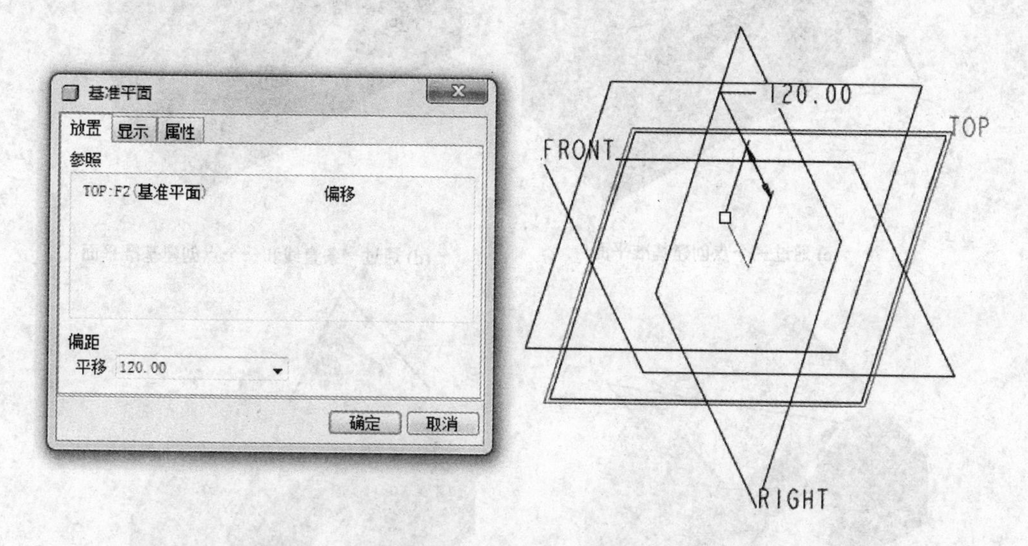

图 3-61　创建基准平面

创建基准平面时使用的放置参照可以是点、线和面等，选择的放置参照不同，定义基准平面与参照关系的选项也会有所不同，如图 3-62 所示。

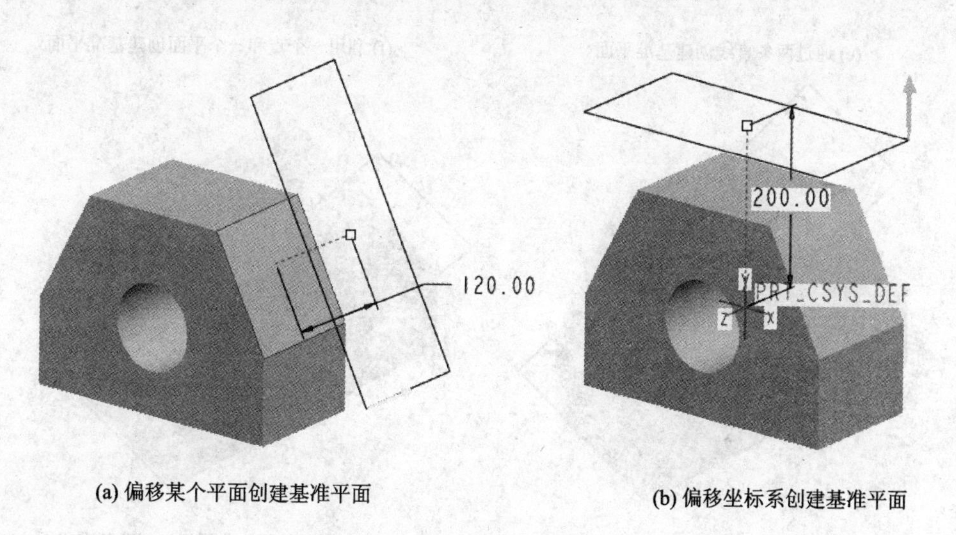

(a) 偏移某个平面创建基准平面　　(b) 偏移坐标系创建基准平面

图 3-62　创建基准平面的方式

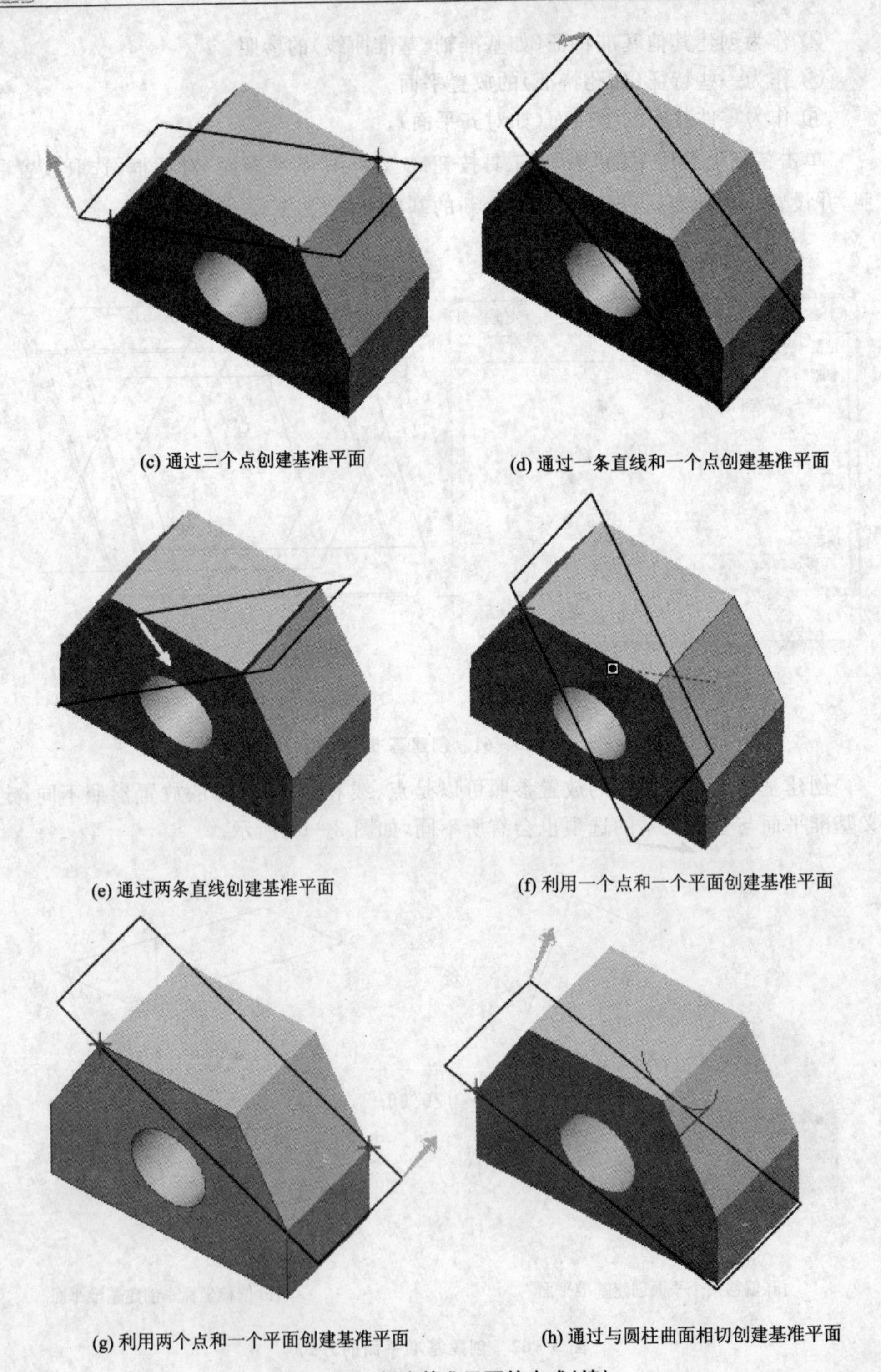

(c) 通过三个点创建基准平面

(d) 通过一条直线和一个点创建基准平面

(e) 通过两条直线创建基准平面

(f) 利用一个点和一个平面创建基准平面

(g) 利用两个点和一个平面创建基准平面

(h) 通过与圆柱曲面相切创建基准平面

图 3-62　创建基准平面的方式(续)

2. 基准轴

基准轴是创建零件特征或执行其他操作时的参考中心线,具有以下几种用途:

① 作为基准平面的放置参照,如图 3-63 所示。

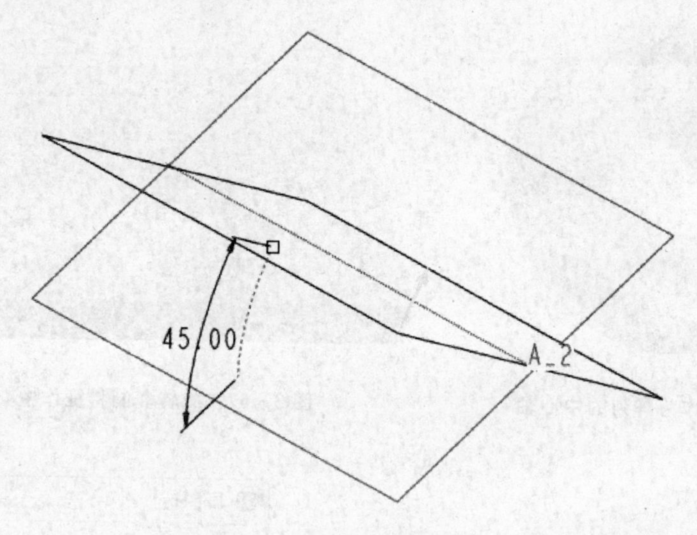

图 3-63　用来放置基准平面

② 作为孔特征的同轴放置参照,如图 3-64 所示。

③ 作为旋转特征的旋转轴,如图 3-65 所示。

图 3-64　用来放置孔

图 3-65　作为旋转轴

④ 创建轴阵列时作为中心轴,如图 3-66 所示。

⑤ 旋转复制特征时作为中心轴,如图 3-67 所示。

⑥ 装配零件时作为对齐参照,如图 3-68 所示。

单击特征工具栏中的“轴”工具按钮 ，打开“基准轴”对话框，如图 3-69 所示，然后选取放置参照和偏移参照（非必选项），等基准轴完全被约束时，单击“确定”按钮即可创建一个基准轴。

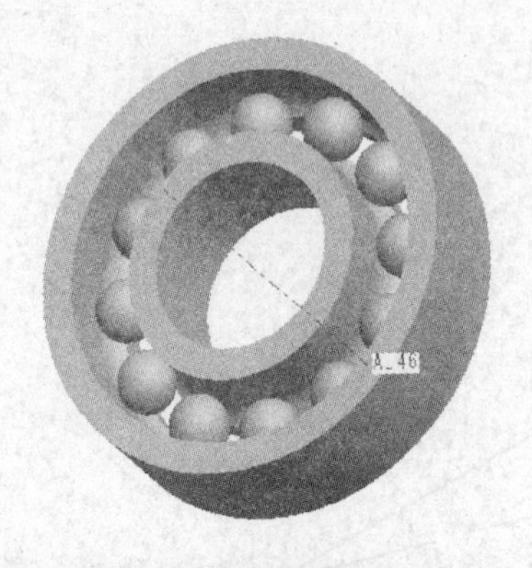

图 3-66 作为阵列的中心轴

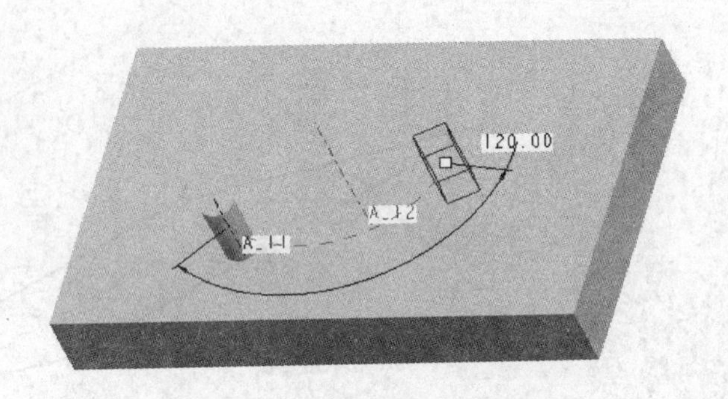

图 3-67 旋转复制特征作中心轴

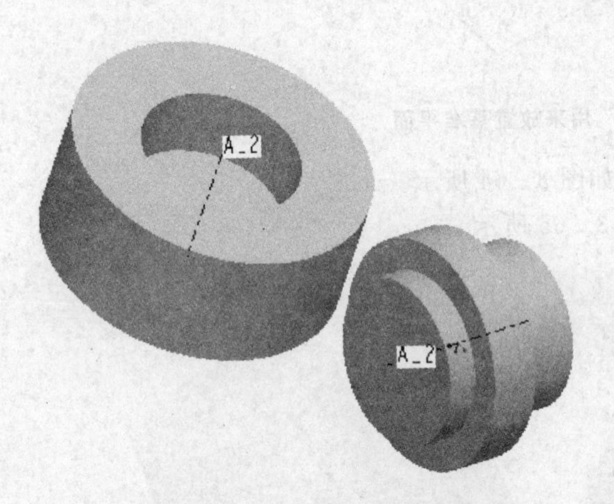

图 3-68 装配参照

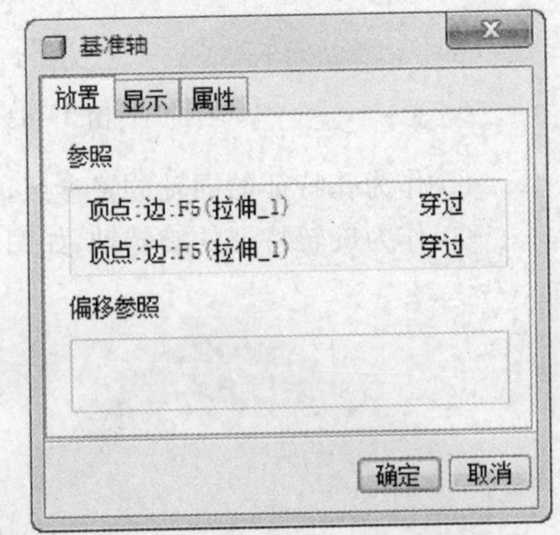

图 3-69 “基准轴”对话框

根据所选参照的不同，可将创建基准轴的方法分为以下几种：

① 通过边：创建的基准轴通过模型的某条直边。

② 通过两点：创建的基准轴通过两个顶点或基准点。

③ 通过一点与平面垂直：创建的基准轴通过一个顶点或基准点，并且垂直于模型的某个表面或基准平面。

④ 垂直于平面：选取一个平面，创建一个与其垂直的基准轴。创建时，必须选取两个偏移参照（平面或直线等），以确定基准轴的位置。

⑤ 使用两个相交平面：在两个平面（已经相交或延伸后能相交）的相交处创建一个基准轴。

⑥ 穿过圆柱面:在圆柱面的中心处创建一条基准轴。

⑦ 穿过曲面点:选取一个曲面,并选取曲面上一点,新创建的基准轴穿过该点并在该点处与曲面垂直。

⑧ 与曲线相切:选取一条曲线,并选取曲线上的一个端点,创建的基准轴在该点处与曲线相切。

3. 基准点

基准点可以辅助某些特征定义参数,辅助创建空间曲线和曲面,还可以辅助创建其他基准特征等。在零件模式下,单击工具栏中“点”按钮右侧的扩展按钮,或者选择菜单“插入”|“模型基准”|“点”选项,可以看到四种创建基准点的工具,即一般“点”基准点工具、“草绘的”基准点工具、“偏移坐标系”基准点工具和“域”基准点工具,如图 3－70 所示。

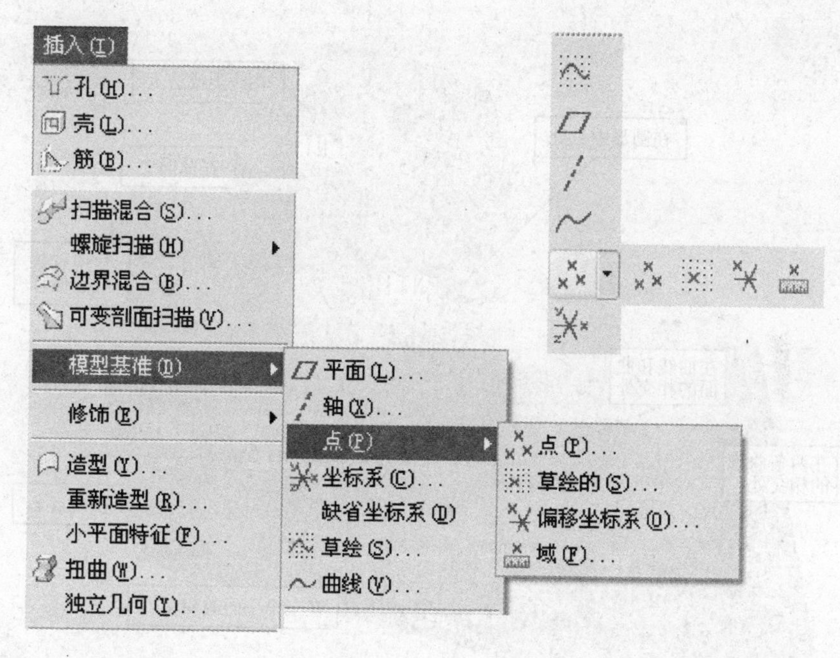

图 3－70　基准点

“点”:在模型的图元上、图元相交处或者自某个图元偏移创建基准点。单击特征工具栏中的“点”工具按钮,打开“基准点”对话框,如图 3－71 所示,选取点、线或面等参照,并设置相关参数,单击“确定”按钮,即可创建一个基准点。

根据所选放置参照的不同,可将创建一般基准点的方法分为以下几种,如图 3－72 所示。

在线上或者边上创建基准点有三种方法:比率法、实数法和参照法。

比率法:根据新建的基准点到线段的某个端点的长度与线段总长的比值来确定

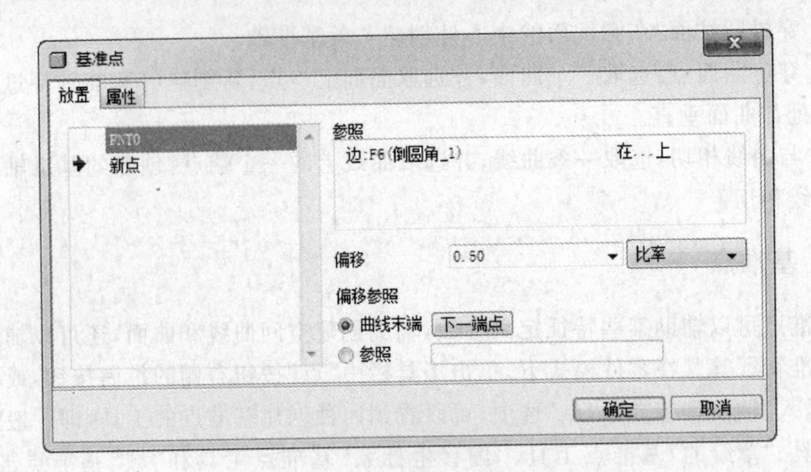

图 3-71 “基准点”对话框

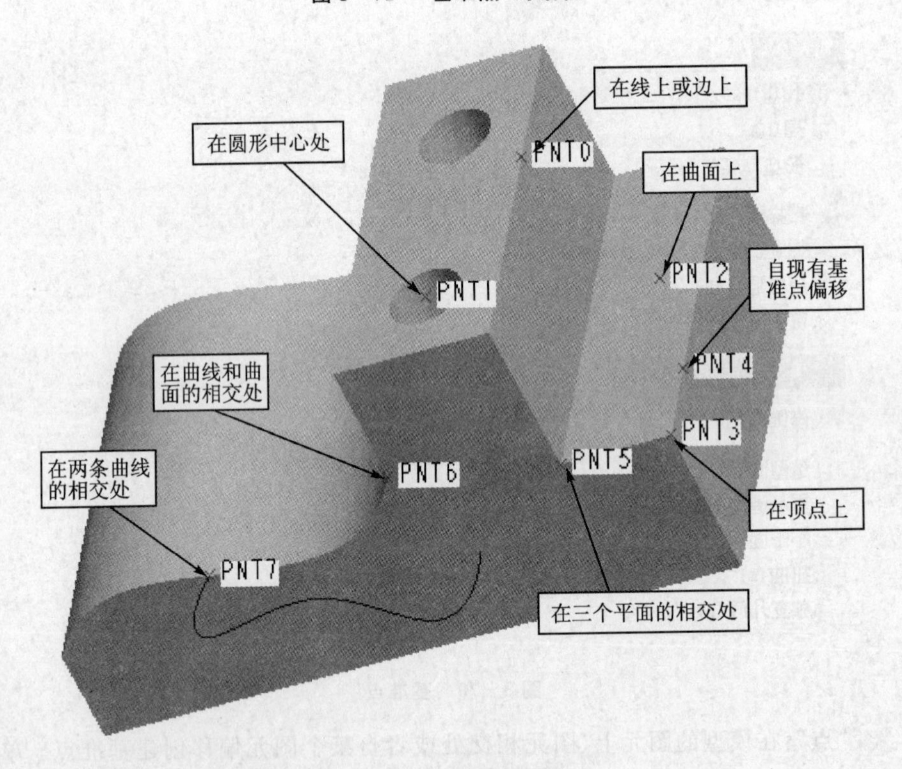

图 3-72 创建基准点

基准点的位置，如图 3-73 右图所示。

实数法：根据新的基准点到线段的某一个端点的实际长度来确定基准点的位置。将图 3-73 中的“比率”选项改为“实数”即可。

参照法：新建的基准点还是落在线段上，但会与选定的参照有特定的偏移距离，如图 3-74 右图所示。

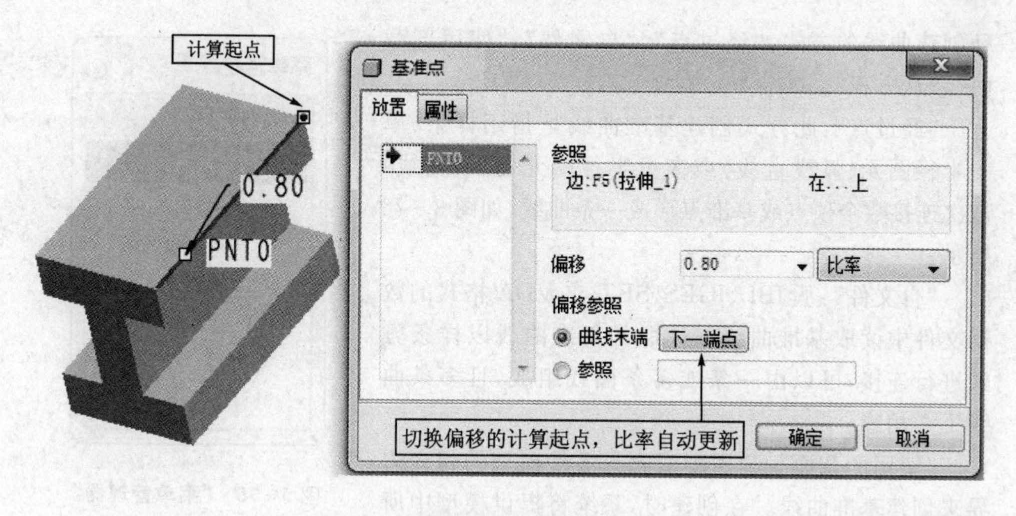

图 3-73　比率法

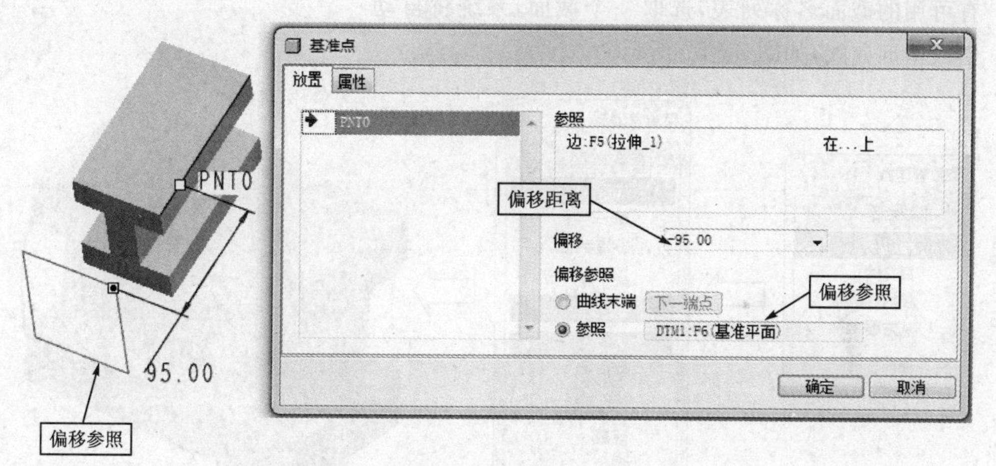

图 3-74　参照法

"草绘的"：进入草绘环境，用"点"工具创建基准点。

"偏移坐标系"：通过偏移选定的坐标系来创建基准点。

"域"：创建一个几何域点，仅用于建模分析，不用做实体建模。

4. 基准曲线

创建复杂模型时，通常用基准点和基准曲线来创建曲面。基准曲线主要用于形成几何模型的线架结构，其具体用途有：① 作为扫描特征的轨迹线；② 作为边界曲面的边界线；③ 定义制造程序的切削路径。

选择菜单"插入"|"模型基准"|"曲线"选项或单击工具栏的"曲线"工具按钮，即可打开创建曲线的"菜单管理器"，如图 3-75 所示。该"菜单管理器"中显示了四

种创建曲线的方式:“经过点”、“自文件”、“使用剖截面”、“从方程”。

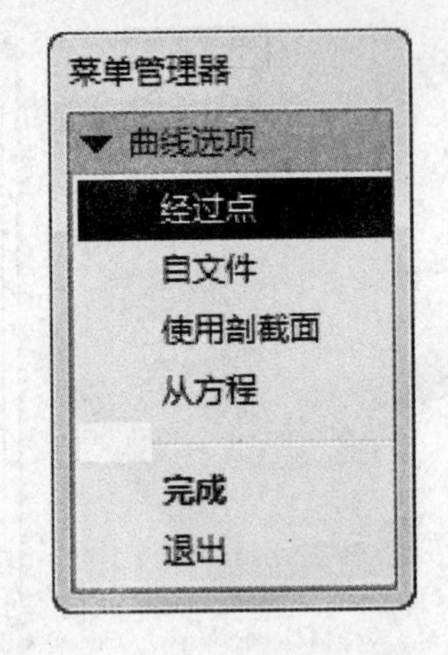

图 3-75 “菜单管理器”

“经过点”:此方式创建基准曲线是指用样条、单一半径图元(弧或直线)或多重半径图元(弧或直线)依次连接数个顶点或基准点形成一条曲线,如图 3-76 所示。

“自文件”:从 IBL、IGES、SET 或 VDA 格式的数据文件中读取基准曲线。读取的基准曲线以样条方式进行连接,可以由一条或多条曲线组成,且多条曲线不必相连。

“使用剖截面”:利用剖截面与零件模型的相交边界来创建基准曲线。在创建时,系统将提供模型中所有可用的截面名称列表,选取一个截面,系统将自动生成基准曲线,如图 3-77 所示。

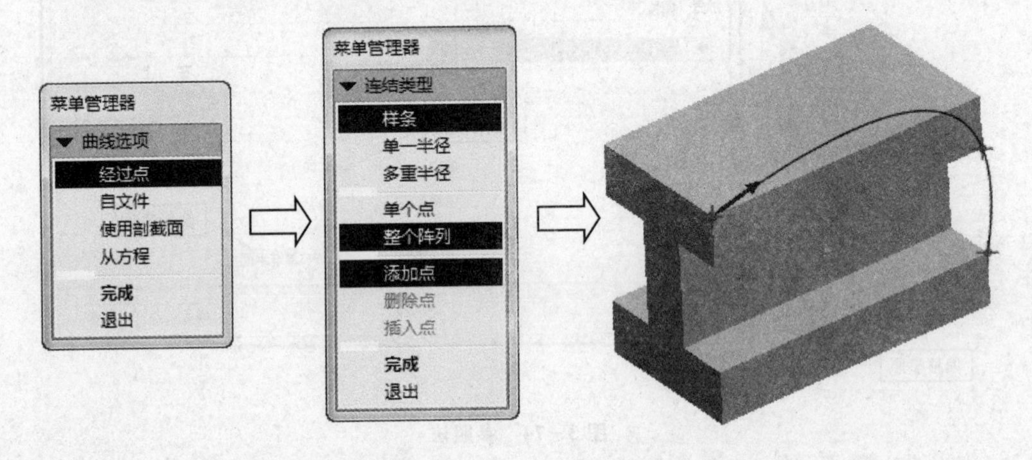

图 3-76 “经过点”方式

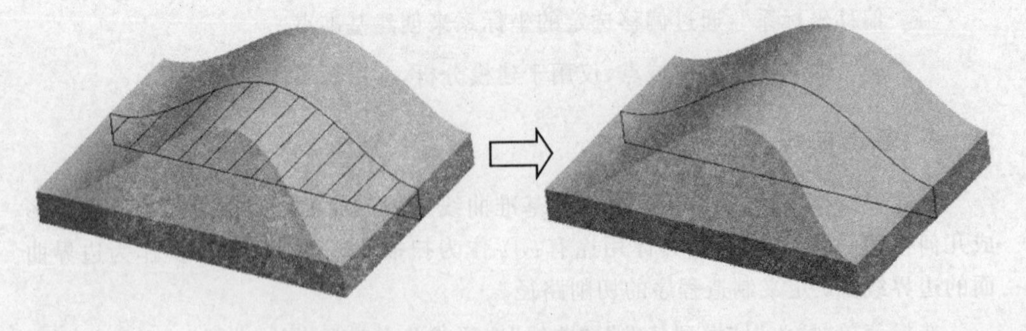
图 3-77 “使用剖截面”方式

“从方程”：只要曲线不自交，就可以通过“从方程”选项由方程创建基准曲线。创建这类曲线时，须先选择参照坐标系，再选择坐标类型包括笛卡尔坐标系、圆柱坐标系或球坐标系，如图 3－78 所示，然后在记事本中输入数学方程。

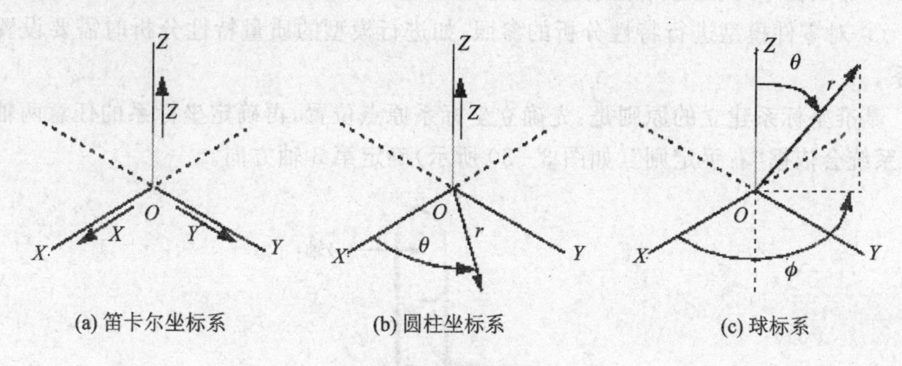

(a) 笛卡尔坐标系　　(b) 圆柱坐标系　　(c) 球标系

图 3－78　坐标系

如图 3－79 所示，用“从方程”方式并以笛卡尔坐标系类型定义图(a)所示的方程式，即可生成图(b)所示的基准曲线。

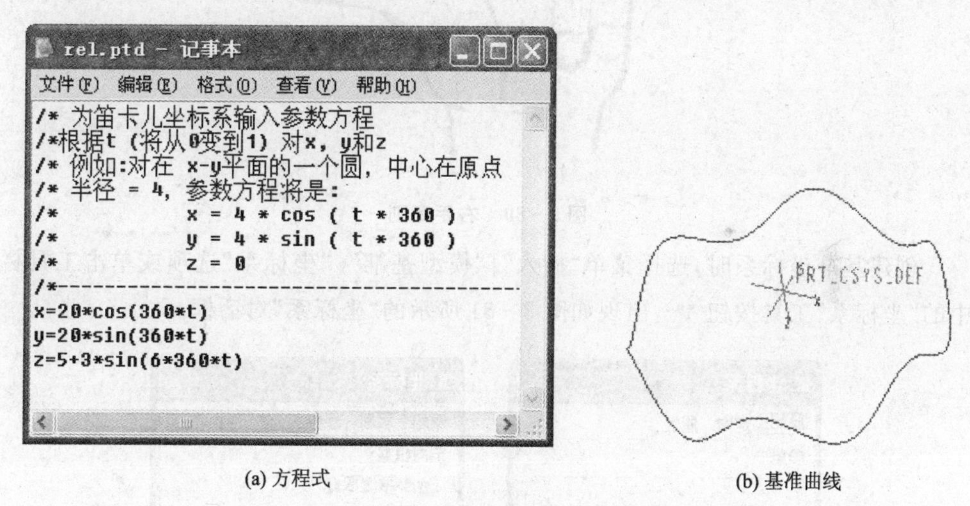

(a) 方程式　　(b) 基准曲线

图 3－79　“从方程”创建基准曲线

5. 基准坐标系

在 Pro/ENGNEER Wildfire 4.0 系统中创建 3D 模型时，特征定位均采用相对放置尺寸，基本上不用坐标系，若需标注坐标原点以供其他软件系统使用或方便特征创建，则需在模型上创建基准坐标系。

系统默认的坐标系名称为 PRT_CSYS_DEF，新建的坐标系名称为 CS＃(＃为从 0 开始的正整数)。零件模型中的坐标系主要有以下三种用途：

① 用于 CAD 数据的转换，如进行 IGES、STEP 等数据格式的输入与输出时一

般需要设置坐标系。

② 作为加工制造时刀具路径的参照，如果使用 Pro/MANUFACTURE 模块编制 NC 加工程序，则必须有坐标系作参照。

③ 对零件模型进行特性分析的参照，如进行模型的质量特性分析时需要设置坐标系。

基准坐标系建立的原则是：先确立坐标系原点位置，再确定坐标系的任意两轴方向，系统会依据“右手定则”（如图 3－80 所示）确定第 3 轴方向。

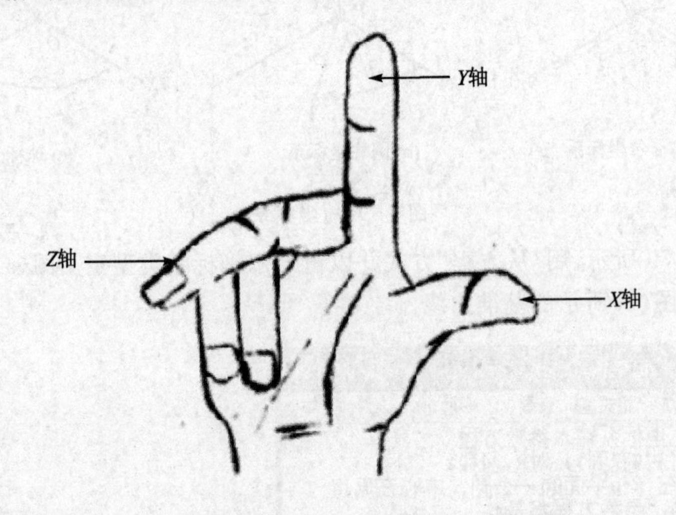

图 3－80　右手定则

创建基准坐标系时，选择菜单“插入”|“模型基准”|“坐标系”选项或单击工具栏中的“坐标系”工具按钮，出现如图 3－81 所示的“坐标系”对话框。

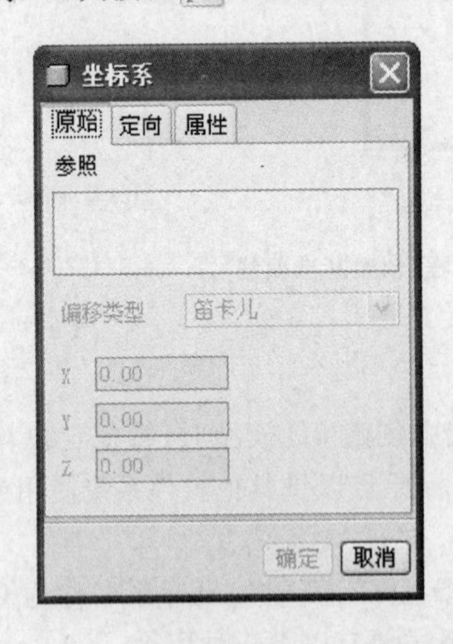

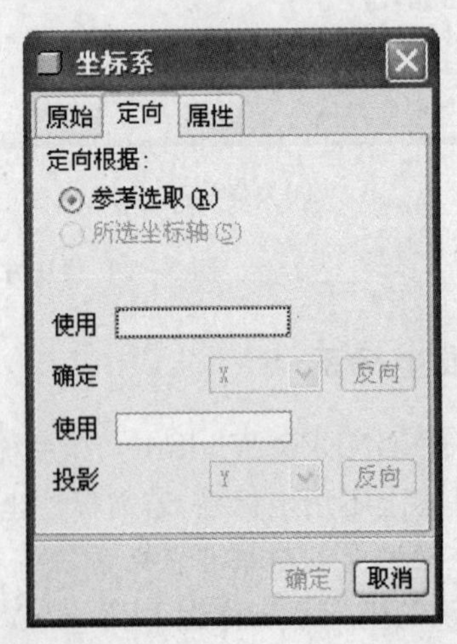

图 3－81　“坐标系”对话框

该对话框中包括“原始”、“定向”和“属性”三个选项卡，对各选项卡的功能介绍如下：

①“原始”选项卡　用于定义坐标系的原点放置，并列出其对应的放置参照、坐标偏移方式及坐标值等。

②“定向”选项卡　用于设定各坐标轴方向，定义基准坐标系 X、Y 和 Z 轴的方向时，指定其中的两个轴向，第三轴的正方向满足“右手定则”。

③“属性”选项卡　用于显示当前基准坐标系的特征信息，也可对基准坐标系进行重命名。

使用以下几种参照组合也可以创建基准坐标系：

① 三个相交平面　将三个平面的交点作为坐标系的原点，将前两个平面的法向分别作为两个坐标轴（X、Y）的方向，系统根据右手定则确定出第三个坐标轴的方向。

② 两条相交直线　选取两条相交直线（边或轴），将两条直线的交点作为坐标系的原点；然后在“定向”选项卡下，设置两个坐标轴的方向；最后系统根据右手定则确定出第三个坐标轴的方向。

③ 一个平面和两条非平行直线　将平面与第一条直线的交点作为坐标系的原点，将第一条直线的方向作为第一个坐标轴的方向；然后在“定向”选项卡下，选取一条不与第一条直线平行的直线，确定第二个坐标轴的方向；最后系统根据右手定则确定出第三个坐标轴的方向。

此外，通过将现有坐标系沿着三个坐标轴方向各自偏移一定的距离也可以创建新的坐标系。

6. 阵列特征

阵列，是通过重复复制、改变某一个（或一组）特征的指定尺寸，根据设定的变化规律和数量，自动生成一系列具有参数相关性的特征（组）。

阵列特征有以下特点：

① 指定的尺寸可以是位置尺寸，也可以是形状尺寸，或者同时使用；

② 变化规律可以是尺寸的变化规律，也可以是参照的变化规律，即随形阵列，如图 3－82 所示。

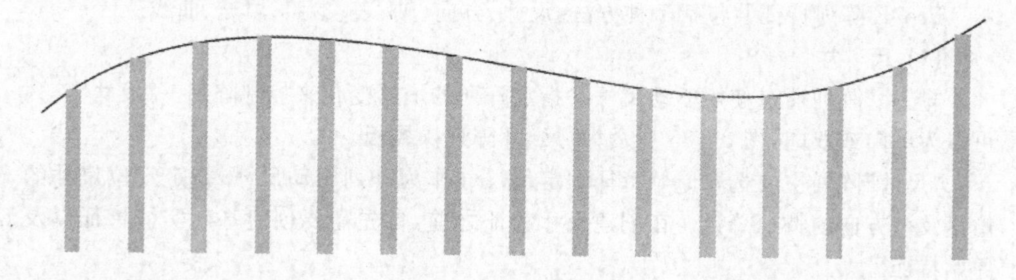

图 3－82　随形阵列

③ 选定用于阵列的特征或特征阵列，称为阵列导引；

④ 可以复制、镜像、移动阵列（甚至阵列阵列），但选取时必须选上整个阵列而不是某一特征成员。

Pro/E 只允许阵列单个特征。要阵列多个特征，可创建一个“局部组”，然后阵列这个组。创建此组阵列后，可分解组实例以单独对其进行修改。当特征阵列的阵列为尺寸阵列或表阵列时，可通过快捷菜单上的“取消阵列”来单独修改阵列成员。取消阵列特征时，结果将只保留原始特征；删除阵列特征时，结果将保留所有阵列后的特征。

要激活“阵列”特征，可选取要阵列的特征，然后在工具栏中单击“阵列”工具按钮，或选择菜单“编辑”|“阵列”选项，系统弹出如图 3－83 所示的阵列特征操控板。

图 3－83　阵列操控板

单击阵列特征操控板中的“选项”按钮，出现如图 3－84 所示的菜单，用于指定阵列特征的生成模式。

再生选项
相同
可变
一般

图 3－84　再生“选项”

① “相同”：用于产生阵列子特征与原始特征同类型的阵列，要求阵列子特征的放置平面和尺寸与原始特征均相同，且任何子特征均不得与放置平面的边界相交，子特征相互间也不能有相交现象。采用该模式创建的阵列特征产生的速度最快。

② “可变”（变化阵列）：用于产生允许有变化的阵列特征。阵列子特征与原始特征的大小可不相同、可位于不同的放置面，并且允许与放置面的边界相交，但子特征之间不允许有相交现象。

③ “一般”（一般阵列）：用于产生不受任何限制的阵列特征。系统允许阵列子特征与原始特征的大小不相同，也允许子特征相互间有相交。该阵列选项使用范围最广。

Pro/E 阵列特征共包括 7 种方法：尺寸、方向、轴、表、参照、填充、曲线。

(1) 尺　寸

“尺寸”阵列通过使用驱动尺寸并指定阵列的增量变化来控制阵列。“尺寸”阵列可以为单向或双向，图 3－85 所示为“尺寸”阵列操控板。

“尺寸”阵列主要选取原始特征的定位尺寸作为阵列驱动尺寸，指定定位尺寸的增量及该方向的特征总数。在创建尺寸特征之前，首先需要创建基础实体特征以及原始特征。

选取阵列参照尺寸时，单击阵列操控板中的“尺寸”按钮，出现如图 3－86 所示的

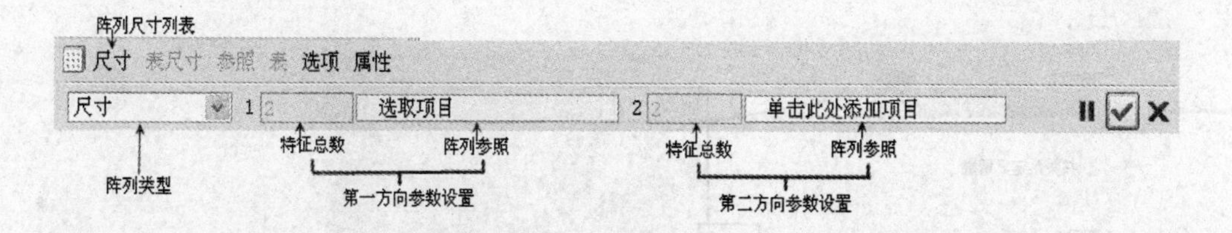

图 3－85　尺寸阵列操控板

操控板，此时可分别在“方向 1”和 “方向 2”栏中选取所需的参照尺寸并指定相应的增量。若选择操控板中的“按关系定义增量”复选项，则可用关系式控制阵列间距（即参照尺寸增量），单击“编辑”按钮打开记事本窗口以输入和编辑关系式。

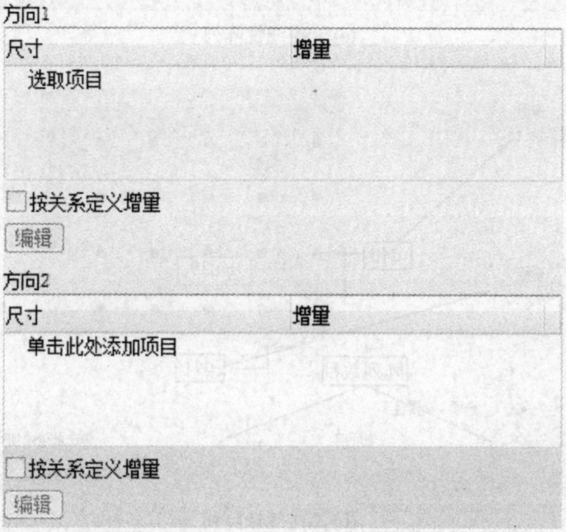

图 3－86　尺寸操控板

在每个阵列方向的定义中，允许同时选取一个或多个参照尺寸。若选取多个参照尺寸，则应按住 Ctrl 键。指定一个参照尺寸，该参照尺寸的增量方向即是阵列的方向；若指定多个参照尺寸，则参照尺寸的增量合成方向决定阵列的方向。

根据选取的参照尺寸不同可产生线性阵列和旋转阵列。线性阵列以线性尺寸作为驱动尺寸。创建线性阵列时，允许设定一个或两个阵列方向（即第一方向与第二方向），但每个阵列方向都要分别指定参照尺寸及增量、阵列特征总数，如图 3－87 所示。创建旋转阵列时，需要指定一个角度尺寸为驱动尺寸，如图 3－88 所示。

(2) 方　向

“方向”阵列方式其实是尺寸线性阵列的简化。使用这个功能，阵列导引不再需要线性驱动尺寸，只需使用平面、轴、直线边指定方向，便可实现单向或双向线性阵列。同样的，也允许特征本身的形状尺寸变化，如图 3－89 所示。

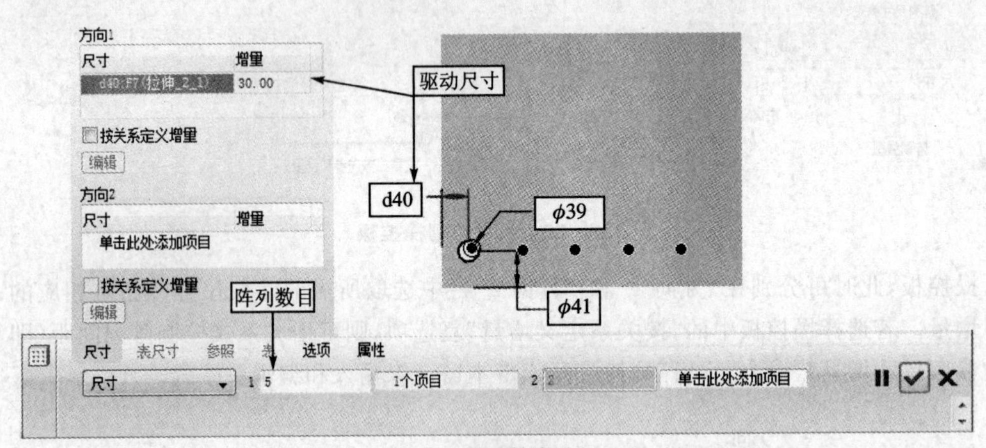

(a) 一维线性阵列

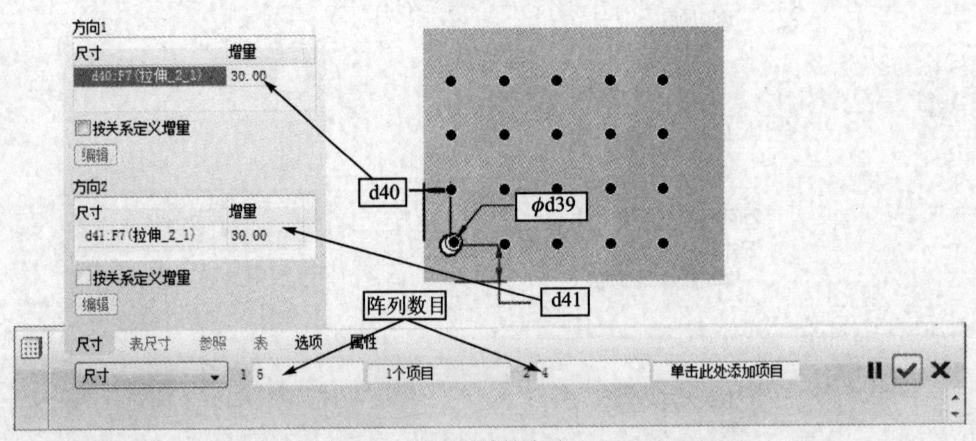

(b) 二维线性阵列

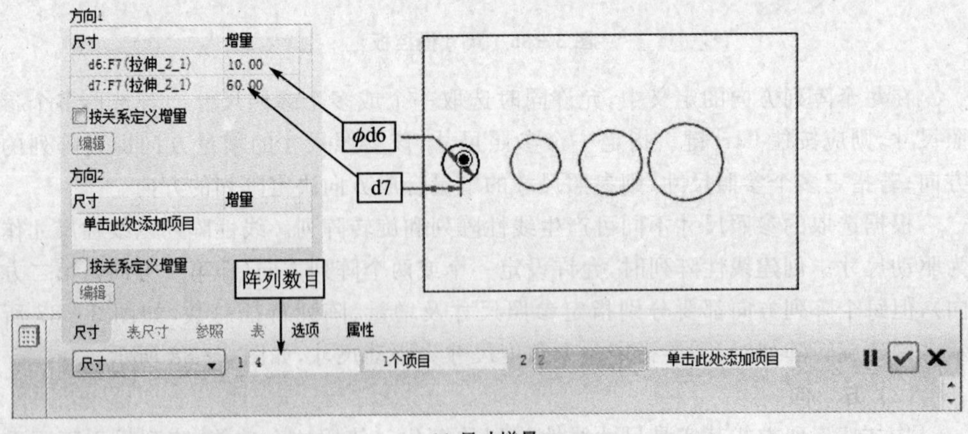

(c) 尺寸增量

图 3－87 线性阵列

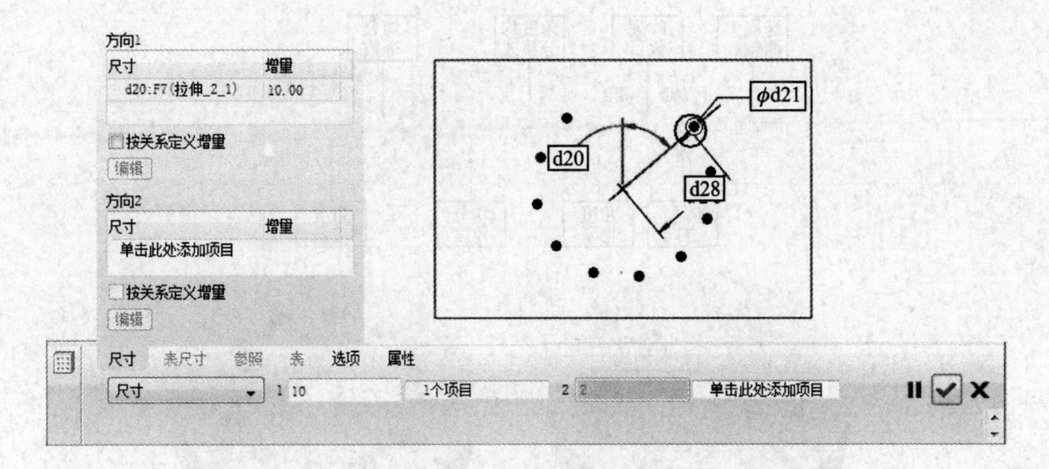

图 3-88　旋转阵列

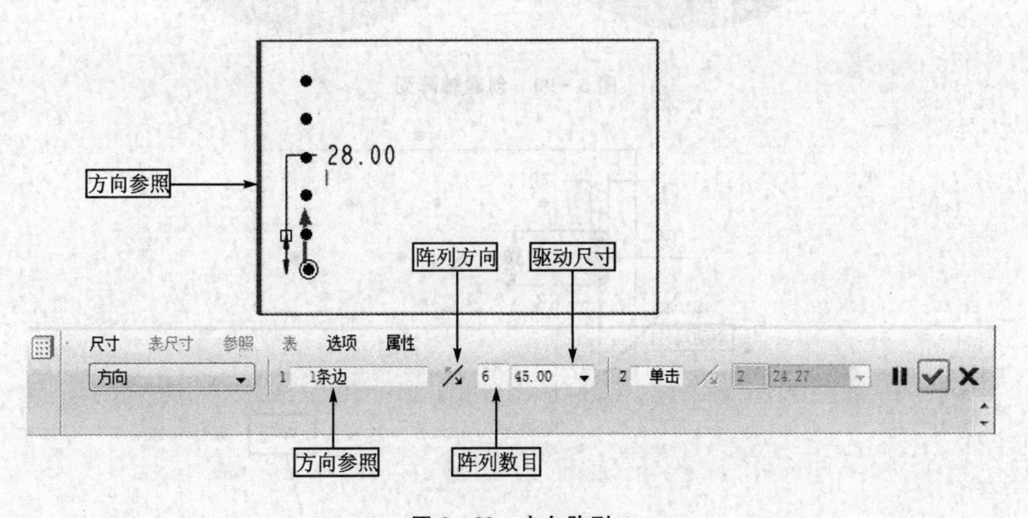

图 3-89　方向阵列

(3) 轴

“轴”阵列把圆周阵列从尺寸阵列中解放出来，不再需要角度驱动尺寸，通过指定轴参照，便可实现圆周阵列了，如图 3-90 所示。

(4) 表

“表”阵列是一种相对比较自由的阵列方式，常用于创建布局不规则的特征阵列。该阵列方式通过选取一定数量的驱动尺寸，从而形成一个阵列表，由表格中的尺寸去驱动阵列中每个成员的尺寸，如图 3-91 所示。

(5) 参　照

“参照”阵列是指在已有的阵列基础上，参照该阵列参数来创建的阵列，并通过参照另一阵列来控制阵列。创建参照阵列特征之前，模型中必须有可参照的阵列特征，如图 3-92 所示。

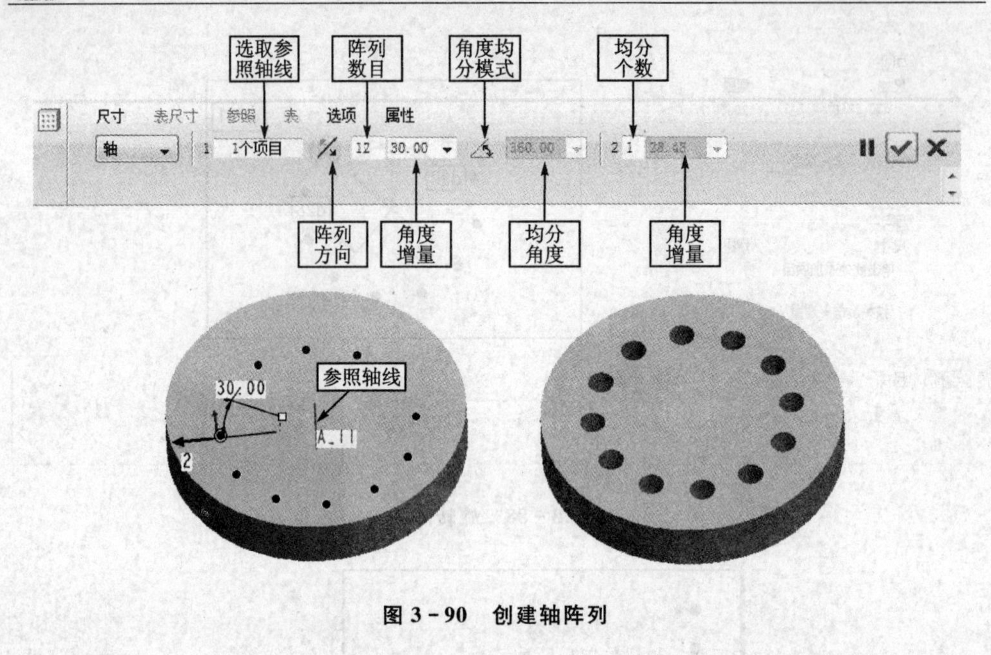

图 3－90 创建轴阵列

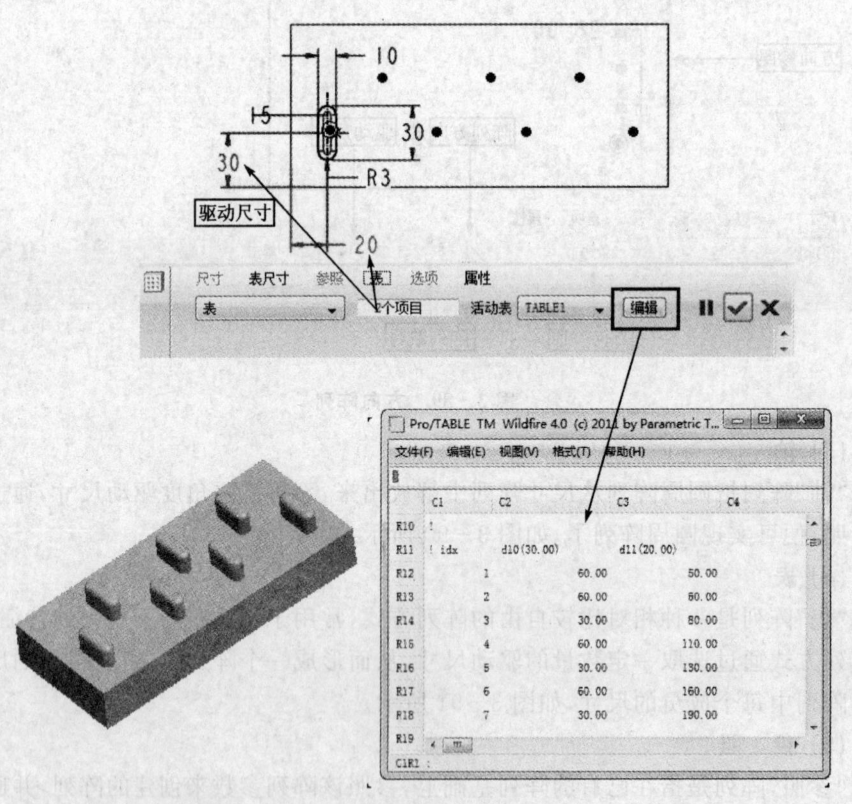

图 3－91 表阵列

图 3－92　参照阵列

(6) 填　充

在规划的草绘范围内按照某种规则创建阵列特征。首先规划阵列范围，然后指定阵列排列格式并调整相关参数，图 3－93 所示为“填充”阵列的操控面板。

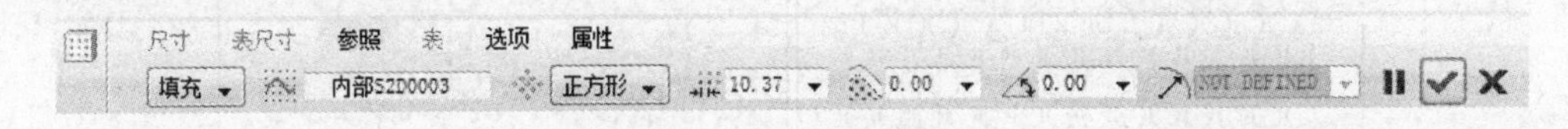

图 3－93　操控面板

内部S2D0003 :用于绘制“填充”阵列的区域并显示所选取的对象。

正方形 :用于选取“填充”阵列的网格模板，有“正方形”、“菱形”、“三角形”、“圆”、“曲线”、“螺旋”六种排列方式的阵列，如图 3－94 所示。

10.37 :用于设定阵列子特征的中心间距。

0.00 :用于设定阵列子特征的中心距离填充区域边界的最小值，若是负值则在填充区域之外。

0.00 :用于设定网格关于原点的角度。

NOT DEFINED :用于设定圆形或样条曲线网格的径距。

(7) 曲　线

通过指定沿着曲线的阵列成员间的距离或阵列成员的数目来控制阵列，图 3－95 所示为“曲线”阵列操控板。

7. 孔

孔是指在模型上切除实体材料后留下的中空回转结构，是现代零件设计中最常见的结构之一，在机械零件中应用很广。Pro/E 中孔的创建方法很多，如用前面学到的基础实体建模的方法都可以创建孔，但是，相对来讲效率不高，而且麻烦。使用

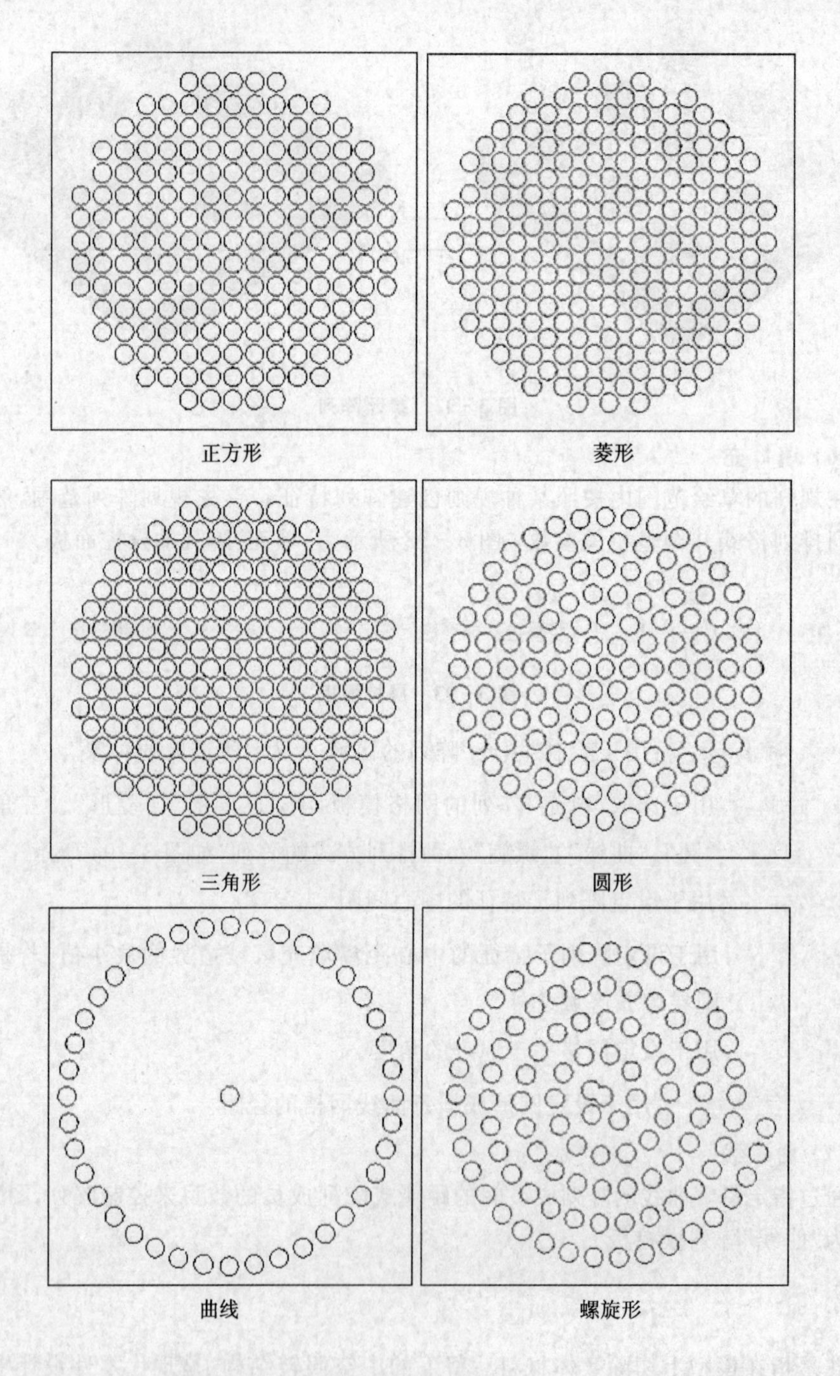

图 3-94 排列方式

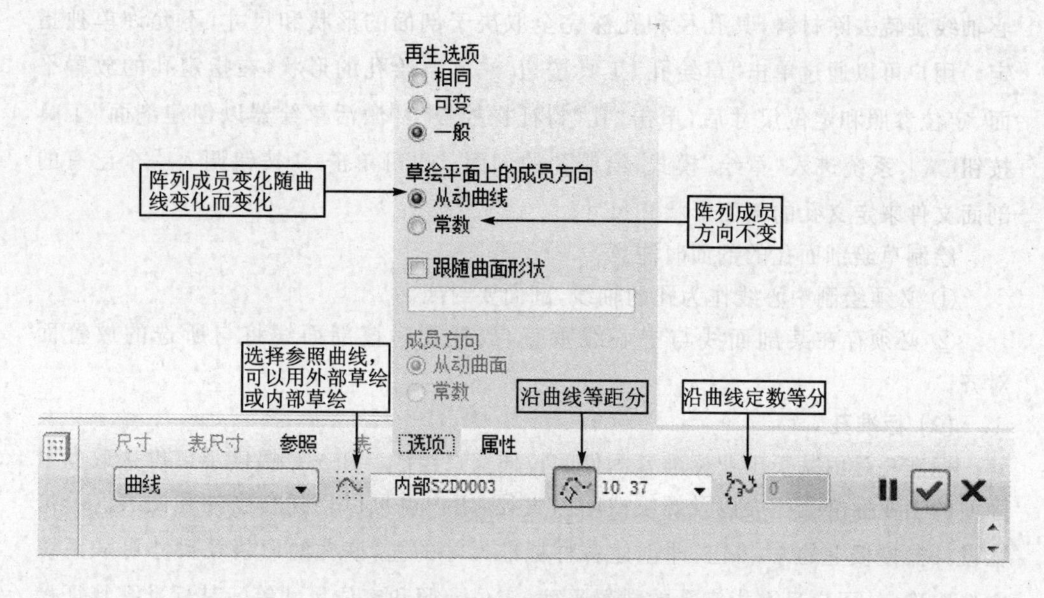

图 3－95　“曲线”阵列操控板

Pro/E 为用户提供的孔专用设计工具，可以快捷、准确地创建出三维实体建模中需要的孔特征。

在 Pro/E 系统中，根据孔的形状、结构和用途以及是否标准化等条件，将孔特征类型分为直孔和标准孔两种。

创建孔特征时，选择菜单“插入”|“孔”选项，或单击工具栏中的“孔”工具按钮，出现如图 3－96 所示的“孔”特征操控板。

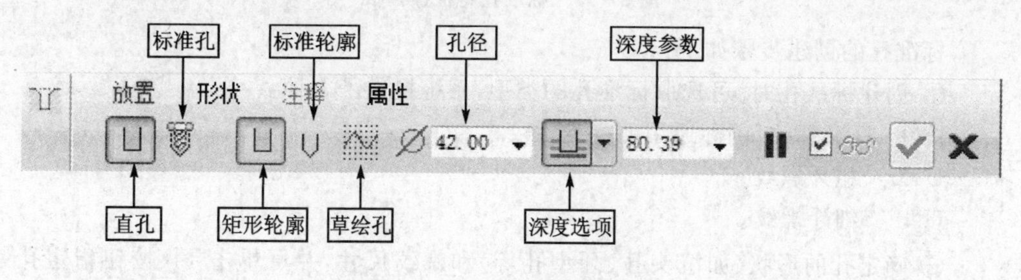

图 3－96　“孔”特征操控板

(1) 直　孔

直孔是一种最简单也是实际设计中最常用的孔。根据孔截面的不同，又分为简单和草绘两种。

① “简单”表明孔具有单一的直径参数，结构简单(相当于以圆形剖面向垂直于孔放置面拉伸去除体积而得)。设计时，只需要指定孔的放置平面，相应的定位参照、定位尺寸，孔的直径和深度。

② “草绘”表明孔的结构可由用户自定。(相当于以草绘孔的 1/2 剖面绕指定中

心轴线旋转去除材料，其孔径和孔深完全取决于剖面的形状和尺寸，不允许单独指定。）用户可以通过单击“草绘孔”工具按扭来草绘孔的形状，在指定孔的放置平面、定位参照和定位尺寸后，单击“孔”特征操控板中“激活草绘器以创建剖面”工具按钮，系统进入“草绘”模式，绘制孔的剖面。也可单击按钮调入一个已有的剖面文件来定义孔的剖面形状和尺寸。

绘制草绘剖面孔的剖面时注意：

① 必须绘制中心线作为孔的轴线，剖面要封闭。

② 必须存在某剖面线与中心线垂直，放置孔时该剖面线将与所选的放置面对齐。

(2) 标准孔

标准孔是由基于工业标准紧固件的拉伸切口组成。Pro/E 提供了可供选取的紧固件的工业标准孔图表以及螺纹或间隙直径，用户也可以创建自己的孔图表。单击孔设计操控板上的按钮，即创建各种标准尺寸的孔，该孔的形状及尺寸可从系统中选取确定，用户只需指定孔的放置平面、定位参照和定位尺寸等。其标准孔特征操控板如图 3－97 所示。

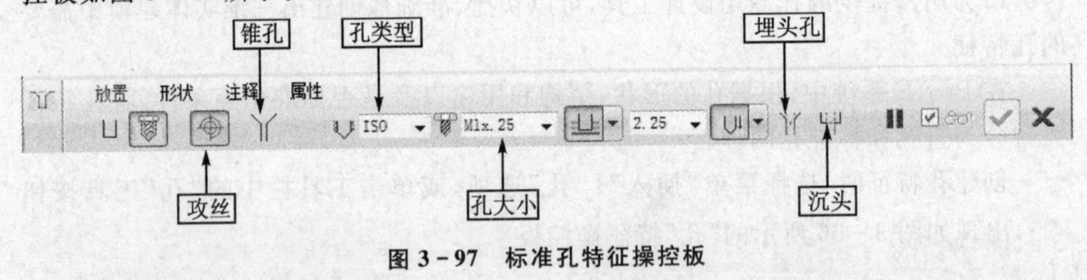

图 3－97　标准孔特征操控板

标准孔的创建步骤如下：

① 创建标准孔时，可选取标准孔的类型，系统提供了 3 种：

ISO　标准螺纹，国际通用的标准螺纹；

UNC　粗牙螺纹；

UNF　细牙螺纹。

② 确定孔的形状（如沉头孔、牙型孔等）和螺纹尺寸，并可单击形状按钮指定孔的相关尺寸。

③ 确定标准孔的螺纹装饰结构。单击 3 个设计工具按钮中的任意一个，即可定义螺纹装饰结构。

④ 确定标准孔的定位参数。方法与直孔定位参数设置相同。

(3) 孔的定位方式

单击“孔”特征操控板中的“放置”按钮，出现如图 3－98 所示的操控板。创建孔时必须标定孔中心的位置，系统提供了 5 种定位方式，分别是“线性”、“径向”、“直径”、“同轴”和“在点上”。

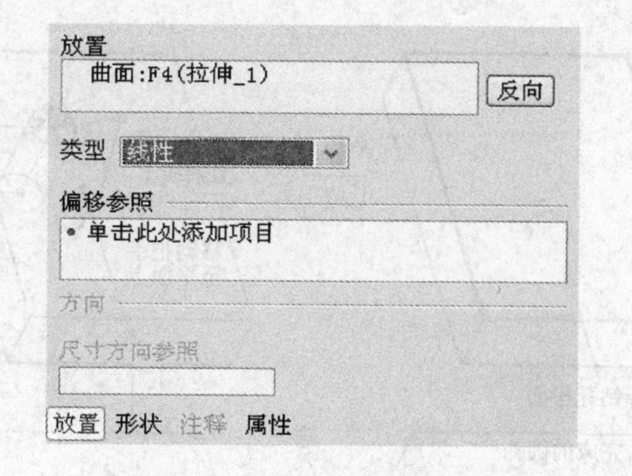

图 3－98　“放置”特征操控板

“线性”：相对于定位参照以线性距离来标注孔的轴线位置，如图 3－99 所示。

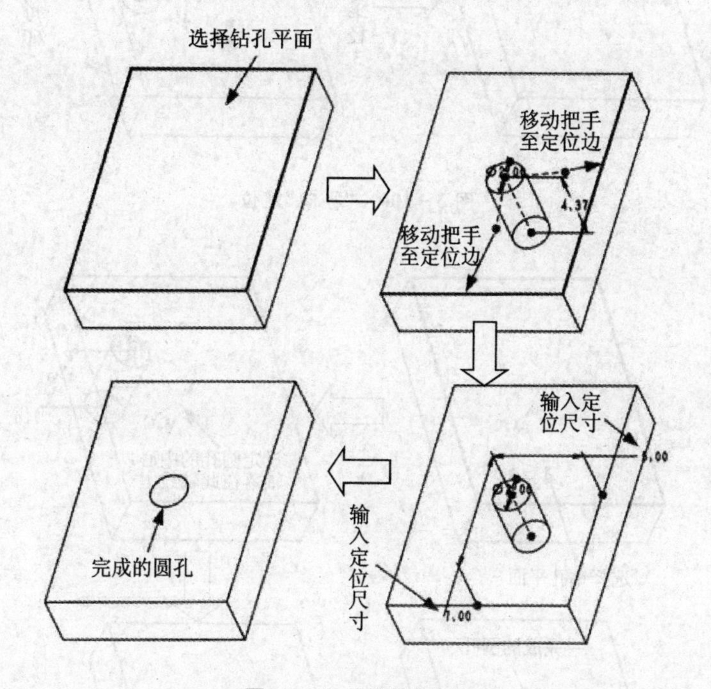

图 3－99　“线性”定位

“径向”：以极坐标形式来标注孔的轴线位置，即标注孔的轴线到参照轴线的距离(该距离值以半径表示)、孔的轴线与参照轴线之间连线与参照平面的夹角。标注时必须指定参照的基准轴、平面及其极坐标参照值(r、θ)，如图 3－100 所示。

“直径”与“径向”方式相同，即以极坐标形式来标注孔的轴线位置，但以直径形式标注孔的轴线到参照轴线的距离。

“同轴”：以选定的一条轴线为参照，使创建的孔轴线与参照轴重合，如图 3－101 所示。

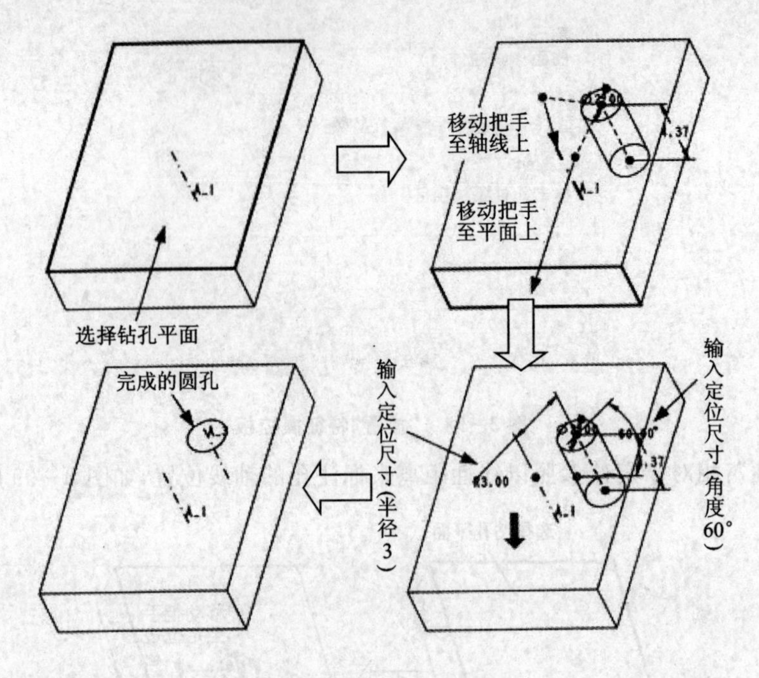

图 3-100 "径向"定位

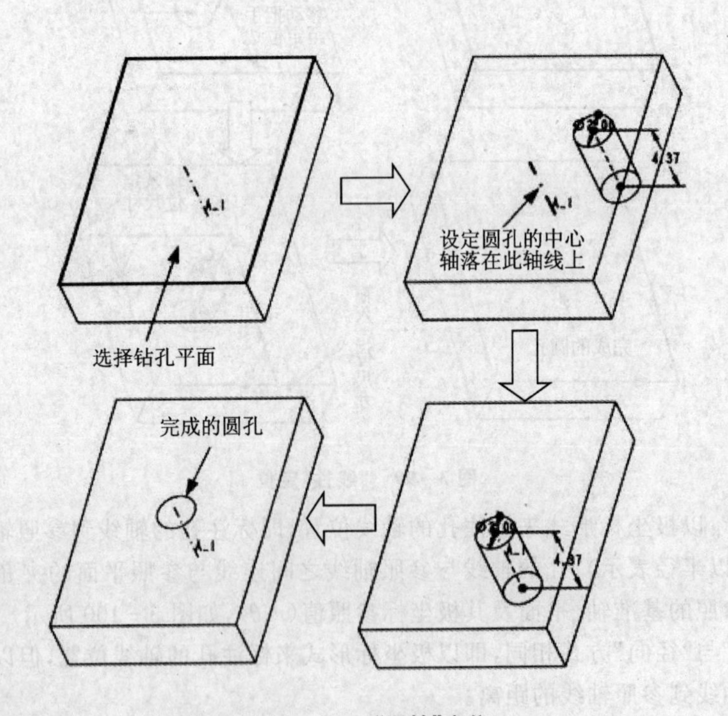

图 3-101 "同轴"定位

“在点上”:将孔与曲面上的或者偏移曲面的草绘点对齐,如图 3－102 所示。

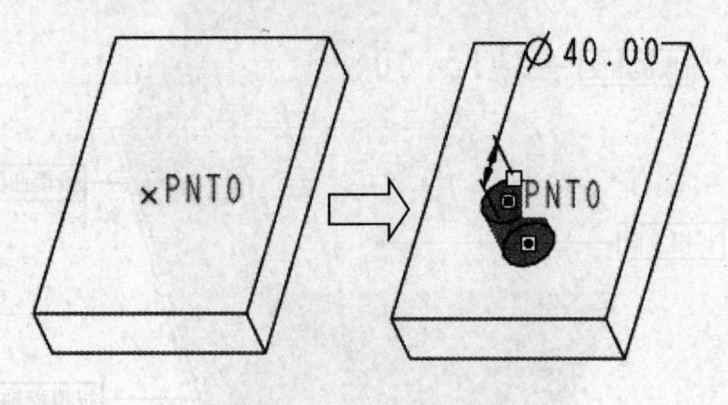

图 3－102　点定位

8. 拔　模

在塑料拉伸件、金属铸造件和锻造件中,为了便于加工脱模,通常会在成品与模具型腔之间引入一定的倾斜角,称为“拔模角”或“脱模角”。拔模特征就是为了解决此类问题,将单独曲面或一系列曲面中添加一个介于－30°与＋30°之间的拔模角度。可以选择的拔模面有平面或圆柱面。

对于拔模,系统使用以下术语:

- 拔模曲面　要拔模的模型的曲面。
- 拔模枢轴　曲面围绕其旋转的拔模曲面上的线或曲线(也称为中立曲线)。可通过选取平面(在此情况下拔模曲面围绕它们与此平面的交线旋转)或选取拔模曲面上的单个曲线链来定义拔模枢轴。
- 拖动方向(也称为拔模方向)　用于测量拔模角度的方向。通常为模具开模的方向。可通过选取平面(在这种情况下拖动方向垂直于此平面)、直边、基准轴、两点(如基准点或模型顶点)或坐标系对其进行定义。
- 拔模角度　拔模方向与生成的拔模曲面之间的角度。如果拔模曲面被分割,则可为拔模曲面的每侧定义两个独立的角度。拔模角度必须在－30°～＋30°之间。

创建“拔模”特征时需要单击工具栏中的“拔模”工具按钮,或选择菜单“插入”|“拔模”选项,如图 3－103 所示。

3.4.3　操作步骤

机械零件设计的操作步骤如下:

① 选择菜单“文件”|“新建”选项,弹出“新建”对话框,在“类型”选项区域选择“零件”单选项,在“名称”文本框中输入名称 lingjian,取消选择“使用缺省模板”复选

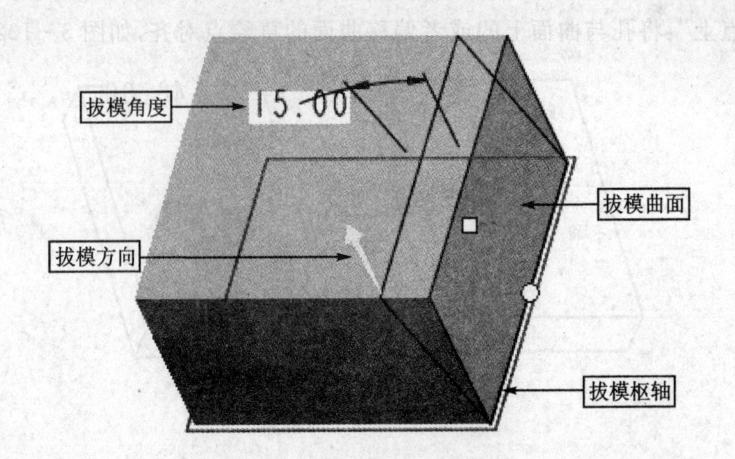

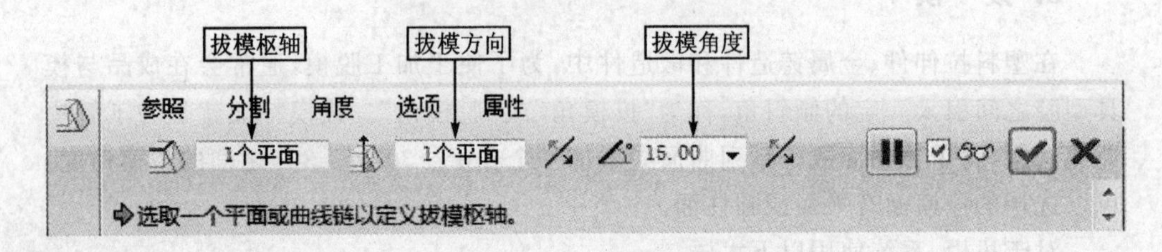

图 3-103　拔模特征

项，单击“确定”按钮，弹出“新文件选项”对话框，选择模板 mmns_part_solid，单击“确定”按钮进入零件设计模块。

② 单击工具栏中的“拉伸”工具按钮，在绘图区域右击，在弹出的快捷菜单中选择“定义内部草绘”选项，选择创建的 TOP 平面为草绘平面，绘制如图 3-104 所示的草图，单击草图环境中的“完成”按钮；在操控板中输入拉伸高度 18，单击“完成”按钮，结果如图 3-105 所示。

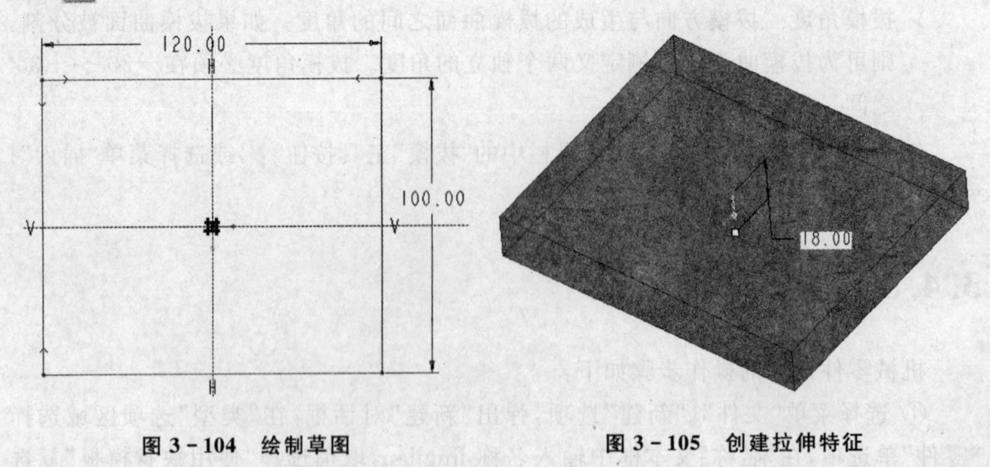

图 3-104　绘制草图　　　图 3-105　创建拉伸特征

③ 单击工具栏中的“拉伸”工具按钮，在绘图区域右击，在弹出的快捷菜单中选择“定义内部草绘”选项，选择立方体表面为草绘平面，绘制如图 3-106 所示的草图，单击草图环境中的“完成”按钮；在操控板中输入拉伸高度为 7，单击“完成”按钮，结果如图 3-107 所示。

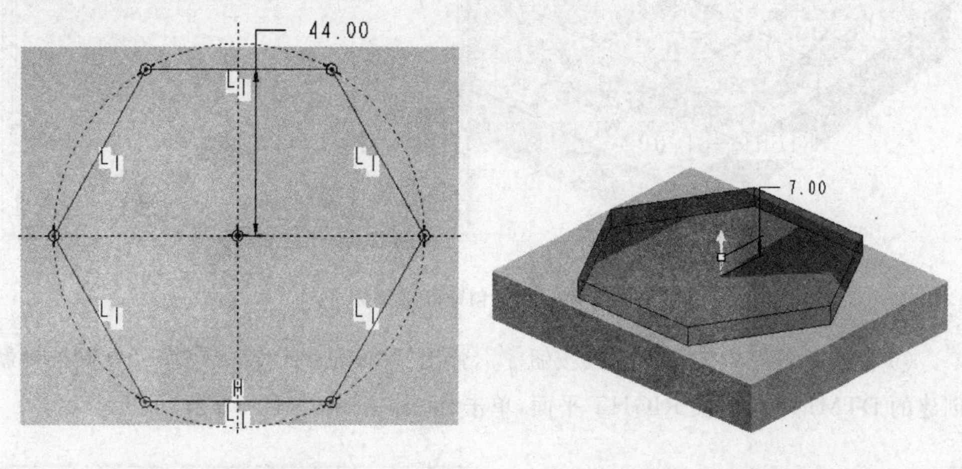

图 3-106　绘制草图　　　　图 3-107　创建拉伸特征

④ 单击工具栏中的“拉伸”工具按钮，在绘图区域右击，在弹出的快捷菜单中选择“定义内部草绘”选项，选择实体表面为草绘平面，绘制如图 3-108 所示的草图，单击草图环境中的“完成”按钮；在操控板中输入拉伸高度 3，单击“完成”按钮，结果如图 3-109 所示。

⑤ 单击工具栏中的“平面”工具按钮，弹出“基准平面”对话框，选择 FRONT 平面，选择平面创建类型为“偏移”，在“平移”文本框中输入偏移距离 1，单击“确定”按钮，如图 3-110 所示。

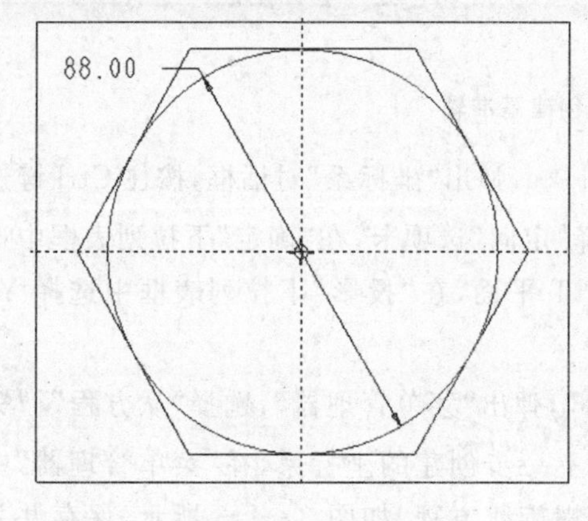

图 3-108　绘制草图

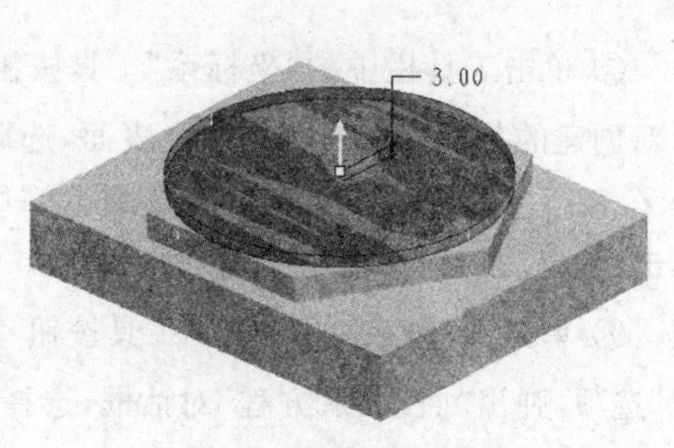

图 3-109　创建拉伸特征

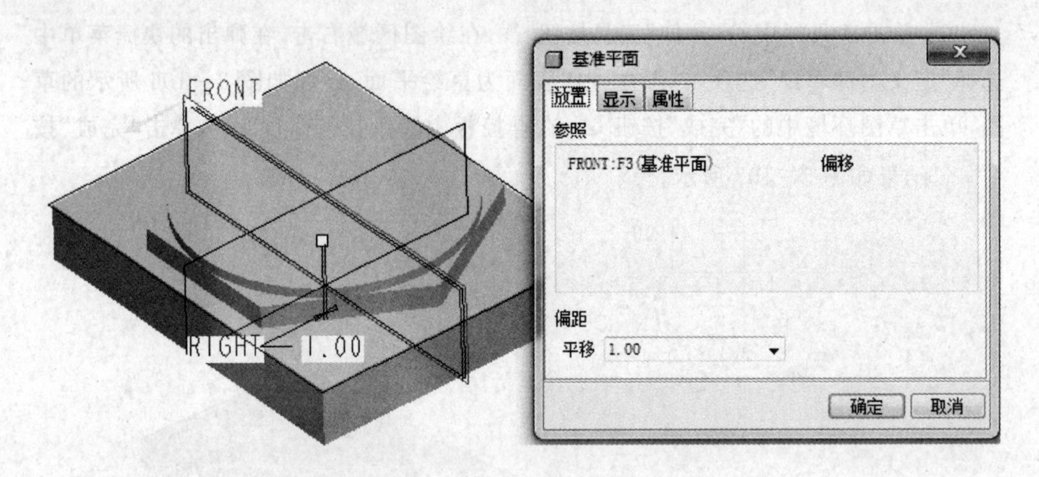

图 3-110 创建基准平面

⑥ 单击工具栏中的“轴”工具按钮，弹出“基准轴”对话框，按住 Ctrl 键选择新创建的 DTM1 平面以及 RIGHT 平面，单击“确定”按钮，如图 3-111 所示。

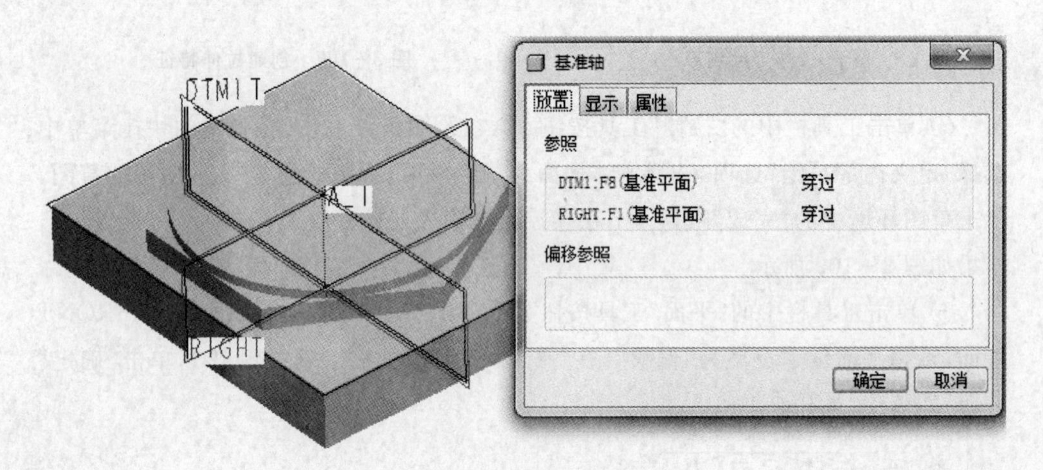

图 3-111 创建基准轴

⑦ 单击工具栏中的“坐标系”工具按钮，弹出“坐标系”对话框，按住 Ctrl 键选择新创建的基准轴以及圆柱体上表面，选择“定向”选项卡，在“确定”下拉列表框中选择 Z，在第二个“使用”文本框中选择 RIGHT 平面，在“投影”下拉列表框中选择 Y，单击“确定”按钮，如图 3-112 所示。

⑧ 单击工具栏中的“曲线”工具按钮，弹出“菜单管理器”，选择“从方程”|“完成”选项，弹出“曲线:从方程”对话框，选择上一步创建的坐标系，在“菜单管理器”中选择“圆柱”，弹出“记事本”，输入阿基米德螺旋线方程，如图 3-113 所示，保存并关闭“记事本”，单击“曲线:从方程”对话框中的“确定”按钮，结果如图 3-114 所示。

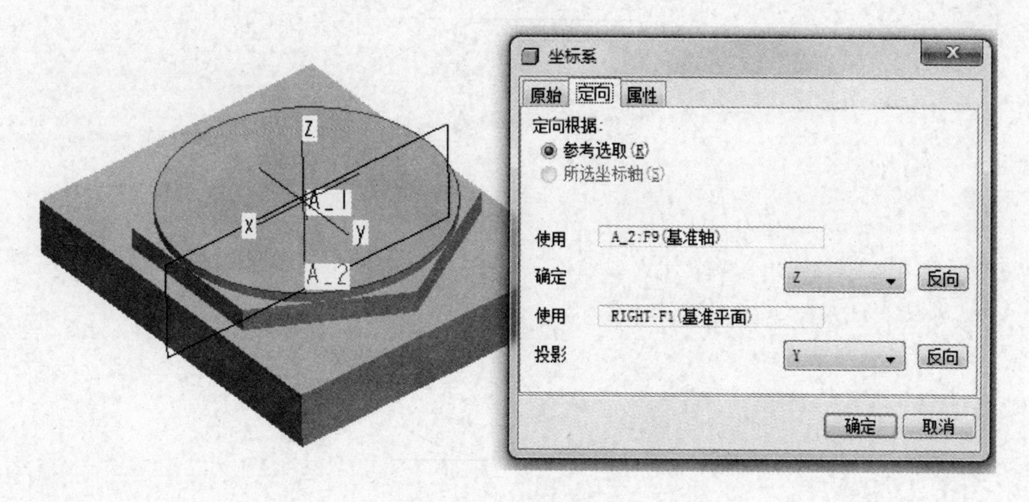

图 3－112　创建坐标系

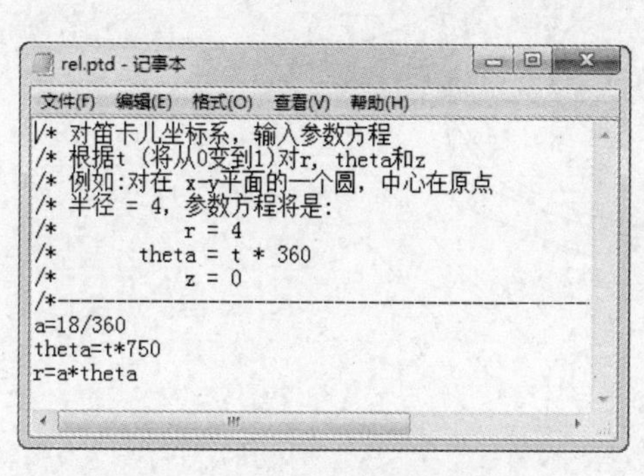

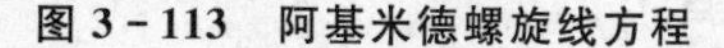

图 3－113　阿基米德螺旋线方程　　　　图 3－114　阿基米德螺旋线

⑨ 单击工具栏中的“草绘点”工具按钮，选择实体的上表面为草绘平面，在草绘环境中绘制两条中心线，在中心线和螺旋线的交点处创建点，如图 3－115 所示。

⑩ 选择螺旋线，单击工具栏中的“修剪”工具按钮，选择点，在操控板中单击按钮切换方向，单击“完成”按钮，修剪螺旋线，如图 3－116 所示。

⑪ 选择螺旋线，右击，在弹出的快捷菜单中选择“属性”选项，弹出“线体”对话框，在“线型”下拉列表中选择“控制线”选项，如图 3－117 所示，单击“应用”按钮，关闭对话框，结果如图 3－118 所示。

⑫ 单击工具栏中的“拉伸”工具按钮，在操控板中单击“去除材料”工具按钮，在绘图区域右击，在弹出的快捷菜单中选择“定义内部草绘”选项，选择实体表面为草绘平面，绘制如图 3－119 所示的草图，单击草图环境中的“完成”按钮；在操控板中输入拉伸高度为 10，单击“完成”按钮，结果如图 3－120 所示。

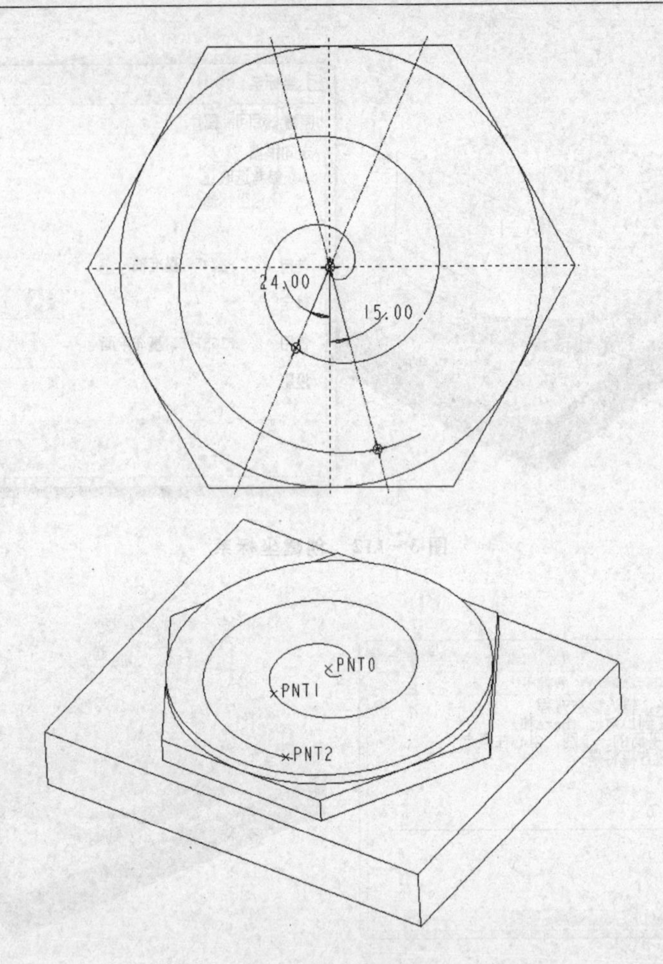

图 3-115　创建点

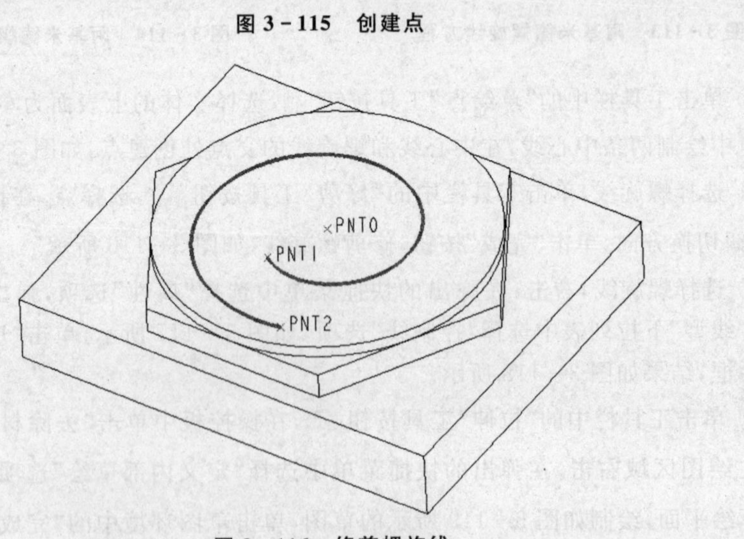

图 3-116　修剪螺旋线

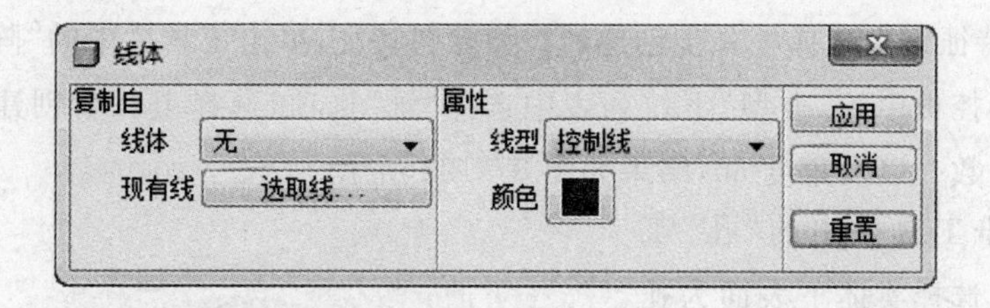

图 3-117　“线体”对话框

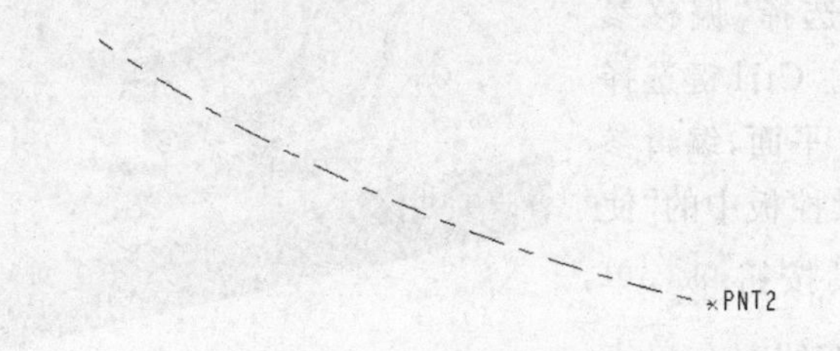

图 3-118　改变线型

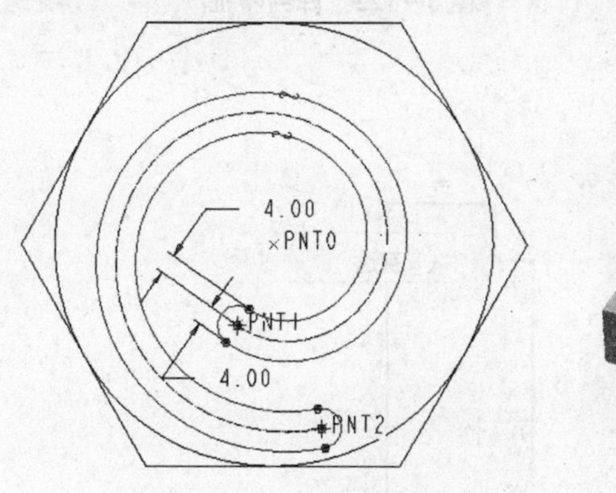

图 3-119　绘制草图

图 3-120　创建拉伸除料特征

⑬ 单击工具栏中的“轴”工具按钮 ，弹出“基准轴”对话框，按住 Ctrl 键选择新创建的 FRONT 平面以及 RIGHT 平面，单击“确定”按钮。

⑭ 创建拉伸除料特征，拉伸高度为 8，如图 3-121 所示。

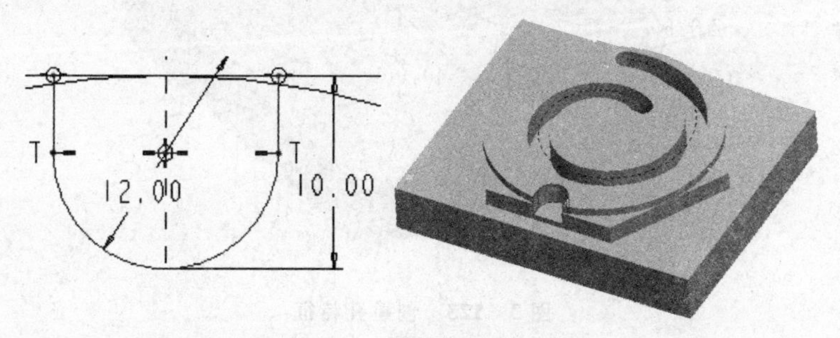

图 3-121　创建拉伸除料特征

⑮ 在特征树中选择上一步创建的拉伸除料特征，单击工具栏中的“阵列”工具按钮，在操控板中的“类型”下拉列表中选择“轴”选项，选择上一步创建的基准轴，输入阵列个数 3 以及角度 60，结果如图 3 - 122 所示。

⑯ 单击工具栏中的“孔”工具按钮，选择实体下表面为孔的放置平面，在绘图区域右击，在弹出的快捷菜单中选择“偏移参照收集器”选项，按住 Ctrl 键选择 FRONT 和 RIGHT 平面，编辑参数 50 和 40。单击操控板中的“使用标准孔轮廓”工具按钮，单击“添加沉孔”工具按钮，单击“形状”选项，输入孔的形状参数，如图 3 - 123 所示，单击“完成”按钮。

图 3 - 122 阵列特征

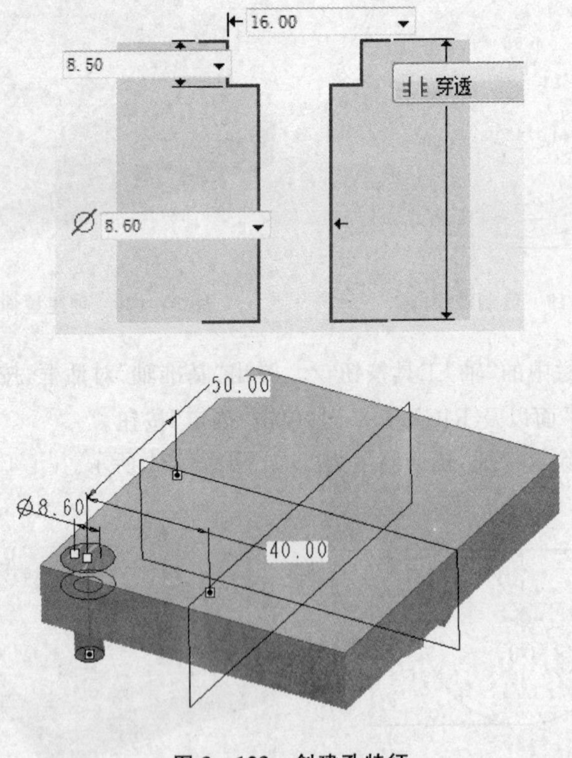

图 3 - 123 创建孔特征

⑰ 在特征树中选择上一步创建的孔特征，单击工具栏中的“阵列”工具按钮，在操控板中的“类型”下拉列表中选择“尺寸”选项，选择绘图区域中值为50的参数，输入－100，选择值为40的参数，输入增量－40，输入第一方向阵列数2，输入第二方向阵列数3，单击“完成”按钮，如图3-124所示。

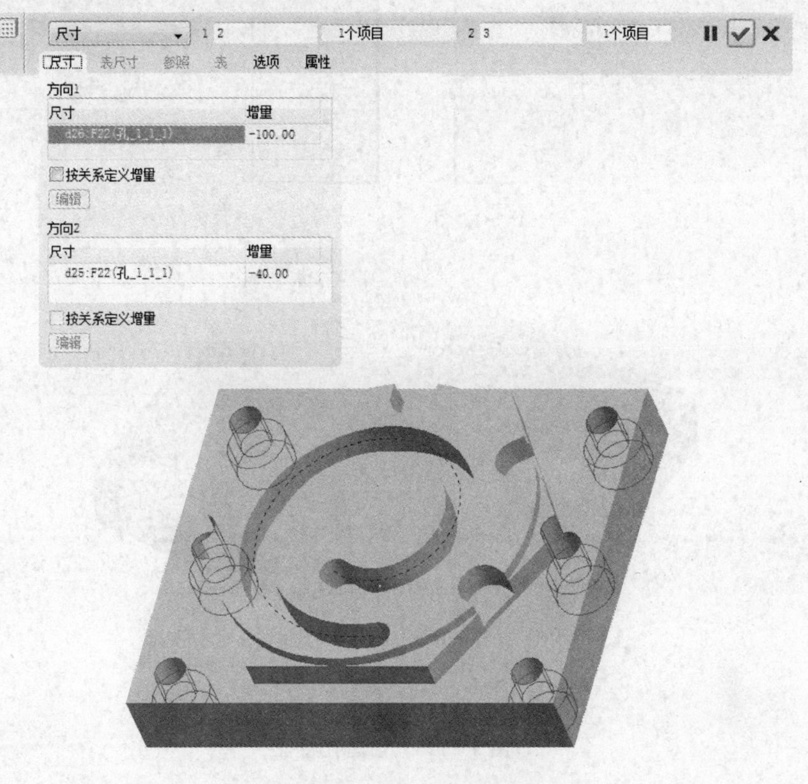

图3-124　阵列复制孔特征

⑱ 单击工具栏中的“孔”工具按钮，按住Ctrl键选择实体下表面以及步骤14创建的轴，单击操控板中的“使用标准孔轮廓”工具按钮，单击“添加沉孔”工具按钮，单击“形状”选项，输入孔的形状参数，如图3-125所示，单击“完成”按钮。

⑲ 单击工具栏中的“拉伸”工具按钮，在操控板中单击“去除材料”工具按钮，在绘图区域右击，在弹出的快捷菜单中选择“定义内部草绘”选项，选择实体下表面为草绘平面，绘制草图，在操控板中输入拉伸高度10，单击“完成”按钮，结果如图3-126所示。

⑳ 单击工具栏中的“拔模”工具按钮，选择3个侧面为拔模曲面，在绘图区域右击，在弹出的快捷菜单中选择“拔模枢轴”选项，选择实体的下表面，输入拔模角度10，单击“完成”按钮，结果如图3-127所示。

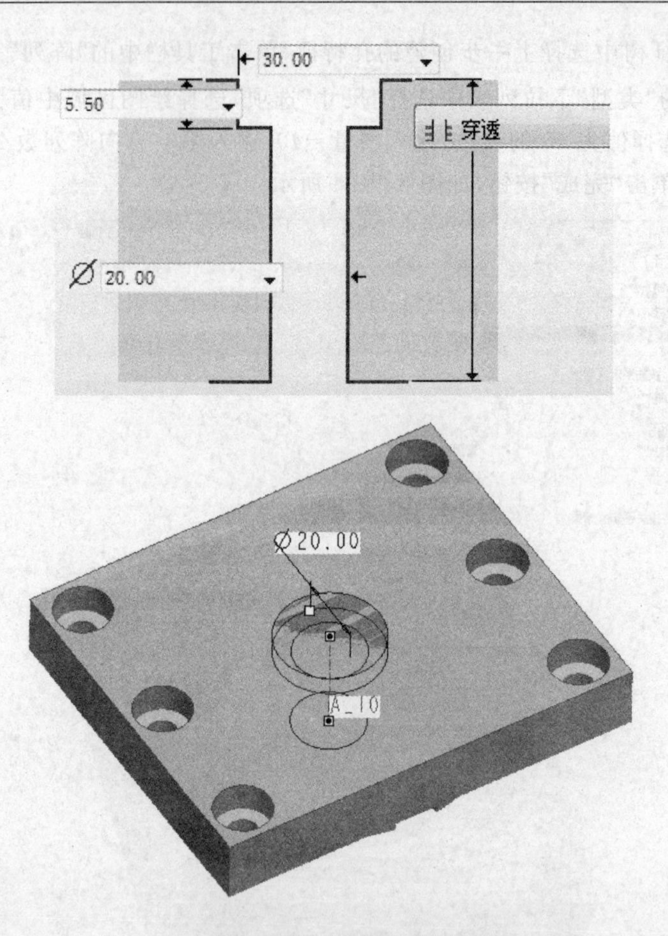

图 3－125　创建孔特征

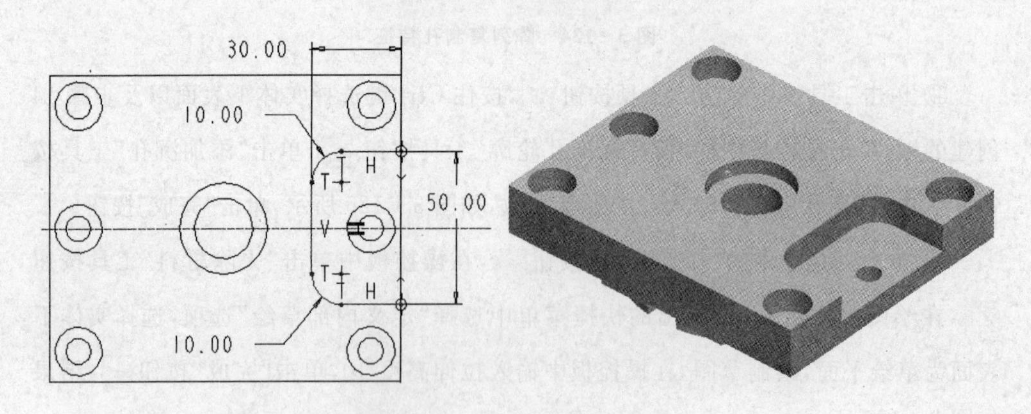

图 3－126　创建拉伸除料特征

㉑ 单击绘图工具栏中的“圆角”工具按钮，选择倒圆角的边，在操控板中输入圆角半径 3，单击“完成”按钮，结果如图 3－128 所示。

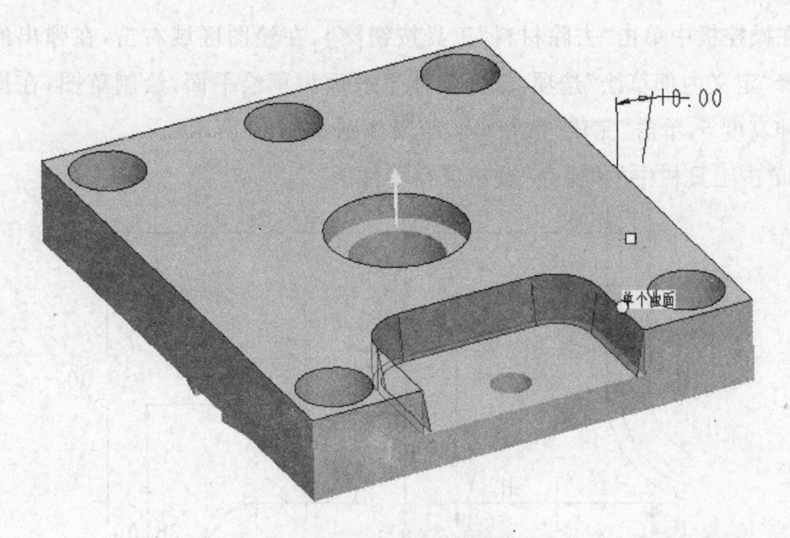

图 3-127　创建拔模特征

图 3-128　创建圆角特征

㉒ 按住 Ctrl 键，在特征树中选择上面三个步骤创建的“拉伸”、“斜度”、“倒角”三个特征，右击，在弹出的快捷菜单中选择“组”选项。

㉓ 在特征树中选择“组”选项，单击工具栏中的“镜像”工具按钮，选择 RIGHT 平面，单击“完成”按钮，如图 3-129 所示。

图 3-129　镜像复制特征

㉔ 单击工具栏中的“拉伸”工具按

钮，在操控板中单击“去除材料”工具按钮，在绘图区域右击，在弹出的快捷菜单中选择“定义内部草绘”选项，选择实体下表面为草绘平面，绘制草图，在操控板中输入拉伸高度 5，单击“完成”按钮，结果如图 3-130 所示。

㉕ 单击工具栏中的“保存”按钮保存零件。

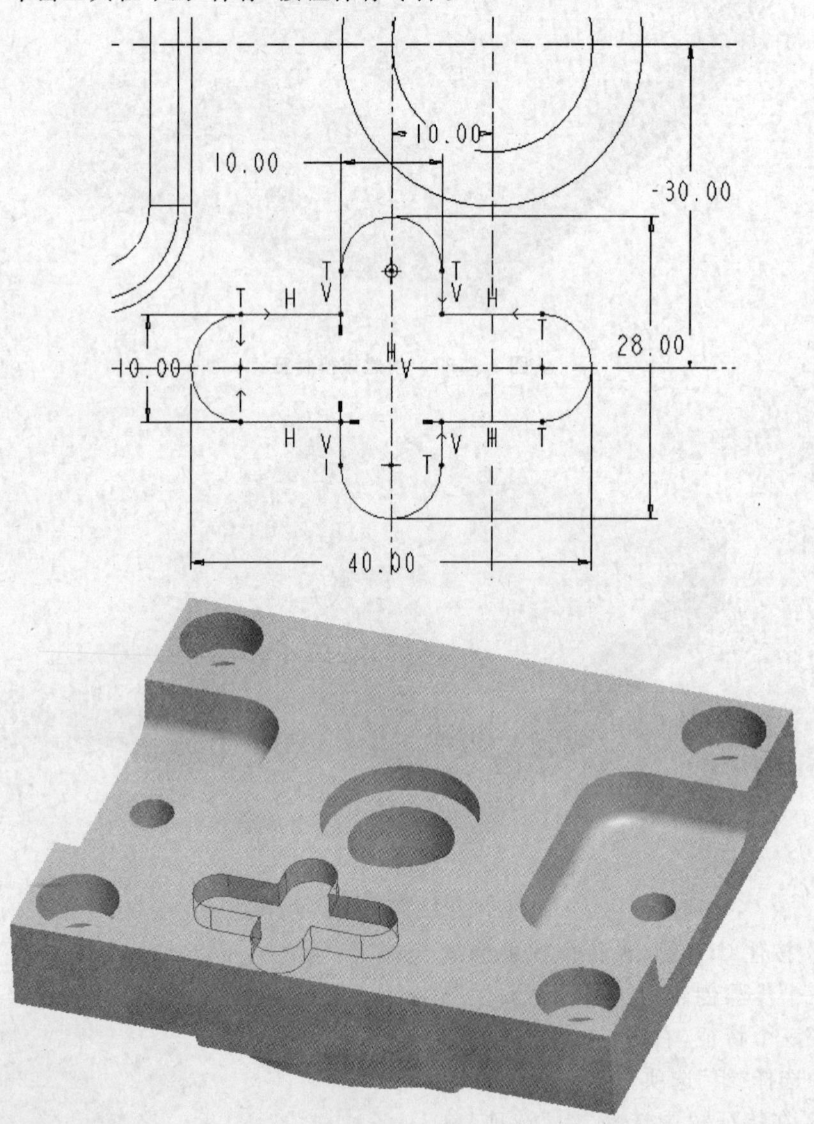

图 3-130 创建拉伸除料特征

3.5 零件设计案例 4——洗手液瓶盖

零件设计案例 4——洗手液瓶盖，如图 3-131 所示。

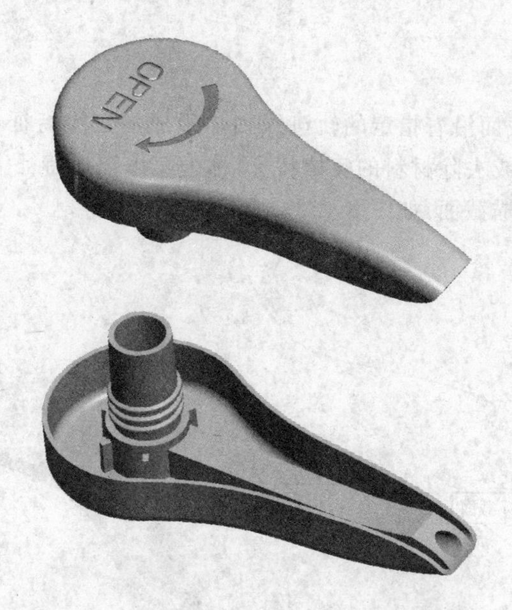

图 3－131　零件设计案例 4——洗手液瓶盖

3.5.1　案例分析

这是一个综合性的案例，使用的命令比较多，比较符合实际的产品设计流程。在学习过程中要着重理解"扫描"、"扫描混合"命令的特点以及使用方法。洗手液瓶盖的设计流程如图 3－132 所示。

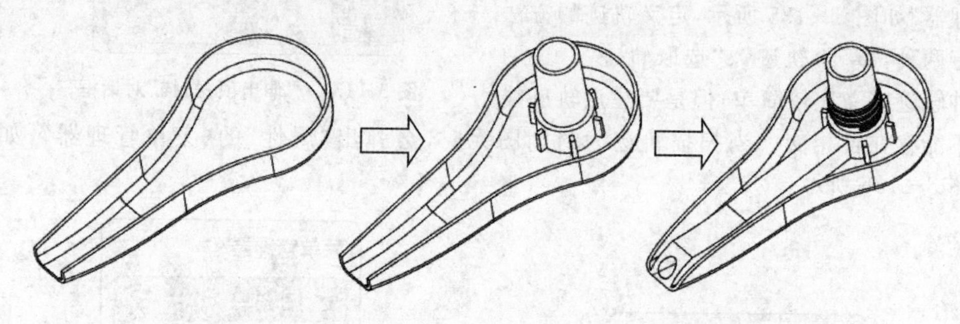

图 3－132　设计流程

3.5.2　知识点介绍：扫描、扫描混合

"扫描"特征和"扫描混合"特征比较类似，主要组成元素都是轨迹和截面，"扫描"特征中存在一条轨迹线和一个截面，而"扫描混合"特征中存在两条轨迹线和多个截面，其多截面的特点与"混合"特征类似，所以称为"扫描混合"。

1. 扫 描

将绘制的二维截面沿着指定的轨迹线扫描生成的三维特征，称为扫描特征。其中，用扫描特征生成或去除材料的实体特征，称为实体扫描特征。扫描特征的两大要素是：扫描轨迹和扫描截面，如图 3－133 所示。

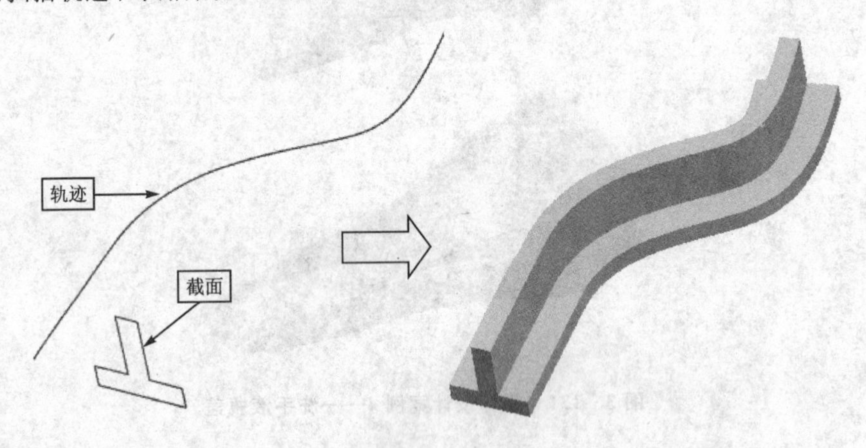

图 3－133 扫描特征

选择菜单“插入”|“扫描”|“伸出项”选项，出现如图 3－134 所示的“伸出项：扫描”对话框和“菜单管理器”。

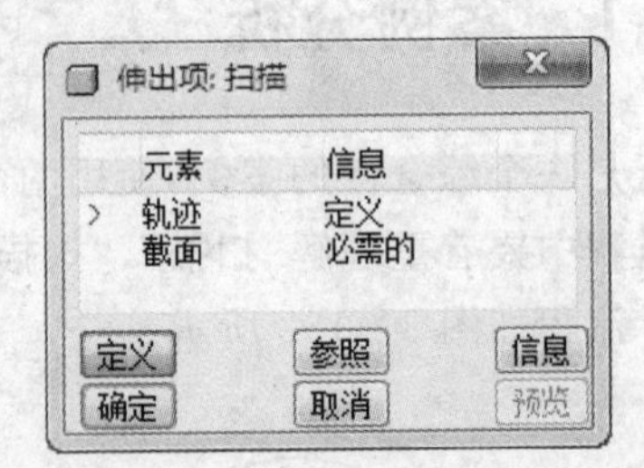

图 3－134 “伸出项：扫描”对话框

先定义截面，“扫描轨迹”的“菜单管理器”如图 3－135 所示，定义轨迹的方法有两种，“草绘轨迹”、“选取轨迹”。这两种轨迹定义比较简单，但是要注意轨迹线不能存在自相交。当扫描轨迹为封闭图元时，会弹出“属性”的“菜单管理器”，如图 3－136 所示。

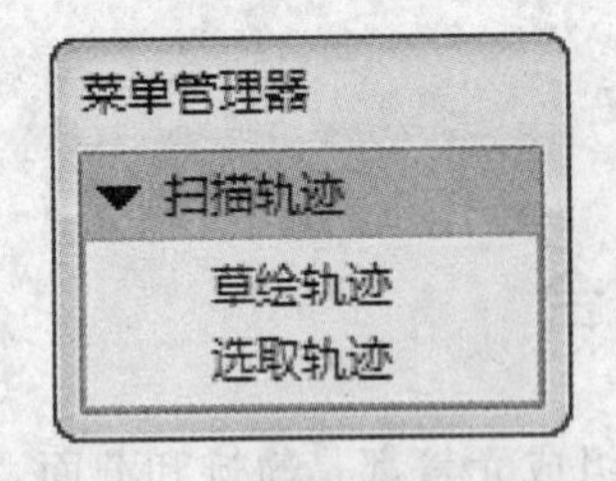

图 3－135 “扫描轨迹”的“菜单管理器”

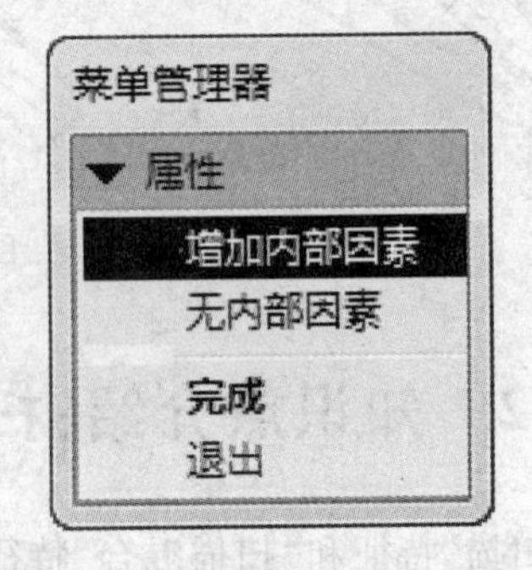

图 3－136 “属性”的“菜单管理器”

“增加内部因素”：选取该选项，扫描的截面不能封闭，如图 3－137 所示。

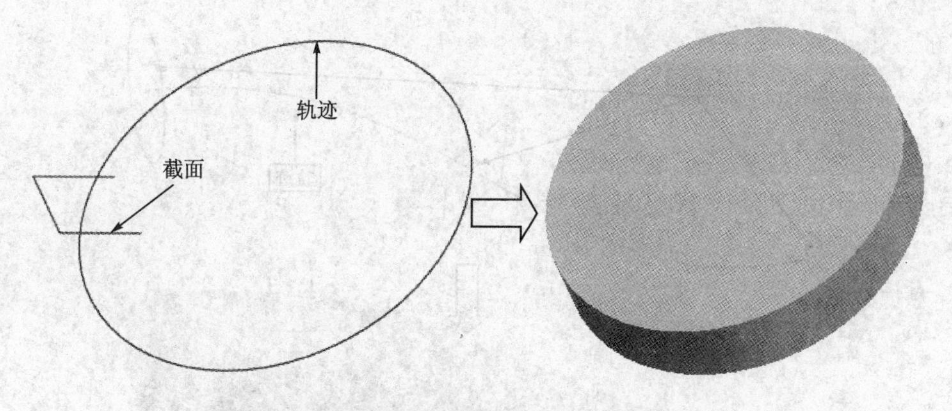

图 3-137　“增加内部因素”选项

“无内部因素”:选取该选项,扫描的截面要封闭,如图 3-138 所示。

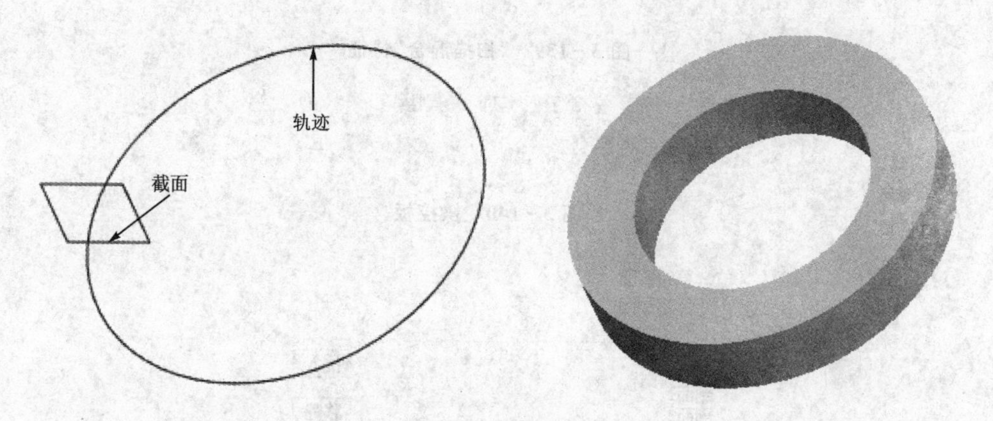

图 3-138　“无内部因素”选项

轨迹定义完成后会自动进入草绘环境中绘制截面,方法比较简单,这里不详细讲述。

2. 扫描混合

“扫描混合”特征既有“扫描”的特征又有“混合”的特征。创建“扫描混合”特征时,需要指定一条或两条轨迹线和至少两个扫描混合剖面,如图 3-139 所示。“扫描混合”特征有两条轨迹线:一条是原始轨迹,另一条是次要轨迹。次要轨迹无法约束截面变化。

选择菜单“插入”|“扫描混合”选项,出现如图 3-140 所示的“扫描混合”特征操控板。

选择轨迹添加到操控板中的“参照”选项卡中,选择“剖面”选项卡,如图 3-141 所示。该选项卡中可以选择截面或者草绘截面,可以单击“移除”和“插入”按钮添加和删除截面。

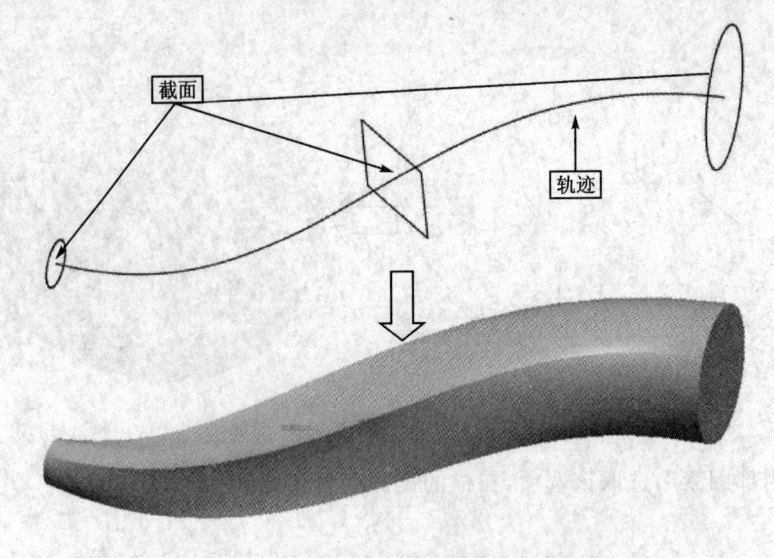

图 3-139 “扫描混合”特征

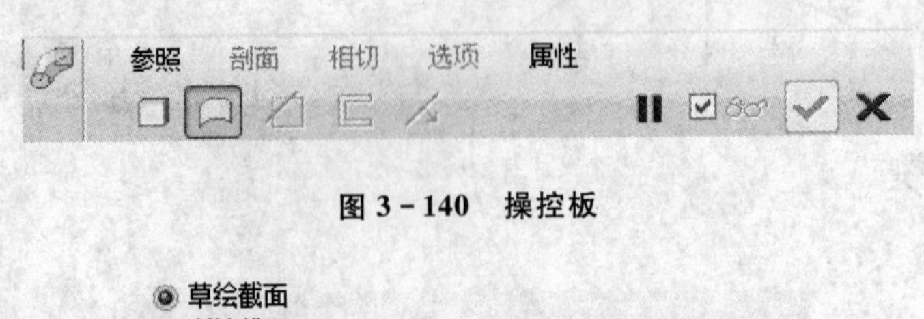

图 3-140 操控板

◉ 草绘截面
○ 所选截面

剖面	#
剖面1	4
剖面2	4
剖面3	4

插入
移除
草绘

截面位置：结束
旋转：0.00

截面 X 轴方向：缺省

图 3-141 “剖面”选项卡

3.5.3 操作步骤

洗手液瓶盖设计操作步骤如下：

① 选择菜单“文件”|“新建”选项，系统弹出“新建”对话框，在“类型”选项区域选

择“零件”单选项，在对应的“子类型”选项区域选择“设计”选项，输入文件名称 ping-gai，取消选择“使用缺省模板”复选项，在弹出的“新文件选项”对话框中，选择公制模板 mmns_prt_design，单击“确定”按钮，进入零件设计模块。

② 单击工具栏中的“拉伸”工具按钮，在绘图区域右击，在弹出的快捷菜单中选择“定义内部草绘”选项，选择新创建的 TOP 平面为草绘平面，绘制图形，单击草图环境中的“完成”按钮，在操控板中输入拉伸高度 12，单击“完成”按钮，结果如图 3-142 所示。

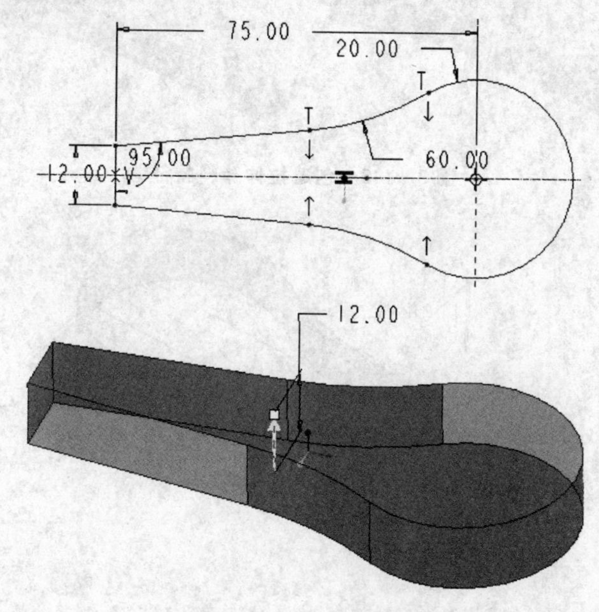

图 3-142　创建拉伸特征

③ 单击工具栏中的“拉伸”工具按钮，在操控板中单击“去除材料”工具按钮，在绘图区域右击，在弹出的快捷菜单中选择“定义内部草绘”选项，选择 FRONT 平面为草绘平面，绘制草图，在操控板中选择“对称”工具按钮，输入拉伸高度 25，单击“完成”按钮，结果如图 3-143 所示。

④ 单击工具栏中的“拔模”工具按钮，选择侧面为拔模曲面，在绘图区域右击，在弹出的快捷菜单中选择“拔模枢轴”选项，选择 TOP 平面，输入拔模角度 1，单击“完成”按钮，结果如图 3-144 所示。

⑤ 单击绘图工具栏中的“圆角”工具按钮，选择倒圆角的边，在操控板中输入圆角半径 3，单击“完成”按钮，结果如图 3-145 所示。

⑥ 单击工具栏中的“壳”工具按钮，按住 Ctrl 键选择需要移除的表面，在操控板中输入厚度值 1，单击“完成”按钮，如图 3-146 所示。

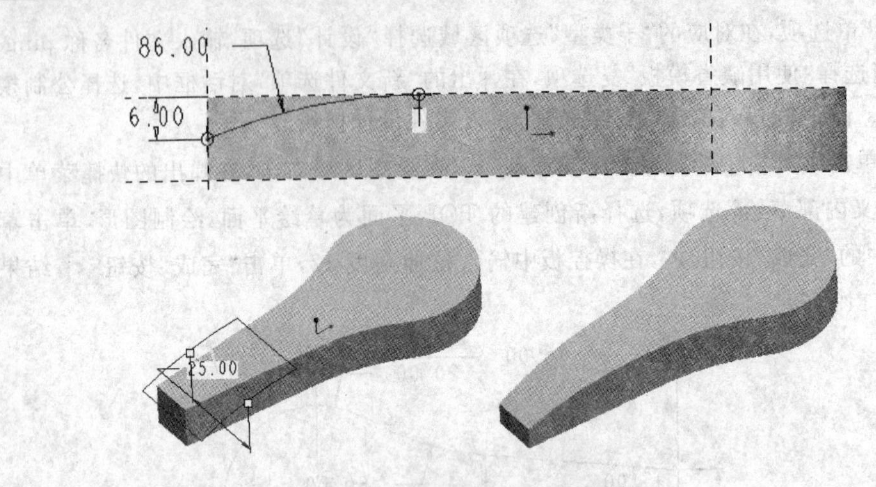

图 3-143 创建拉伸除料特征

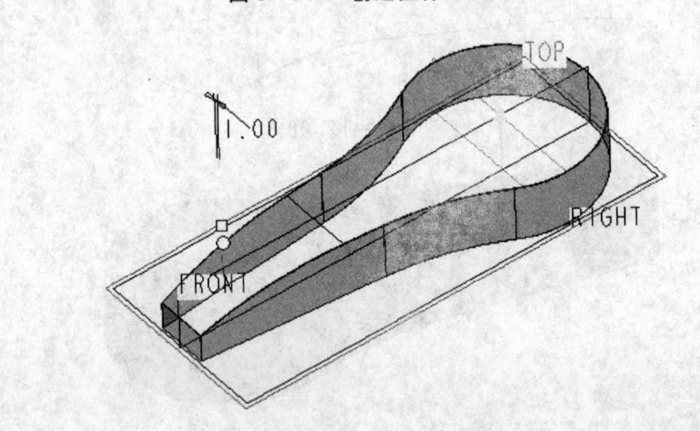

图 3-144 添加拔模特征

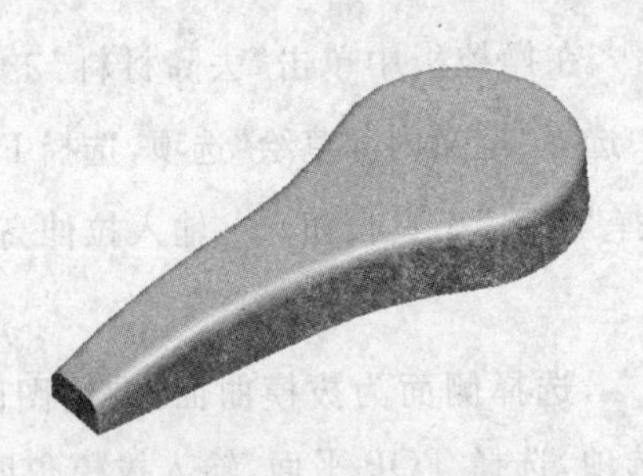

图 3-145 创建倒角特征

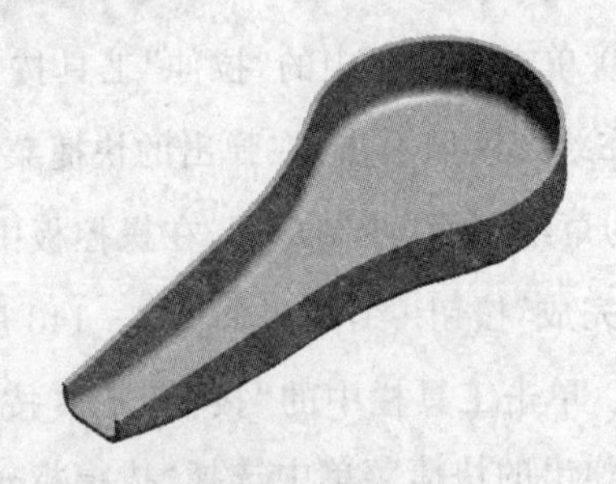

图 3-146 创建抽壳特征

⑦ 单击工具栏中的"拉伸"工具按钮，在绘图区域右击，在弹出的快捷菜单中选择"定义内部草绘"选项，选择 TOP 平面为草绘平面，绘制草图，在"选项"操控板中设置拉伸深度，"第 1 侧"设置为"到选定的"，选择实体平面；"第 2 侧"设置为"盲孔"，设置高度为 20。单击操控板中的"完成"按钮，如图 3-147 所示。

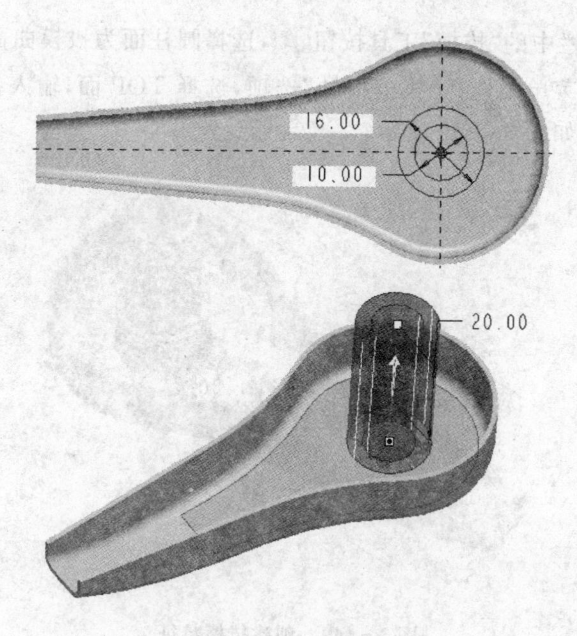

图 3－147　创建拉伸特征

⑧ 单击工具栏中的"拉伸"工具按钮，在操控板中单击"去除材料"工具按钮，在绘图区域右击，在弹出的快捷菜单中选择"定义内部草绘"选项，选择圆柱体的上表面为草绘平面，绘制草图，输入拉伸高度 22，单击"完成"按钮，结果如图 3－148 所示。

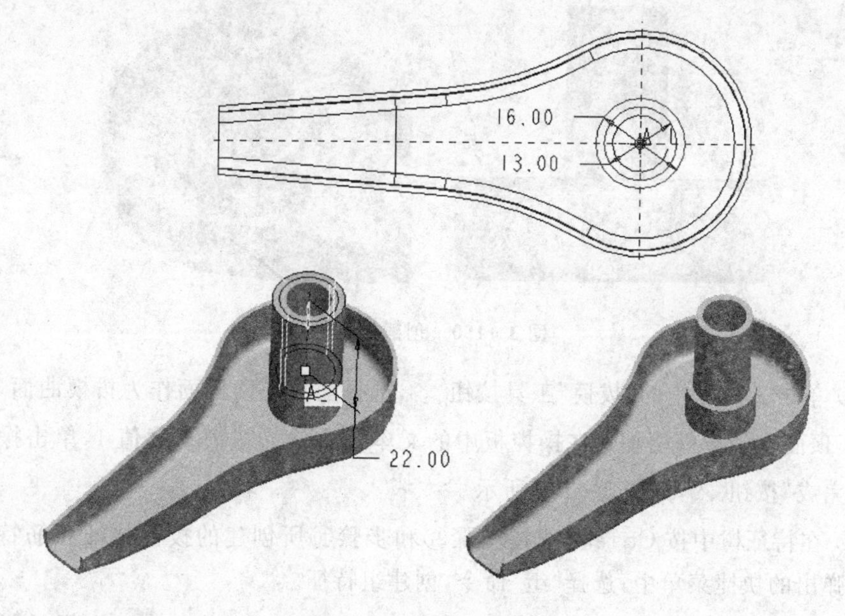

图 3－148　创建拉伸特征

⑨ 单击工具栏中的“拔模”工具按钮，选择圆柱面为拔模曲面，在绘图区域右击，在弹出的快捷菜单中选择“拔模枢轴”选项，选择 TOP 面，输入拔模角度 1，单击“完成”按钮，结果如图 3－149 所示。

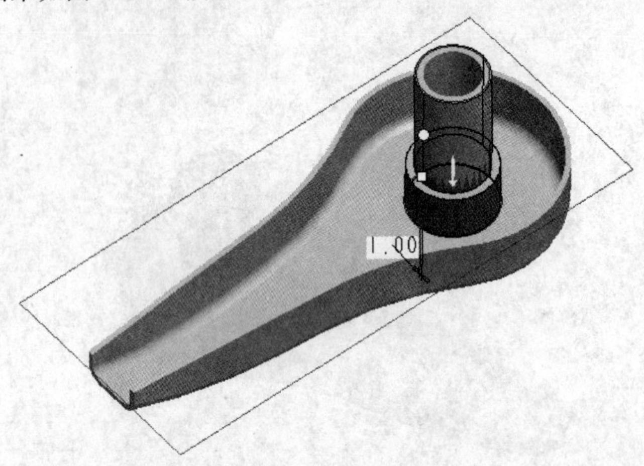

图 3－149　创建拔模特征

⑩ 单击工具栏中的“筋”工具按钮，在绘图区域右击，在弹出的快捷菜单中选择“定义内部草绘”选项，选择 FRONT 平面为草绘平面，绘制筋的轮廓，单击草绘环境中的“完成”按钮，在操控板中输入筋的厚度 1.2，单击“完成”按钮，如图 3－150 所示。

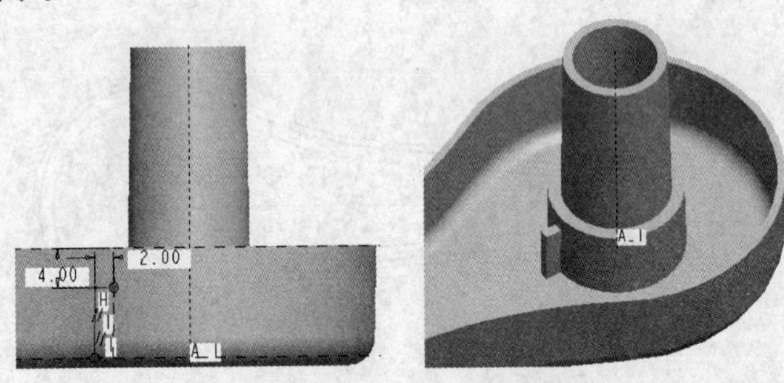

图 3－150　创建筋特征

⑪ 单击工具栏中的“拔模”工具按钮，选择筋特征两侧面作为拔模曲面，选择筋特征顶面作为拔模枢轴。在操控板中的文本框中输入拔模角度值 1，单击操控板中的“完成”按钮，如图 3－151 所示。

⑫ 在特征树中按 Ctrl 键，选择步骤⑨和步骤⑩所创建的拔模特征和筋特征右击，在弹出的快捷菜单中，选择“组”命令，创建组特征。

⑬ 在特征树中选择所创建“组”特征，单击“阵列”工具按钮，在操控板中的

“类型”下拉列表中选择“轴”选项，选择模型中心的基准轴，输入阵列个数 6 以及角度 60，结果如图 3-152 所示。

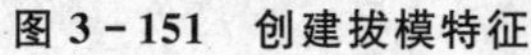

图 3-151　创建拔模特征

图 3-152　创建阵列特征

⑭ 选择菜单“插入”|“螺旋扫描”|“伸出项”选项，弹出“伸出项：螺旋扫描”对话框及“菜单管理器”，默认各选项单击“完成”按钮，选择 FRONT 平面，在“菜单管理器”中选择“正向”|“缺省”选项，进入草图环境绘制扫描轨迹，注意要绘制一条垂直中心线作为旋转轴，单击草图环境中的“完成”按钮 ✓，输入螺距值 2.5，进入草图环境绘制截面图形并单击，单击草图环境中的“完成”按钮 ✓，单击“伸出项：螺旋扫描”对话框中的“确定”按钮，结果如图 3-153 所示。

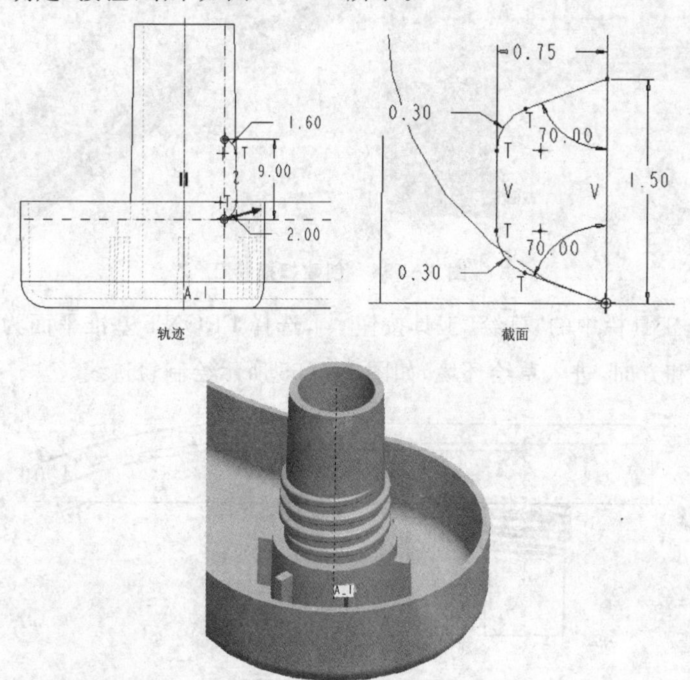

图 3-153　创建螺旋扫描

⑮ 选择菜单“插入”|“扫描”|“伸出项”选项。在弹出的“菜单管理器”中选择“草绘轨迹”选项，选择 FRONT 平面为草绘平面，默认参照和方向，进入草绘环境，绘制如图 3－154 所示的轨迹线，草绘完毕单击“完成”按钮✔，在弹出的“属性”菜单中，选择“自由端”命令，草绘截面。应当注意的是，草绘截面尺寸的标注必须以轨迹起点的十字线的中心为基准，草绘完毕单击“完成”按钮✔，单击“扫描”对话框中的“预览”按钮，观察扫描特征结果，单击“确定”按钮完成扫描特征的创建，结果如图 3－154 所示。

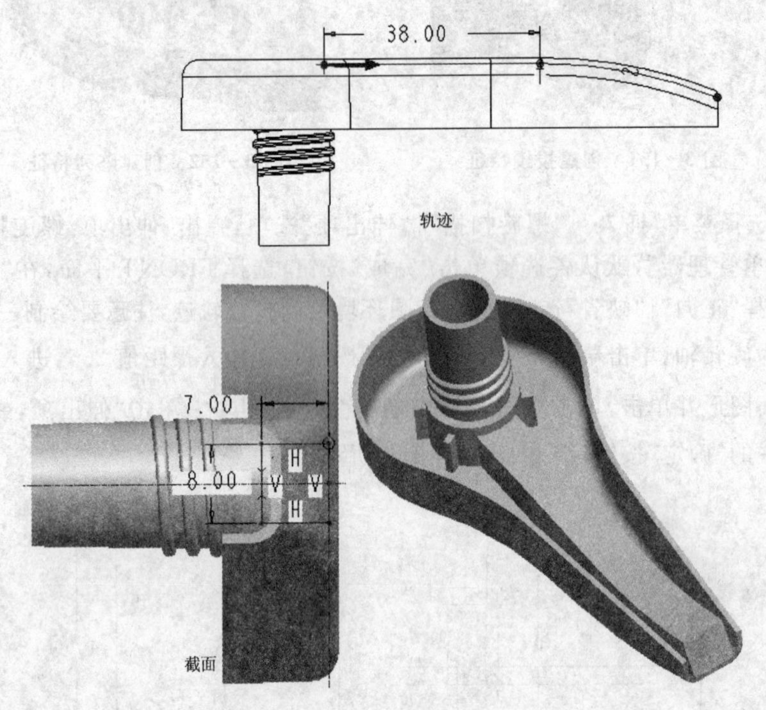

图 3－154 创建扫描特征

⑯ 单击工具栏中的“草绘”工具按钮，选择 FRONT 基准平面为草绘平面，默认草绘参照和方向，进入草绘环境，如图 3－155 所示绘制轨迹线。

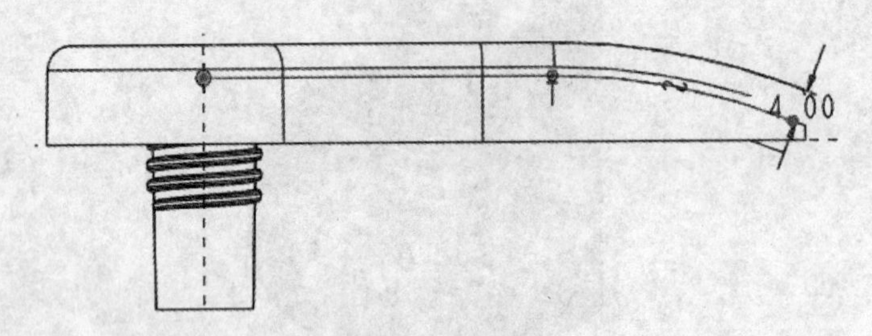

图 3－155 草绘图形

⑰ 选择菜单“插入”|“扫描混合”选项，在操控板中单击“实体”工具按钮 以及“去除材料”工具按钮 ，选择上一步草绘的曲线为轨迹，单击“剖面”选项，在绘图区选择轨迹的端点，单击“草绘”按钮，以坐标原点为圆心绘制一个直径为 5 的圆，单击“插入”按钮，选择中间点，单击“草绘”按钮，绘制一个直径为 4.5 的圆。使用同样的方法在轨迹的末端绘制一个直径为 4.5 的圆，最后单击操控板中的“完成”按钮 ，如图 3－156 所示。

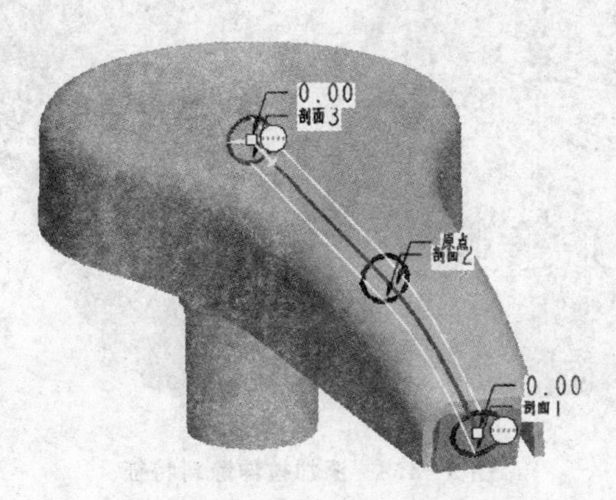

图 3－156 创建扫描混合特征

⑱ 单击工具栏中的“拉伸”工具按钮 ，在操控板中单击“去除材料”工具按钮 ，在绘图区域右击，在弹出的快捷菜单中选择“定义内部草绘”选项，选择 FRONT 平面为草绘平面，绘制草图，在操控板中选择“对称”工具按钮 ，输入拉伸高度 25，单击“完成”按钮 ，结果如图 3－157 所示。

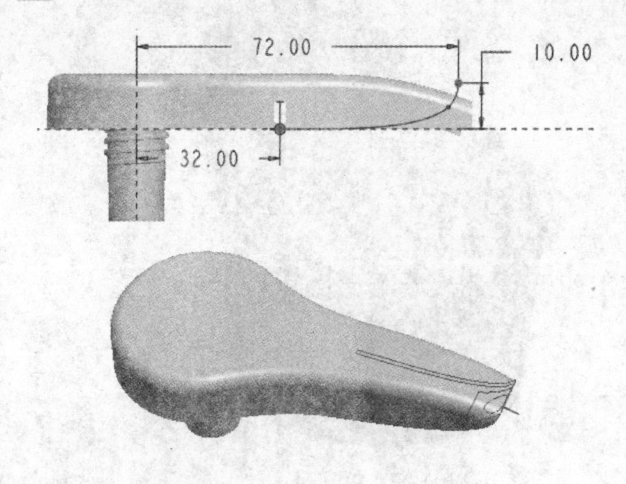

图 3－157 添加拉伸除料特征

⑲ 单击工具栏中的“拉伸”工具按钮，在操控板中单击“去除材料”工具按钮，在绘图区域右击，在弹出的快捷菜单中选择“定义内部草绘”选项，选择实体的上表面为草绘平面，绘制草图，输入拉伸高度 0.3，单击“完成”按钮，结果如图 3-158 所示。

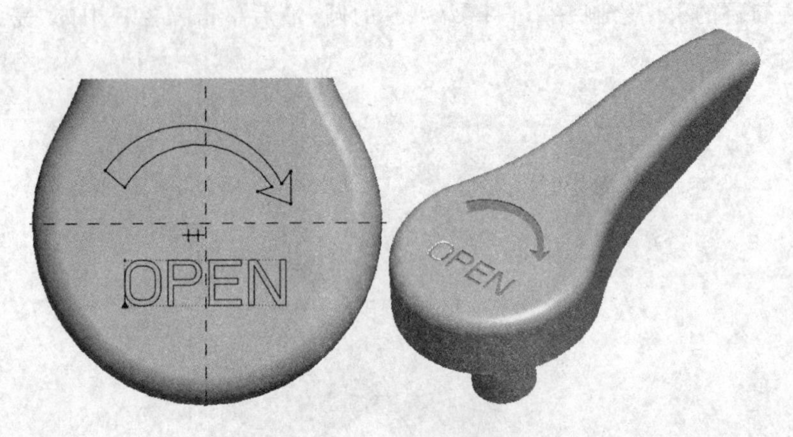

图 3-158　添加拉伸除料特征

⑳ 单击工具栏中的“保存”按钮保存零件。

3.6　零件设计案例 5——纸杯托

零件设计案例 5——纸杯托，如图 3-159 所示。

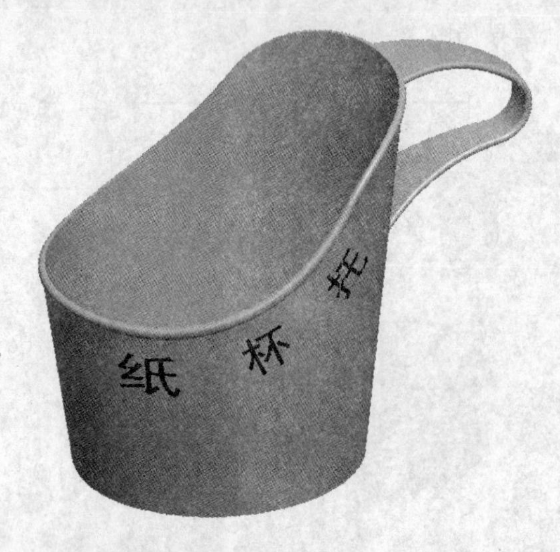

图 3-159　零件设计案例 5——纸杯托

3.6.1　案例分析

该案例是一个实体和曲面相结合的案例，利用曲面修改实体模型是实体建模过程中常用的手段，这也是从实体建模向曲面建模的过渡案例。纸杯托的设计流程如图 3－160 所示。

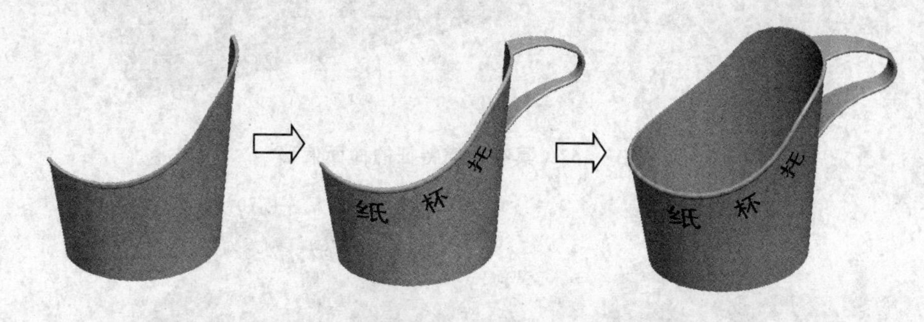

图 3－160　设计流程

3.6.2　知识点介绍：偏移、特征编辑

1. 偏　移

偏移命令是一个比较复杂而强大的命令，广泛运用于壳体类零件的建模过程中，偏移命令有 4 种方式："标准偏移特征"、"拔模特征"、"展开特征"和"替换曲面特征"。偏移方式如图 3－161 所示。

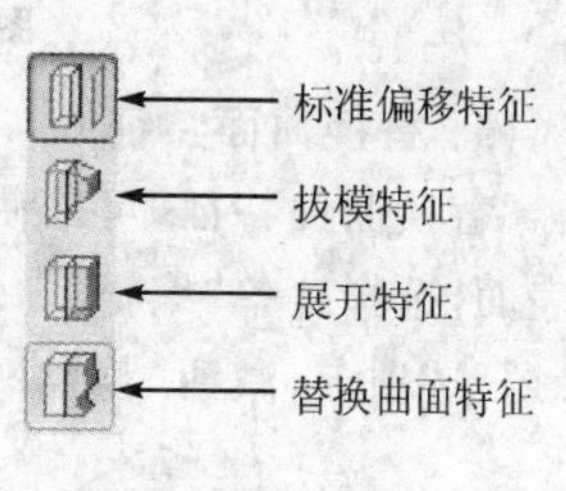

图 3－161　偏移方式

(1) 标准偏移特征

选择一个曲面，选择菜单"编辑"|"偏移"选项，输入偏移距离，这是最基本的偏移命令的操作方法。

(2) 拔模特征

这是一个应用比较广泛的选项，应用这个选项的偏移特征，可以创建曲面的局部偏移特征。首先选择一个需要偏移的曲面，选择菜单"编辑"|"偏移"选项，选择"拔模特征"的偏移类型，激活"草绘"文本框，定义偏移特征的草绘平面，输入偏移距离以及拔模角度，如图 3－162 所示。

(3) 展开特征

使用"展开特征"的方式来选定表面的偏移，那么系统会沿着选定表面的邻面自动展开到输入的距离。展开特征通常可以应用于非参模型上局部特征的修改，比如增加和降低，如图 3－163 所示。

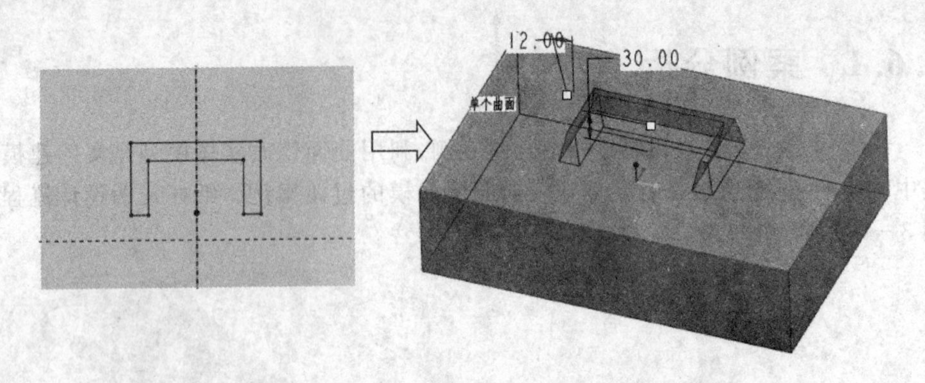

图 3－162　具有拔模特征的曲面偏移

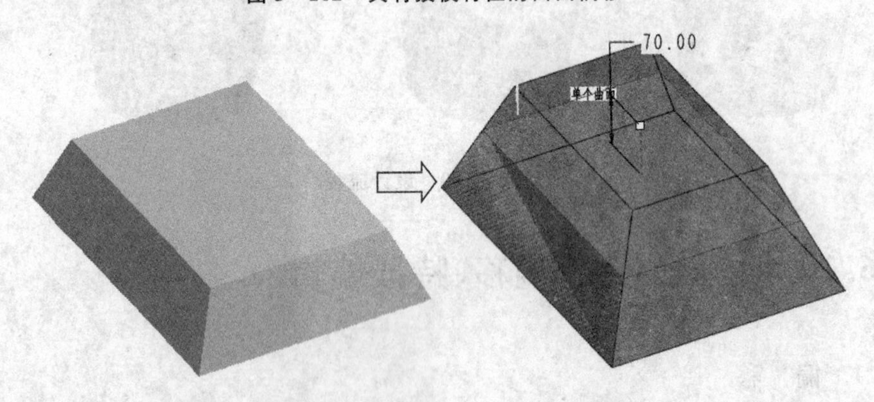

图 3－163　具有展开特征的曲面偏移

(4) 替换曲面特征

“替换曲面特征”可以使用一个曲面直接替换掉选择的表面。首先选择一个实体的表面，选择菜单“编辑”|“偏移”选项，在控制面板中选择“替换曲面特征”选项，选择“参照”选项卡，激活“替换面组”文本框，选择替换曲面，如图 3－164 所示。

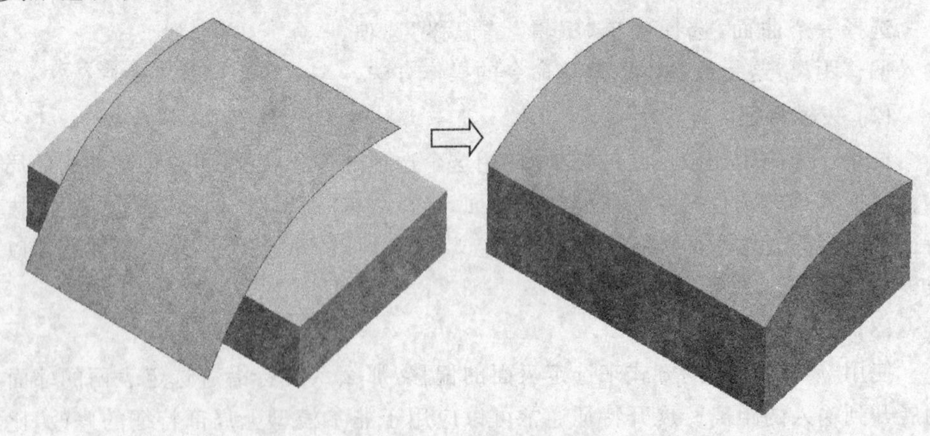

图 3－164　替换曲面特征

2. 特征编辑

在 Pro/E 中,用户可以对完成的或者正在建立中的模型进行修改或重定义。灵活运用 Pro/E 软件中的特征编辑功能,可有效提高产品建模的灵活性和设计的高效率。

(1) 重定义特征

Pro/E 允许用户重新定义已有特征,以改变该特征的设置及参数。选择不同的特征,其重定义的内容也不同。

重新定义特征的方法比较简单,在实体中或者特征树中选择菜单,右击,在弹出的快捷菜单中选择“编辑定义”选项,弹出该特征的操控板,修改特征即可。

如果用户只需要修改特征中的参数,只要在实体中或者特征树中选择菜单,右击,在弹出的快捷菜单中选择“编辑”选项,绘图区域将显示特征的尺寸参数,如图 3-165 所示,双击需要修改的参数,输入新值,此时参数变为绿色,最后单击工具栏中的“再生”工具按钮,完成参数的更新。

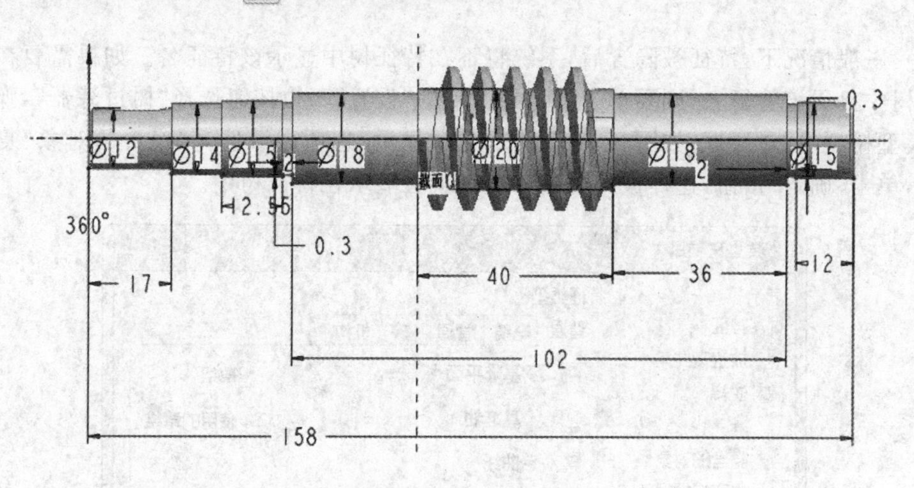

图 3-165　编辑参数

(2) 插入特征

在建立新特征时,系统将新特征建立在所有已建立特征之后,通过模型树可以了解特征建立的顺序。在特征建立过程中,可以在已有的特征顺序队列中插入新的特征,从而改变模型创建的顺序。

在特征树中拖动“在此插入”选项,拖至欲插入特征之后,建立新的特征,如图 3-166 所示。新特征建立完毕后再将“在此插入”选项拖至模型树的尾部即可。

(3) 特征的隐含、恢复和删除

在特征树中的特征上右击,在弹出的快捷菜单中选择“删除”或“隐含”,即可将特征进行隐含或删除。隐含的特征可以通过恢复命令进行恢复,而删除的特征将不可

图 3-166　插入特征

恢复。

隐含特征就是将特征暂时删除，如果要隐含的特征有子特征，子特征也会一同被隐含。

一般情况下，特征被隐含后，系统将不在特征树中显示该特征名。如果需要在特征树中显示该特征名，则要单击模型树区域的“设置”下拉按钮选择“树过滤器”，弹出“模型树项目”对话框，如图 3-167 所示，在“显示”选项区域选择“隐含的对象”复选项，单击“确定”按钮，这样被隐含的特征名就会显示在特征树中。

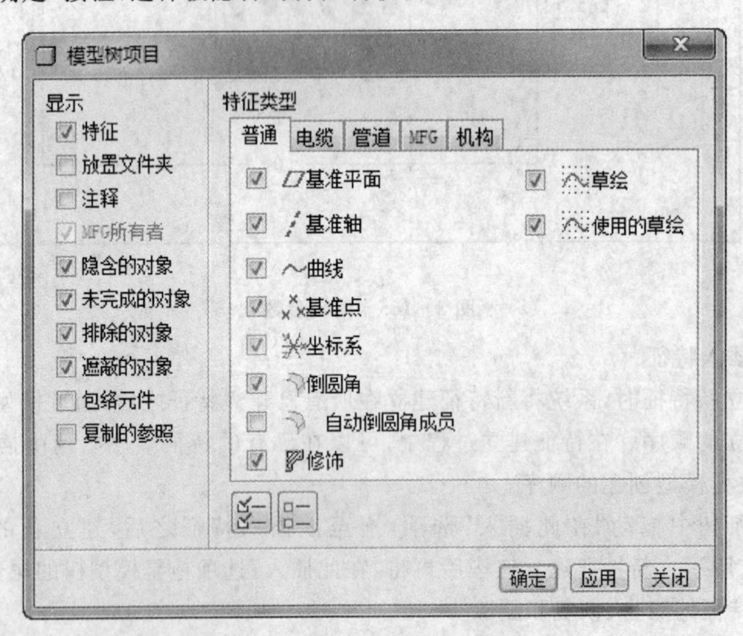

图 3-167　“模型树项目”对话框

如果想恢复被隐含的特征，在特征树中右击隐含特征，在弹出的快捷菜单选择

“恢复”选项即可。

3.6.3 操作步骤

纸杯托设计操作步骤如下：

① 选择菜单“文件”|“新建”选项，弹出“新建”对话框，在“类型”选项区域选择“零件”单选项，在“名称”文本框中输入名称 zhibeituo，取消选择“使用缺省模板”复选项，单击“确定”按钮，弹出“新文件选项”对话框，选择模板 mmns_part_solid，单击“确定”按钮进入零件设计模块。

② 单击工具栏中的“旋转”工具按钮，在绘图区域右击，在弹出的快捷菜单中选择“定义内部草绘”选项，选择 FRONT 平面为草绘平面，绘制草图，注意要绘制一条水平的中心线作为旋转轴，单击草图环境中的“完成”按钮，在操控板中输入旋转角度 180，单击“完成”按钮，结果如图 3-168 所示。

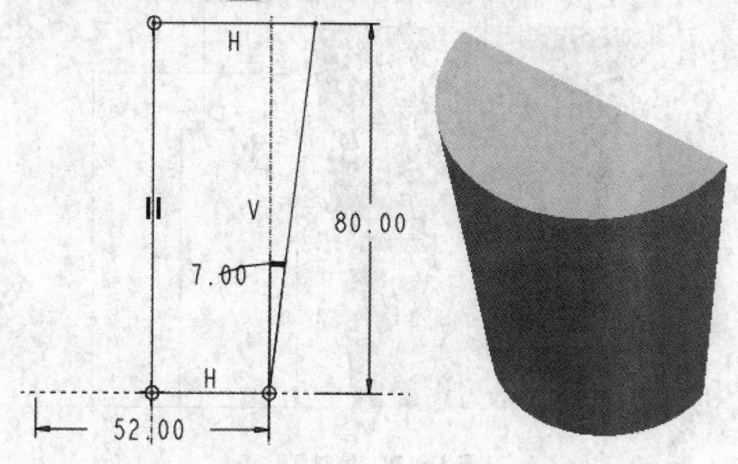

图 3-168 创建旋转特征

③ 单击工具栏中的“壳”工具按钮，按住 Ctrl 键，选择需要移除的表面，在操控板中输入厚度值 0.6，选择“参照”选项卡，在“非缺省厚度”区域选择底面，输入厚度 2，单击“完成”按钮，如图 3-169 所示。

④ 单击工具栏中的“草绘”工具按钮，选择 FRONT 基准平面为草绘平面，草绘参照和方向是默认的，进入草绘环境，如图 3-170 所示绘制轨迹线。

⑤ 单击工具栏中的“拉伸”工具按钮，在操控板中单击“去除材料”工具按钮，在绘图区域右击，在弹出的快捷菜单中选择“定义内部草绘”选项，选择 FRONT 平面为草绘平面，绘制草图，输入一个适当的拉伸高度，单击“完成”按钮，结果如图 3-171 所示。

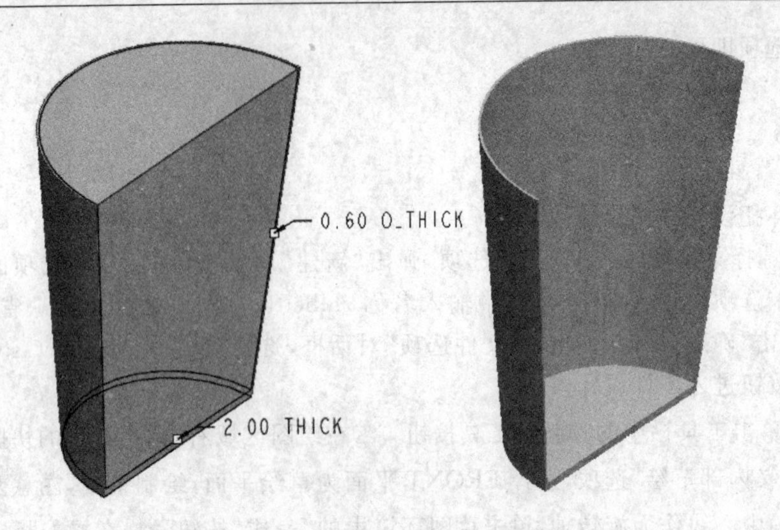

图 3-169　创建抽壳特征

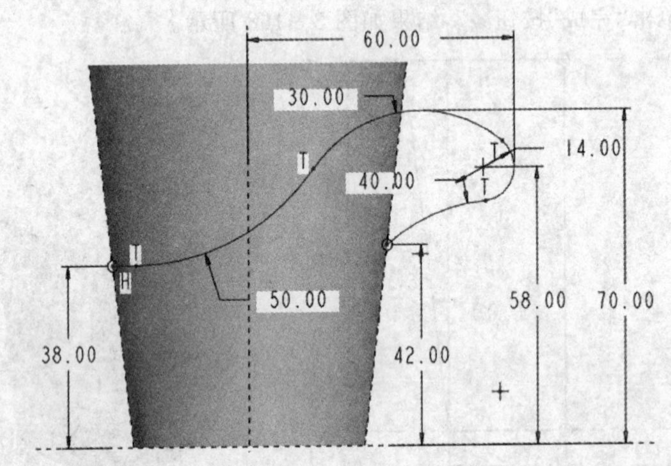

图 3-170　绘制草图

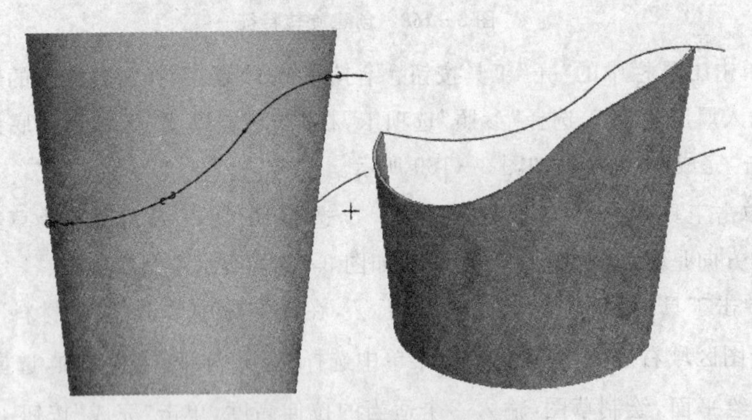

图 3-171　创建拉伸除料特征

⑥ 选择曲面，选择菜单“编辑”|“偏移”选项，在操控板中选择偏移类型为“展开特征”，选择“选项”选项卡，选择“草绘区域”，单击“定义”按钮，选择 FRONT 平面为草绘平面，绘制草图，单击草图环境中的“完成”按钮，在操控板中输入 0.7，单击“完成”按钮，如图 3－172 所示。

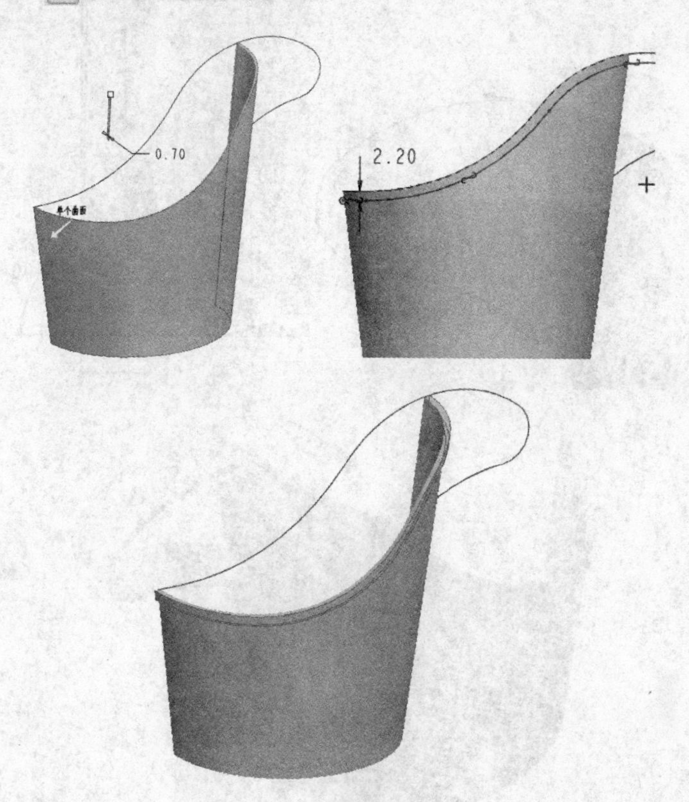

图 3－172　创建偏移特征

⑦ 单击绘图工具栏中的“圆角”工具按钮，选择倒圆角的边，在操控板中输入圆角半径 1.5，单击“完成”按钮，结果如图 3－173 所示。

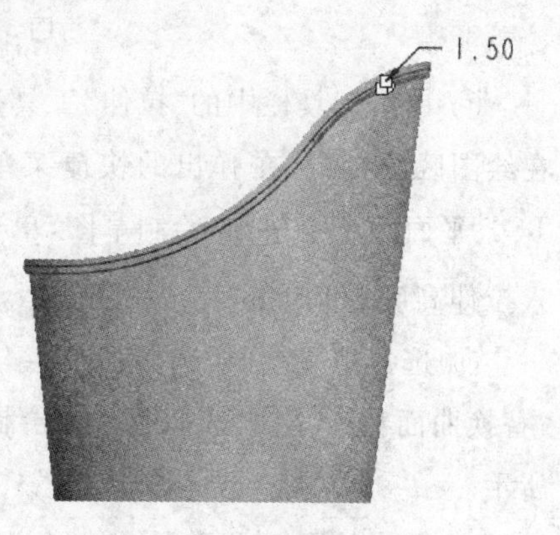

图 3－173　创建圆角特征

⑧ 选择菜单“插入”|“扫描”|“伸出项”选项。在弹出的“菜单管理器”中选择“草绘轨迹”选项，选择 FRONT 平面为草绘平面，默认参照和方向，进入草绘环境，绘制如图 3－174 所示的轨迹线，草绘完毕单击“完成”按钮，在弹出的“属性”菜单中，选择“合并端”选项，

草绘截面，如图 3－174 所示。应当注意的是，草绘截面尺寸的标注必须以轨迹起点的十字线的中心为基准，草绘完毕单击“完成”按钮✔，单击扫描对话框中的“预览”按钮，观察扫描特征结果，单击“确定”按钮完成扫描特征的创建，如图 3－174 所示。

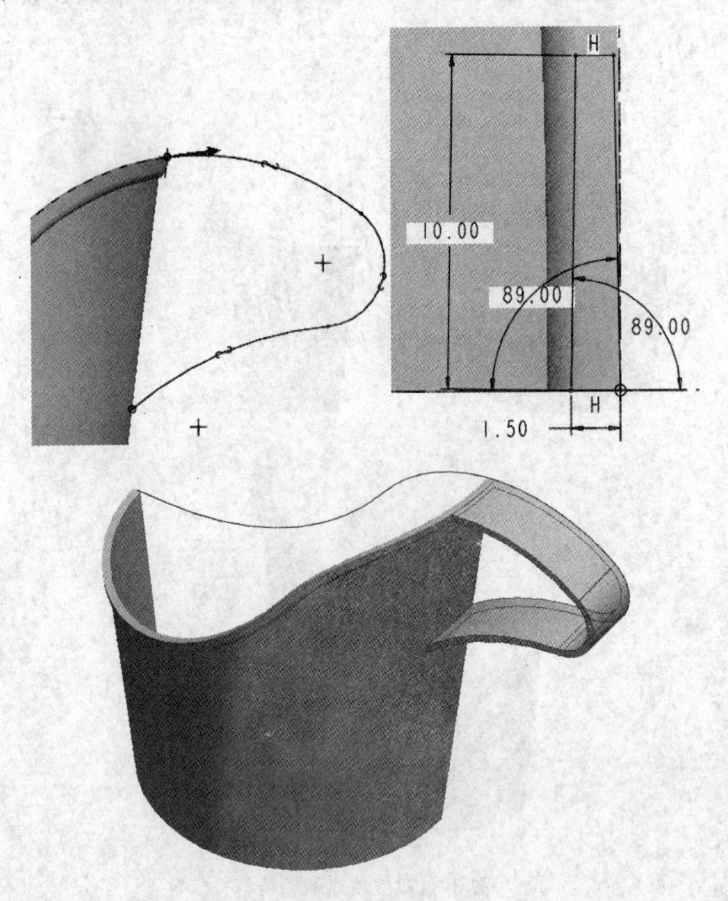

图 3－174 扫描特征

⑨ 单击工具栏中的“拉伸”工具按钮，在操控板中选择“曲面”工具按钮，在绘图区域右击，在弹出的快捷菜单中选择“定义内部草绘”选项，选择新创建的 TOP 平面为草绘平面，绘制草图，单击草图环境中的“完成”按钮✔，在操控板中输入拉伸高度 80，单击“完成”按钮✔，结果如图 3－175 所示。

⑩ 选择把手端面，选择菜单“编辑”|“偏移”选项，在操控板中选择偏移类型为“替换曲面特征”，选择上一步绘制的拉伸曲面，单击“完成”按钮✔，如图 3－176 所示。

⑪ 单击绘图工具栏中的“圆角”工具按钮，选择倒圆角的边，在操控板中输入圆角半径 0.8，单击“完成”按钮，结果如图 3－177 所示。

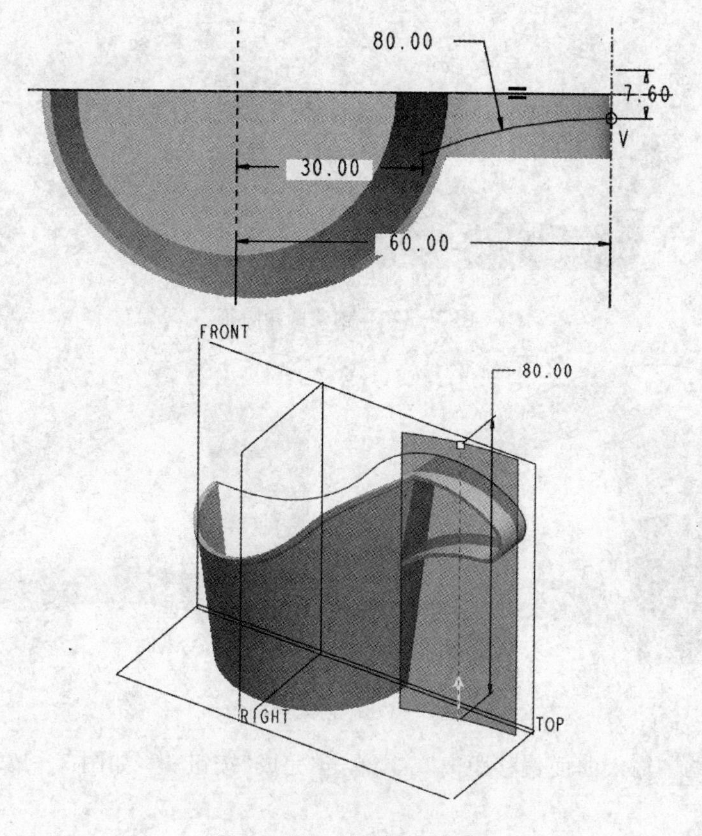

图 3-175　创建拉伸曲面

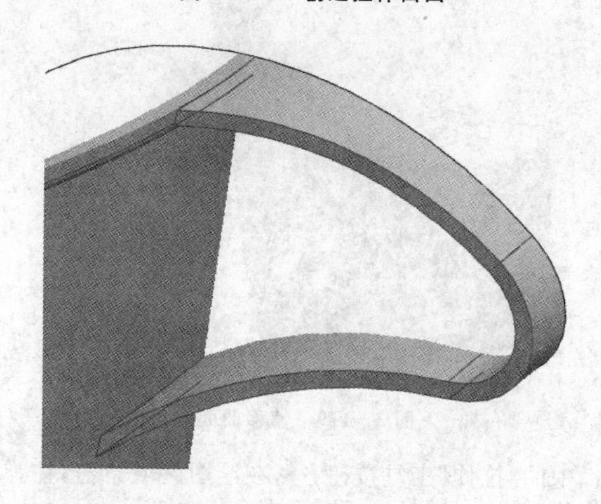

图 3-176　替换曲面

⑫ 单击绘图工具栏中的“圆角”工具按钮 ，按住 Ctrl 键选择两条倒圆角的边，在操控板中选择“设置”选项卡，单击“完全倒圆角”按钮，结果如图 3-178 所示。

⑬ 选择曲面，选择菜单“编辑”|“偏移”选项，在操控板中选择偏移类型为“标准

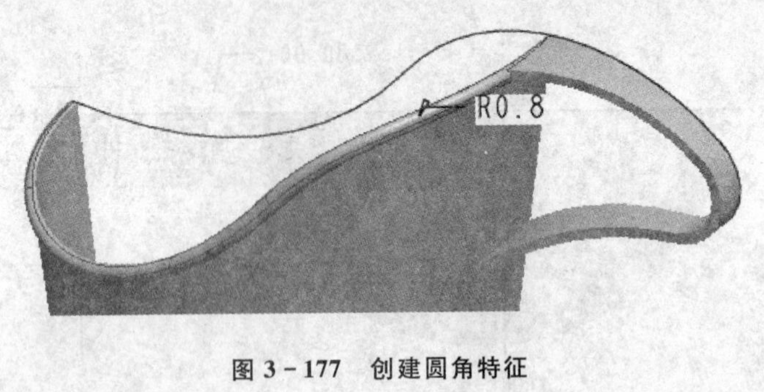

图 3-177 创建圆角特征

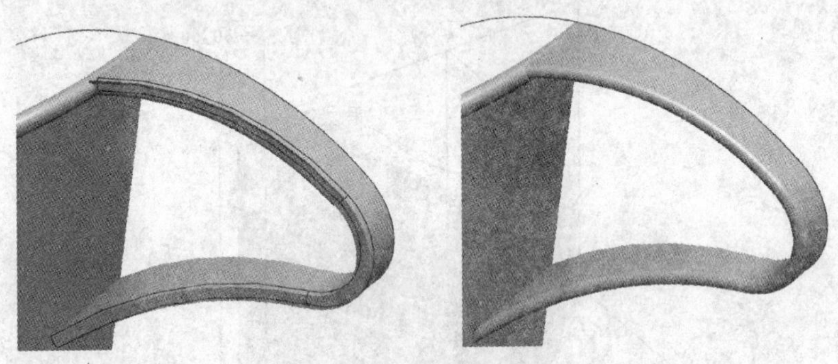

图 3-178 创建全圆角

偏移特征”，输入曲面偏移距离 0.3，单击“完成”按钮，如图 3-179 所示。

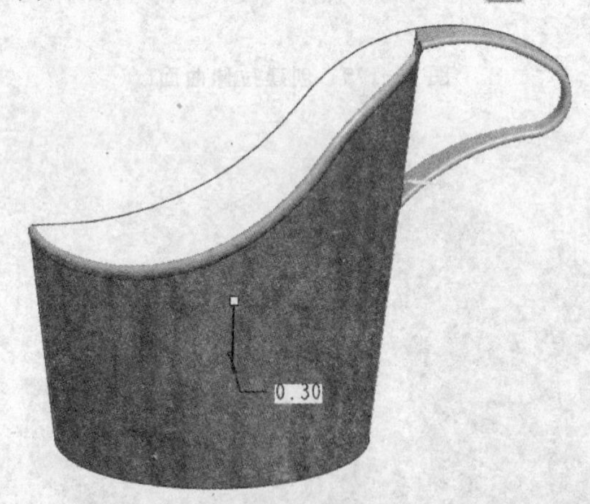

图 3-179 偏移曲面

⑭ 单击工具栏中的“拉伸”工具按钮，在绘图区域右击，在弹出的快捷菜单中选择“定义内部草绘”选项，选择 FRONT 平面为草绘平面，绘制草图，单击草绘环境中的“完成”按钮，在操控板中选择“选项”选项卡，在“第一侧”下拉列表中选择“到选定的”选项，选择杯托的外侧面，在“第二侧”下拉列表中选择“到选定的”选项，选择上一步的偏移曲面，单击“完成”按钮，结果如图 3-180 所示。

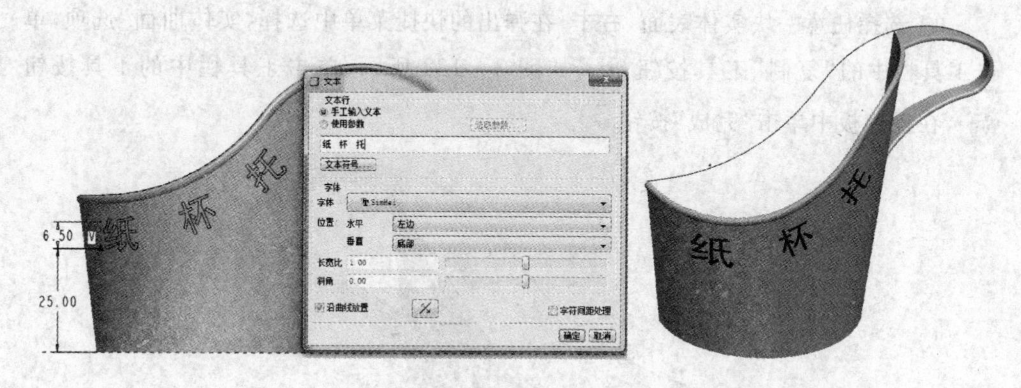

图 3-180　创建拉伸特征

⑮ 选择菜单“视图”|“颜色和外观”选项，弹出“外观编辑器”对话框，如图 3-181 所示，在材料区域选择一种材料，在“指定”区域的下拉列表中选择“曲面”选项，选择上一步拉伸文字的端面，单击鼠标中键，单击“应用”按钮。

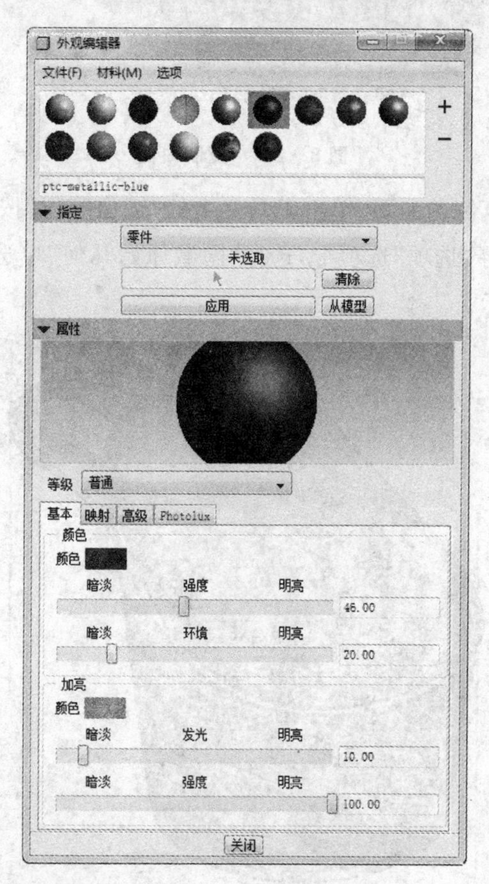

图 3-181　“外观编辑器”对话框

⑯ 选择任意一块实体表面，右击，在弹出的快捷菜单中选择“实体曲面”选项，单击工具栏中的“复制”工具按钮，如图 3－182 所示，单击工具栏中的工具按钮，在操控板中单击“完成”按钮。

图 3－182　复制曲面

⑰ 双击上一步复制的曲面，单击工具栏中的“镜像”工具按钮，选择 FRONT 平面，在操控板中选择“选项”选项卡，选择“隐藏原始几何”单选项，单击“完成”按钮，如图 3－183 所示。

图 3－183　镜　像

⑱ 选择上一步镜像复制的曲面，选择菜单“编辑”|“实体化”选项，在操控板中单击“完成”按钮。

⑲ 单击工具栏中的“拉伸”工具按钮，在操控板中单击“去除材料”工具按钮，在绘图区域右击，在弹出的快捷菜单中选择“定义内部草绘”选项，选择 TOP 平面为草绘平面，绘制草图，输入一个适当的拉伸高度，单击“完成”按钮，结果如图 3 - 184 所示。

⑳ 单击工具栏中的“保存”按钮保存零件。

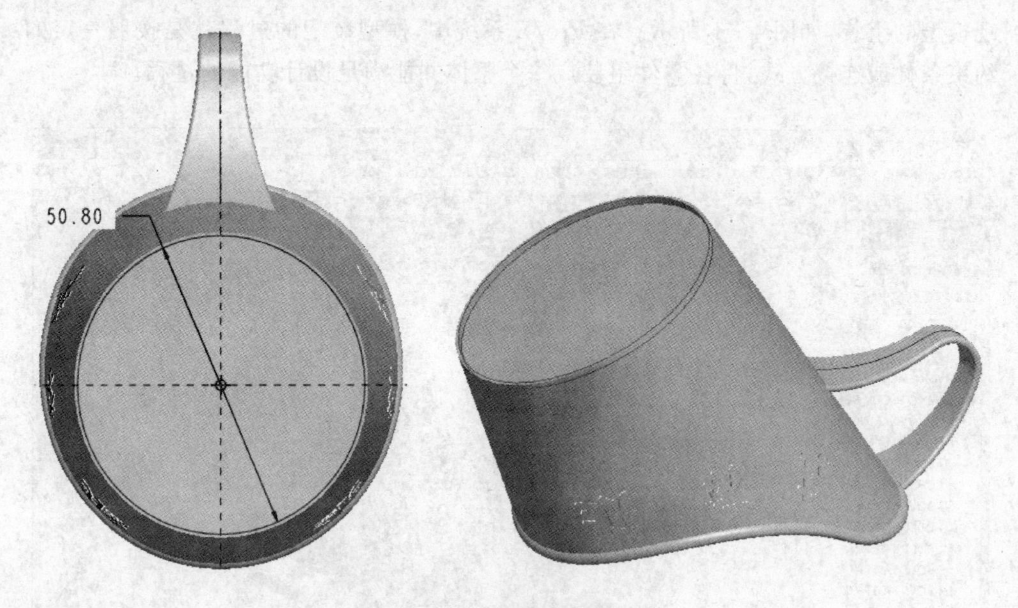

图 3 - 184　创建拉伸除料特征

第 4 章　装配与运动仿真

用户完成零件设计后，将设计的零件按设计要求的约束条件或连接方式装配在一起才能形成一个完整的产品或机构装置。利用 Pro/E 提供的“组件”模块可以实现模型的组装，如图 4－1 所示。在 Pro/E 系统中，模型装配的过程就是按照一定的约束条件或连接方式，将各零件组装成一个整体并能满足设计功能的过程。

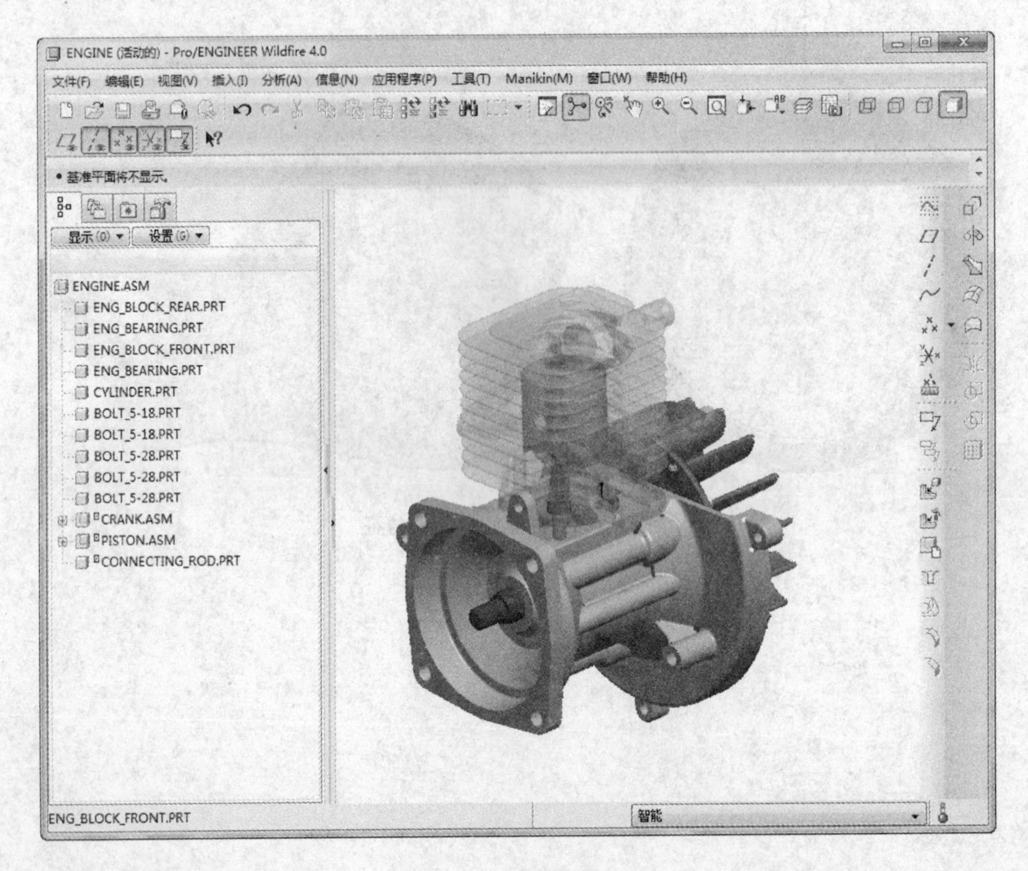

图 4－1　“组件”模块

本章知识要点：

※ 组件的装配方法；

※ 运动仿真的方法；

※ 组件装配和运动仿真的关系。

在进行机械设计时，建立模型后设计者往往需要通过虚拟的手段，在电脑上模拟所设计的机构，来达到在虚拟的环境中模拟现实机构运动的目的。这对于提高设计效率、降低成本有很大的作用。Pro/E中“机构”模块是专门用来进行运动仿真和动态分析的模块，如图4-2所示。Pro/E的运动仿真与动态分析功能集成在“机构”模块中，包括Mechanismdesign（机械设计）和Mechanismdynamics（机械动态）两个方面的分析功能。

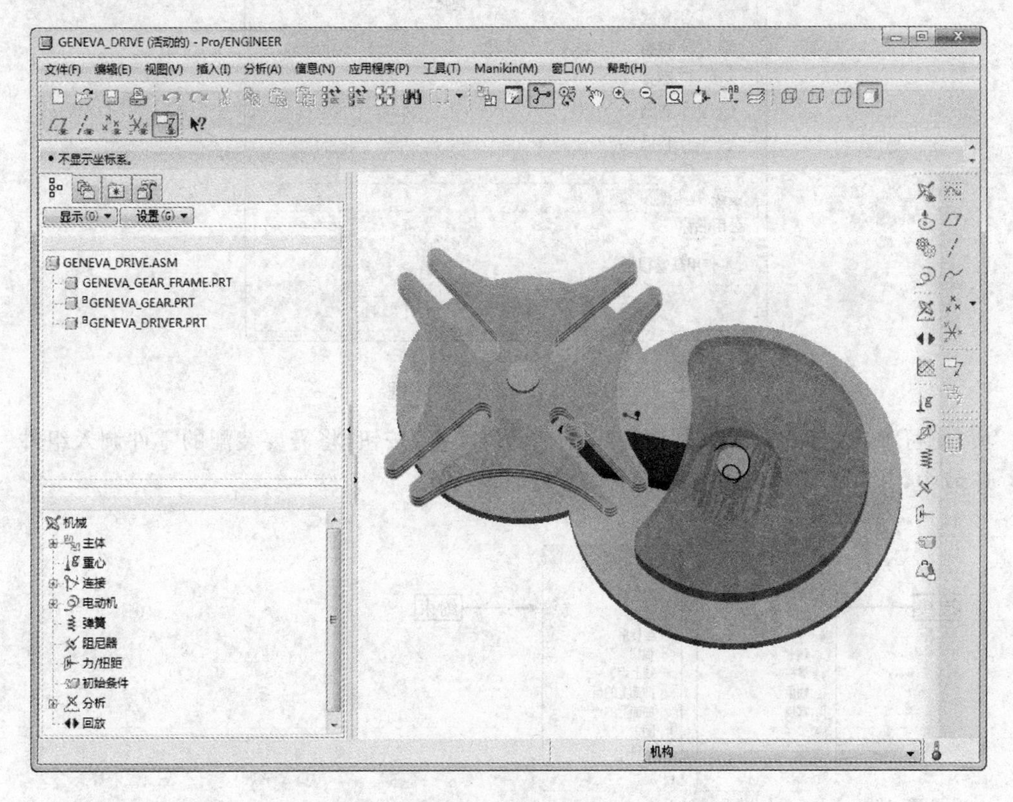

图4-2 “机构”模块

“组件”模块和“机构”模块是一对相互联系比较密切的模块，“机构”模块可以识别“组件”模块下添加的各种约束集。只有在“组件”模块下正确创建装配约束才可以按照设计意图对机构进行运动仿真。

4.1 组件装配

选择菜单“文件”|“新建”选项，弹出“新建”对话框，在“类型”选项区域选择“组件”单选项，在“子类型”选项区域选择“设计”单选项，如图4-3所示，单击“确定”按钮进入“组件”工作环境。

单击工具栏中的“装配”工具按钮，或者选择菜单“插入”|“元件”|“装配”选

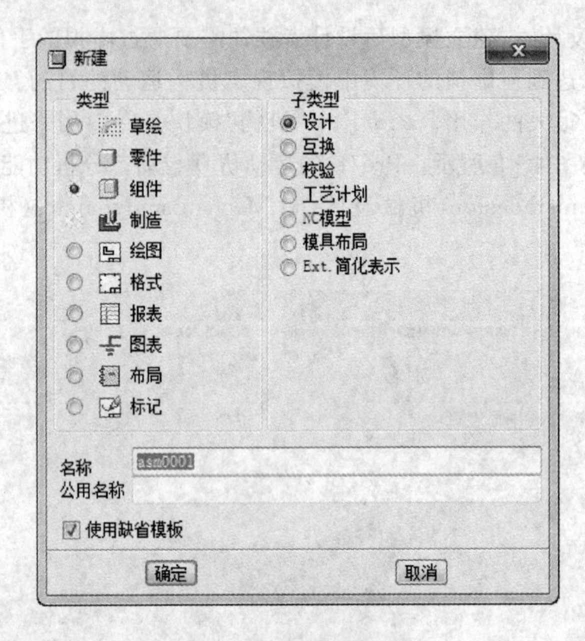

图 4-3 “新建”对话框

项，便可弹出“打开”对话框，选择零件，单击“确定”按钮，将需要装配的零件调入组件环境中，并打开零件装配控制面板，如图 4-4 所示。

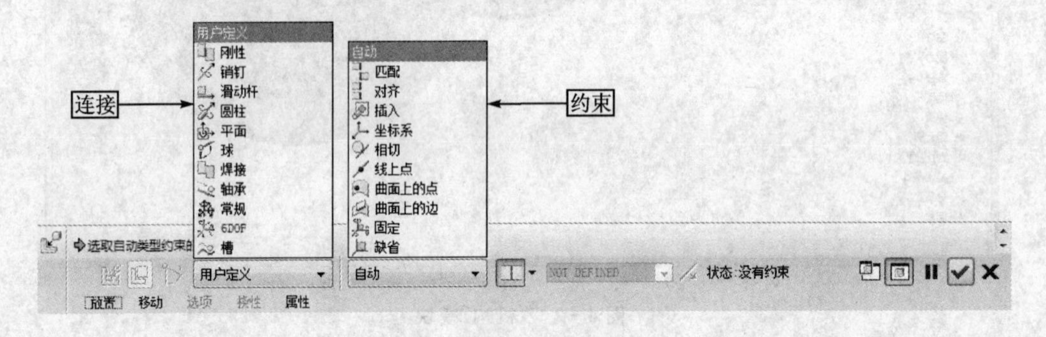

图 4-4 装配控制面板

要将某元件在空间定位，必须限制其在 X、Y、Z 三个轴向的平移和旋转。元件的组装过程就是一个将元件用约束条件在空间限位的过程。不同的组装模型需要的约束条件不同，完成一个元件的完全定位需要同时满足几个约束条件。

4.1.1 约 束

元件常用的多种约束类型分别是：“自动”、“匹配”、“对齐”、“插入”、“坐标系”、“相切”、“线上点”、“曲面上的点”、“曲面上的边”、“固定”和“缺省”。

(1) 自　动

“自动”是默认的方式，当选择装配参照后，程序自动以合适的约束进行装配。

(2) 匹　配

“匹配”是指两组装元件（或模型）所指定的平面、基准平面重合（当偏移值为零时）或相平行（当偏移值不为零时），并且两平面的法线方向相反，如图 4－5 所示。

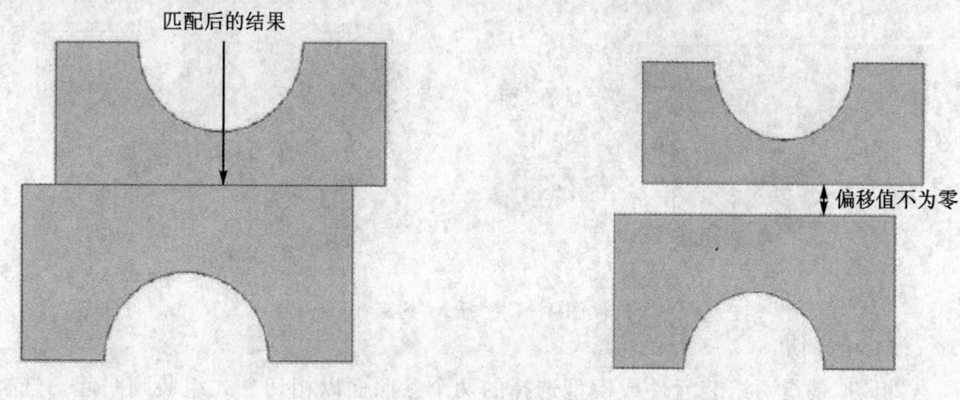

图 4－5　“匹配”约束

(3) 对　齐

“对齐”是指两组装元件或模型所指定的平面、基准平面重合（当偏移值为零时），或相平行（当偏移值不为零时），并且两平面的法线方向相同。选择两个元件的平面作为参照，使用“对齐”约束的结果如图 4－6 上图所示。

如果在“匹配”约束后的距离方式一栏中，将选项切换为距离方式，并且输入一定的数值，即偏移值不为零，此时的结果如图 4－6 下图所示。

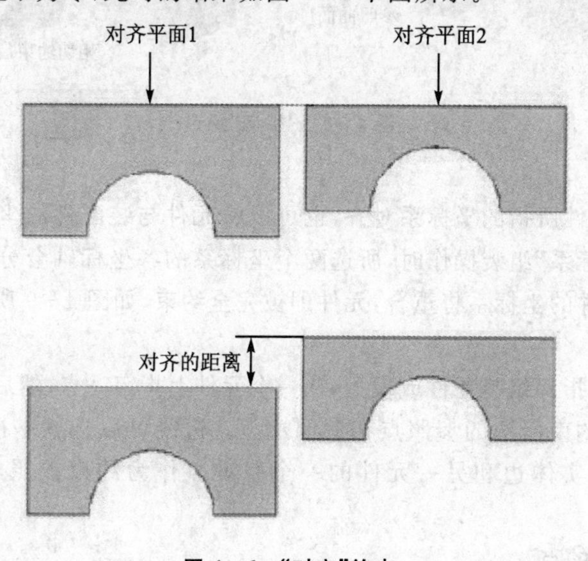

图 4－6　“对齐”约束

(4) 插　入

“插入”是指两组装元件或模型所指定的旋转面的旋转中心线同轴。分别选择元件的内孔曲面和另一元件的外圆柱面作为“插入”参照，如图 4－7 所示。

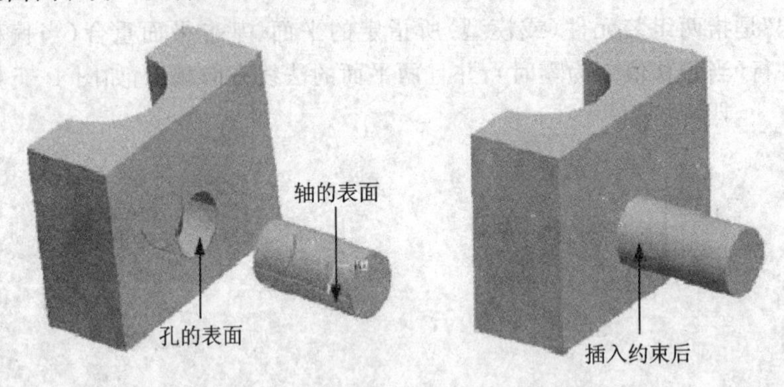

图 4－7　“插入”约束

(5) 相　切

“相切”是指两组装元件或模型选择的两个参照面以相切方式组装到一起。选择元件的一个平面和另一元件的外圆柱面作为“相切”参照，则此约束的结果如图 4－8 所示。

图 4－8　“相切”约束

(6) 坐标系

将两组装元件所指的坐标系对齐，也可以将元件与装配件的坐标系对齐来实现组装。利用“坐标系”组装操作时，所选两个坐标系的各坐标轴会分别选择两元件的坐标系，则两元件的坐标系将重合，元件即被完全约束，如图 4－9 所示。

(7) 线上点

“线上点”是指两组装元件或模型，在一个元件上指定一点，然后在另一个元件上指定一条边线，约束所选的参照点在参照边上。边线可以选取基准曲线或基准轴。选择元件的一条实体边和另一元件的一个基准点作为约束参照，结果如图 4－10 所示。

(8) 曲面上的点

“曲面上的点”是指两组装元件或模型，在一个元件上指定一点，在另一个元件上

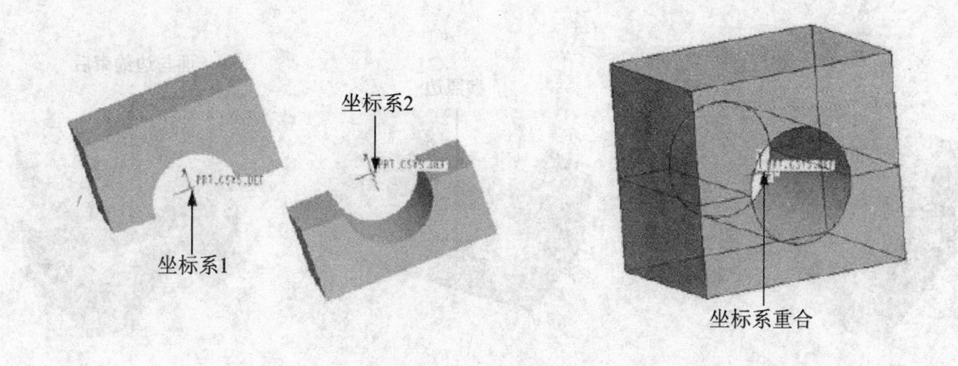

图 4-9　“坐标系”约束

图 4-10　“线上点”约束

指定一个面,且使指定面和点相接触,控制点的位置在曲面上,曲面可以选取基准平面、实体面等。选择元件的实体平面和另一元件的一个基准点作为约束参照,则所选择的参照点被约束在参照平面上,如图 4-11 所示。

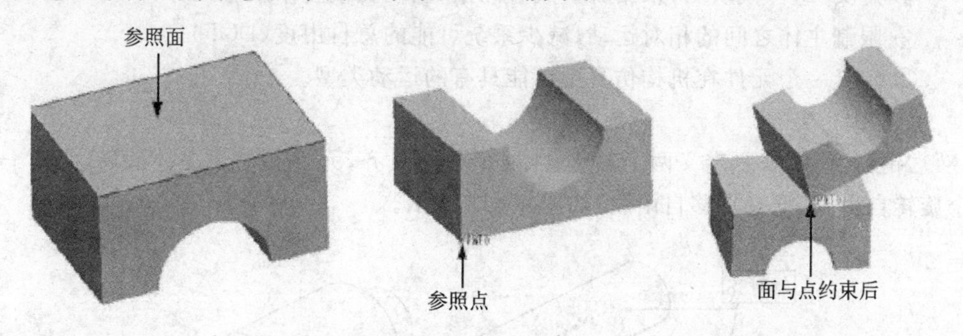

图 4-11　“曲面上的点”约束

(9) 曲面上的边

“曲面上的边”是指两组装元件,在一个元件上指定一条边,在另一个元件上指定一个面,且使它们相接触,即将参照的边约束在参照面上。选择元件的实体平面和另一元件的一条边作为约束参照,则所选择的参照边被约束在参照平面上,如图 4-12 所示。

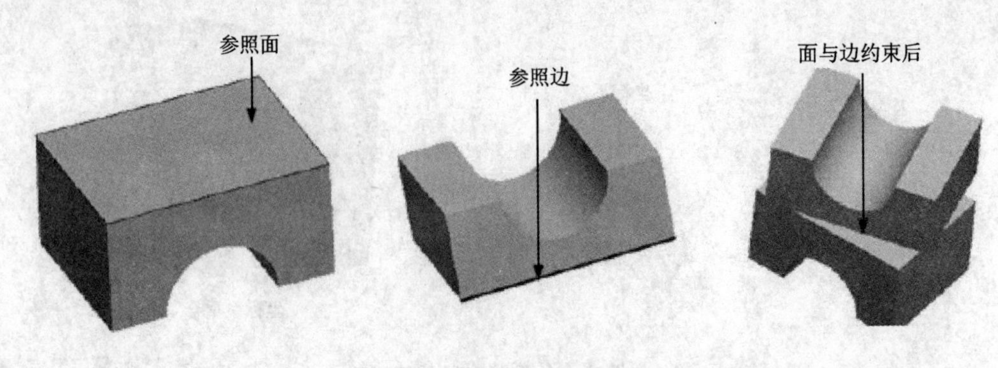

图 4-12 “曲面上的边”约束

(10) 固　定

“固定”是指被移动或者封装的元件固定到当前位置。

(11) 缺　省

“缺省”是用默认的组件坐标系对齐元件坐标系。

4.1.2 连　接

“连接”其实是一个约束集，是由不同的约束组成的。使用“连接”装配的零件，根据“连接”中约束的不同会使零件产生不同的自由度。Pro/E 提供了 11 种连接定义，包括“销钉”、“滑动杆”、“圆柱”、“平面”、“球”、“刚性”、“轴承”、“焊接”、“常规”、“6DOF”、“槽”。创建“连接”有三个目的：

① 定义“组件模块”将采用哪些放置约束，以便在模型中放置元件；

② 限制主体之间的相对运动，减少系统可能的总自由度(DOF)；

③ 定义一个元件在机构仿真中可能具有的运动类型。

(1) 销　钉

“销钉”连接需要定义两个轴重合，两个平面对齐，元件相对于主体旋转，只有一个旋转自由度，没有平移自由度，如图 4-13 所示。

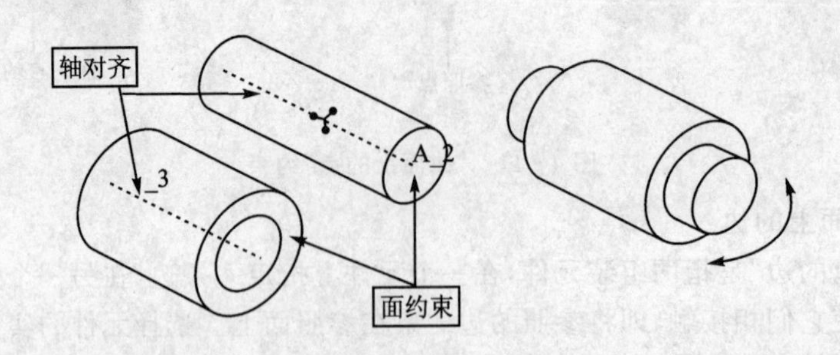

图 4-13 “销钉”连接

(2) 滑动杆

“滑动杆”连接仅有一个沿轴向的平移自由度，它需要一个轴对齐约束，一个平面匹配或对齐约束以限制连接元件的旋转运动，与“销钉”连接正好相反，“滑动杆”提供了一个平移自由度，没有旋转自由度，如图 4－14 所示。

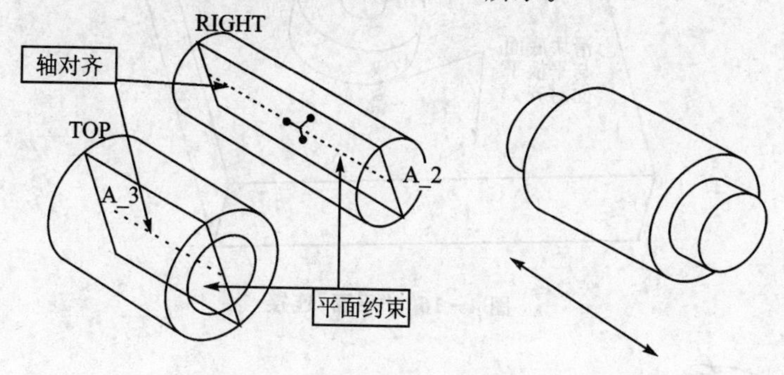

图 4－14　“滑动杆”连接

(3) 圆　柱

连接元件即可以绕轴线相对于附着元件转动，也可以沿着轴线相对于附着元件平移，只需要一个轴对齐约束，“圆柱”连接提供了一个平移自由度，一个旋转自由度，如图 4－15 所示。

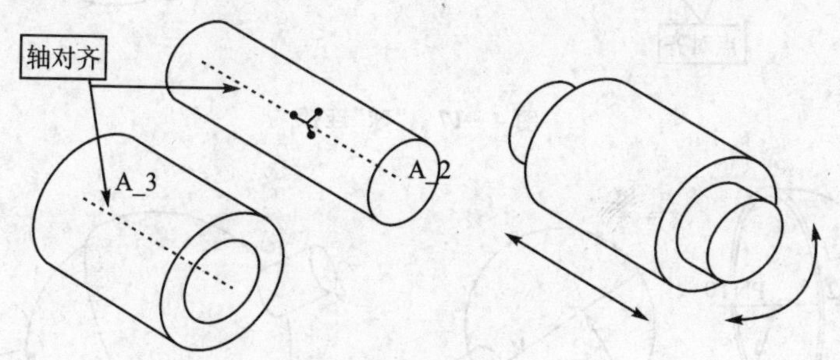

图 4－15　“圆柱”连接

(4) 平　面

“平面”连接的元件即可以在一个平面内相对于附着元件移动，也可以绕着垂直于该平面的轴线相对于附着元件转动，只需要一个平面匹配约束，如图 4－16 所示。

(5) 球

连接元件在约束点上可以沿附着组件任何方向转动，只允许两点对齐约束，提供了一个平移自由度，三个旋转自由度，如图 4－17 所示。

(6) 轴　承

“轴承”连接是通过点与轴线的约束来实现的，可以沿三个方向旋转，并且能沿着轴线移动，需要一个点与一条轴约束，具有一个平移自由度，三个旋转自由度，如图 4－18 所示。

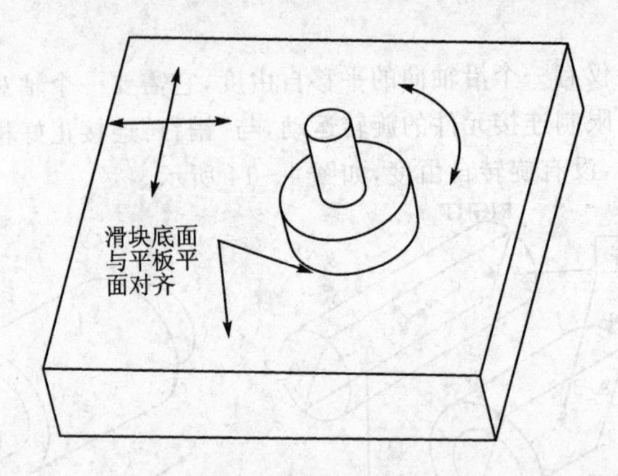

图 4-16 “平面”连接

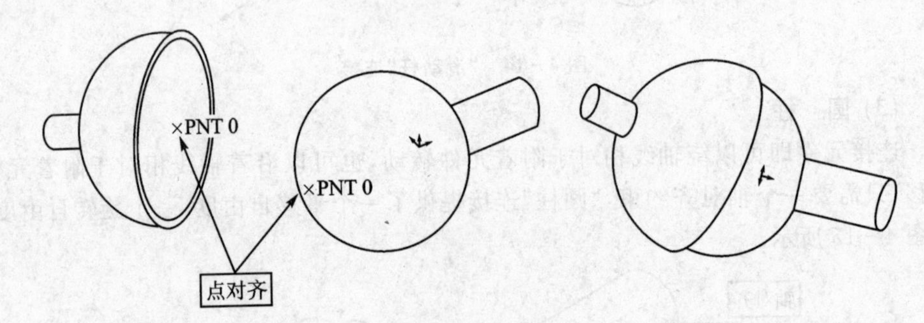

图 4-17 “球”连接

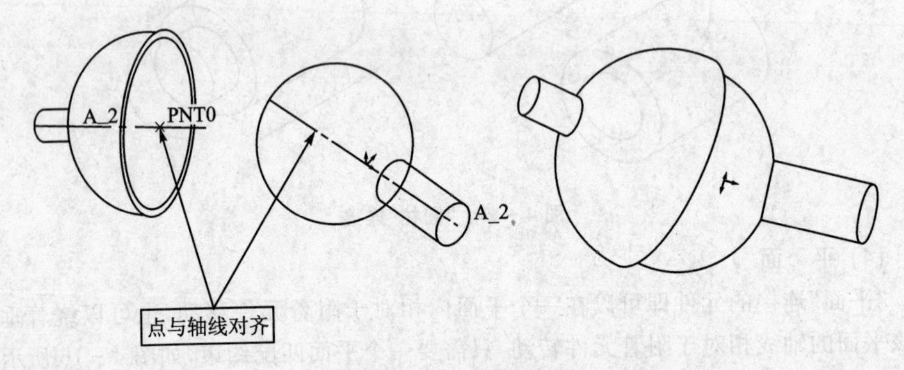

图 4-18 “轴承”连接

(7) 刚 性

“刚性”连接是指连接元件和附着元件之间没有任何相对运动，六个自由度完全被约束了。

(8) 焊 接

“焊接”连接是将两个元件连接在一起，没有任何相对运动，只能通过坐标系进行约束。

"刚性"连接与"焊接"连接的比较：

① "刚性"连接允许将任何有效的组件约束组合到一个连接类型中。这些约束可以是使装配元件得以固定的完全约束集或部分约束子集。

② 装配零件、不包含连接的子组件或连接不同主体的元件可使用"刚性"连接。"焊接"连接的作用方式与其他连接类型相似，但零件或子组件的放置是通过对齐坐标系来固定的。

③ 当装配包含连接的元件且同一主体需要多个连接时，可使用"焊接"连接。"焊接"连接允许根据开放的自由度调整元件与主组件匹配。

④ 如果使用"刚性"连接将带有连接的子组件装配到主组件，则子组件连接将不能运动。如果使用"焊接"连接将带有连接的子组件装配到主组件，则子组件将参照与主组件相同的坐标系，且其子组件的运动将始终处于活动状态。

(9) 常　规

"常规"是指创建有两个约束的、用户定义的约束集。

(10) 6DOF

"6DOF"连接可绕 3 个轴进行旋转和平移运动。需要选择零件和组件的坐标系，系统会对齐两个坐标系，可以绕着坐标系上的三个轴旋转和平移。

(11) 槽

建立"槽"连接，包含一个点对齐约束，允许沿一条非直线轨迹旋转。

4.1.3　分解视图

用户对装配模型使用爆炸视图，可以直观地观察其零件的组成及结构关系。在 Pro/E"组件"模块中，单击主菜单中"视图"|"视图管理器"选项，系统弹出"视图管理"对话框，选择"分解"选项卡，单击"新建"按钮，新建爆炸视图，如图 4-19 所示。

图 4-19　分解视图

4.1.4　间隙与干涉分析

1. 模型间隙分析

在"分析"菜单中的"模型"子菜单下选择"配合间隙"或"全局间隙"选项，可对装配模型进行间隙分析。选择"配合间隙"选项，分析两个相互配合零件之间的间隙，如图 4-20 所示为"配合间隙"对话框；若选择"全局间隙"选项，则对整个装配模型进行间隙分析。在使用"全局间隙"选项时，应设定一个参照间隙，系统将分析出所有不超出该设定值的间隙情况，图 4-21 所示为"全局间隙"对话框。

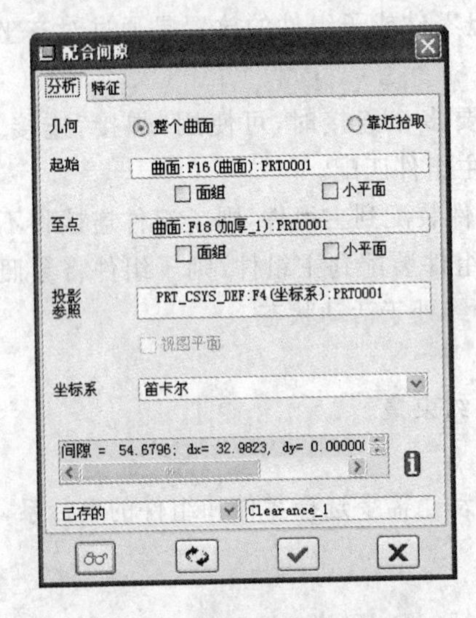

图 4-20 "配合间隙"对话框

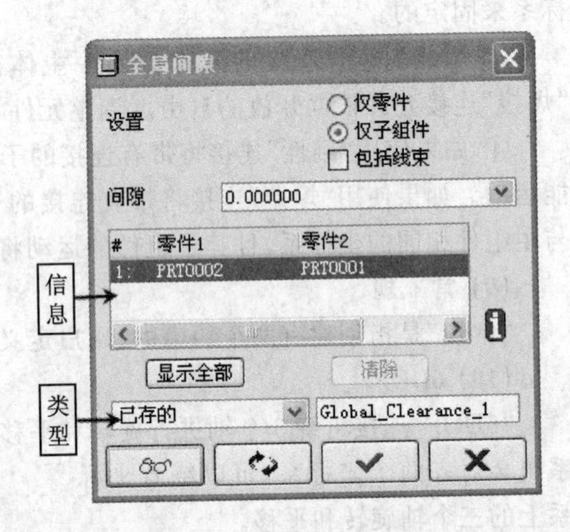

图 4-21 "全局间隙"对话框

2. 模型干涉分析

单击主菜单中"分析"|"模型"选项，选择"全局干涉"选项，可对装配模型进行干涉分析，图 4-22所示为"全局干涉"对话框，可分析出装配模型中零件间干涉状况。

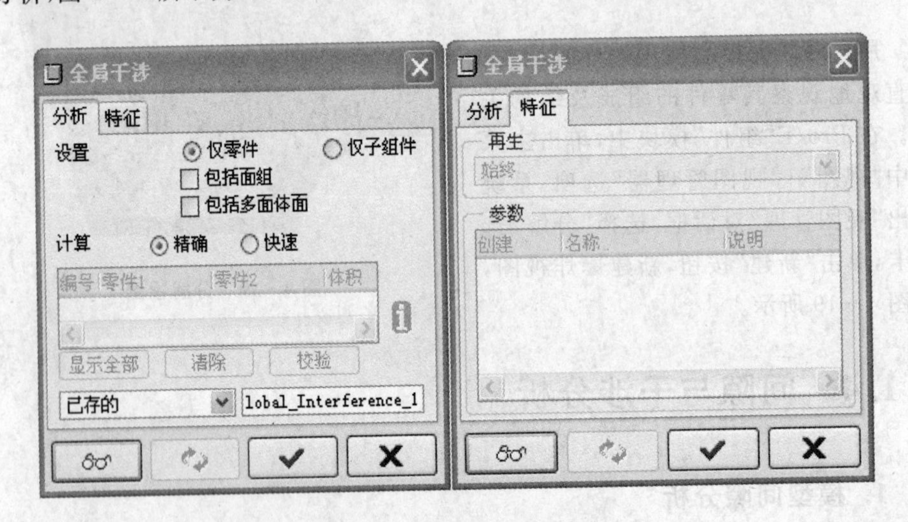

图 4-22 "全局干涉"对话框

4.2　运动仿真

在装配环境下定义机构的连接方式后，单击菜单栏中“应用程序”|“机构”菜单项，系统进入机构运动仿真环境。

4.2.1　建立运动模型

建立运动模型要使用以下选项：

※ :机构显示

单击“机构显示”工具按钮，打开“显示图元”对话框，如图 4－23 所示。该对话框中包含一系列可切换显示的元素。

图 4－23　“显示图元”对话框

※ :凸轮

单击“凸轮”工具按钮，系统弹出“凸轮从动机构连接定义”对话框，如图 4－24 所示，可以进行凸轮从动机构连接的创建、编辑和删除操作。

※ :齿轮

单击“齿轮”工具按钮，系统弹出“齿轮副定义”对话框，如图 4－25 所示。在该对话框中可以控制连接轴之间的速度关系。

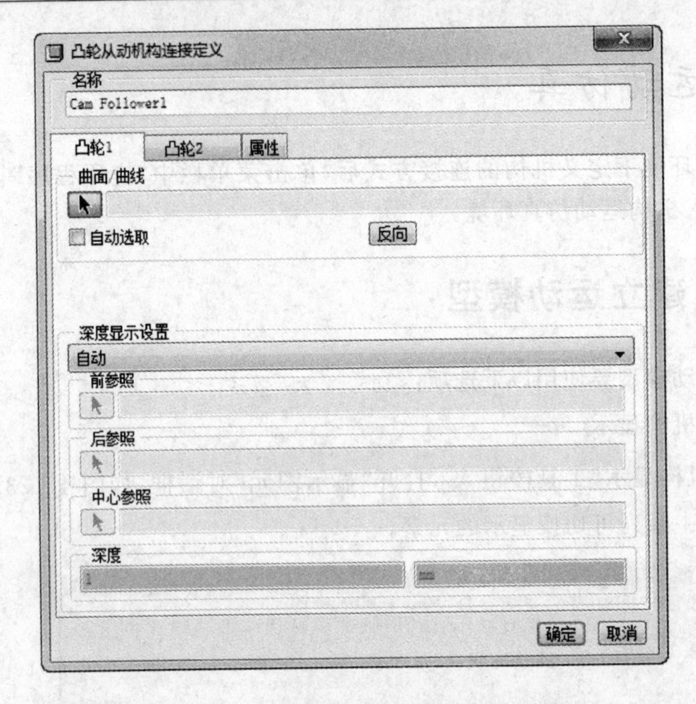

图 4－24 “凸轮从动机构连接定义”对话框

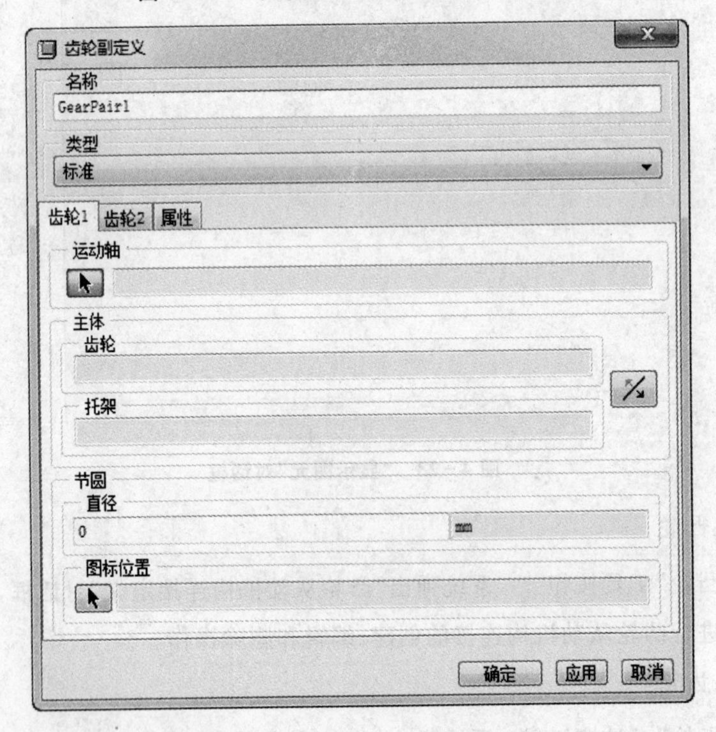

图 4－25 “齿轮副定义”对话框

※ :伺服电动机

"伺服电动机"可以为机构提供驱动,通过"伺服电动机"可以实现旋转以及平移运动,并且可以使用函数的方式定义运动轮廓。单击"伺服电动机"工具按钮,系统弹出"伺服电动机定义"对话框,如图 4-26 所示。

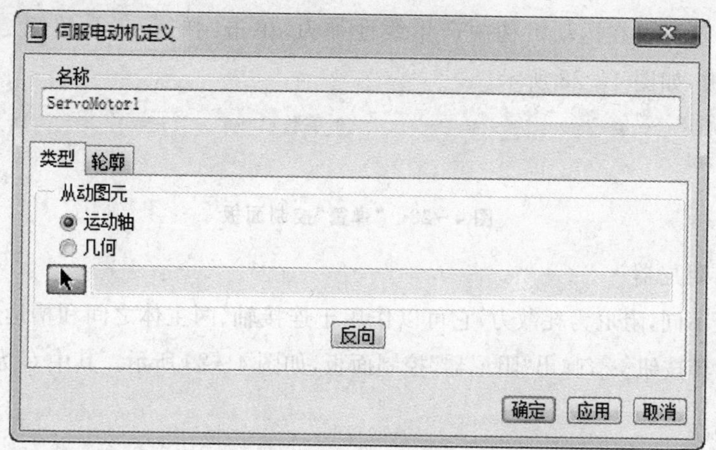

图 4-26　"伺服电动机定义"对话框

4.2.2　设置运动环境

设置运行环境要使用以下选项:

※ :重力

通过"重力"选项,可以对重力加速度的数值以及方向进行设置。单击"重力"工具按钮,弹出"重力"对话框,如图 4-27 所示。

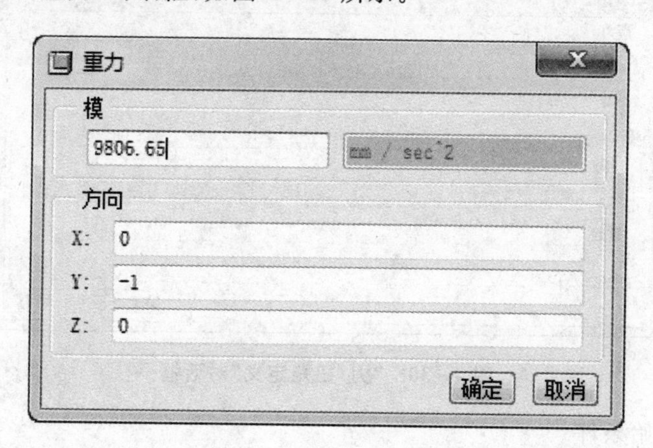

图 4-27　"重力"对话框

※ :执行电动机

使用“执行电动机”选项可以为运动机构施加载荷。与“伺服电动机”选项类似，“执行电动机”选项也需要选取轴施加作用。

※ :弹簧

通过弹簧可以在运动机构中产生线性弹力，单击“弹簧”工具按钮 ，弹出“弹簧”控制面板，如图 4－28 所示。

图 4－28 “弹簧”控制面板

※ :阻尼器

与弹簧不同，阻尼为耗散力，它可以作用于连接轴、两主体之间和槽运动副。单击“阻尼器”工具按钮 ，弹出“阻尼器”控制面板，如图 4－29 所示。其中 C 为阻尼系数。

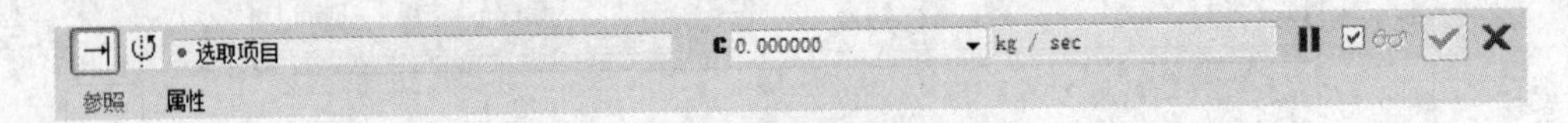

图 4－29 “阻尼器”控制面板

※ :力/扭矩

通过“力/扭矩”命令可以模拟机构运动的外部环境。单击“力/扭矩”工具按钮 ，弹出“力/扭矩定义”对话框，如图 4－30 所示。

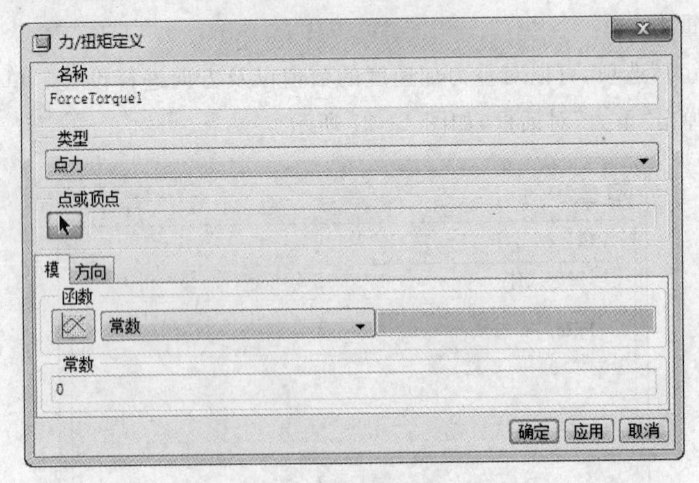

图 4－30 “力/扭矩定义”对话框

※ :初始条件

“初始条件”包括初始位置和初始速度两个方面。单击“初始条件”工具按钮 ，弹出“初始条件定义”对话框，如图 4－31 所示。

图 4－31　“初始条件定义”对话框

※ :质量属性

运动模型的质量属性包括密度、体积、质量、重心和惯性矩。对于不考虑“力”的情况，例如纯粹的机械运动，可以不设置质量属性。单击“质量属性”工具按钮，弹出“质量属性”对话框，如图 4－32 所示。

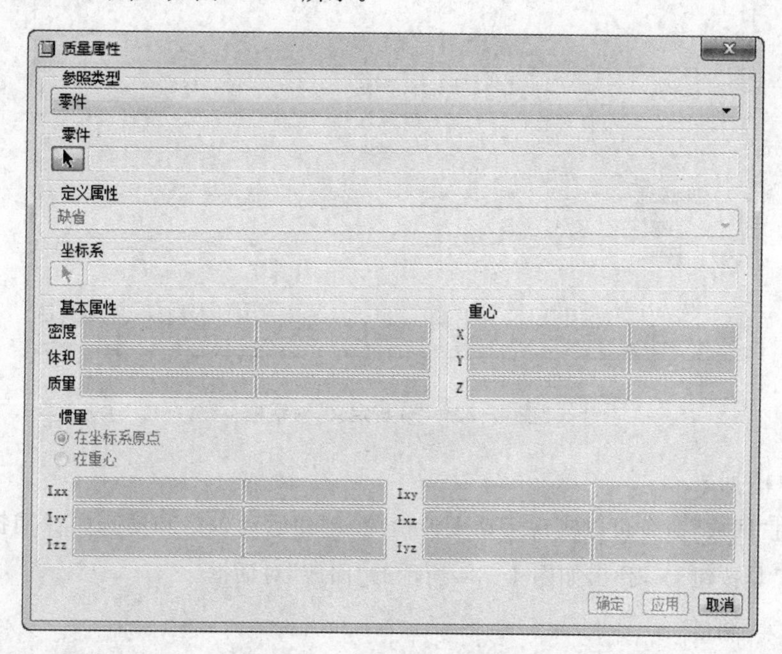

图 4－32　“质量属性”对话框

4.2.3 分 析

※ :机构分析

对机构添加相应的要素如“伺服电动机”、“力/力矩”、“质量属性”后就可以使用“机构分析”命令对机构进行相应的分析，图 4-33 所示为“分析定义”对话框。

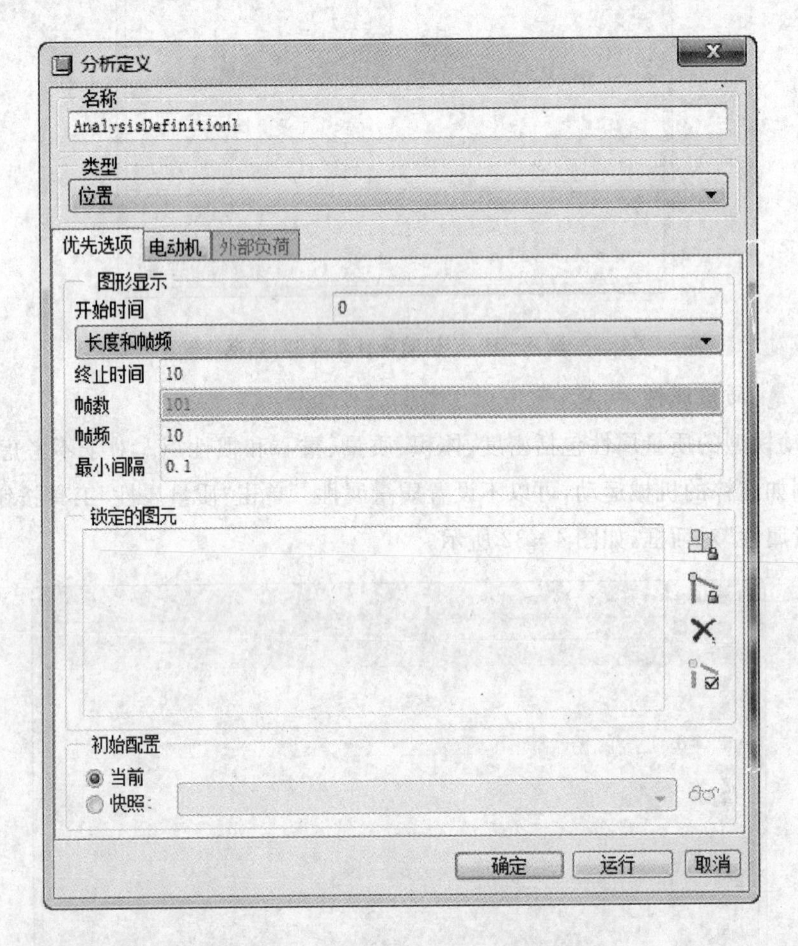

图 4-33 “分析定义”对话框

※ :回放

通过“回放”命令可以实现运动干涉检测、创建运动包络和动态影像捕捉。单击“回放”工具按钮，弹出如图 4-34 所示的“回放”对话框。

※ :测量

通过“测量”命令可以测量机构运动中的精确参数。单击“测量”工具按钮，弹

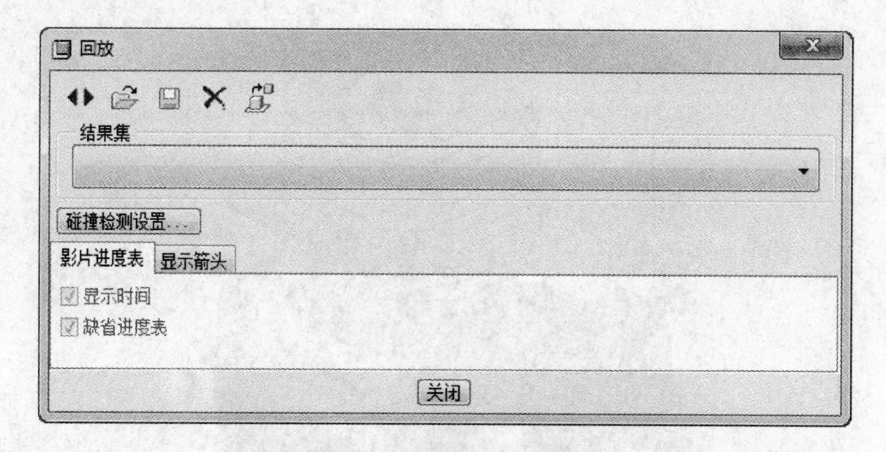

图 4-34　“回放”对话框

出如图 4-35 所示的“测量结果”对话框。

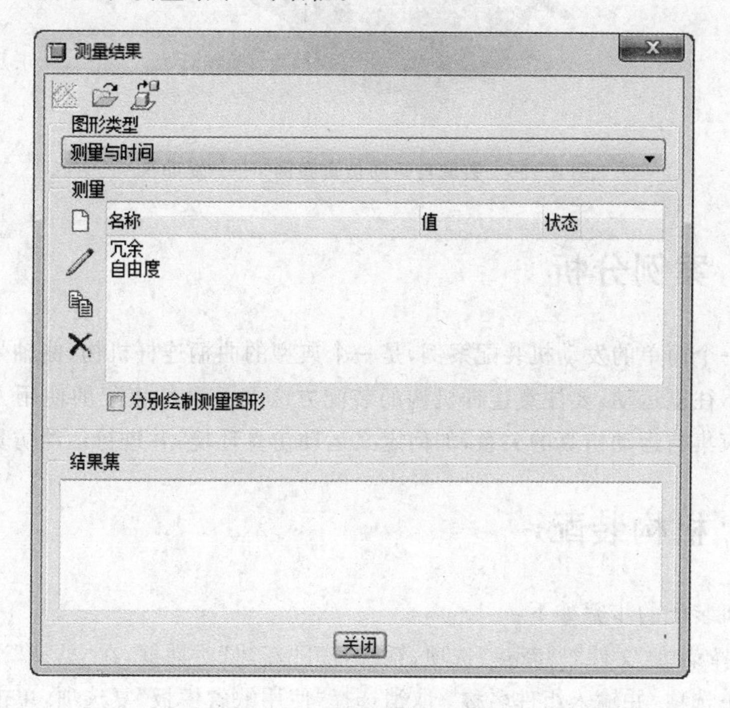

图 4-35　“测量结果”对话框

4.3　装配与运动仿真案例 1——发动机

装配与运动仿真案例 1——发动机，如图 4-36 所示。

图 4－36　装配与运动仿真案例 1——发动机

4.3.1　案例分析

这是一个简单的发动机装配案例，是一个典型的曲柄连杆机构，曲轴带动连杆推动活塞上下往复运动，要注意连杆机构的装配方法及各种约束集的使用方法。要了解装配约束集与运动仿真的关系，如何定义运动仿真环境，并进行运动仿真。

4.3.2　机构装配

发动机装配的步骤如下：

① 选择菜单“文件”|“新建”选项，系统打开“新建”对话框，在“类型”选项区域选取“组件”单选项，并输入组件名称。取消选择“使用缺省模板”复选项，单击“确定”按钮，弹出“新文件选项”对话框，选择模板 mmns_asm_design，单击“确定”按钮进入组件装配环境。

② 单击“装配”工具按钮，弹出“打开”对话框，选择零件 eng_block_rear. prt，单击“打开”按钮将零件调入组件环境中，在“自动”约束列表中选择“缺省”约束，此约束将零件坐标系与组件环境中的默认坐标系对齐，单击“完成”按钮，如图 4－37 所示。

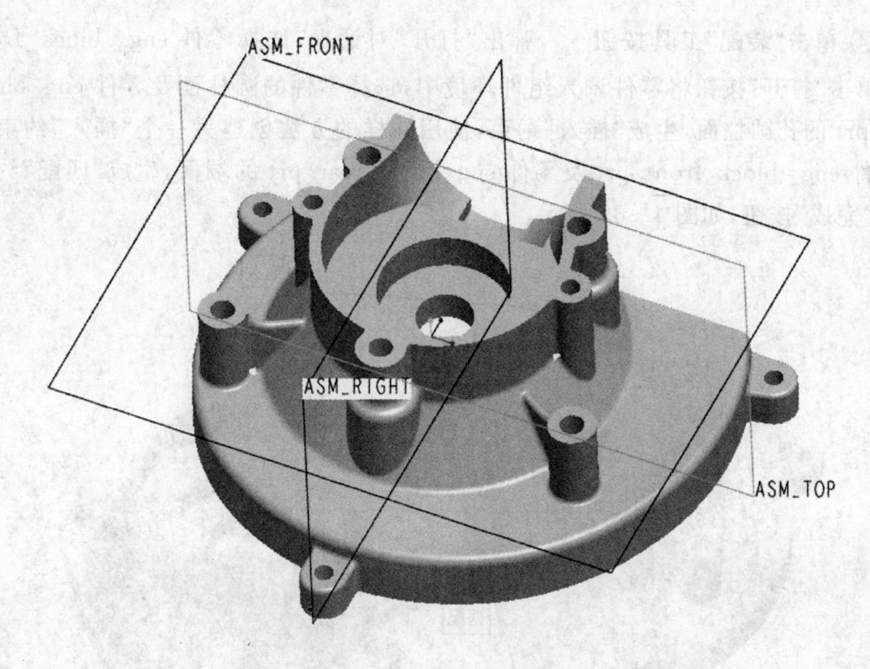

图 4－37　装配零件 eng_block_ rear. prt

③ 单击“装配”工具按钮，弹出“打开”对话框，选择零件 eng_bearing. prt，单击“打开”按钮将零件调入组件环境中，选择零件的圆柱面及零件 eng_block_rear. prt 的中心孔圆柱面，生成“插入”约束，选择零件 eng_bearing. prt 的端面及零件 eng_block_rear. prt 的中心孔端面，生成“匹配”约束，单击“完成”按钮，如图 4－38 所示。

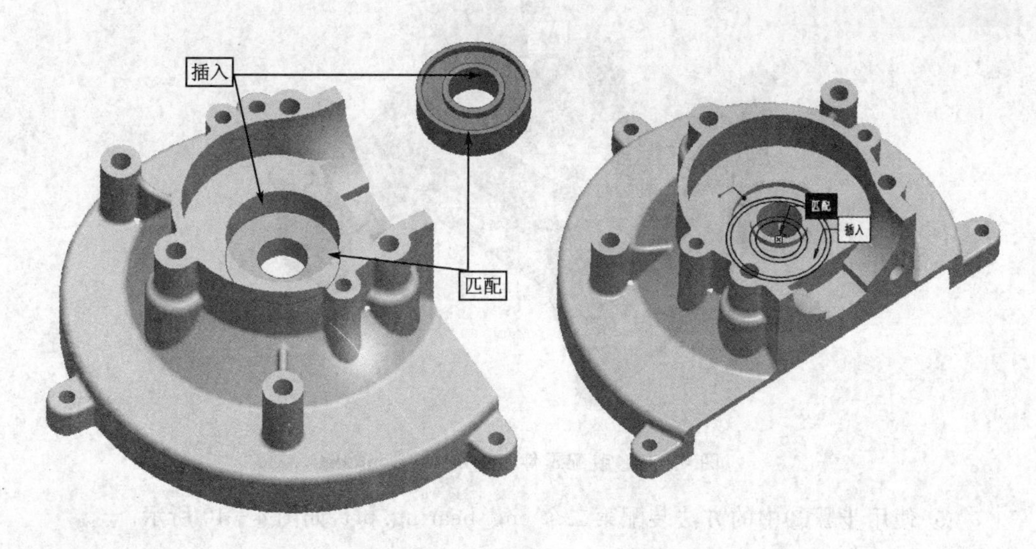

图 4－38　装配零件 eng_bearing. prt

④ 单击"装配"工具按钮，弹出"打开"对话框，选择零件 eng_ block_front. prt,单击"打开"按钮将零件调入组件环境中,选择零件的圆柱面及零件 eng_block_rear. prt 的孔圆柱面,生成"插入"约束,使用同样的方法创建另一个"插入"约束,选择零件 eng_ block_front. prt 及零件 eng_block_rear. prt 的端面,生成"匹配"约束,单击"完成"按钮,如图 4-39 所示。

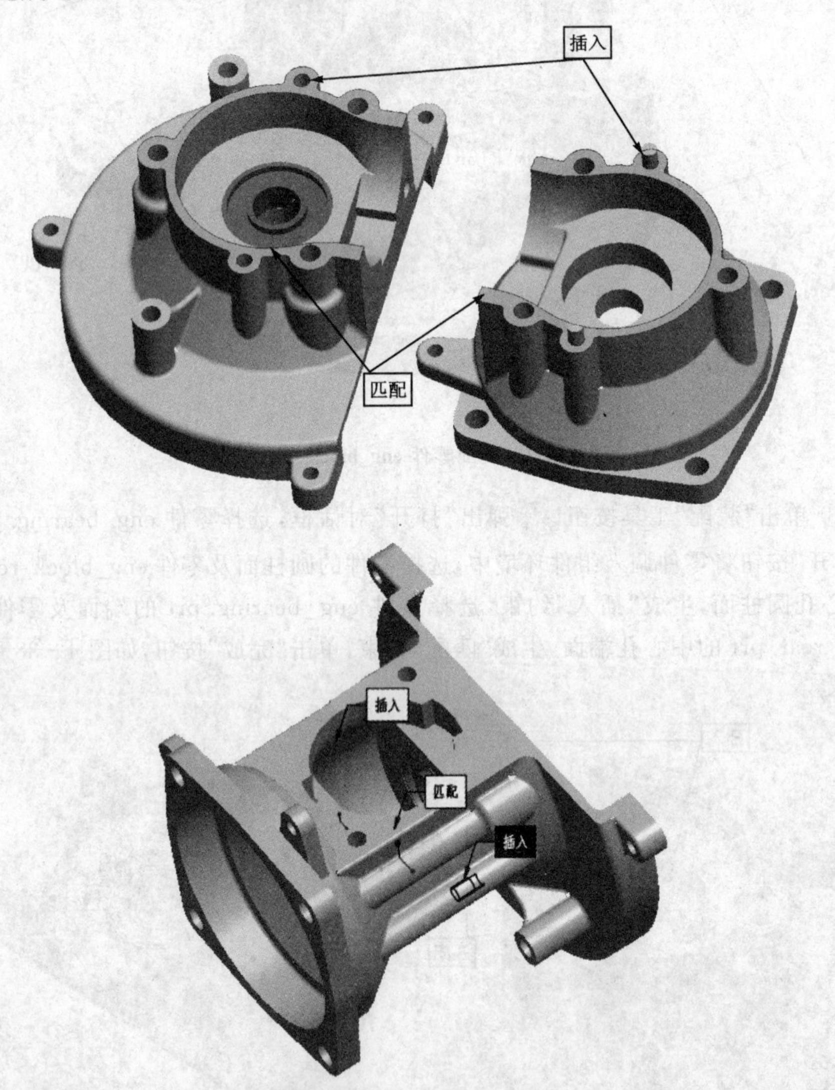

图 4-39 装配零件 eng_block_front. prt

⑤ 使用步骤③中的方法装配第二个 eng_bearing. prt,如图 4-40 所示。

⑥ 单击"装配"工具按钮，弹出"打开"对话框，选择零件 cylinder. prt,单击"打开"按钮将零件调入组件环境中,选择两孔的圆柱面,创建"插入"约束将其对齐,

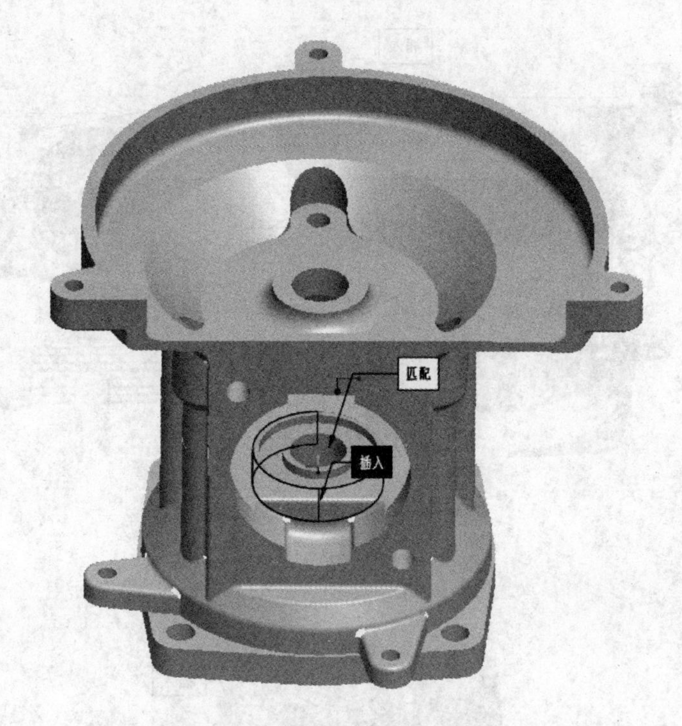

图 4 - 40　装配零件 eng_bearing. prt

选择零件端面建立“匹配”约束，单击“完成”按钮，如图 4 - 41 所示。

⑦ 单击“装配”工具按钮，弹出“打开”对话框，选择零件 bolt-5-18. prt，单击“打开”按钮将零件调入组件环境中，使用一个“插入”约束和一个“匹配”约束，将螺栓装配到机构中，如图 4 - 42 所示。

⑧ 选择上一步装配的螺栓，选择菜单“编辑”|“重复”选项，弹出“重复元件”对话框，如图 4 - 43 所示。单击“可变组件参照”选项区域的“插入”选项，单击“添加”按钮，选择机构中另一个要装配螺栓孔的圆柱面。

⑨ 使用步骤⑦和步骤⑧中的方法装配另一个螺栓 bolt-5-28. prt，如图 4 - 44 所示。

⑩ 单击“装配”工具按钮，弹出“打开”对话框，选择子装配 caank. asm，单击“打开”按钮将零件调入组件环境中，在“用户定义”连接列表中选择“销钉”连接，选择相应的圆柱曲面以及对齐的基准平面，如图 4 - 45 所示。

⑪ 单击“装配”工具按钮，弹出“打开”对话框，选择子装配 piston. asm，单击“打开”按钮将零件调入组件环境中，在“用户定义”连接列表中选择“圆柱”连接，选择相应的圆柱曲面，如图 4 - 46 所示。

⑫ 单击“装配”工具按钮，弹出“打开”对话框，选择子零件 connecting. prt，单击“打开”按钮将零件调入组件环境中，在“用户定义”连接列表中选择“销钉”连接，将

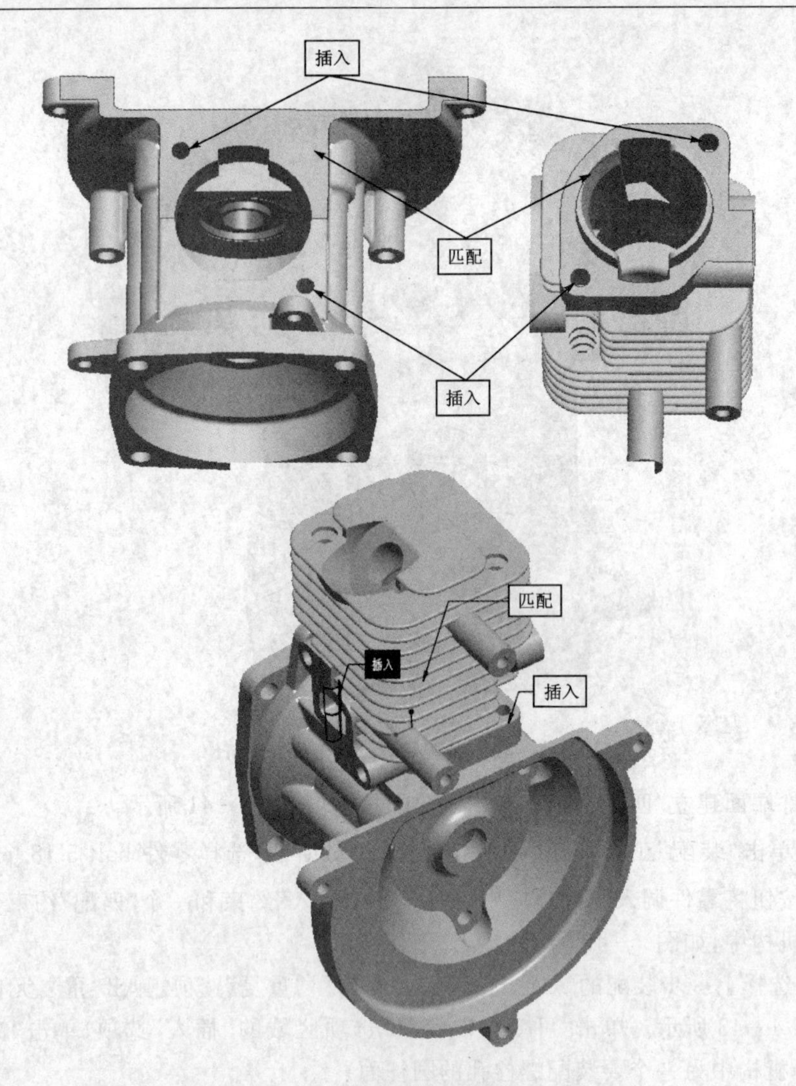

图 4-41　装配零件 cylinder. prt

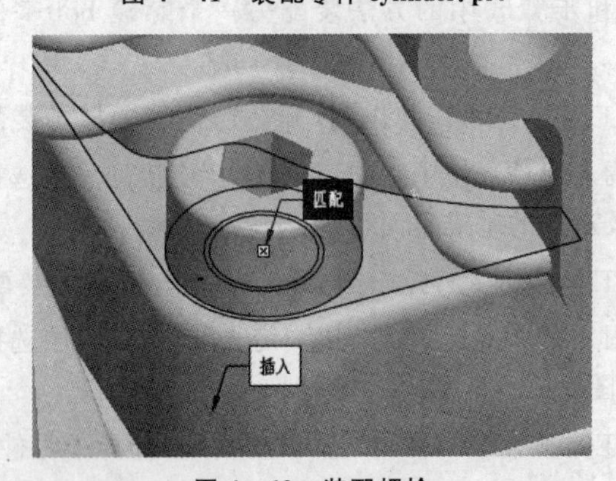

图 4-42　装配螺栓

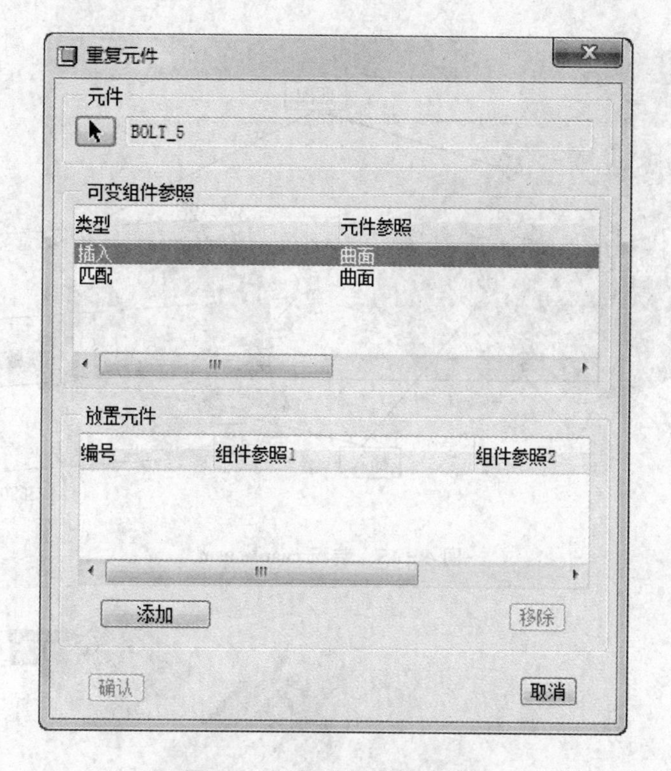

图 4-43　“重复元件”对话框

图 4-44　装配螺栓

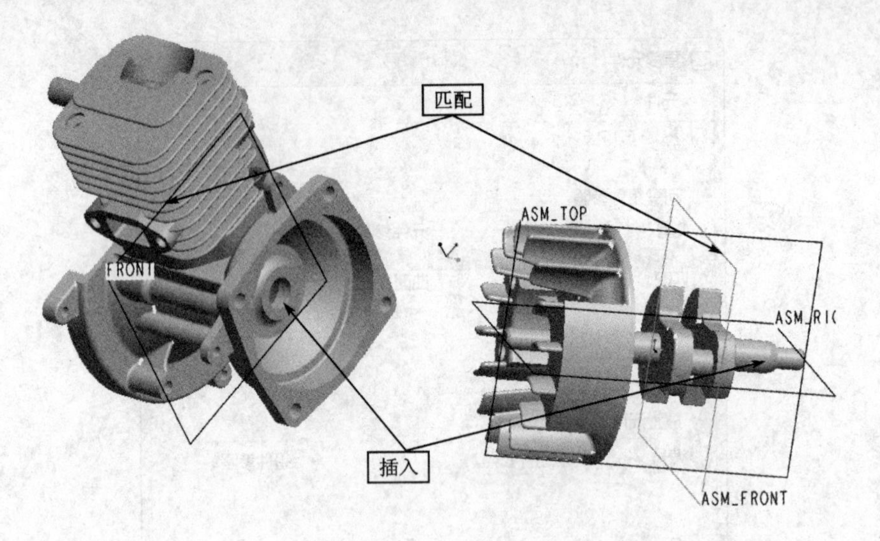

图 4-45　装配 caank. asm

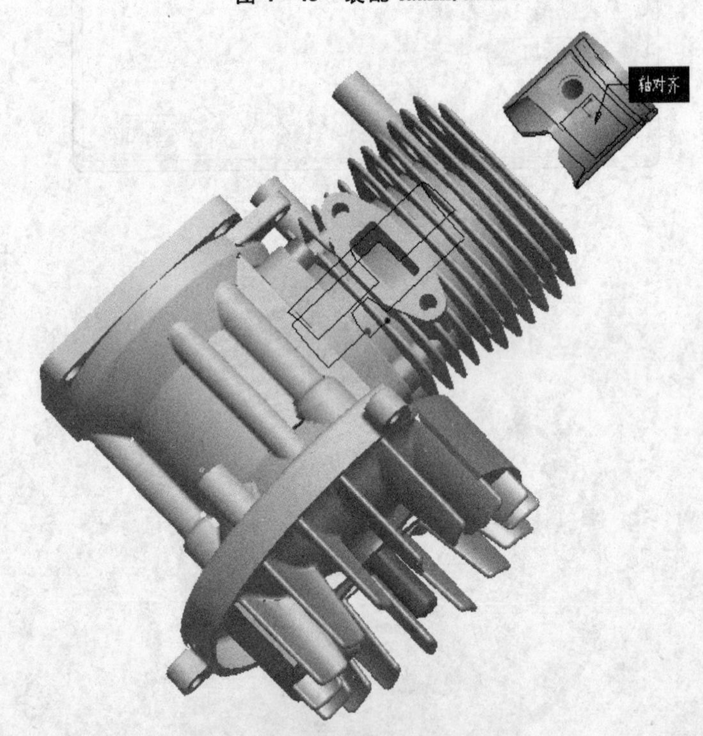

图 4-46　装配 piston. asm

连杆的大头与曲轴连接，如图 4-47 所示。单击控制面板中的“放置”按钮，单击“新设置”选项，列表中将出现一个新的“销钉”连接，选择该“销钉”连接，在右侧的“集类型”下拉列表中选择“圆柱”选项，选择连杆上小孔的圆柱面和活塞销的圆柱面，结果如图 4-48 所示。

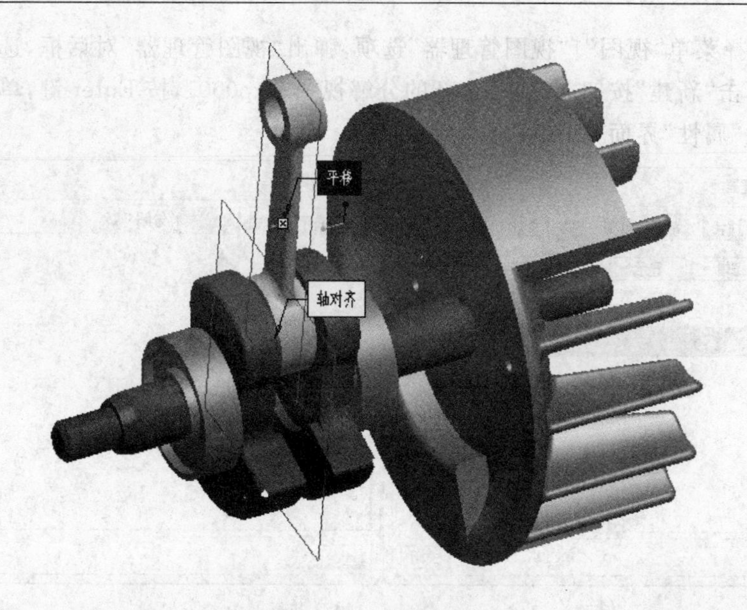

图 4-47　连接曲轴

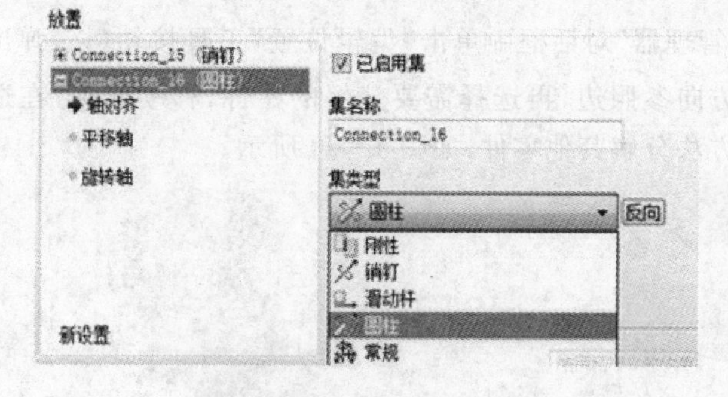

图 4-48　连接活塞

⑬ 选择菜单“视图”|“视图管理器”选项，弹出“视图管理器”对话框，选择“分解”选项卡，单击“新建”按钮，创建一个新的分解视图 Exp0001，按 Enter 键，单击“属性”按钮，进入“属性”界面，如图 4－49 所示。

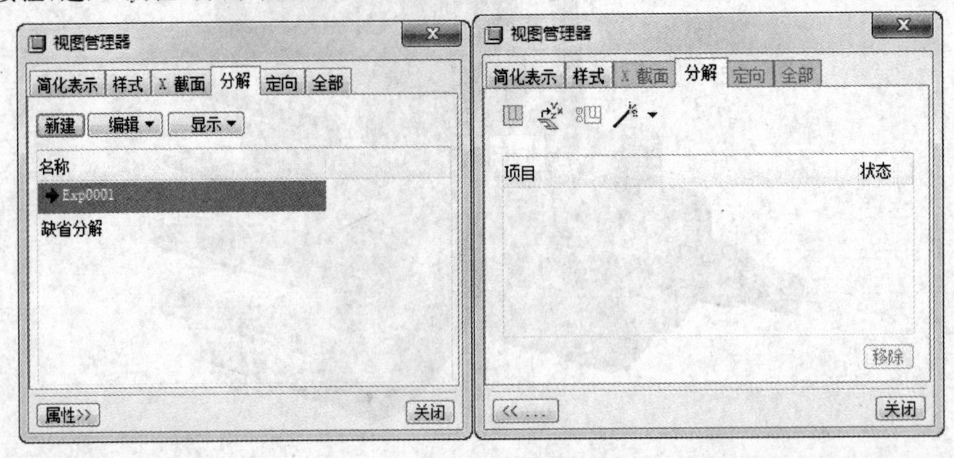

图 4－49　“视图管理器”对话框

⑭ 在“视图管理器”对话框中单击“编辑位置”工具按钮，弹出“分解位置”对话框，选择一条方向参照边，再选择需要分解的零件，移动光标，在适当的位置上单击，使用同样的方法分解其他零件，如图 4－50 所示。

图 4－50　分解视图

⑮ 在“分解位置”对话框中单击“确定”按钮，返回“视图管理器”对话框，单击 << ... 按钮，在 Exp0001 右击，在弹出的快捷菜单中选择“保存”选项，如图 4－51 所示，弹出“保存显示元素”对话框，选择“方向”复选项，单击“确定”按钮，如图 4－52 所示。在“视图管理器”对话框中单击“关闭”按钮。

图 4－51　“视图管理器”对话框

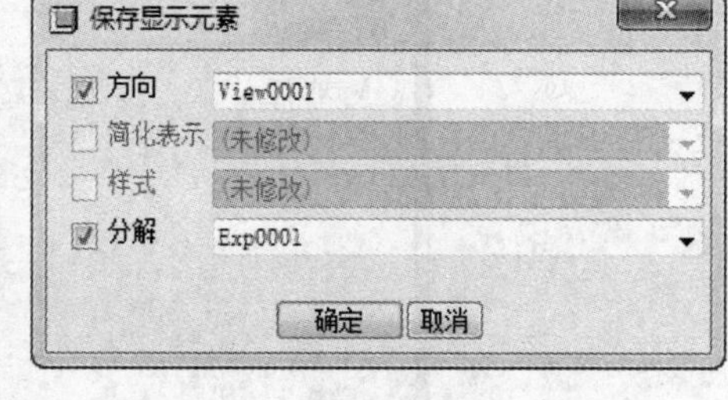

图 4－52　“保存显示元素”对话框

4.3.3　运动仿真

发动机运动仿真的步骤如下：

① 选择菜单“应用程序”|“机构”选项，进入机构仿真环境。

② 单击“伺服电动机”工具按钮，弹出“伺服电动机定义”对话框，如图 4－53 所示，选择曲轴上的“销钉”连接，选择“轮廓”选项卡，在“规范”选项区域的下拉列表中选择“速度”选项，在“模”选项区域的 A 文本框中输入 100，单击“确定”按钮。

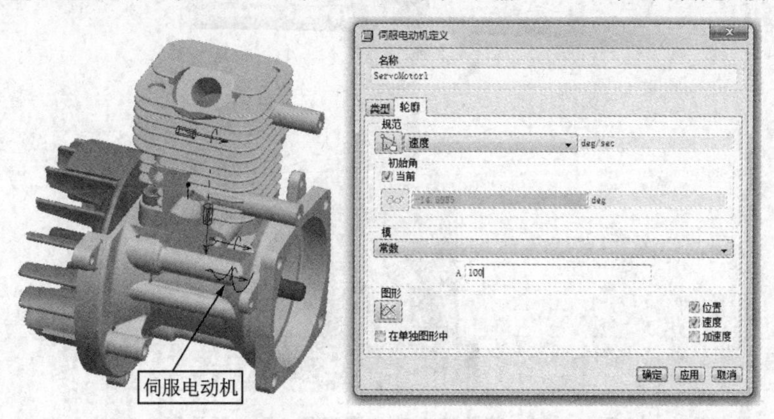

图 4－53　添加伺服电机

③ 单击“机构分析”工具按钮，弹出“分析定义”对话框，在“终止时间”文本框中输入20，单击“运行”按钮，如图4-54所示。

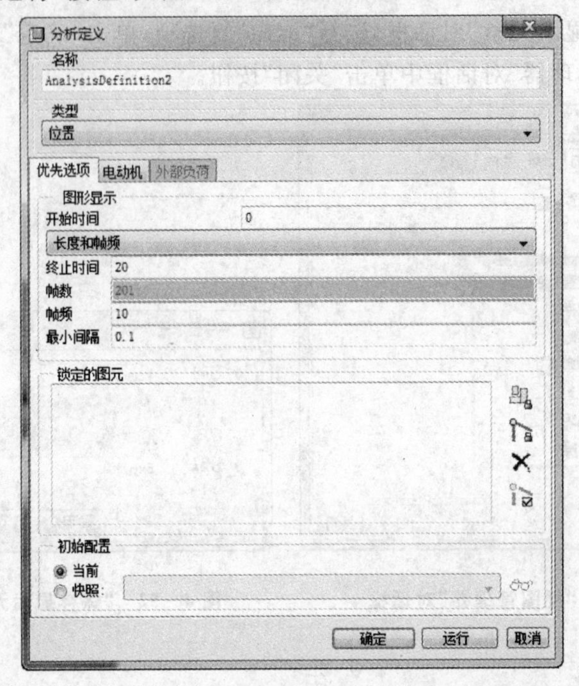

图4-54 “分析定义”对话框

4.4 装配与运动仿真案例2——千斤顶

装配与运动仿真案例2——千斤顶，如图4-55所示。

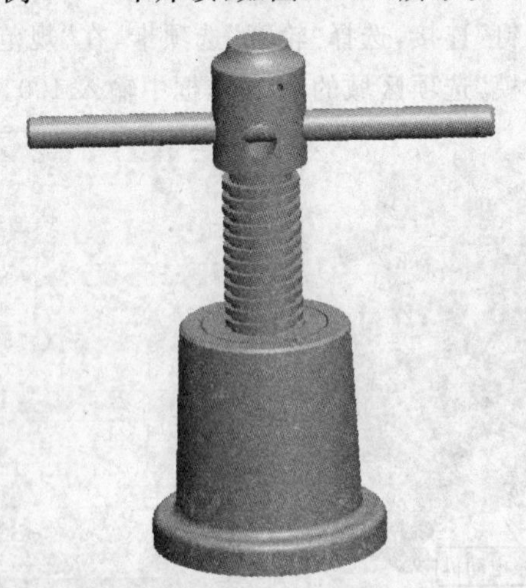

图4-55 装配与运动仿真案例2——千斤顶

4.4.1　案例分析

千斤顶案例零件比较少，结构比较简单，装配时要注意运动仿真使用的装配约束集的类型。

4.4.2　机构装配

千斤顶装配的步骤如下：

① 选择菜单“文件”|“新建”选项，系统打开“新建”对话框，在“类型”选项区域选取“组件”单选项，并输入组件名称。取消选择“使用缺省模板”复选项，单击“确定”按钮，弹出“新文件选项”对话框，选择模板 mmns_asm_design，单击“确定”按钮进入组件装配环境。

② 单击“装配”工具按钮，弹出“打开”对话框，选择零件 dizuo. prt，单击“打开”按钮将零件调入组件环境中，在“自动”约束列表中选择“缺省”约束。此约束将零件坐标系与组件环境中的默认坐标系对齐，单击“完成”按钮，如图 4-56 所示。

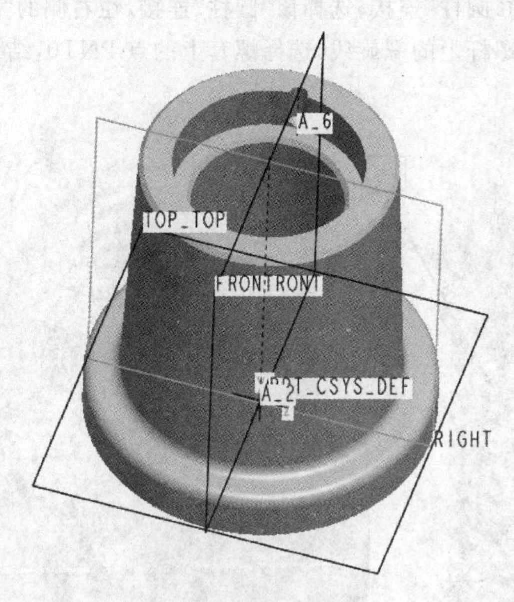

图 4-56　装配底座

③ 单击“装配”工具按钮，弹出“打开”对话框，选择零件 luotao. prt，单击“打开”按钮将零件调入组件环境中，选择两个零件的轴线，生成“插入”约束，选择两零件的端面，生成“匹配”约束，单击“完成”按钮，如图 4-57 所示。

④ 单击“装配”工具按钮，弹出“打开”对话框，选择子零件 luoxuangan. prt，

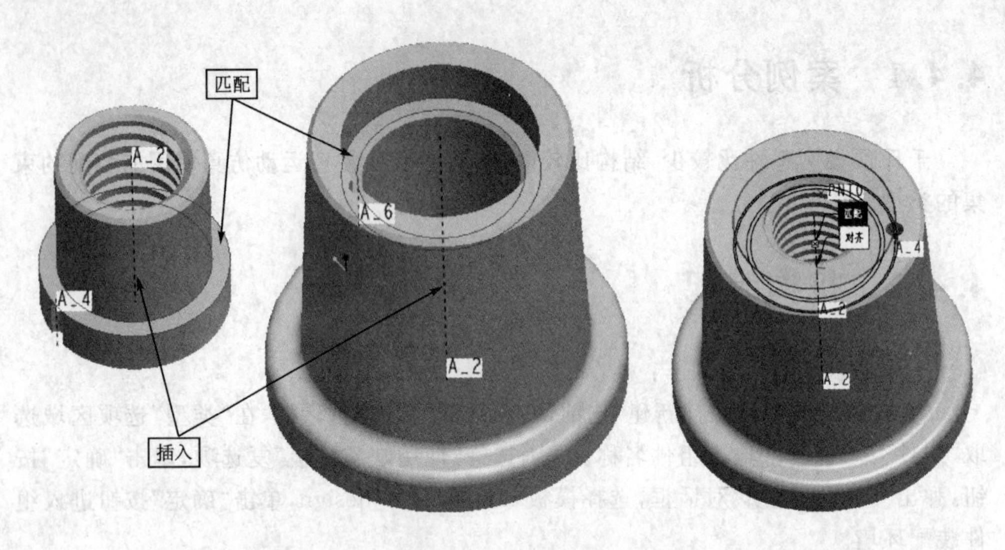

图 4-57　装配螺套

单击“打开”按钮将零件调入组件环境中，在“用户定义”连接列表中选择“圆柱”连接，选择螺杆的轴线与螺套轴线，单击控制面板中的“放置”按钮，单击“新设置”选项，列表中将出现一个新的“圆柱”连接，选择该“圆柱”连接，在右侧的“集类型”下拉列表中选择“槽”选项，选择螺杆上的螺旋线，选择螺套上的点 PNT0，结果如图 4-58 所示。

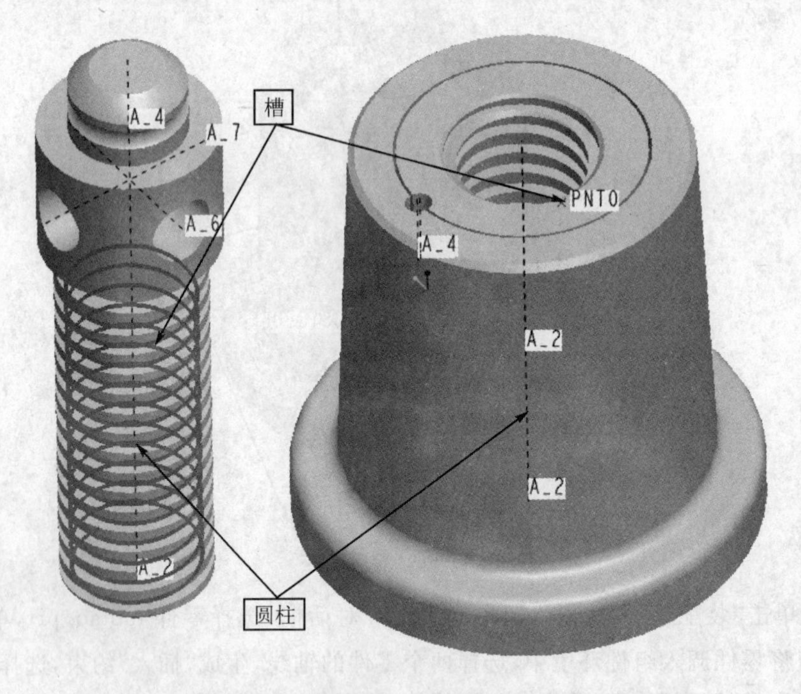

图 4-58　装配螺杆

⑤ 单击“装配”工具按钮，弹出“打开”对话框，选择零件 jingdian. prt，单击“打开”按钮将零件调入组件环境中，选择两个零件的轴线，生成“插入”约束，选择两零件的端面，生成“匹配”约束，单击“完成”按钮，如图 4-59 所示。

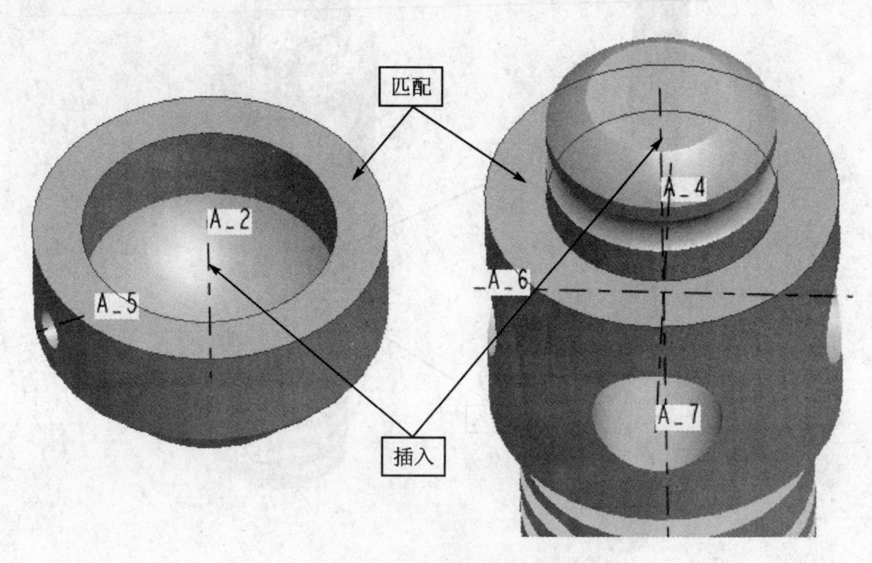

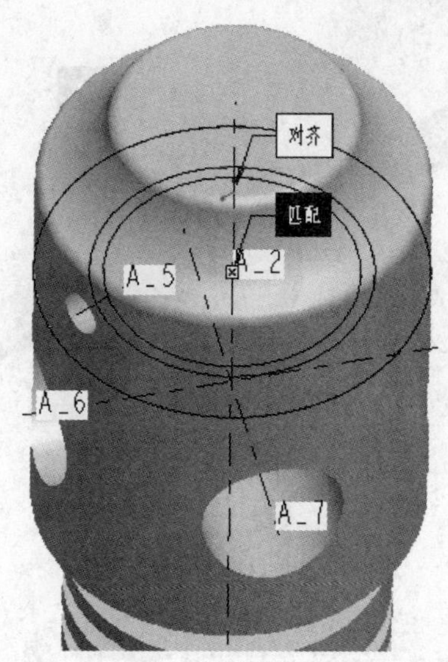

图 4-59　装配 jingdian. prt

⑥ 单击“装配”工具按钮，弹出“打开”对话框，选择零件 jiaogang. prt，单击“打开”按钮将零件调入组件环境中，选择两个零件的轴线，生成“插入”约束，选择两零件的基准平面，生成“匹配”约束，单击“完成”按钮，如图 4-60 所示。

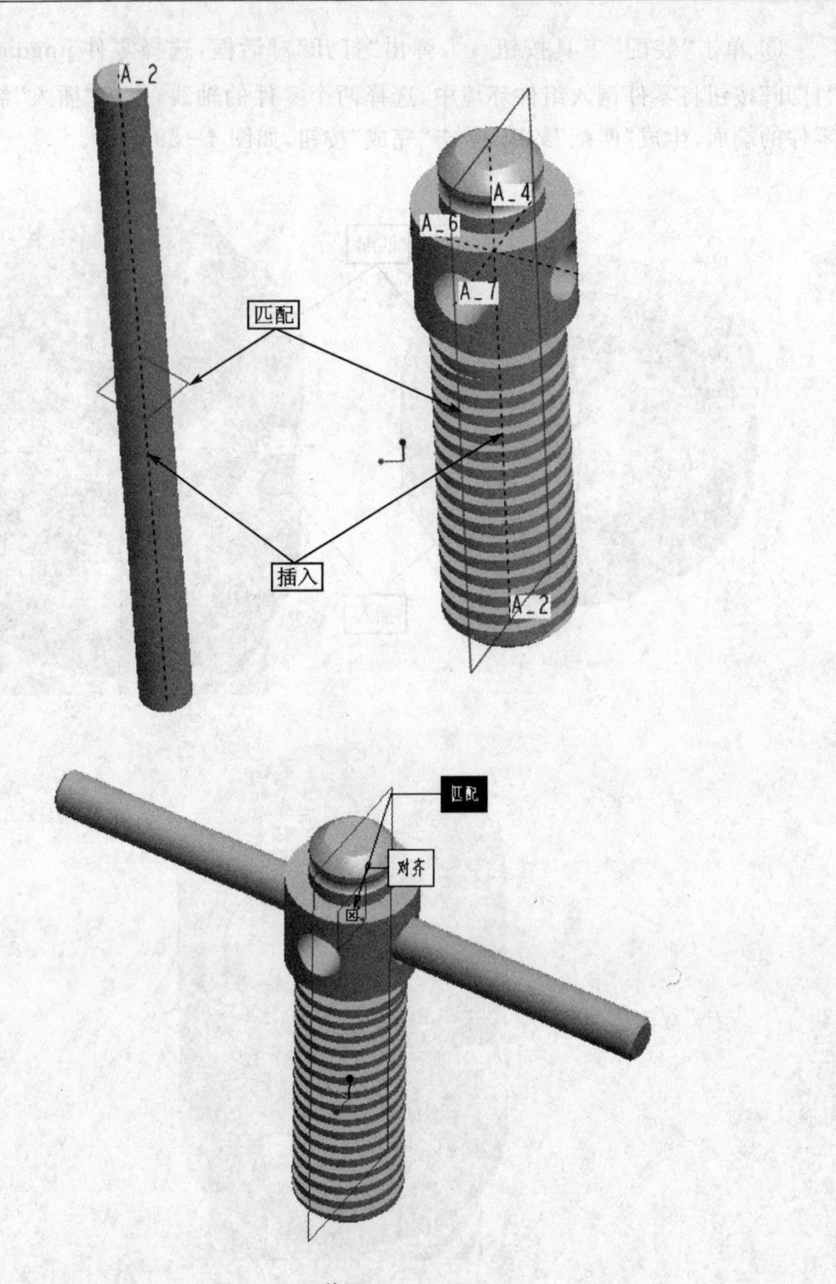

图 4-60　装配 jiaogang. prt

4.4.3　运动仿真

千斤顶运动仿真的步骤如下：

① 选择菜单“应用程序”|“机构”选项，进入机构仿真环境。

② 单击“伺服电机”工具按钮，弹出“伺服电动机定义”对话框，如图 4-61 所示，选择曲轴上的“圆柱”连接，选择“轮廓”选项卡，在“规范”选项区域的下拉列表中选择“速度”选项，在“模”选项区域的 A 文本框中输入 100，单击“确定”按钮。

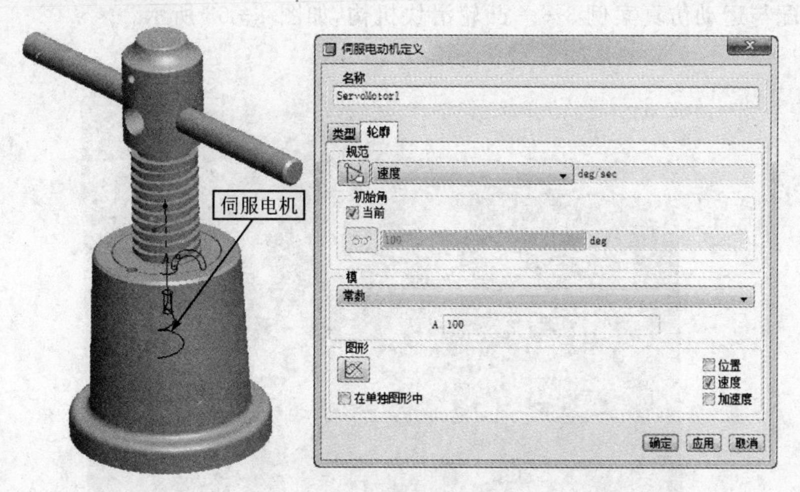

图 4-61　添加伺服电动机

③ 单击“机构分析”工具按钮，弹出“分析定义”对话框，在“终止时间”文本框中输入 20，单击“运行”按钮，如图 4-62 所示。

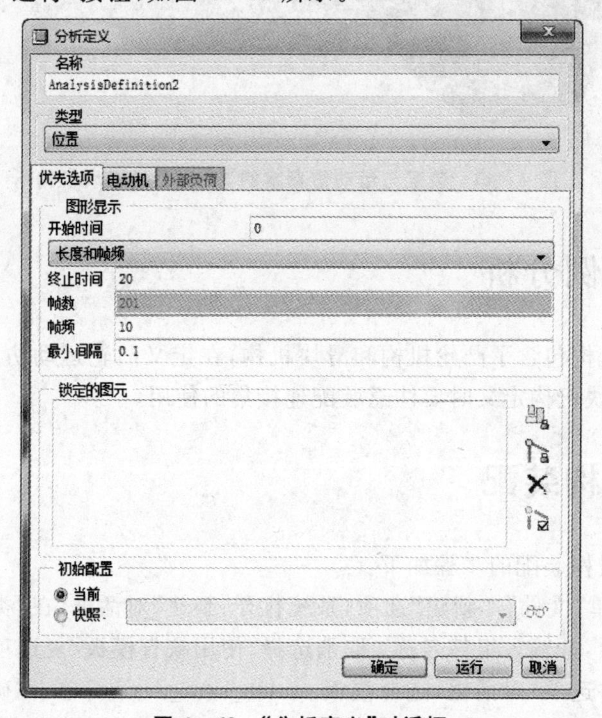

图 4-62　“分析定义”对话框

4.5 装配与运动仿真案例 3——凸轮滑块机构

装配与运动仿真案例 3——凸轮滑块机构，如图 4-63 所示。

图 4-63 装配与运动仿真案例 3——凸轮滑块机构

4.5.1 案例分析

凸轮滑块机构包含了凸轮机构和滑块机构，在定义凸轮运动仿真时要注意凸轮的连接方法，滑块机构定义时要注意装配连接集的使用。

4.5.2 机构装配

凸轮滑块机构装配的步骤如下：

① 选择菜单“文件”|“新建”选项，系统打开“新建”对话框，在“类型”选项区域选取“组件”单选项，并输入组件名称。取消选择“使用缺省模板”复选项，单击“确定”按钮，弹出“新文件选项”对话框，选择模板 mmns_asm_design，单击“确定”按钮进入组件装配环境。

② 单击“装配”工具按钮，弹出“打开”对话框，选择零件 base. prt，单击“打开”按钮将零件调入组件环境中，在“自动”约束列表中选择“缺省”约束。此约束将零件坐标系与组件环境中的默认坐标系对齐，单击“完成”按钮，如图 4-64 所示。

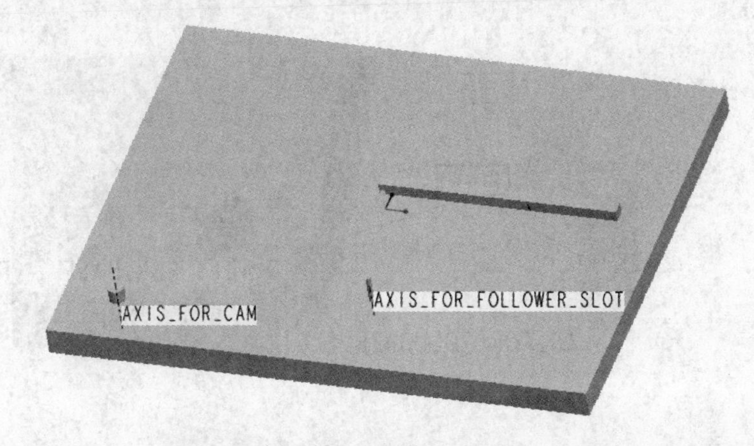

图 4-64　装配 base. prt

③ 单击“装配”工具按钮，弹出“打开”对话框，选择零件 cam_driver. prt，单击“打开”按钮将零件调入组件环境中，在“用户定义”连接列表中选择“销钉”连接，选择相应的轴以及对齐的平面，如图 4-65 所示。

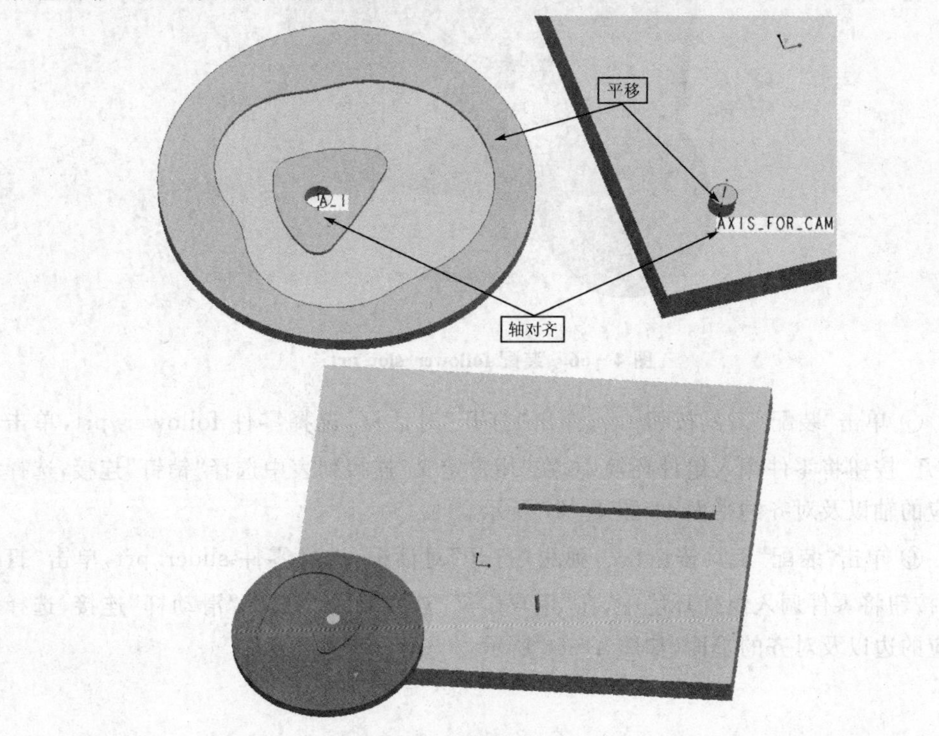

图 4-65　装配 cam_driver. prt

④ 单击“装配”工具按钮，弹出“打开”对话框，选择零件 follower_slot. prt，单击“打开”按钮将零件调入组件环境中，在“用户定义”连接列表中选择“销钉”连接，选择相应的轴以及对齐的平面，如图 4-66 所示。

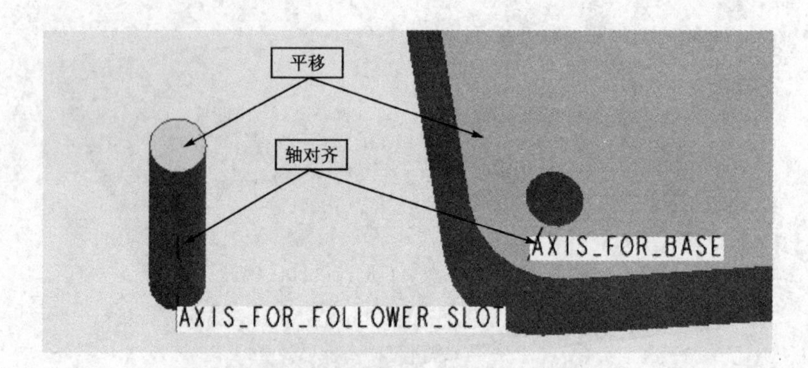

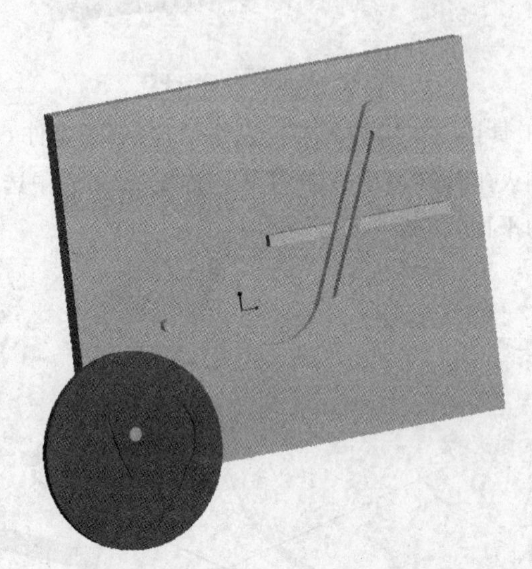

图 4-66 装配 follower_slot. prt

⑤ 单击“装配”工具按钮，弹出“打开”对话框，选择零件 follower. prt，单击“打开”按钮将零件调入组件环境中，在“用户定义”连接列表中选择“销钉”连接，选择相应的轴以及对齐的平面，如图 4-67 所示。

⑥ 单击“装配”工具按钮，弹出“打开”对话框，选择零件 slider. prt，单击“打开”按钮将零件调入组件环境中，在“用户定义”连接列表中选择“滑动杆”连接，选择相应的边以及对齐的平面，如图 4-68 所示。

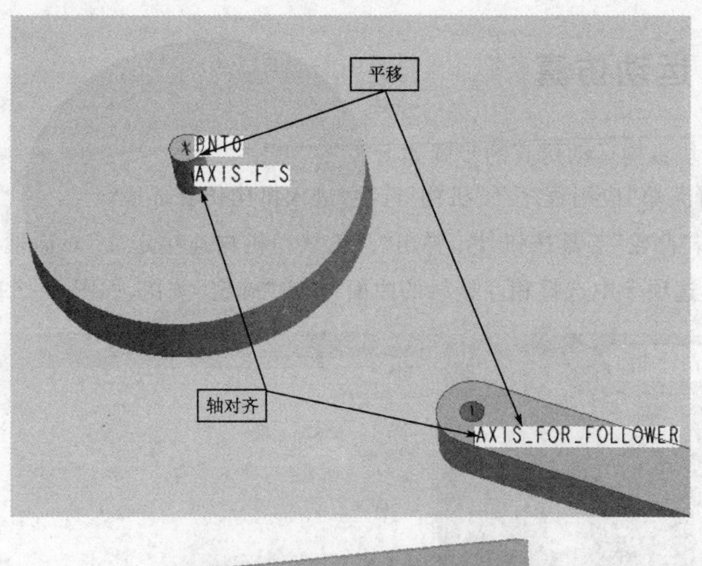

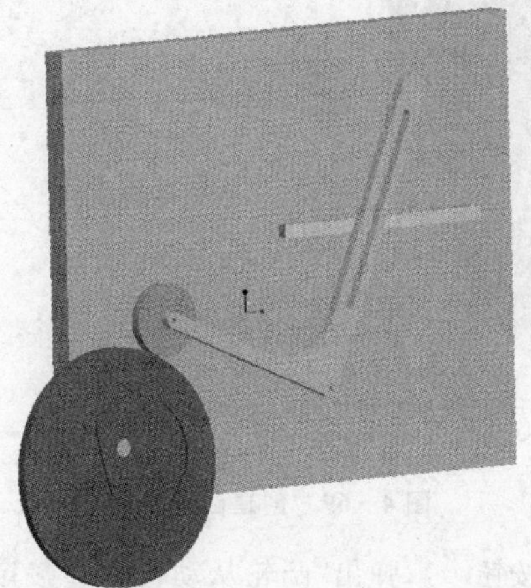

图 4－67　装配 follower. prt

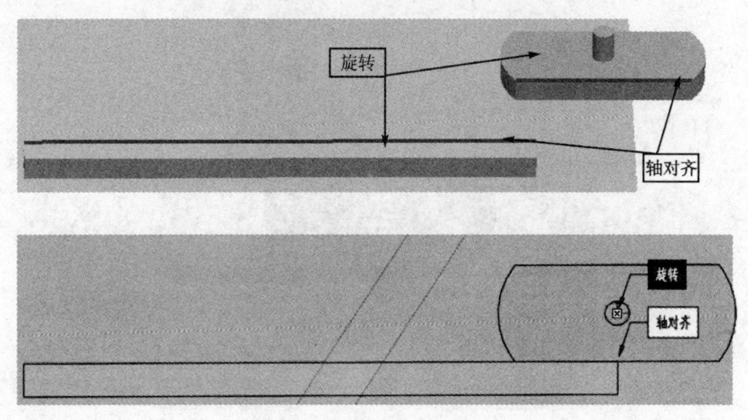

图 4－68　装配 slider. prt

4.5.3 运动仿真

凸轮滑块机构运动仿真的步骤如下：

① 选择菜单“应用程序”|“机构”选项，进入机构仿真环境。

② 单击“凸轮”工具按钮，弹出“凸轮从动机构连接定义”对话框，在“凸轮 1”和“凸轮 2”选项卡中选择相互接触的曲面，单击“确定”按钮，如图 4－69 所示。

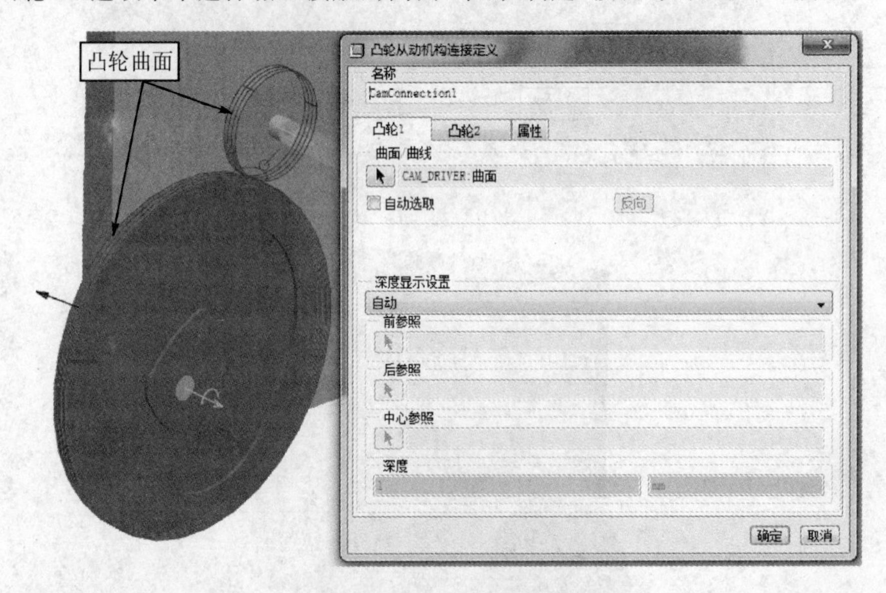

图 4－69　创建凸轮连接

③ 单击“凸轮”工具按钮，弹出“凸轮从动机构连接定义”对话框，在“凸轮 1”和“凸轮 2”选项卡中选择相互接触的曲面，单击“确定”按钮，如图 4－70 所示。

图 4－70　创建凸轮连接

④ 单击“弹簧”工具按钮，按住 Ctrl 键选择两点，在控制面板中的 K 文本框中输入 0.05，在 U 字形文本框中输入 30，单击“完成”按钮，如图 4－71 所示。

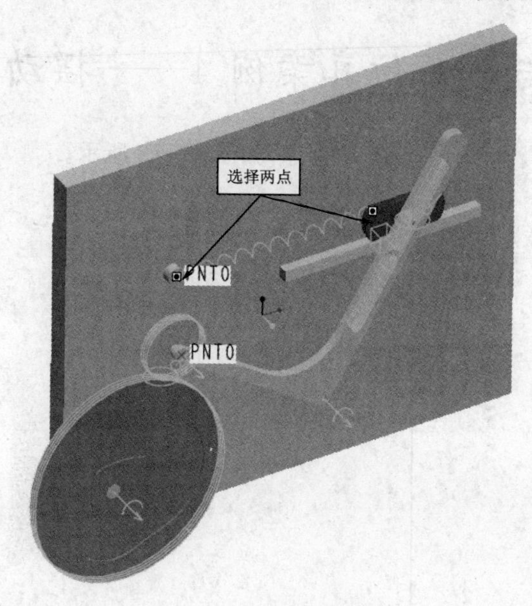

图 4－71　创建弹簧

⑤ 单击“伺服电动机”工具按钮，弹出“伺服电动机定义”对话框，如图 4－72 所示，选择曲轴上的“圆柱”连接，选择“轮廓”选项卡，在“规范”选项区域的下拉列表中选择“速度”选项，在“模”选项区域的 A 文本框中输入 100，单击“确定”按钮。

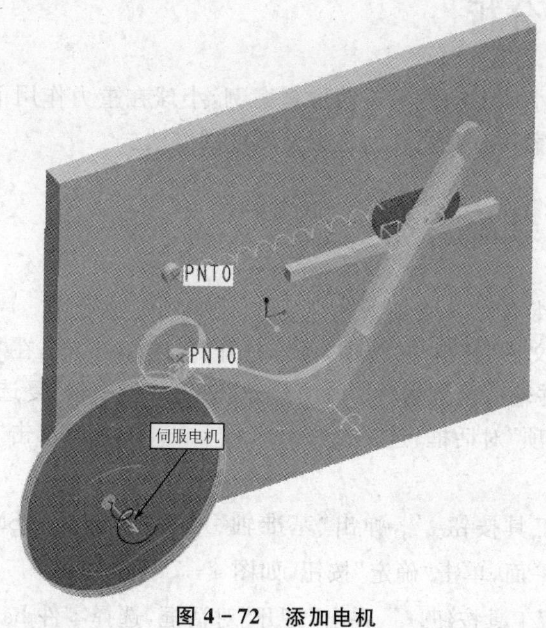

图 4－72　添加电机

⑥ 单击“机构分析”工具按钮，弹出“分析定义”对话框，在“终止时间”文本框中输入 20，单击“运行”按钮。

4.6 装配与运动仿真案例 4——摆动小球

装配与运动仿真案例 4——摆动小球，如图 4-73 所示。

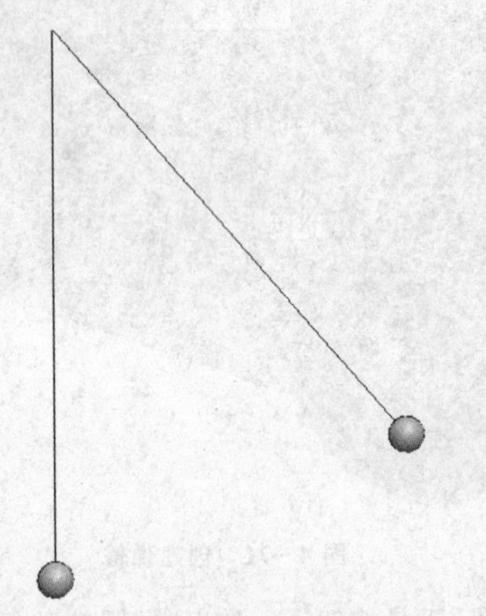

图 4-73 装配与运动仿真案例 4——摆动小球

4.6.1 案例分析

这是一个摆动小球的动力学运动仿真案例，小球在重力作用下反复摆动并发生弹性碰撞。学习该案例时要注意创建重力环境的方法。

4.6.2 机构装配

摆动小球机构装配的步骤如下：

① 选择菜单“文件”|“新建”选项，系统打开“新建”对话框，在“类型”选项区域选取“组件”单选项，并输入组件名称。取消选择“使用缺省模板”复选项，单击“确定”按钮，弹出“新文件选项”对话框，选择模板 mmns_asm_design，单击“确定”按钮进入组件装配环境。

② 单击“轴”工具按钮，弹出“基准轴”对话框，选择 ASM_TOP 和 ASM_RIGHT 两个基准平面，单击“确定”按钮，如图 4-74 所示。

③ 单击“装配”工具按钮，弹出“打开”对话框，选择零件 ball.prt，单击“打开”

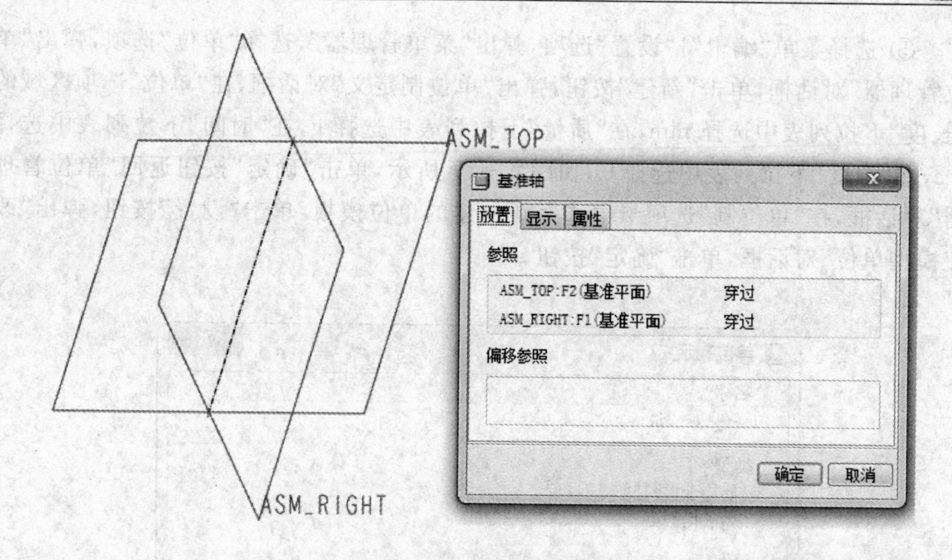

图 4-74　创建基准轴

按钮将零件调入组件环境中，在“用户定义”连接列表中选择“销钉”连接，选择相应的轴以及对齐的平面，如图 4-75 所示。

④ 选择上一步装配的 ball. prt，选择菜单“编辑”|“重复”选项，弹出“重复元件”对话框，单击“可变组件参照”选项区域的“轴对齐”选项，单击“添加”按钮，选择步骤②中创建的轴，单击“确定”按钮。单击“拖动元件”工具按钮，单击零件，移动光标在适当位置单击，如图 4-76 所示。

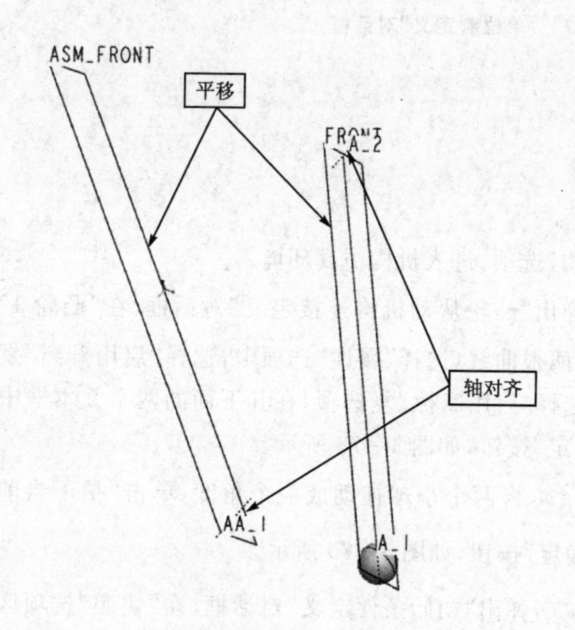

图 4-75　装配 ball. prt

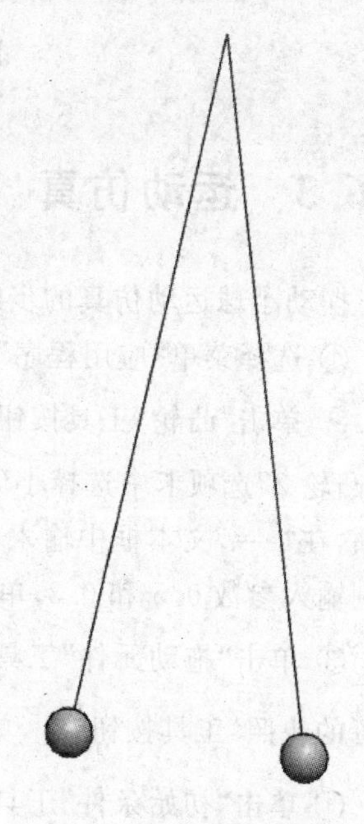

图 4-76　重复装配 ball. prt

⑤ 选择菜单“编辑”|“设置”选项，弹出“菜单管理器”，选择“单位”选项，弹出“单位管理器”对话框，单击“新建”按钮，弹出“单位制定义”对话框，在“单位”选项区域的“长度”下拉列表中选择 mm，在“质量”下拉列表中选择 g，在“时间”下拉列表中选择 sec，在“温度”下拉列表中选择 C，如图 4－77 所示，单击“确定”按钮返回“单位管理器”对话框，在“单位制”选项卡中选择新创建的单位模板，单击“设置”按钮，弹出“改变模型单位”对话框，单击“确定”按钮。

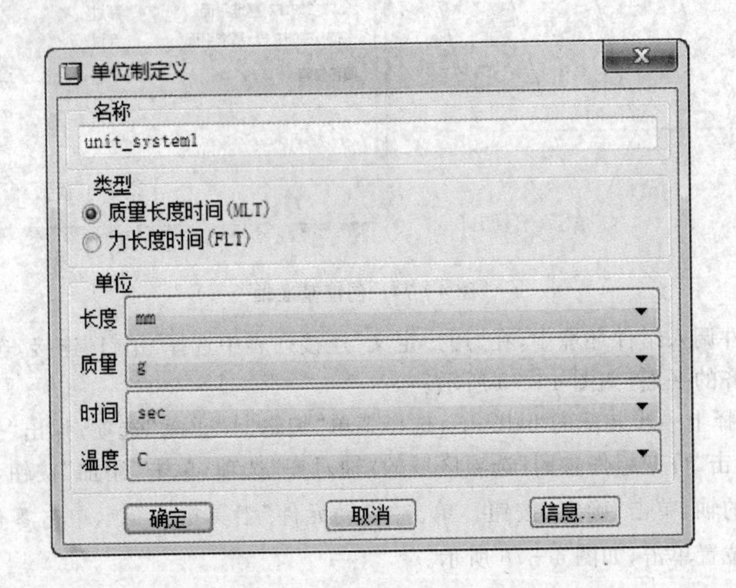

图 4－77 “单位制定义”对话框

4.6.3 运动仿真

摆动小球运动仿真的步骤如下：

① 选择菜单“应用程序”|“机构”选项，进入机构仿真环境。

② 单击“凸轮”工具按钮，弹出“凸轮从动机构连接定义”对话框，在“凸轮 1”和“凸轮 2”选项卡中选择小球上的两根曲线，选择“属性”选项卡，选择“启用升离”复选项，在“e=”文本框中输入 0.9，选择“启用摩擦”复选项，在其下面的两个文本框中分别输入参数 0.5 和 0.3，单击“确定”按钮，如图 4－78 所示。

③ 单击“拖动元件”工具按钮，将两个小球拖动成一个角度，单击“拍下当前配置的快照”工具按钮，单击“确定”按钮，如图 4－79 所示。

④ 单击“初始条件”工具按钮，弹出“初始条件定义”对话框，在“快照”选项区域的下拉列表中选择上一步创建的快照，单击“确定”按钮，如图 4－80 所示。

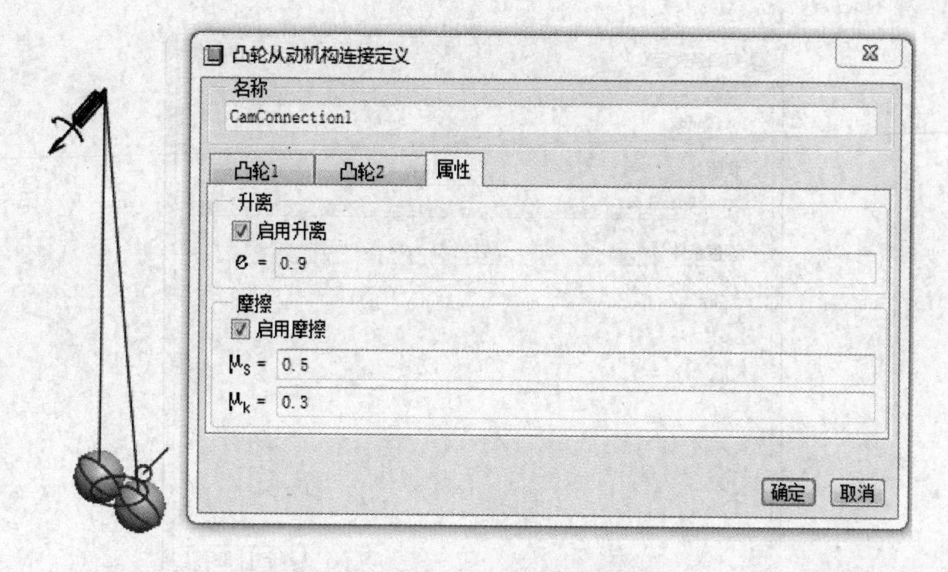

图 4－78　添加“凸轮”连接

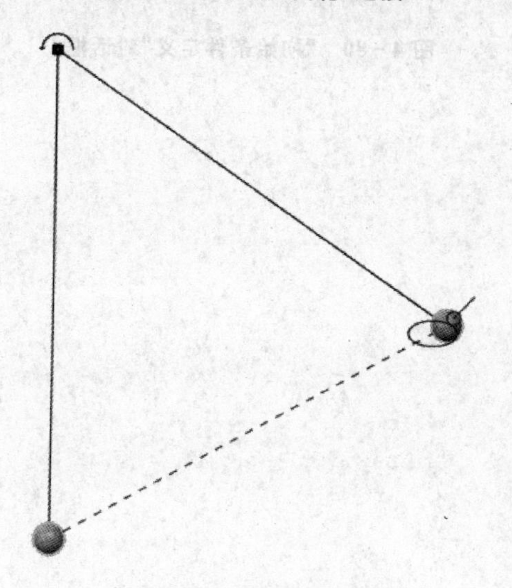

图 4－79　拖动零件

⑤ 单击“阻尼器”工具按钮，在控制面板中单击“阻尼器旋转运动”工具按钮，选择“销钉”连接，在 C 文本框中输入 100000，单击“完成”按钮，使用同样的方法创建另一个。

⑥ 单击“机构分析”工具按钮，弹出“分析定义”对话框，在“类型”下拉列表中选择“动态”选项，在“终止时间”文本框中输入 20，选择“外部负荷”选项卡，选择“启用重力”、“启动摩擦力”选项，单击“运行”按钮。

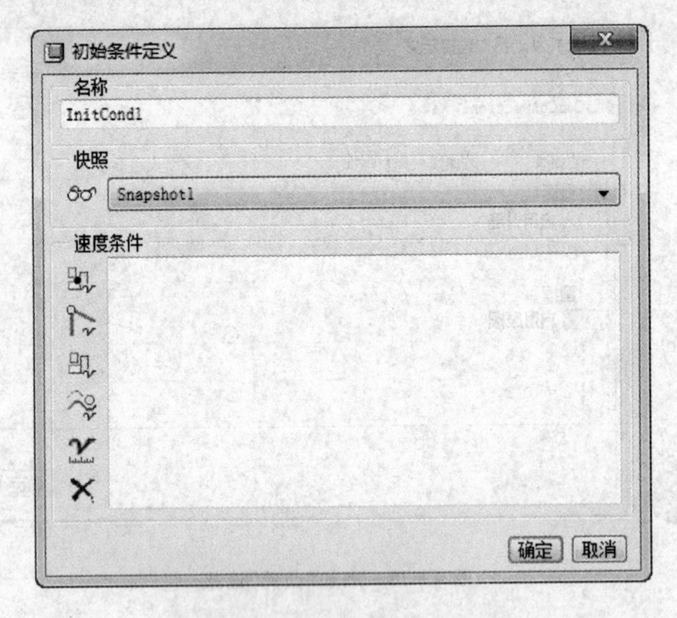

图 4-80 “初始条件定义”对话框

第5章　曲面设计

对于绝大多数机械类零件来说，使用实体设计命令即可方便地建立模型。但是，对于形状复杂的产品模型，如手机外壳、鼠标外壳、玩具外形等，很难通过实体直接实现造型。为了解决此类问题，Pro/E 软件提供了强大而灵活的曲面功能。

本章知识要点：

※ 基本曲面特征和高级曲面特征的创建方法；

※ 曲面编辑命令的使用方法；

※ 实体和曲面综合运用的方法。

Pro/E 软件的建模环境是实体-曲面混合式的，并且在命令组织上采用高度集中方法，因此曲面命令的分布较为凌乱。

曲面命令包括曲线曲面命令、曲线曲面编辑命令和曲面实体化命令等三类，如表 5-1 所列。另外，软件提供了专门的造型曲面构建环境，提供更为灵活自由的曲面造型方法。

表 5-1　曲面命令及其说明

命令类型		命　令	分布菜单
常规曲线曲面建模	曲线	曲线、草绘曲线	“插入”|“模型基准”
	与实体集成	拉伸、旋转、混合、扫描、变截面扫描、螺旋扫描	“插入”
	专用曲面	填充曲面、边界混合	“插入”
造型		造型曲面、造型曲线	“插入”
曲线曲面编辑		投影、相交、延伸、偏移、合并、修剪	“编辑”
曲面实体化		加厚、曲面实体化	“编辑”

5.1　曲面设计案例 1——足球

曲面设计案例 1——足球，如图 5-1 所示。

图 5-1 曲面设计案例 1——足球

5.1.1 案例分析

足球是一个简单的曲面设计案例，使用的都是一般的曲面命令，需要先搭建线架，再创建曲面。本案例中要重点了解的命令包括“相交”、“偏移”、“边界混合”、“合并”。足球的设计流程如图 5-2 所示。

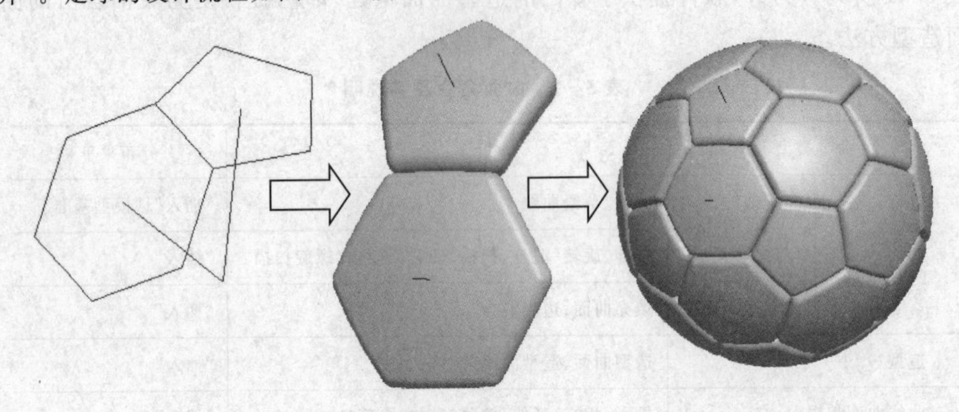

图 5-2 设计流程

5.1.2 知识点介绍：相交、边界混合、合并

本案例中要重点了解的命令包括“相交”、“边界混合”、“合并”。

1. 相 交

选择菜单“编辑”|“相交”选项，启动“相交”命令。该命令在默认状态下并未激活，只有选择适当的图元后才会被激活。在本案例中选择两个相交的曲面后，再执行

该命令，则创建一条交线。这是该命令的一个功能，即创建曲面的交线，效果如图5-3所示。

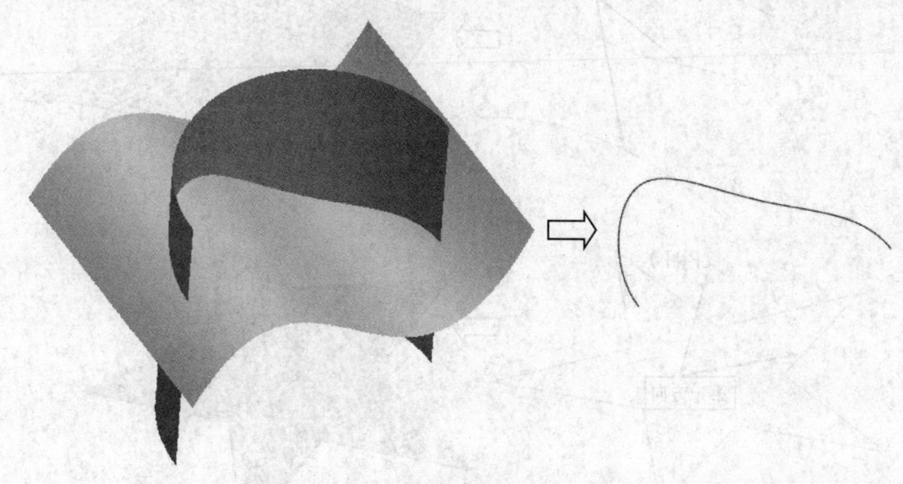

图5-3　创建相交曲面的交线

“相交”命令除了创建曲面交线外，还有一个比较特殊的功能，将在后面的曲面设计案例3——汤勺中继续讲解。

2. 边界混合1

利用“边界混合”工具，可在参照实体(它们在一个或两个方向上定义曲面)之间创建边界混合的特征。在每个方向上选定的第一个和最后一个图元定义曲面的边界。添加更多的参照图元(如控制点和边界条件)能使用户更完整地定义曲面形状，如图5-4所示。

选取参照图元的规则如下：

① 曲线、边、基准点、曲线或边的端点可作为参照图元使用。

② 在每个方向上，都必须按连续的顺序选择参照图元。不过可对参照图元进行重新排序。

③ 对于在两个方向上定义的混合曲面来说，其外部边界必须形成一个封闭的环。这意味着外部边界必须相交。若边界未终止于相交点，则Pro/E将自动修剪这些边界，并使用有效部分。

④ 为混合而选的曲线不能包含相同的图元数。

⑤ 边界不能只在第二方向上定义。对于在一个方向上混合的边界，确保使用“第一方向”选项。

3. 合　并

“合并”功能可以将两个曲面合并，产生一个曲面组。选取两个曲面片，单击“合

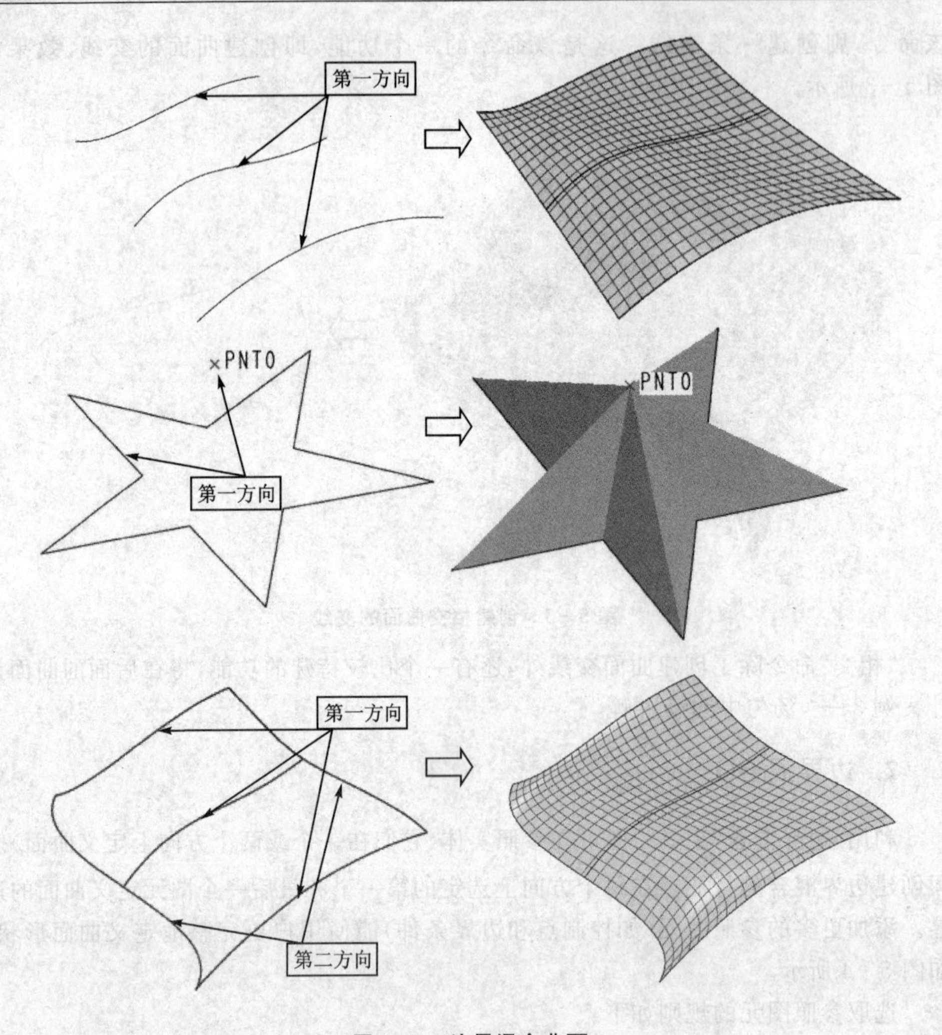

图 5-4 边界混合曲面

并”工具按钮 ，选择合并曲面的方向，单击“合并”特征操控板中的 按钮或单击鼠标中键，即产生新的曲面，如图 5-5 所示。

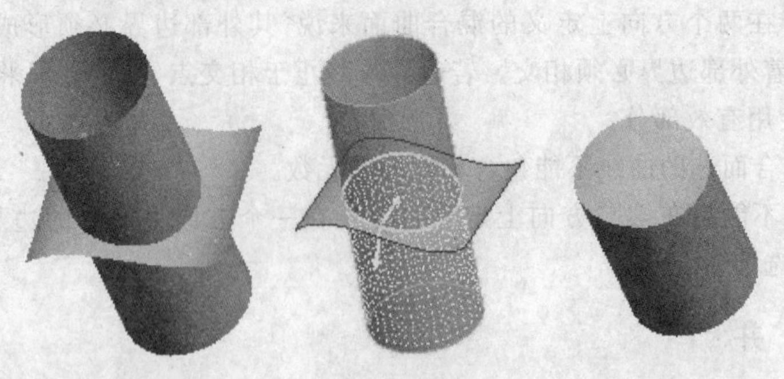

图 5-5 曲面合并

5.1.3　设计步骤

足球的设计步骤如下：

① 单击“草绘”工具按钮，选择 TOP 平面为草绘平面，绘制如图 5-6 所示的草图。

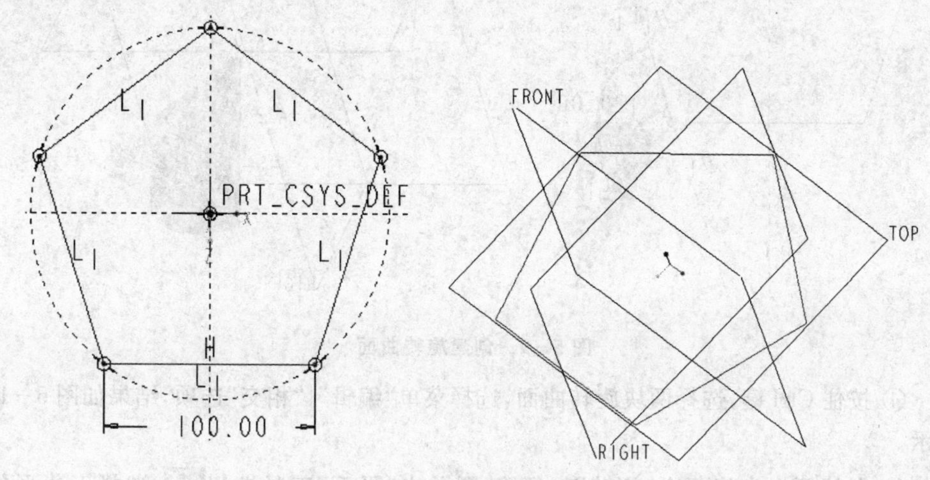

图 5-6　绘制草图

② 单击“旋转”工具按钮，在控制面板中单击“曲面”工具按钮，选择 TOP 平面为草绘平面，绘制如图 5-7 所示的草图，在控制面板中的文本框中输入旋转角度－90，单击“完成”按钮，如图 5-8 所示。

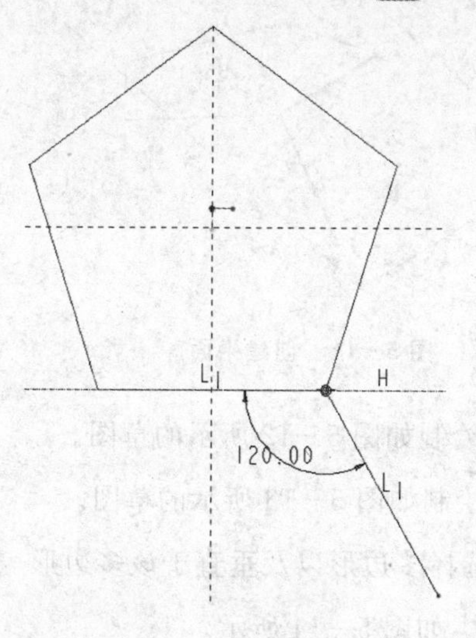

图 5-7　绘制草图

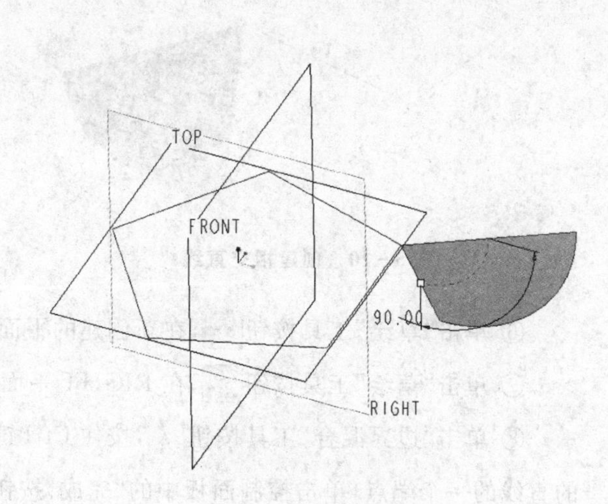

图 5-8　创建旋转曲面

③ 使用同样的方法绘制另一块旋转曲面，如图 5－9 所示。

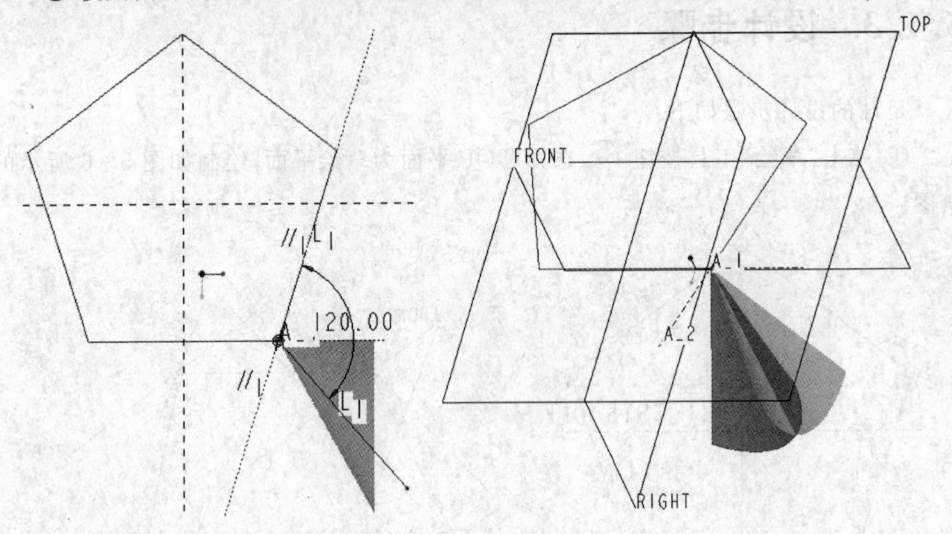

图 5－9　创建旋转曲面

④ 按住 Ctrl 键，选择两块旋转曲面，选择菜单“编辑”|“相交”选项，结果如图 5－10 所示。

⑤ 在特征树中将两个“旋转”特征隐藏，单击“平面”工具按钮，选择五边形的一条边以及相交直线创建平面，如图 5－11 所示。

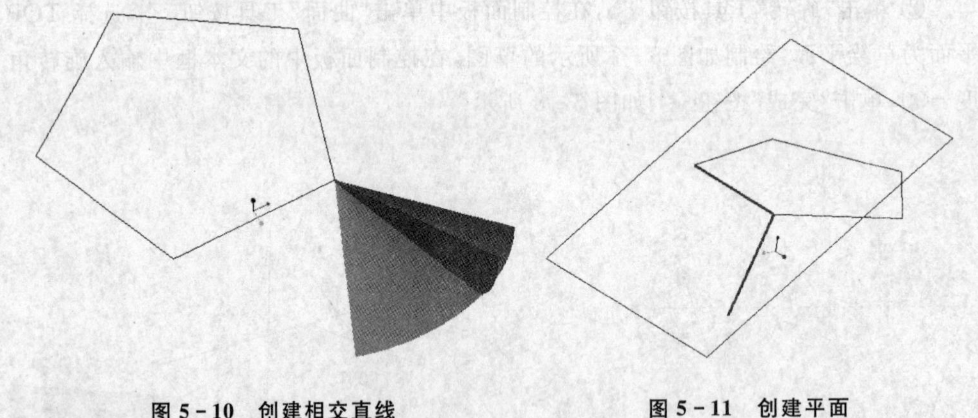

图 5－10　创建相交直线　　　　图 5－11　创建平面

⑥ 单击“草绘”工具按钮，在新创建的平面上绘制如图 5－12 所示的草图。

⑦ 单击“草绘”工具按钮，在 RIGHT 平面上绘制如图 5－13 所示的草图。

⑧ 单击“边界混合”工具按钮，按住 Ctrl 键，选择多边形以及垂直于该多边形的直线的一个端点，单击控制面板中的“完成”按钮，如图 5－14 所示。

⑨ 使用同样的方法绘制另一个边界混合曲面，如图 5－15 所示。

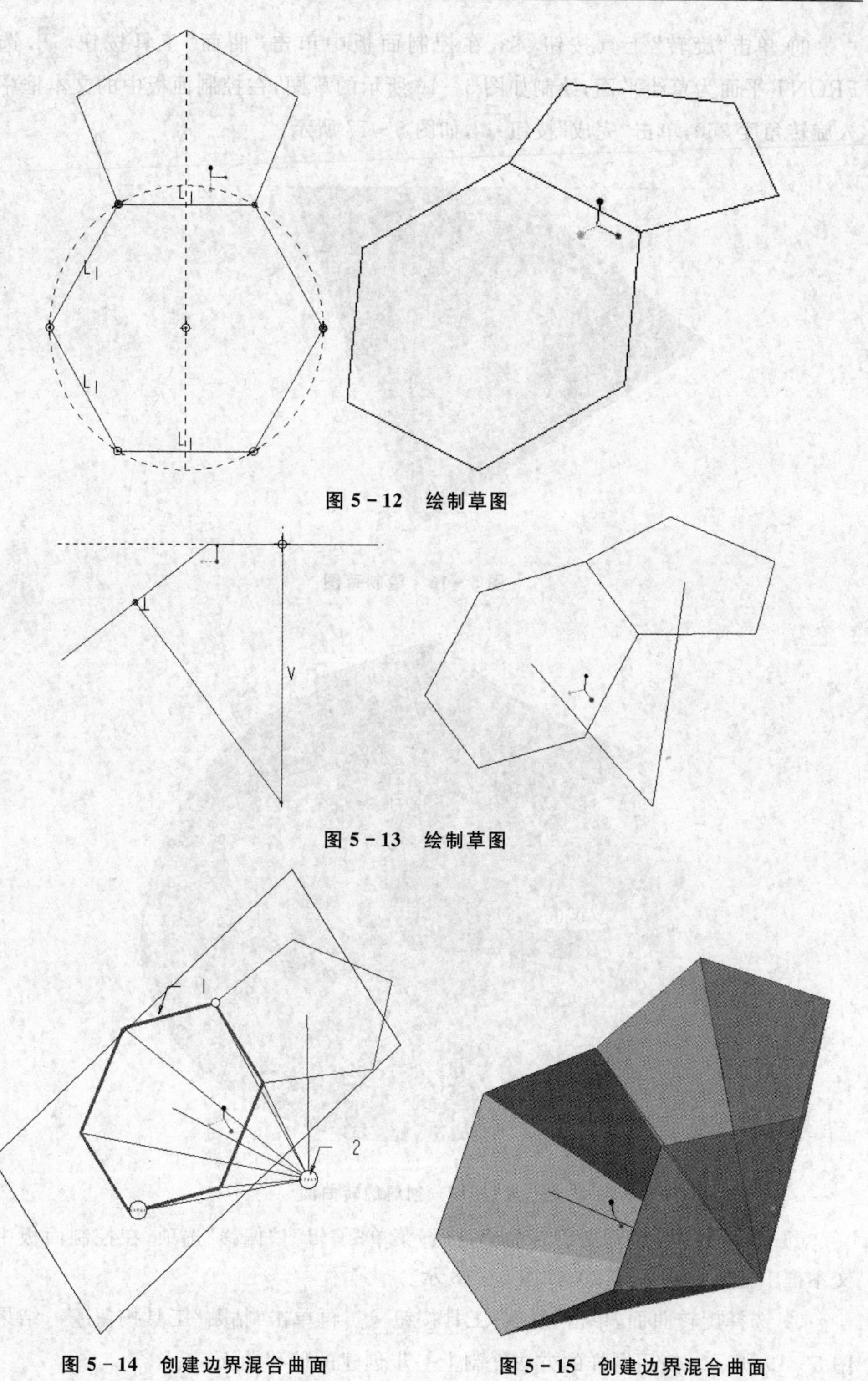

图 5－12　绘制草图

图 5－13　绘制草图

图 5－14　创建边界混合曲面

图 5－15　创建边界混合曲面

⑩ 单击“旋转”工具按钮，在控制面板中单击“曲面”工具按钮，选择FRONT平面为草绘平面，绘制如图5-16所示的草图，在控制面板中的文本框中输入旋转角度360，单击“完成”按钮，如图5-17所示。

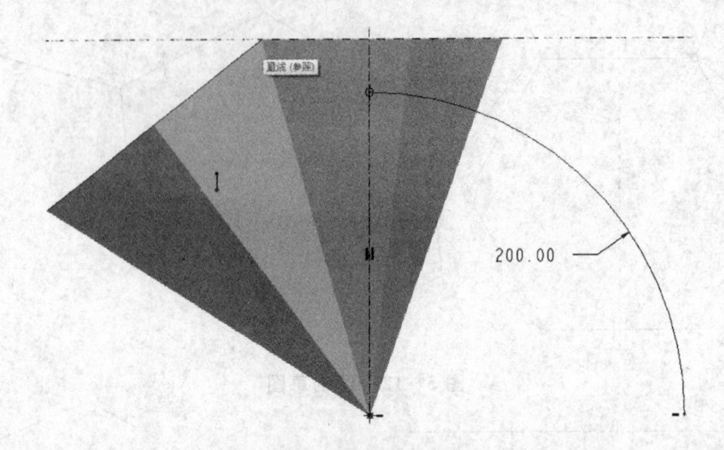

图5-16 绘制草图

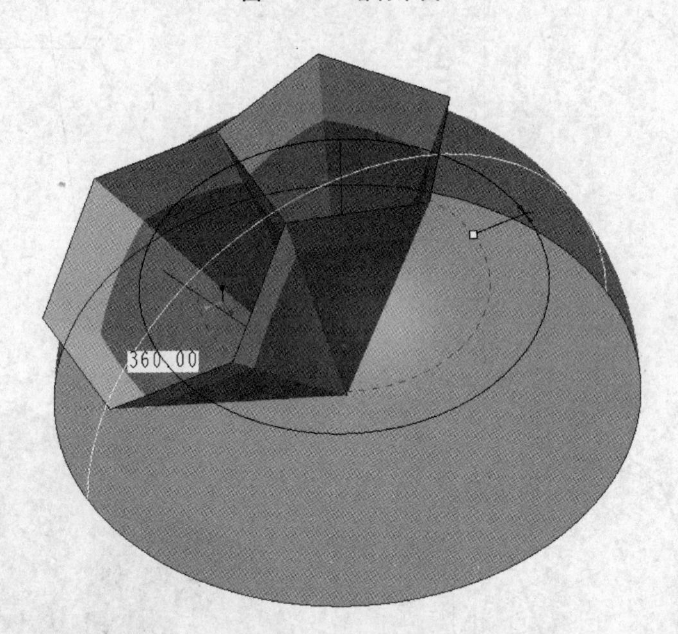

图5-17 创建旋转曲面

⑪ 选择上一步创建的旋转曲面，选择菜单“编辑”|“偏移”选项，在控制面板中的文本框中输入偏移距离20，如图5-18示。

⑫ 选择旋转曲面，单击“复制”工具按钮，再单击“粘贴”工具按钮，结果如图5-19所示。使用同样的方法复制上一步创建的偏移曲面。

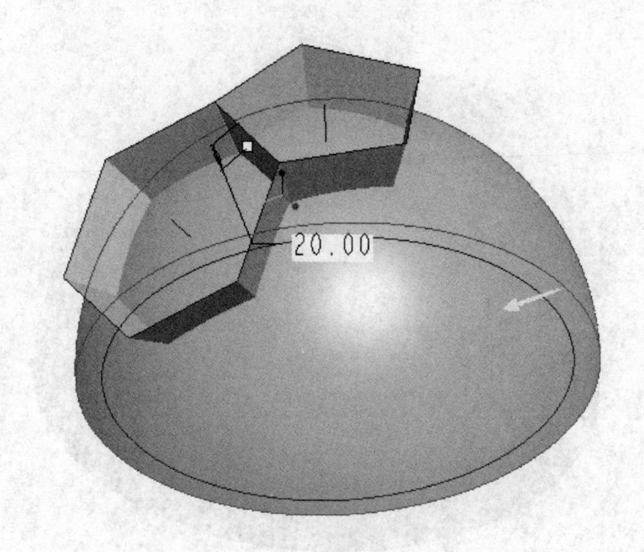

图 5－18　创建偏移曲面

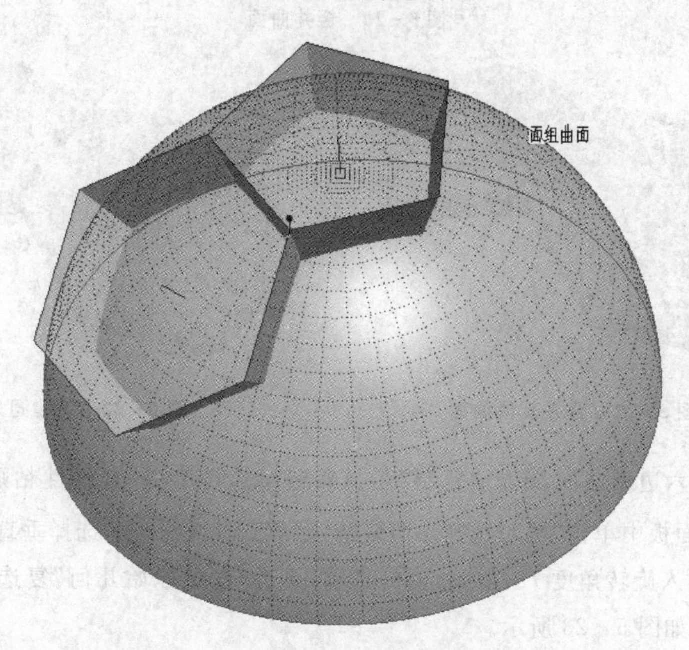

图 5－19　复制曲面

⑬ 按住 Ctrl 键，选择创建的边界混合曲面和半球面，单击“合并”工具按钮 ，合并曲面，如图 5－20 所示。

⑭ 使用同样的方法合并其他曲面，结果如图 5－21 所示。

⑮ 单击“圆角”工具按钮 ，选择曲面的边线，创建半径为 10 的圆角，如图 5－22 所示。

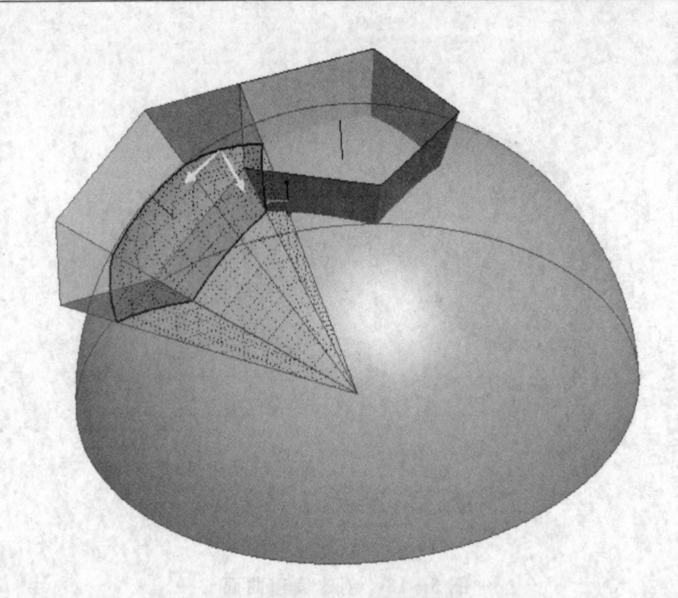

图 5-20　合并曲面

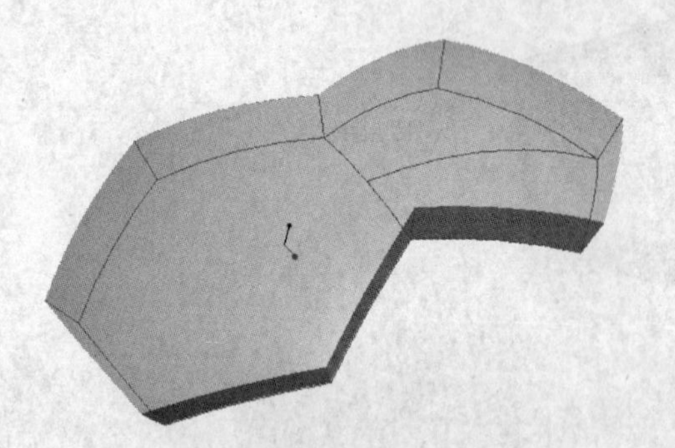

图 5-21　合并其他曲面

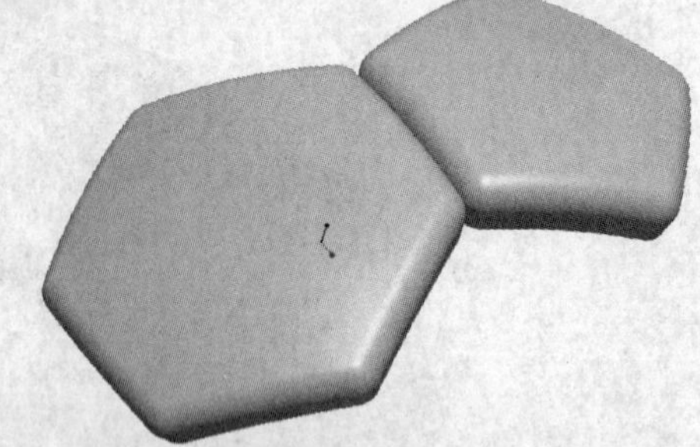

图 5-22　创建圆角

⑯ 选择六边形曲面，单击“复制”工具按钮，再单击“选择性粘贴”工具按钮，在控制面板中单击“相对选择参照旋转特征”工具按钮，选择垂直于五边形的草绘直线，输入旋转角度 72，取消选择“选项”下的“隐藏原始几何”复选项，单击“完成”按钮，如图 5-23 所示。

⑰ 在特征树中选择上一步创建的特征，单击“阵列”工具按钮，使用“轴”阵列，复制曲面，个数为 4，角度为 72，如图 5-24 所示。

⑱ 选择五边形曲面，单击“复制”工具按钮，再单击“选择性粘贴”工具按钮，在控制面板中单击“相对选择参照旋转特征”工具按钮，选择垂直于六边形的草绘直线，输入旋转角度 120，取消选择“选项”下的“隐藏原始几何”复选项，单击“完成”按钮，如图 5-25 所示。

⑲ 使用“阵列”命令阵列复制上一步创建的曲面，如图 5－26 所示。

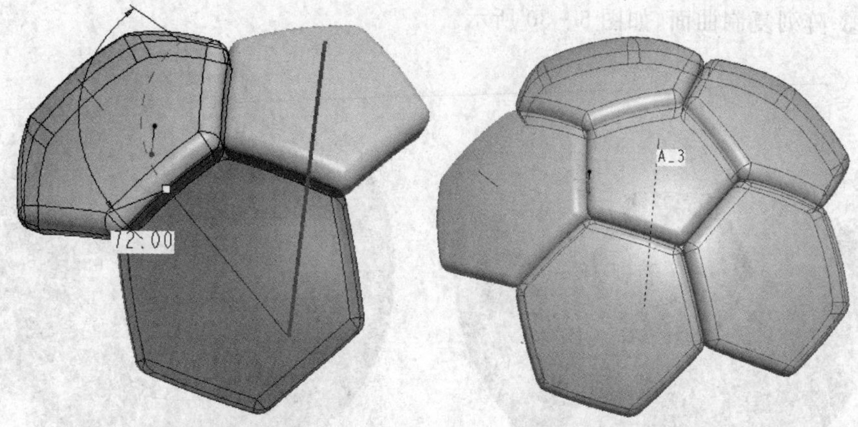

图 5－23 创建选择性粘贴曲面　　　　图 5－24 阵列复制曲面

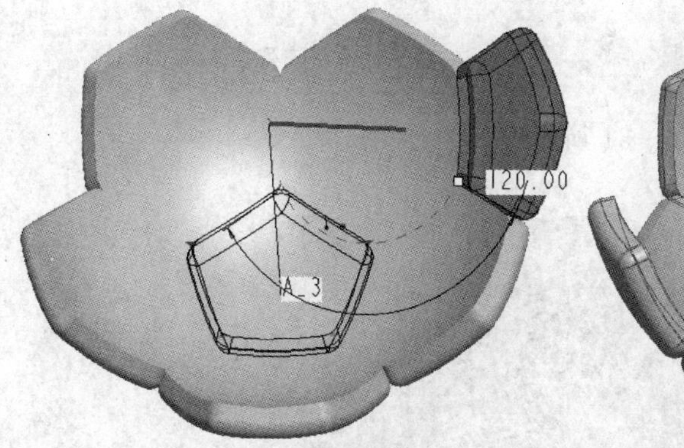

图 5－25 创建旋转曲面

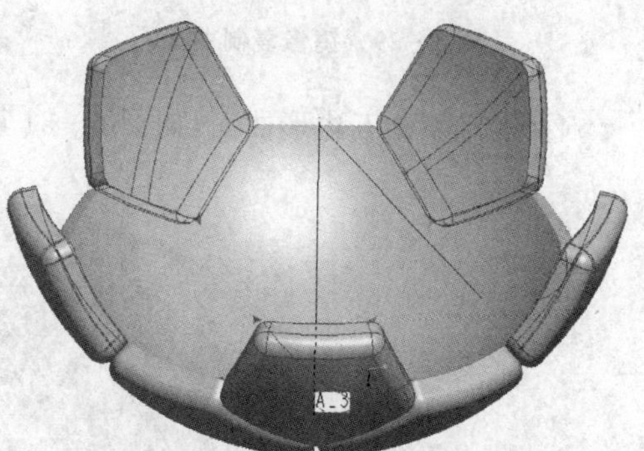

图 5－26 阵列复制曲面

⑳ 镜像复制六边形面，如图 5－27 所示。

㉑ 阵列复制曲面，如图 5－28 所示。

图 5－27 镜像复制曲面

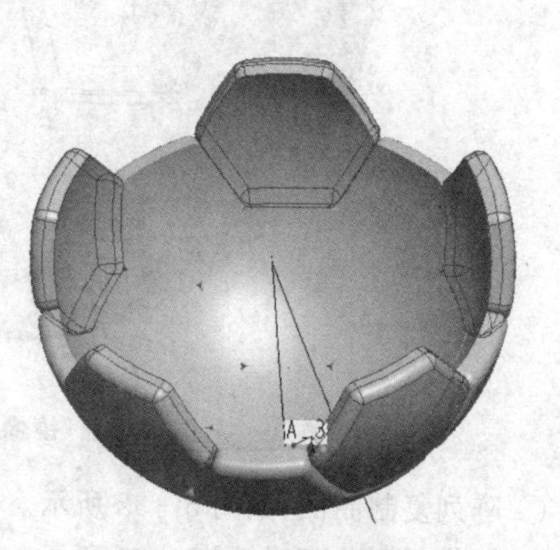

图 5－28 阵列复制曲面

㉒ 镜像复制曲面,如图 5 - 29 所示。

㉓ 阵列复制曲面,如图 5 - 30 所示。

图 5 - 29 镜像复制曲面

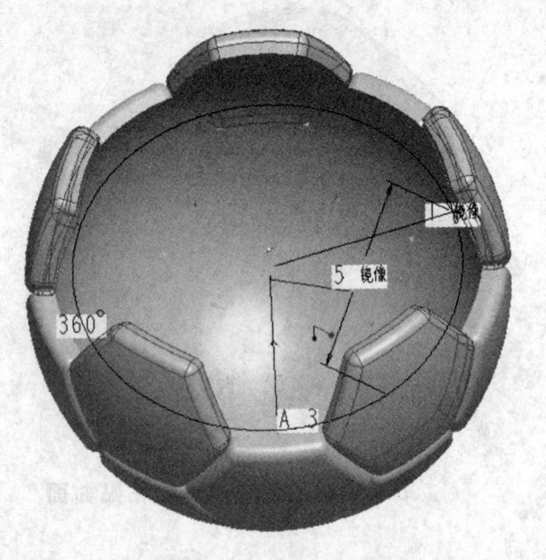

图 5 - 30 阵列复制曲面

㉔ 镜像复制五边形曲面,如图 5 - 31 所示。

图 5 - 31 镜像复制五边形曲面

㉕ 阵列复制曲面,如图 5 - 32 所示。

㉖ 镜像复制曲面,如图 5 - 33 所示。

图 5-32　阵列复制曲面

图 5-33　镜像复制曲面

㉗ 阵列复制曲面，如图 5 - 34 所示。

㉘ 镜像复制曲面，如图 5 - 35 所示。

图 5 - 34 阵列复制曲面

图 5 - 35 镜像复制曲面

5.2 曲面设计案例 2——反光镜

曲面设计案例 2——反光镜，如图 5 - 36 所示。

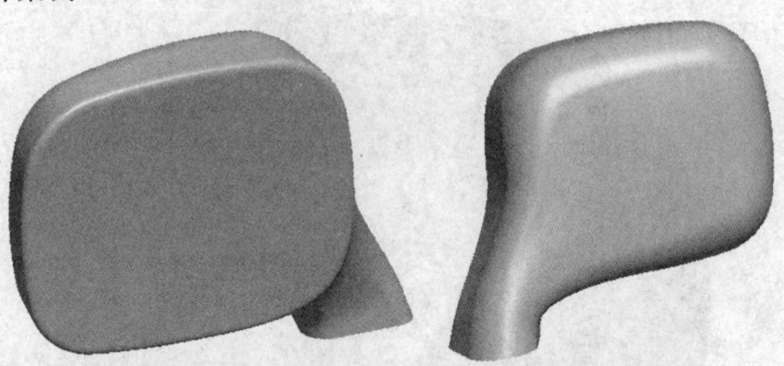

图 5 - 36 曲面设计案例 2——反光镜

5.2.1 案例分析

反光镜案例是一个曲面与实体相结合的设计案例，操作步骤比较多，但是使用的命令都比较简单。学习本案例的过程中要了解曲面连续性的概念，要知道如何创建具有连续性的曲面。本案例中要重点了解的命令包括“曲线”、“边界混合”、“投影”、“实体化”。反光镜的设计流程如图 5 - 37 所示。

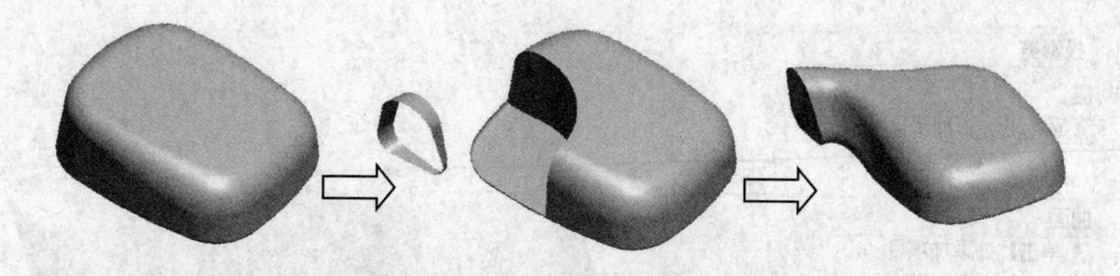

图 5 - 37　设计流程

5.2.2　知识点介绍:投影、边界混合、实体化

本案例中要重点了解的命令包括“投影”、“边界混合”、“实体化”。

1. 投　影

若要在指定的曲面上创建基准曲线,且该曲线完全位于指定的曲面上,则可通过投影曲线的方式来完成。

单击主菜单中“编辑”|“投影”选项,出现如图 5 - 38 所示的投影特征操控板。

图 5 - 38　投影特征操控板

“曲面”:显示选取的投影面。

“方向”:根据需要选取确定投影方向的方式,有“沿方向”和“法向于曲面”两种方式。

“沿方向”:沿着指定的方向,如平面的法向、直线、轴线等方向。

“法向于曲面”:法向于投影面方向。

:单击该工具按钮,可切换投影方向,单击“参照”按钮,出现如图 5 - 39 所示的操控面板。

“投影链”:选取要投影的曲线或边。

“投影草绘”:草绘要投影的曲线,如图 5 - 40 所示。

2. 边界混合 2

在“边界混合”操控板中,选择“约束”选项卡,“边界”列中列出所有曲面边界。从“条件”下拉列表中选取下列边界条件:

➢ 自由:沿边界没有设置相切条件。

➢ 相切:混合曲面沿边界与参照曲面相切。

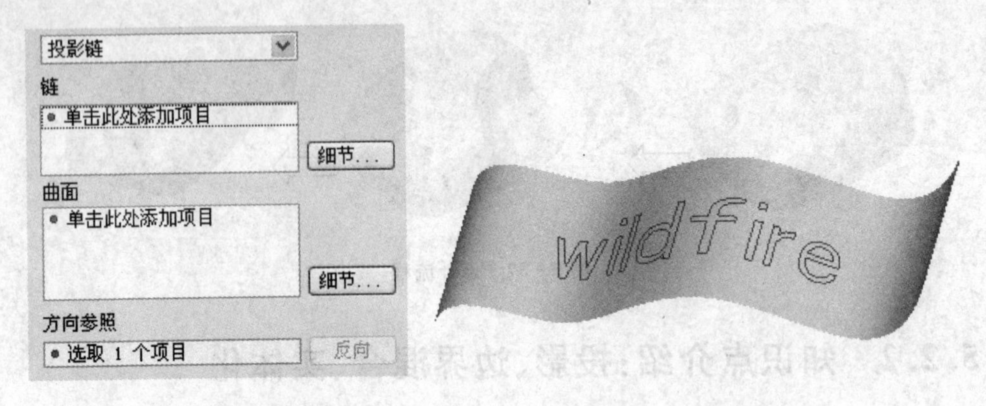

图 5-39 参照特征操控板　　　　**图 5-40 投影草绘**

➢ 曲率㊂:混合曲面沿边界具有曲率连续性。

➢ 垂直㊀:混合曲面与参照曲面或基准平面垂直。

注意: 对"自由"之外的条件,选取参照曲面。选取边界会在曲面列表中显示边界条件所参照的曲面。

3. 实体化

"编辑"菜单中的"实体化"命令可以将封闭的曲面转换成实体,也可以使用曲面切割实体。操作比较简单,选择曲面,激活命令,选择方式即可,如图 5-41 所示。

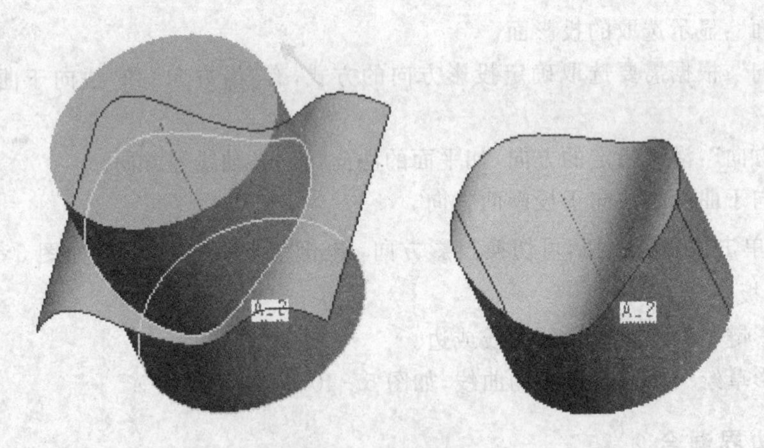

图 5-41 实体化

5.2.3 设计步骤

反光镜的设计步骤如下:

① 单击“草绘”工具按钮，在 TOP 平面上绘制如图 5-42 所示的草图。

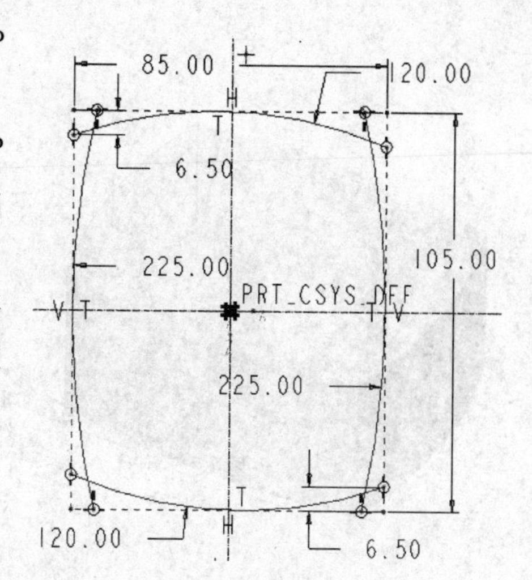

图 5-42　绘制草图

② 单击“拉伸”工具按钮，选择 TOP 平面为草绘平面，拉伸高度为 45，草图如图 5-43 所示。

③ 单击“拔模”工具按钮，选择实体两个侧面为拔模曲面，选择 TOP 平面为拔模枢轴，拔模角度为 8，如图 5-44 所示。

④ 创建第二个角度为 3 的“拔模”特征，如图 5-45 所示。

⑤ 单击“圆角”工具按钮，创建半径分别为 23、24、25 的圆角，如图 5-46 所示。

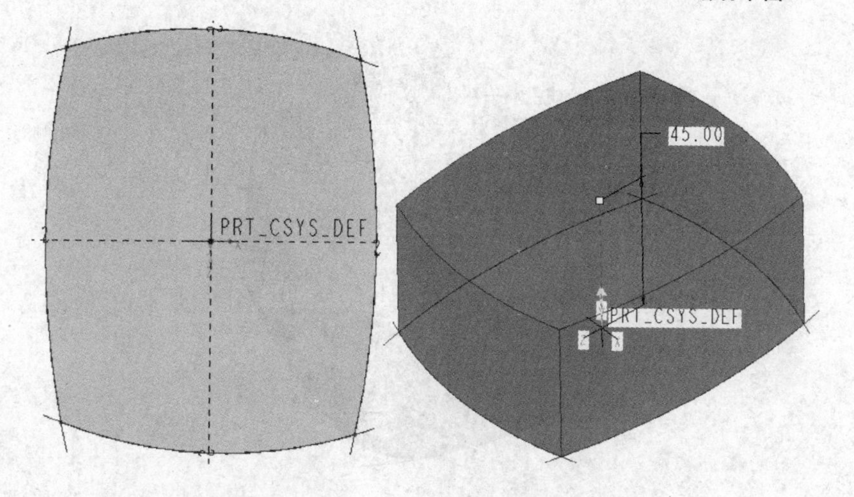

图 5-43　创建“拉伸”特征

⑥ 单击“草绘”工具按钮，在 RIGHT 平面上绘制如图 5-47 所示的草图。

⑦ 单击“草绘”工具按钮，在 FRONT 平面上绘制如图 5-48 所示的草图。

⑧ 选择菜单“工具”|“选项”菜单项，弹出“选项”对话框，在“选项”文本框中输入 allow_anatomic_features，在“值”选择框中选择 Yes，单击“添加/更改”按钮，最后单击“确定”按钮。

⑨ 选择菜单“插入”|“高级”|“剖面圆顶”选项，弹出“菜单管理器”，单击“完成”按钮。选择实体的顶面，如图 5-49 所示，分别选择 RIGHT、FRONT 为草绘平面，单击草绘模块中的“使用”工具按钮，直接使用步骤⑥和步骤⑦绘制的图元，结果如图 5-50 所示。

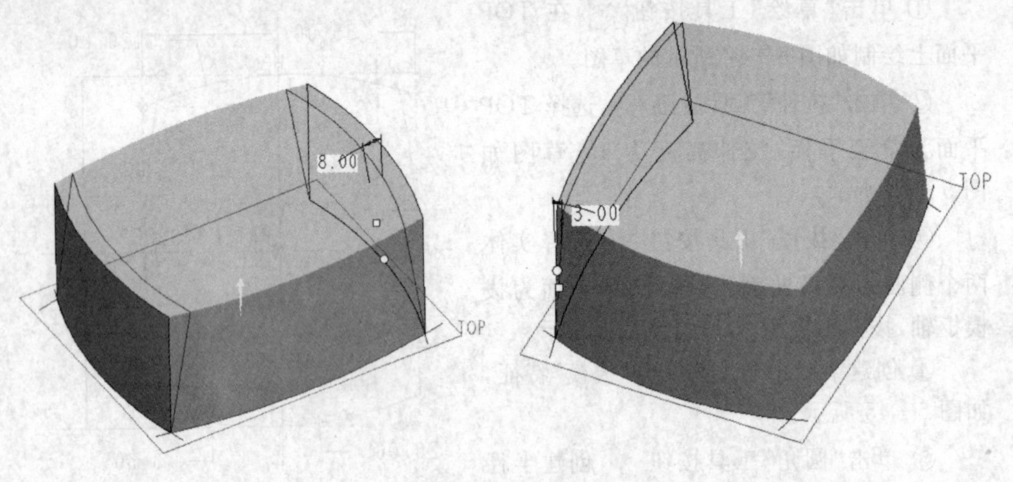

图 5-44　创建"拔模"特征　　图 5-45　拔模特征

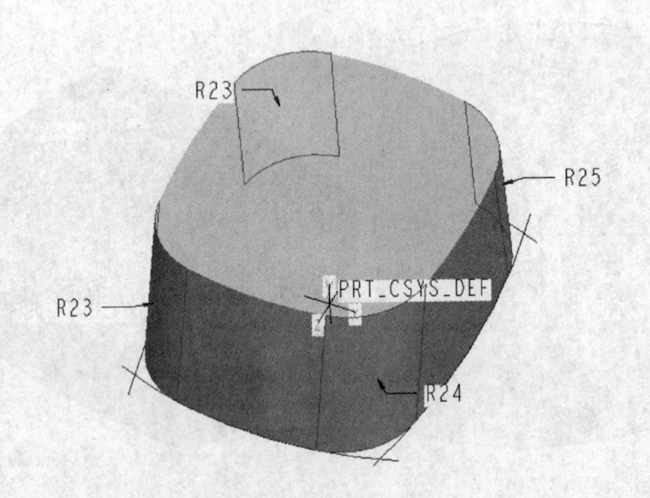

图 5-46　创建"圆角"特征

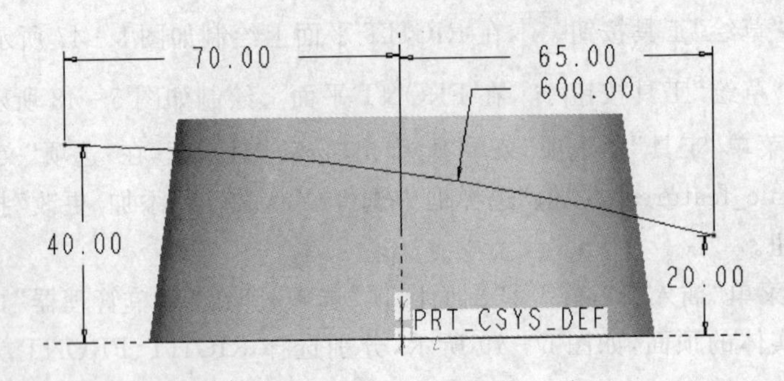

图 5-47　绘制草图

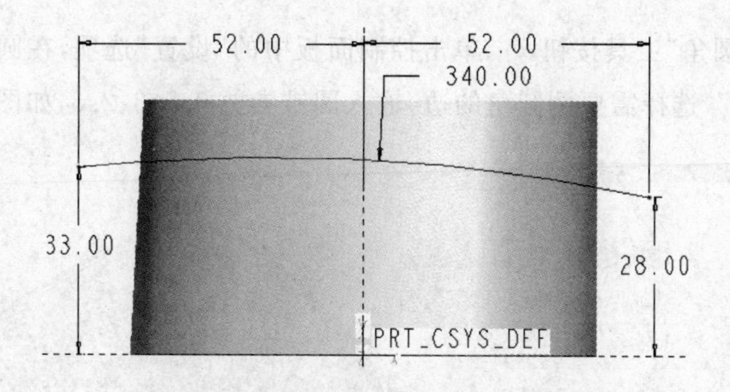

图 5-48　绘制草图

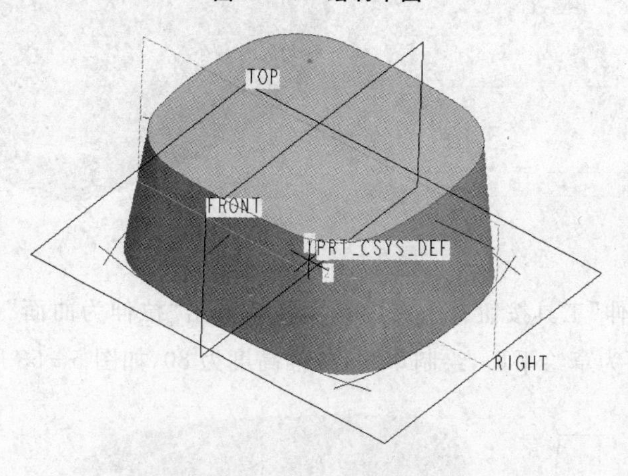

图 5-49　选择顶面

⑩ 单击"圆角"工具按钮，选择需要倒圆角的边，单击控制面板中的"设置"选项，在半径区域右击，在弹出的快捷菜单中选择"添加半径"选项，拖动绘图区域新添加的半径，如图 5-51 所示。

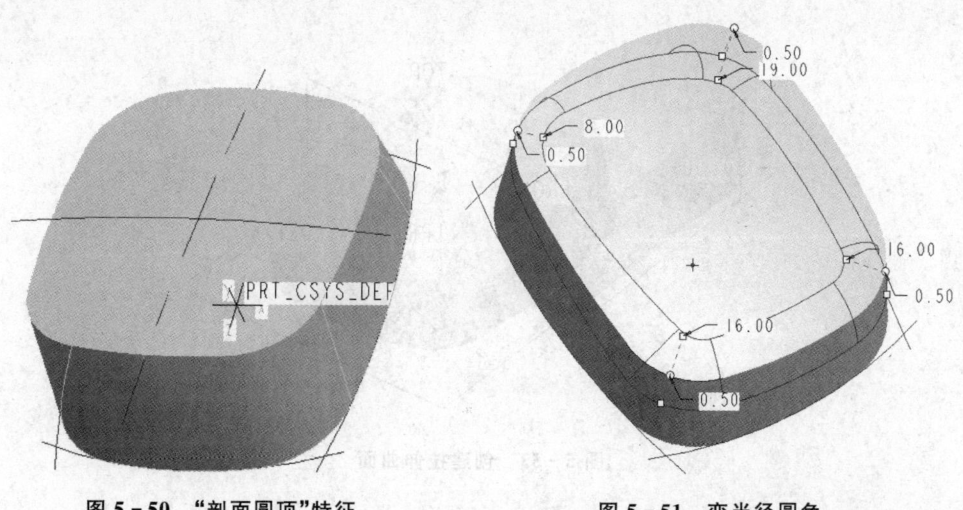

图 5-50　"剖面圆顶"特征

图 5-51　变半径圆角

⑪ 单击“圆角”工具按钮，单击控制面板中的“设置”选项，在圆角类型中选择“D1×D2 圆锥”，选择需要倒圆角的边，输入圆锥参数 0.5、3、2.3，如图 5-52 所示。

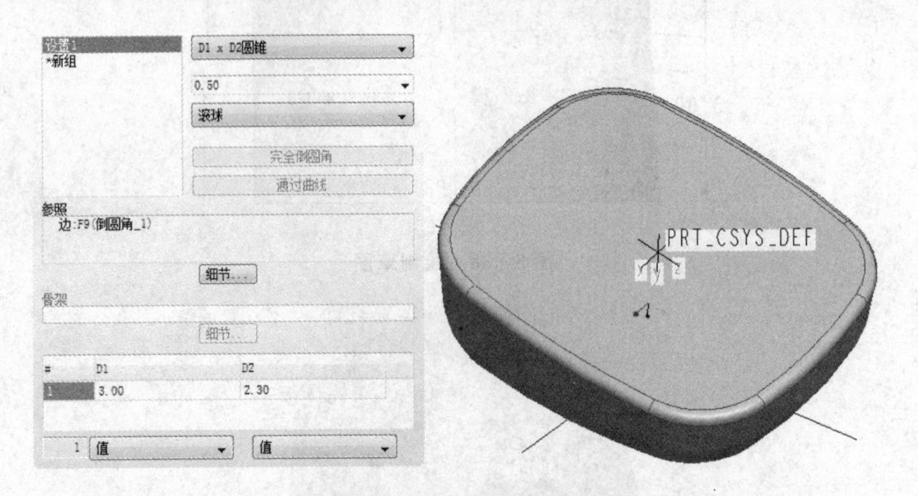

图 5-52 圆锥倒角

⑫ 单击“拉伸”工具按钮，在控制面板中单击“拉伸为曲面”工具按钮，选择 FRONT 平面为草绘平面，绘制草图，拉伸高度为 80，如图 5-53 所示。

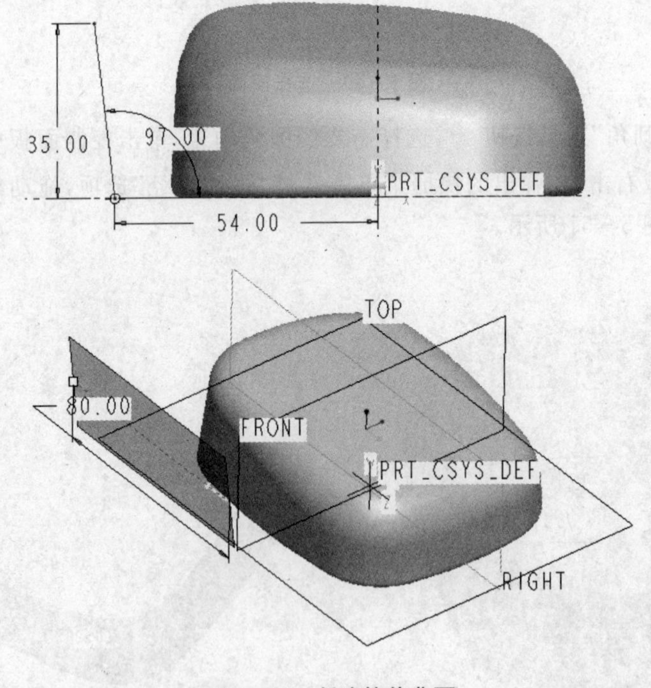

图 5-53 创建拉伸曲面

⑬ 选择菜单“插入”|“混合”|“曲面”选项，弹出“菜单管理器”，单击“完成”按钮，进入下一级菜单，单击”完成”按钮，选择上一步创建的曲面为草绘平面，绘制第一个截面，如图 5－54 所示，绘制完第一个截面后在绘图区域右击，在弹出的快捷菜单中选择“下一个截面”选项，绘制如图 5－55 所示的第二个截面，绘制完成后，单击“完成”按钮 ✓ 退出草绘环境。在“菜单管理器”中单击“完成”按钮，输入截面距离 15，最后在“曲面:混合，平行，规则截面”对话框中单击“确定”按钮，结果如图 5－56 所示。

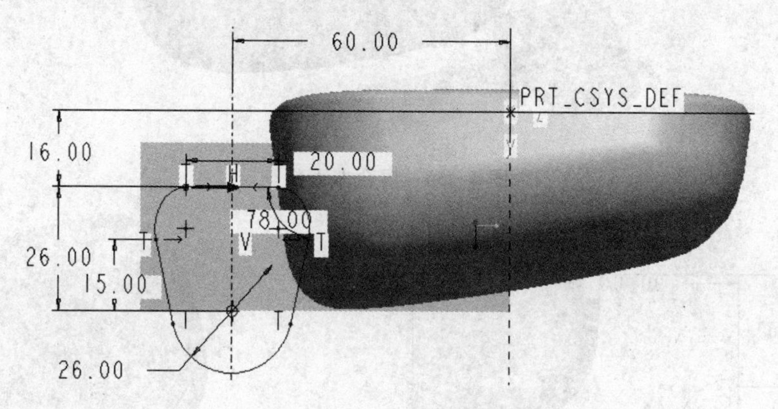

图 5－54　第一个截面

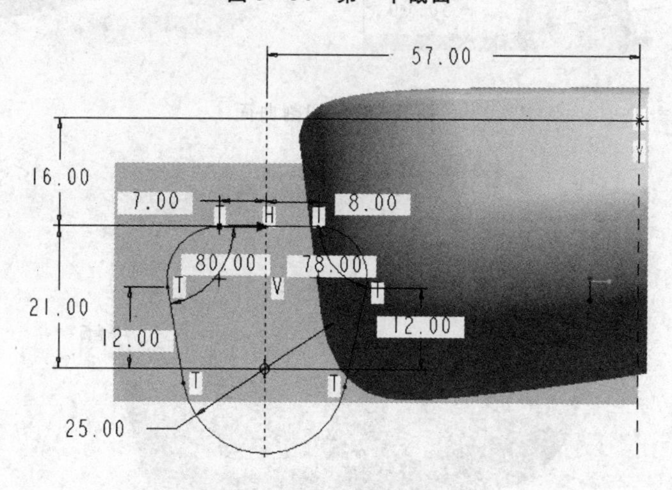

图 5－55　第二个截面

⑭ 单击“拉伸”工具按钮，在控制面板中单击“拉伸为曲面”工具按钮和“去除材料”工具按钮，选择上一步创建的曲面，绘制草图切割曲面，如图 5－57 所示。

⑮ 选择曲面，单击“复制”工具按钮，再单击“粘贴”工具按钮，如图 5－58 所示。

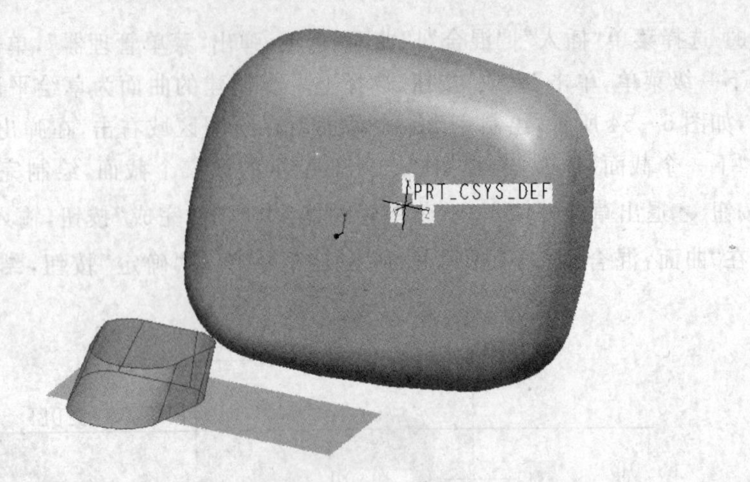

图 5－56　混合曲面特征

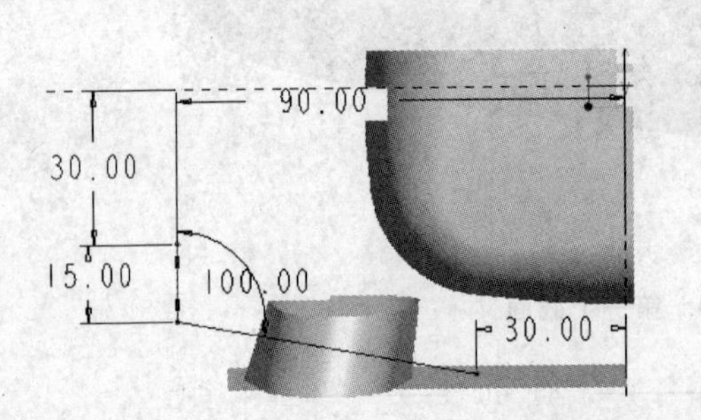

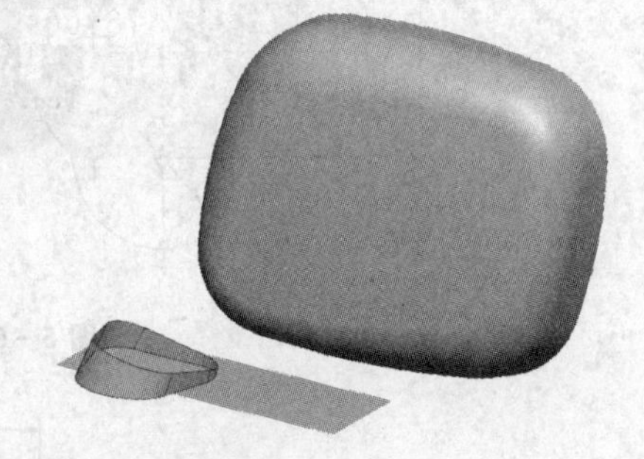

图 5－57　切割曲面

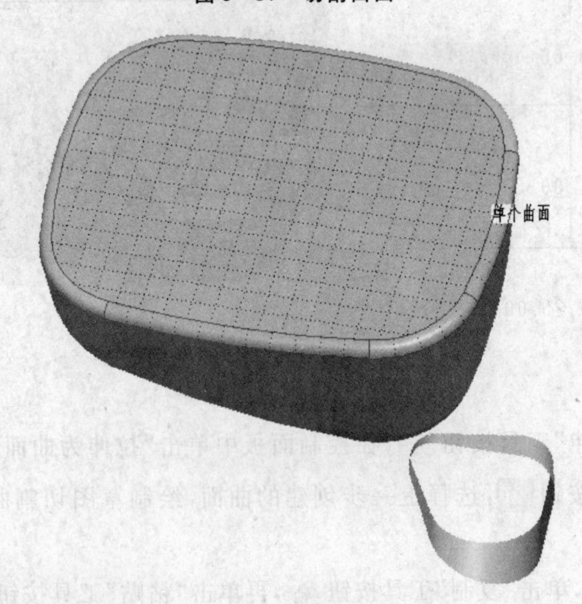

图 5－58　复制曲面

⑯ 单击“拉伸”工具按钮，在控制面板中单击“去除材料”工具按钮，绘制草图切割实体，如图 5－59 所示。

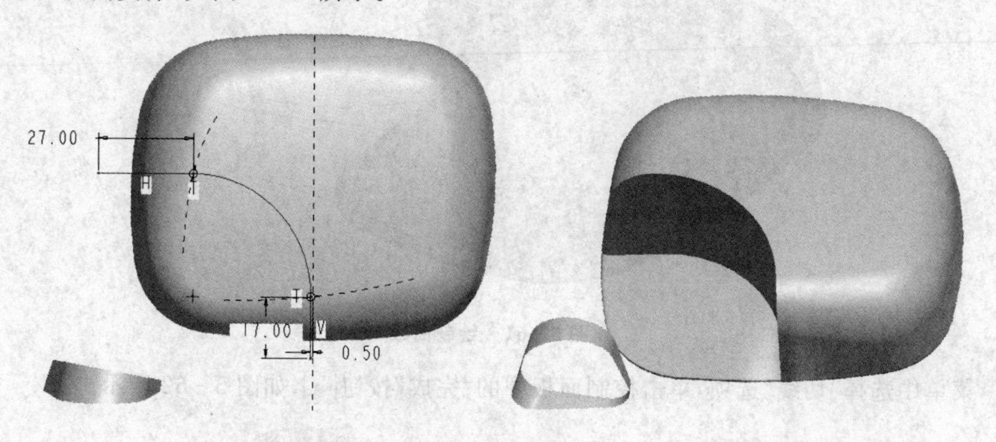

图 5－59　切割实体

⑰ 单击“曲线”工具按钮，弹出“菜单管理器”，单击“完成”按钮，捕捉 a、b 两点，单击“完成”按钮，双击“曲线：通过点”对话框中的“相切”选项，选择曲面中的曲线 A，在“菜单管理器”中选择“曲面”选项，选择步骤⑮复制的圆角曲面，在“曲线：通过点”对话框中单击“确定”按钮，如图 5－60 所示。

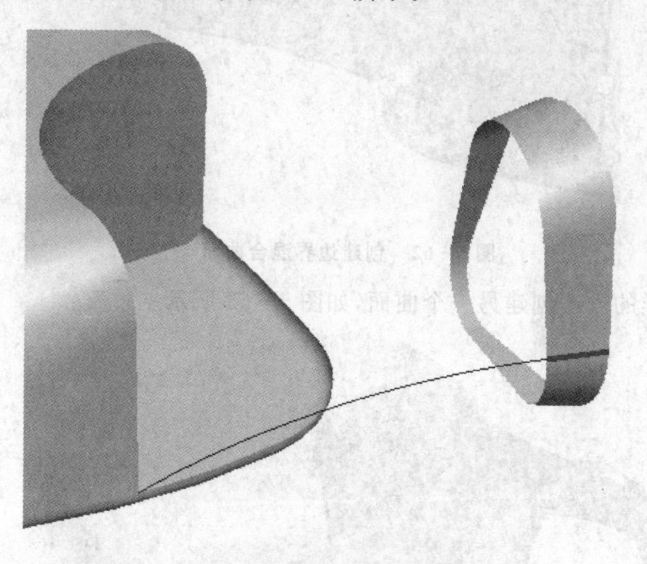

图 5－60　绘制曲线

⑱ 使用上一步的方法绘制其他三条曲线，如图 5－61 所示。

⑲ 单击“边界混合”工具按钮，按住 Ctrl 键，选择两条曲线，将其填入到第一方向中，选择两条边填入到第二方向中，右击两条边上的边界条件，在弹出的快捷

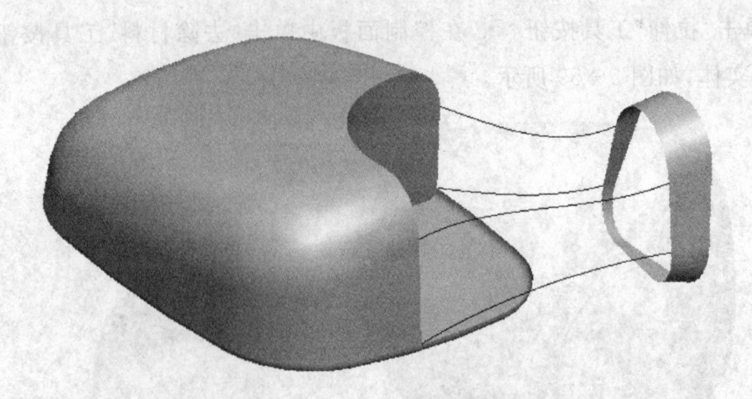

图 5-61　绘制曲线

菜单中选择“切线”选项，单击控制面板中的“完成”按钮✓，如图 5-62 所示。

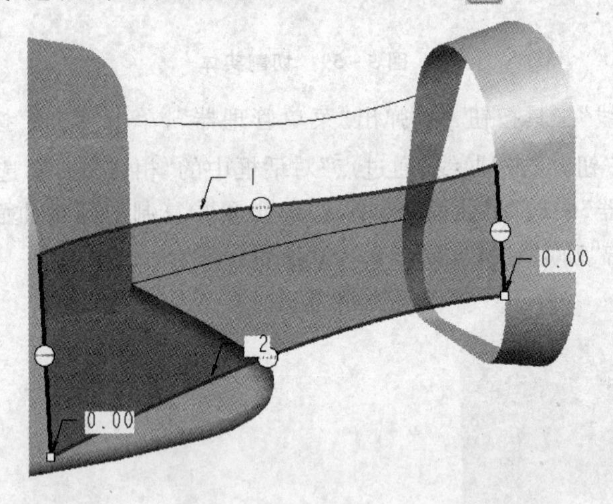

图 5-62　创建边界混合曲面

⑳ 使用同样的方法创建另一个曲面，如图 5-63 所示。

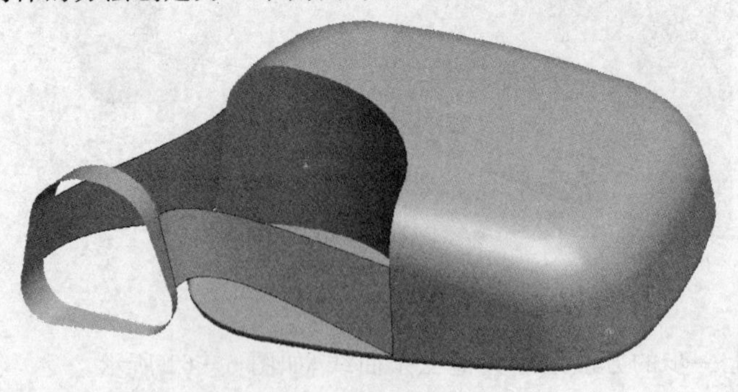

图 5-63　创建边界混合曲面

㉑ 选择菜单“编辑”|“投影”选项，在控制面板中单击“参照”选项，在“参照”选项

卡中选择“投影草绘”选项，单击“定义”按钮，选择 TOP 平面绘制草图，选择需要投影的曲面，选择方向参照 Y 轴，单击“完成”按钮，如图 5-64 所示。

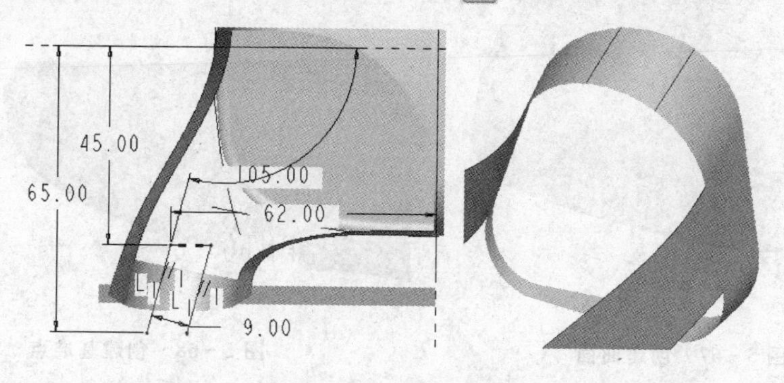

图 5-64 投影直线

㉒ 单击“曲线”工具按钮，创建两条曲线，两端分别与曲线相切，如图 5-65 所示。

㉓ 单击“边界混合”工具按钮，创建一个边界混合曲面，与曲面相连的两条边为“切线”的连接关系，如图 5-66 所示。

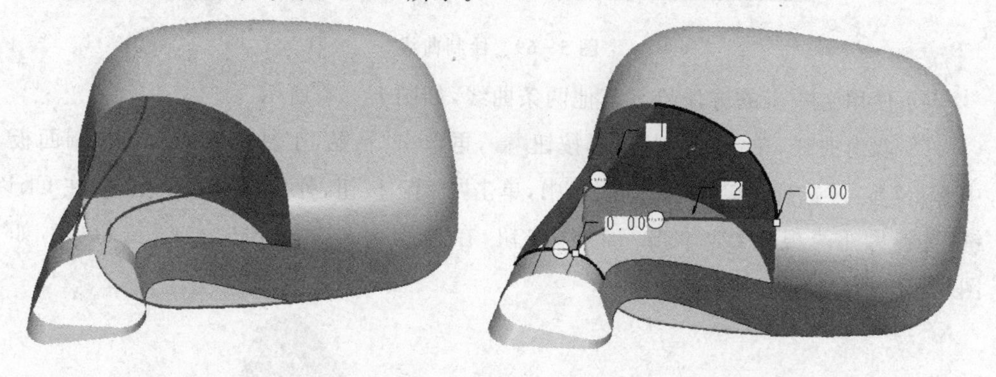

图 5-65 绘制曲面　　　图 5-66 绘制边界混合曲面

㉔ 单击“边界混合”工具按钮，创建另外两块曲面，四条边皆为“切线”连接关系，如图 5-67 所示。

㉕ 单击“点”工具按钮，弹出“基准点”对话框，选择点所在的曲线，在“偏移”文本框中输入 0.65，单击“新点”选项，使用同样的方法创建另外一个点，单击“确定”按钮，结果如图 5-68 所示。

㉖ 单击“曲线”工具按钮，弹出“菜单管理器”，单击“完成”按钮，捕捉上一步绘制的两个点，单击“完成”按钮，双击“曲线:通过点”对话框中的“属性”选项，在弹出的“菜单管理器”中选择“面组/曲面”|“完成”选项，选择曲线所附着的曲面，单击“曲线:通过点”对话框中的“确定”按钮，如图 5-69 所示。

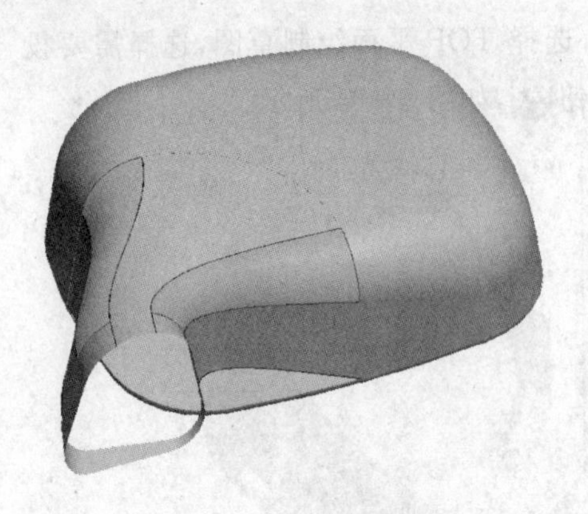

图 5-67　创建曲面

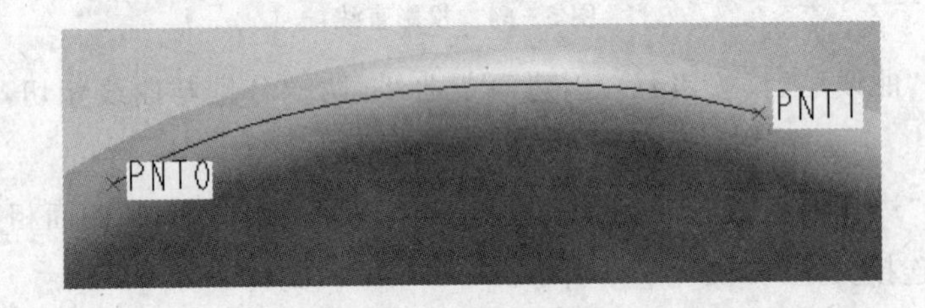

图 5-68　创建基准点

图 5-69　绘制曲线

㉗ 使用上一步的方法绘制其他两条曲线,如图 5-70 所示。

㉘ 双击曲线,单击"复制"工具按钮,再单击"粘贴"工具按钮,在控制面板中单击"参考"选项,在"参考"选项卡中,单击"细节"按钮,弹出"链"对话框,按住 Ctrl 键,选择另外两根曲线,单击"确定"按钮,在控制面板中单击"完成"按钮,如图 5-71 所示。

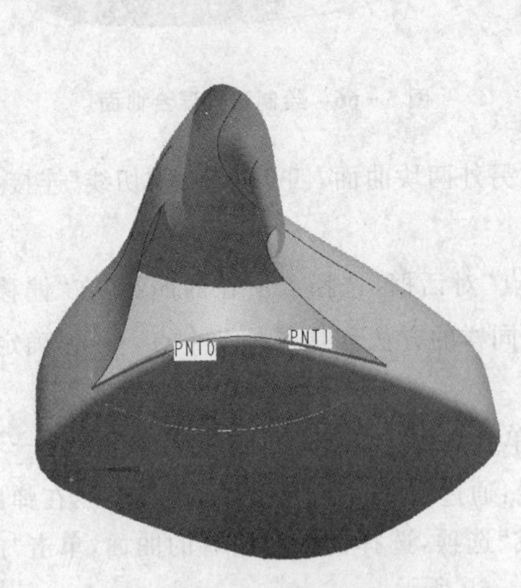

图 5-70　绘制曲线

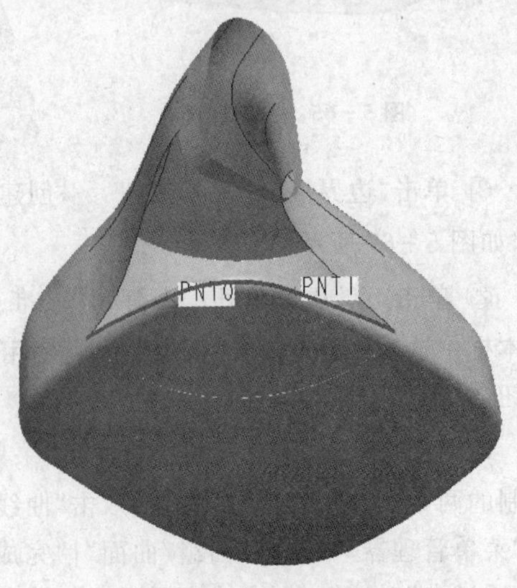

图 5-71　复制曲线

㉙ 选择步骤⑮复制的曲面，单击“修剪”工具按钮，选择上一步复制的曲线，在控制面板中单击“完成”按钮，如图 5-72 所示。

㉚ 单击“点”工具按钮，在曲线上添加两个点，比率分别为 0.2 和 0.8，如图 5-73 所示。

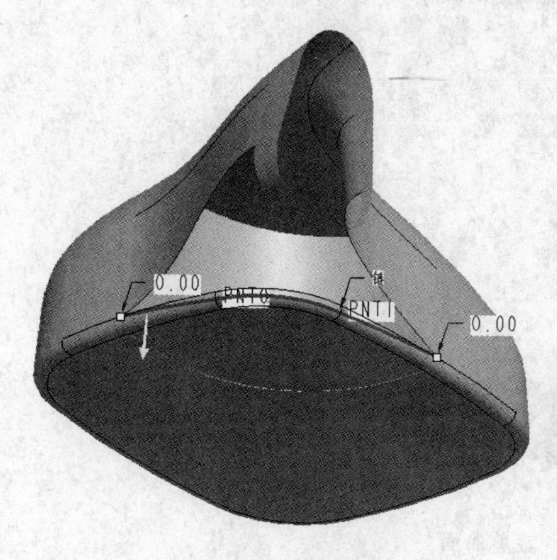

图 5-72　修剪曲面

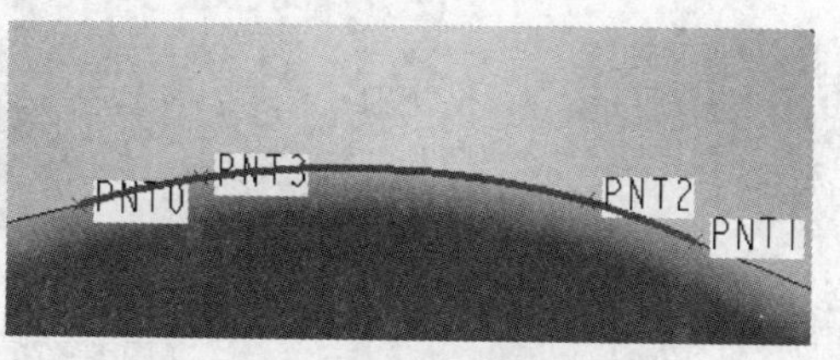

图 5-73　绘制点

㉛ 单击“曲线”工具按钮，绘制两条曲线，如图 5-74 所示。

㉜ 单击“边界混合”工具按钮，创建曲面，如图 5-75 所示。

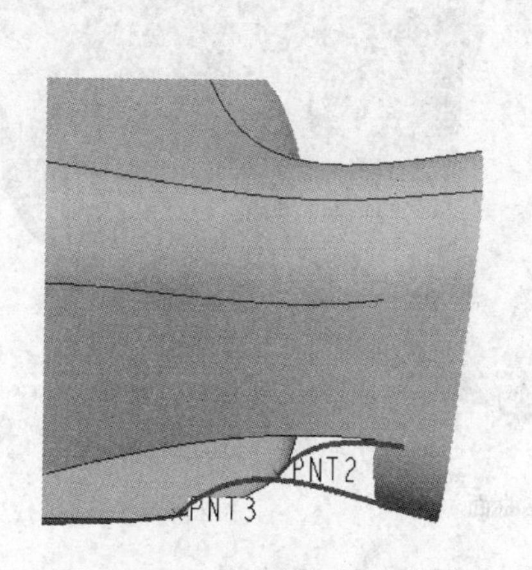

图 5-74　绘制曲线

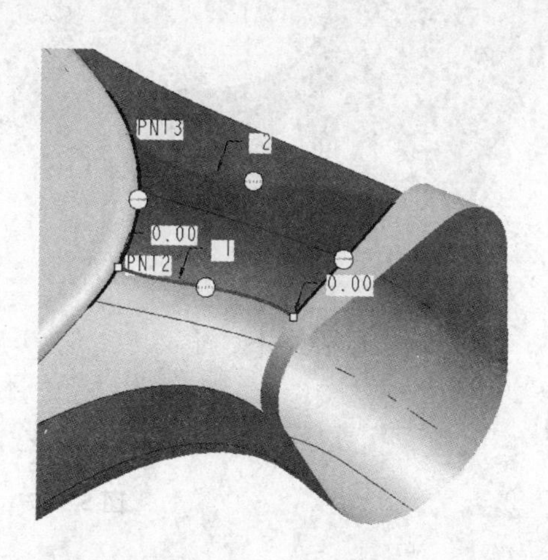

图 5-75　创建曲面

㉝ 单击“拉伸”工具按钮 ，绘制草图切割曲面，结果如图 5－76 所示。

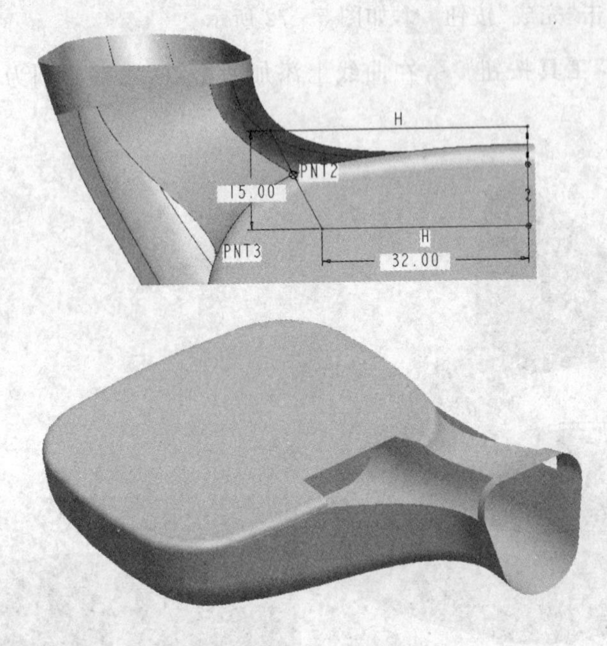

图 5－76　裁剪曲面

㉞ 使用上一步的方法切割曲面，如图 5－77 所示。

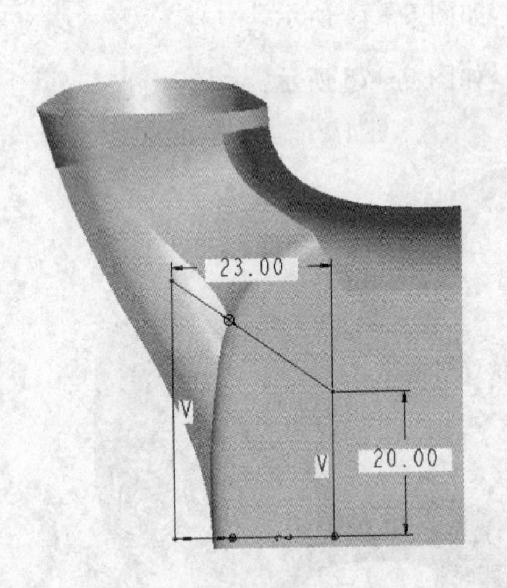

图 5－77　裁剪曲面

㉟ 单击“曲线”工具按钮 ，绘制两条曲线，如图 5－78 所示。

㊱ 单击“边界混合”工具按钮 ，创建两个曲面，如图 5－79 所示。

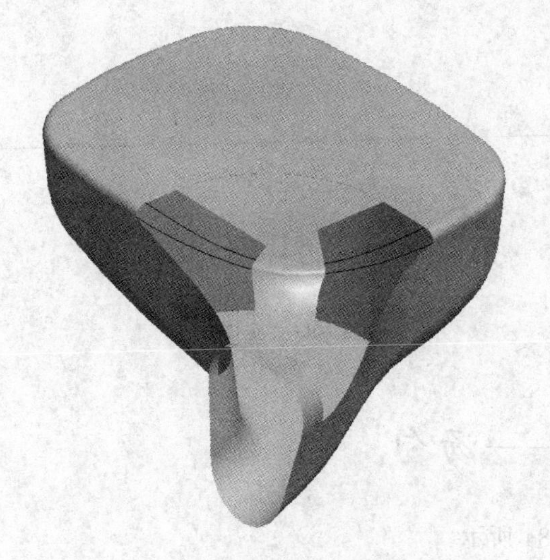

图 5-78　绘制曲线

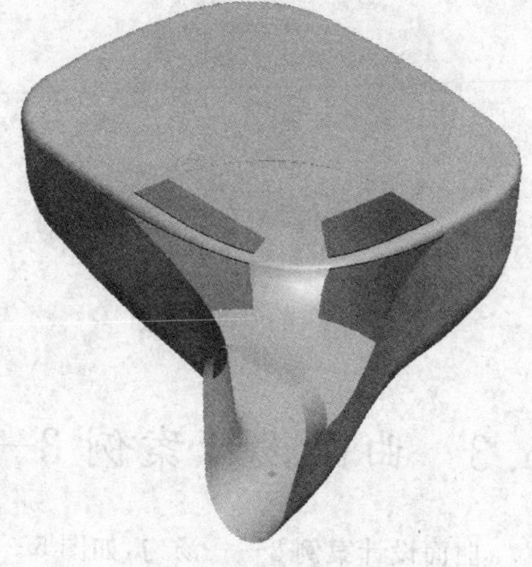

图 5-79　创建曲面

㊲ 单击“边界混合”工具按钮，创建四个曲面，如图 5-80 所示。

㊳ 选择菜单“编辑”|“填充”选项，选择步骤⑫绘制的曲面为草绘平面，绘制草图，结果如图 5-81 所示。

㊴ 选择曲面，单击“合并”工具按钮，合并曲面，如图 5-82 所示。

㊵ 选择合并后的曲面，选择菜单“编辑”|“实体化”选项，并选择好方向，在控制面板中单击“完成”按钮，结果如图 5-83 所示。

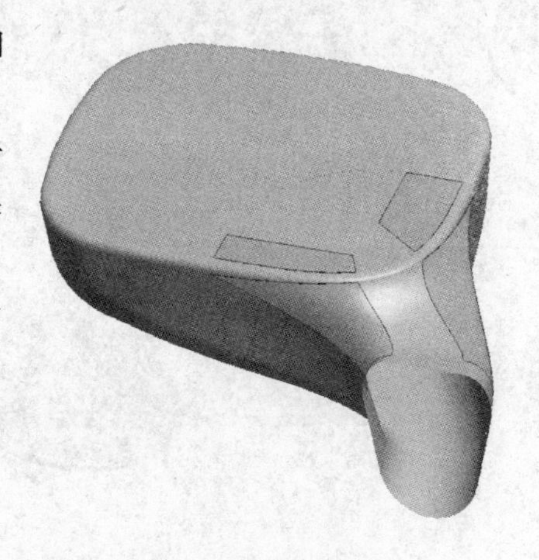

图 5-80　创建曲面

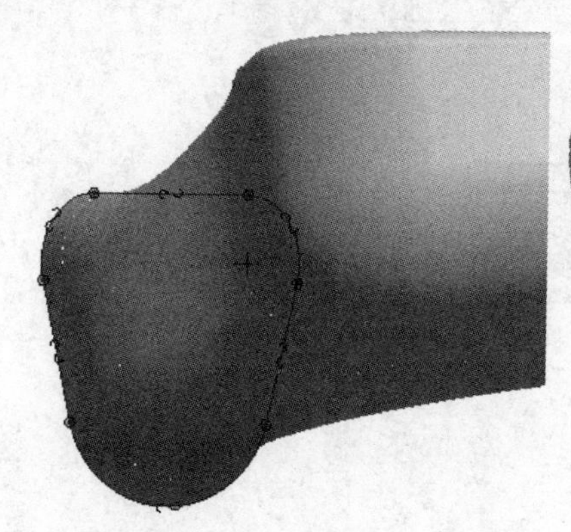

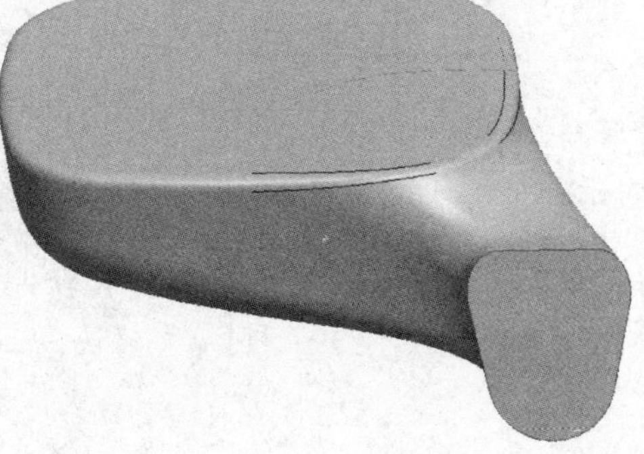

图 5-81　创建填充曲面

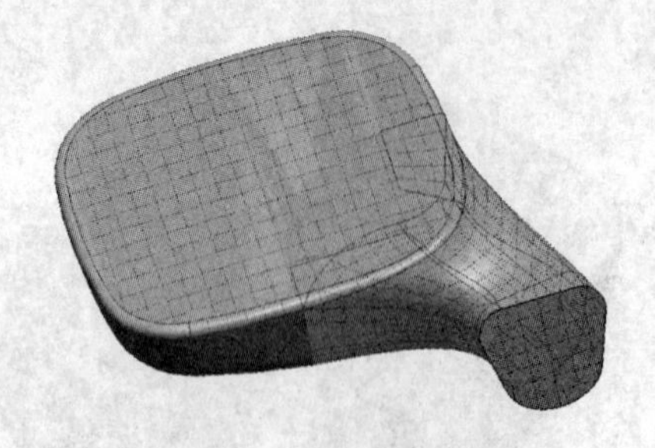

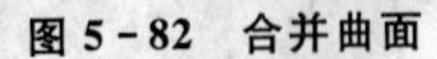
图 5-82 合并曲面

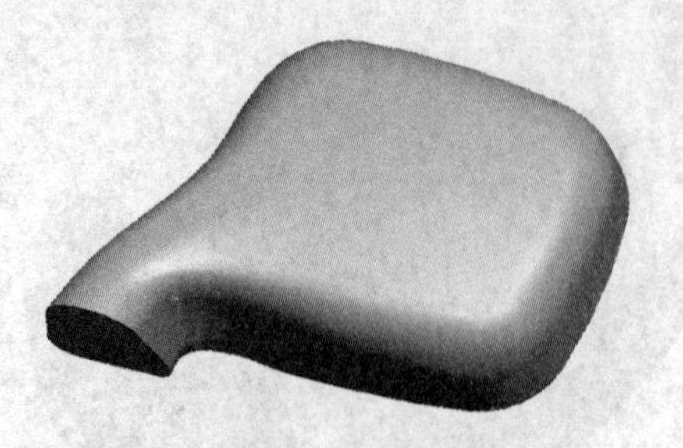

图 5-83 实体化

5.3 曲面设计案例 3——汤勺

曲面设计案例 3——汤勺，如图 5-84 所示。

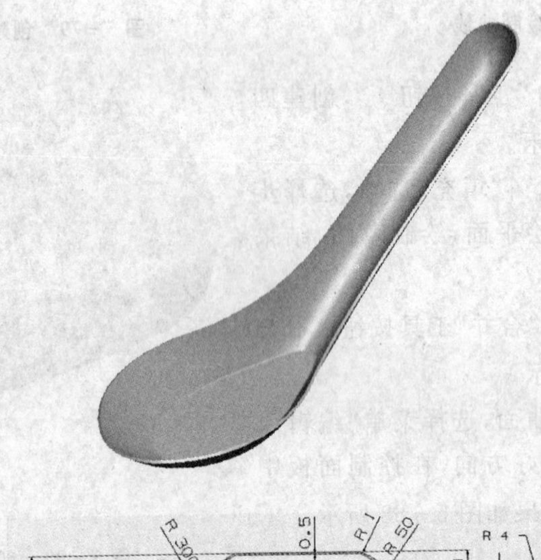

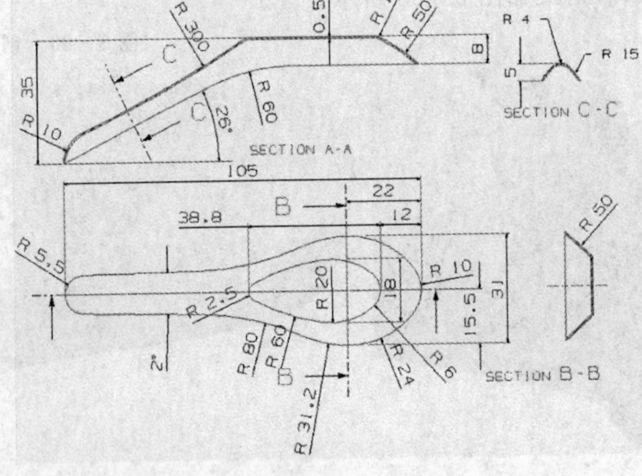

图 5-84 曲面设计案例 3——汤勺

5.3.1　案例分析

汤勺案例是一个典型的曲面造型案例，从搭线架，到构建曲面，再到生成实体，整个曲面造型的基本流程都是比较典型的。在学习过程中要注意曲面拆分方法，以及曲面连续性对于线架的要求。本案例中引入了造型曲面设计的方法，引入该方法的目的是提前让读者对该设计方法以及界面有一定的了解，为后面的案例做铺垫。汤勺的设计流程如图5-85所示。

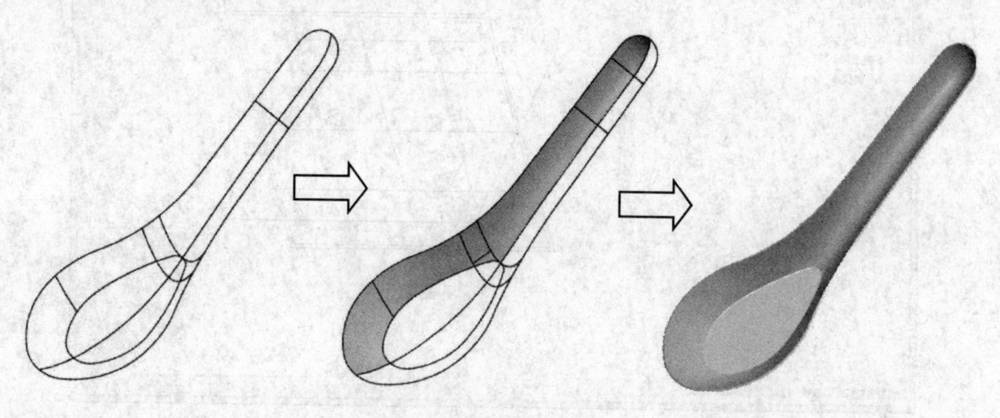

图5-85　设计流程

5.3.2　知识点介绍：造型曲面

“造型曲面”模块可以方便而迅速地创建自由造型的曲线和曲面，选择菜单“插入”|“造型”选择，或者单击工具栏中的“造型”工具按钮，可进入“造型曲面”模块，如图5-86所示，“造型曲面”模块有自己的用户界面，其中“造型工具”的工具栏位于绘图区右侧垂直位置，“分析工具”的工具栏位于绘图区顶部水平位置。

1. 创建曲线

单击工具栏中的“曲线”工具按钮，或选择系统主菜单“造型”|“曲线”选项，打开“自由造型曲线”操控板。选择“自由”、“平面”及“COS”选项之一，以指定要创建的曲线类型。

自由曲线：创建位于三维空间中的曲线，且不受任何几何图元约束。

平面曲线：创建位于指定平面上的曲线。

曲面上的曲线（COS曲线）：创建一条被约束于指定单一曲面上的曲线。

可以使用控制点和插值点来创建自由造型曲线。单击“控制点”复选框以便使用

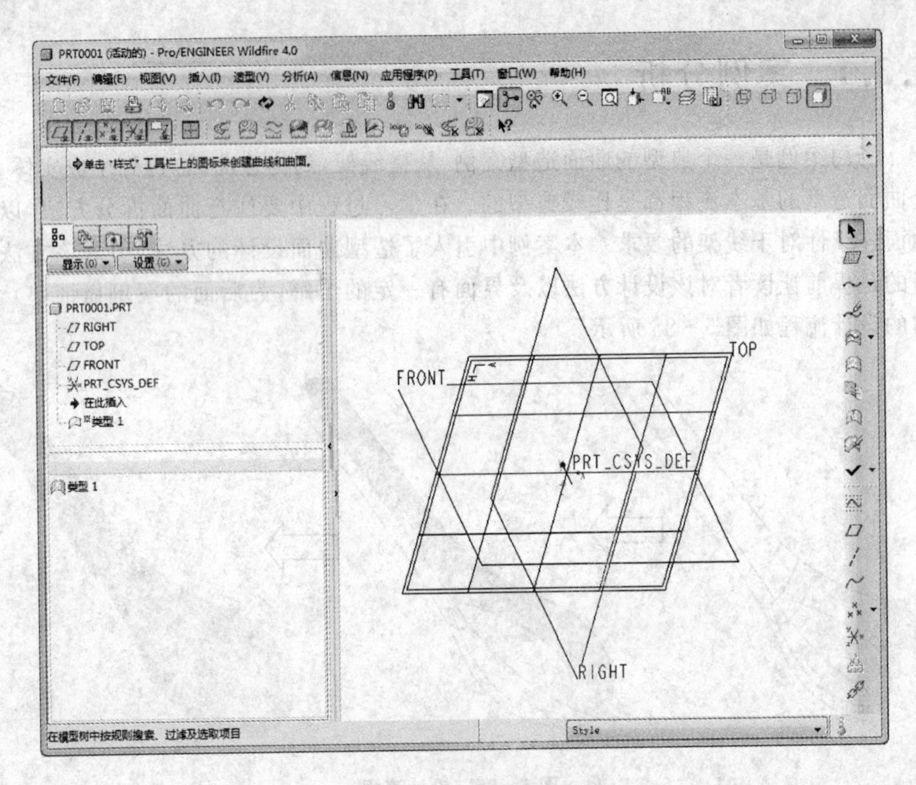

图 5-86 "造型曲面"模块

控制点来定义曲线。按住 Shift 键可以捕捉点、线和曲面边界。

2. 编辑曲线

※ 约束点的移动

单击特征工具栏中的"曲线编辑"工具按钮，或选择菜单"造型"|"曲线编辑"选项，选择要编辑的曲线。单击操控板上的"点"按钮以显示"点"选项卡。在"点移动"选项区域，如图 5-87 所示，在"拖动"下拉列表中选择下列选项之一：

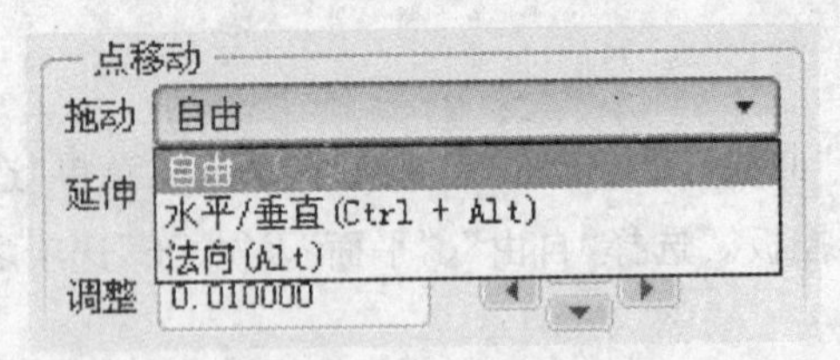

图 5-87 约束点的移动

"自由"：移动不受约束。

"水平/垂直"：点移动仅被约束在水平或垂直方向上。在拖动点的同时按住 Ctrl 和 Alt 键，使其仅沿着水平方向或垂直方向平行于活动基准平面移动。

"法向":点移动被约束在垂直于当前基准平面的方向上。或者,拖动点时按住 Alt 键,使其沿着活动基准平面的法向移动。

❋ 编辑曲线点

单击工具栏中的"曲线编辑"工具按钮,选择要编辑的曲线,按照以下方式来编辑曲线点:

要创建软点,按住 Shift 键,选取一个自由点,将其拖动到最靠近的几何图元,将该点捕捉到几何图元上。或者,单击"造型"|"捕捉",选取一个自由点,然后将其拖动到最靠近的几何图元,将该点捕捉到几何图元上。

沿曲线、边、基准平面或曲面单击并拖动软点。单击操控板上的"点"按钮,弹出"点"选项卡,然后更改"类型"和"值"的数据。

在屏幕上任意位置单击并拖动自由点。自由点在平行于当前基准平面的平面中移动,并通过点的原始位置。拖动点时按住 Alt 键,可使其沿着活动基准平面的法向移动。在拖动点时按住 Ctrl 和 Alt 键,使其仅沿着水平方向或垂直方向平行于活动基准平面移动。

在操控板上的"点"选项卡下指定 x、y 和 z 坐标值,移动自由点。可单击"相对"复选框,将 x、y 和 z 坐标值视为距离点的原始位置的偏距。

❋ 向曲线添加点

在向曲线添加点时,"自由曲面"会通过定义点重新调整曲线。有时曲线的形状会得到明显的改变。

单击工具栏中的"曲线编辑"工具按钮,选择要编辑的曲线。在曲线上的任意位置右击,系统弹出的快捷菜单如图 5-88 所示。

"添加点"　在所选位置添加一点。

"添加中点"　在所选位置两侧的两个现有点的中点添加一个点。

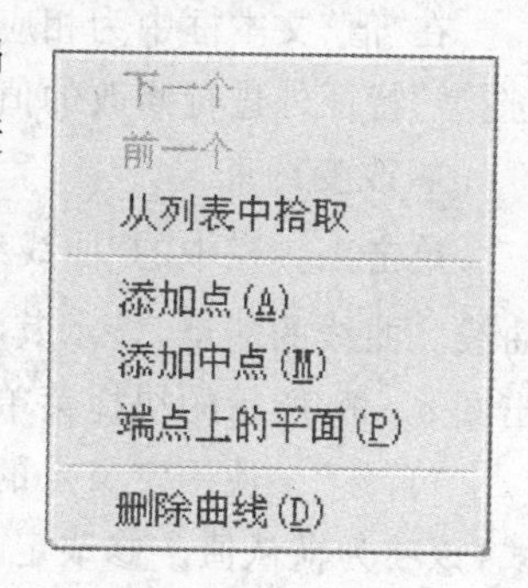

图 5-88　快捷菜单

❋ 改变软点类型

单击工具栏中的"曲线编辑"工具按钮,选择要编辑的曲线,单击软点,右击,系统弹出如图 5-89(a)所示的快捷菜单,选择下列选项之一;或者如图 5-89(b)所示在操控板的"点"选项卡中,选择下列选项之一。

"长度比例"　通过保持从曲线起点到点的长度相对于曲线总长度的百分比来保持软点的位置。此为默认设置。

"长度"　确定从参照曲线起点到点的距离。

"参数"　通过保持点沿曲线常量的参数,来保持点的位置。

"自平面偏移"　通过使参照曲线与给定偏距处的平面相交,来确定点的位置。

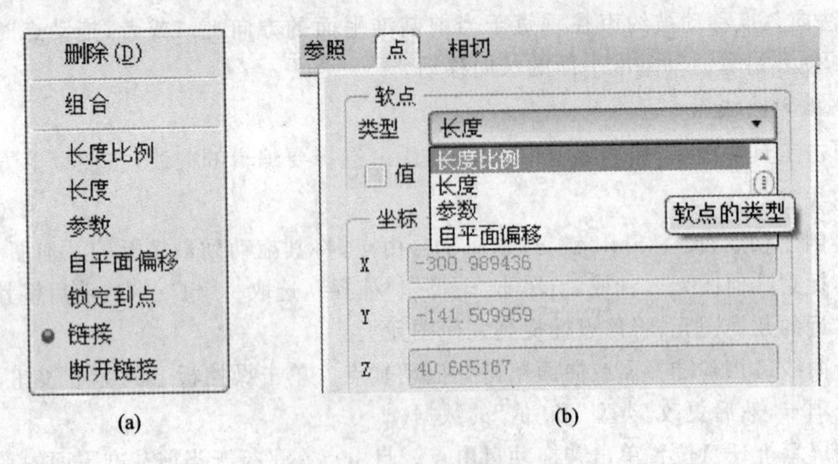

图 5-89　软点类型选项

如果找到多个交点,将使用在参数上与上一个值最接近的值。

“锁定到点”　将软点锁定到参照曲线上的定义点,查找父曲线上最近的定义点(一般为端点)。

“链接”　表示该点是软点,但以上软点类型均不适用。这包括曲面或平面上的软点和相对于基准点或顶点的软点。

“断开链接”　断开软点与父项几何之间的连接。此点变成自由点,并定义在当前位置。

在“值”文本框中为相应的软点类型输入一个值,也可单击“值”复选项,导出要在“造型”特征外进行修改的值。

※ 改变约束

单击工具栏中的“曲线编辑”工具按钮,选择要编辑的曲线。曲线的端点,显示其切线方向手柄,在手柄上右击,弹出图 5-90 所示的快捷菜单。

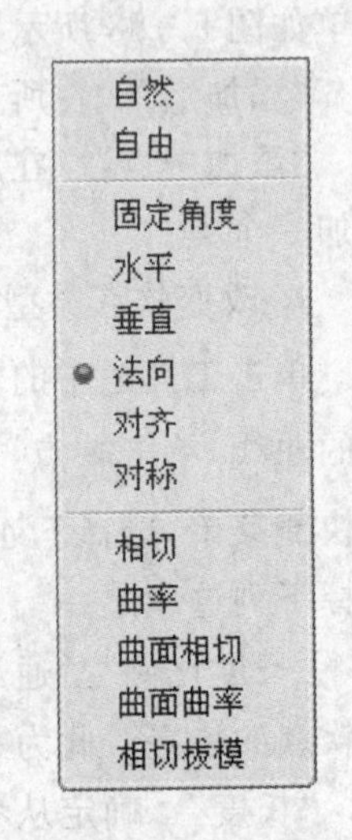

图 5-90　快捷菜单

“自然”　使用定义点的自然数学切线。对于新创建的曲线,该项为默认值。修改定义点时,切线可能改变方向。

“自由”　使用用户定义的切线。操作时,自然切线将立即变为自由切线。修改后,将按照指定的方向和长度,然后可自由拖动切线。

“固定角度”　设置当前方向,但允许通过拖动改变长度。

“水平”　相对于当前基准平面的网格,将当前方向设置为水平,但允许通过拖动改变长度。

“垂直”　相对于当前基准平面的网格,将当前方向设置为竖直,但允许通过拖动改变长度。

"法向"　设置当前方向垂直于所选的参照基准平面。
"对齐"　设置当前方向指向另一曲线上的参照位置。
"对称"　设置当前方向对称于另一曲线上的参照位置。
"相切"　设置当前方向相切于另一曲线上的参照位置。
"曲率"　设置当前方向曲率与另一曲线上的参照位置曲率连续。
"曲面相切"　设置当前方向相切于另一曲面上的参照位置。
"曲面曲率"　设置当前方向曲率与另一曲面上的参照位置曲率连续。
"相切拔模"　设置当前方向相切拔模于另一曲面上的参照位置。

5.3.3　设计步骤

汤勺的设计步骤如下：

① 单击"草绘"工具按钮，在 TOP 平面上绘制如图 5－91 所示的草图。注意在草绘环境中绘制好所有图元后，需要选择所有几何图元，选择菜单"编辑"|"转换到"|"样条"选项。

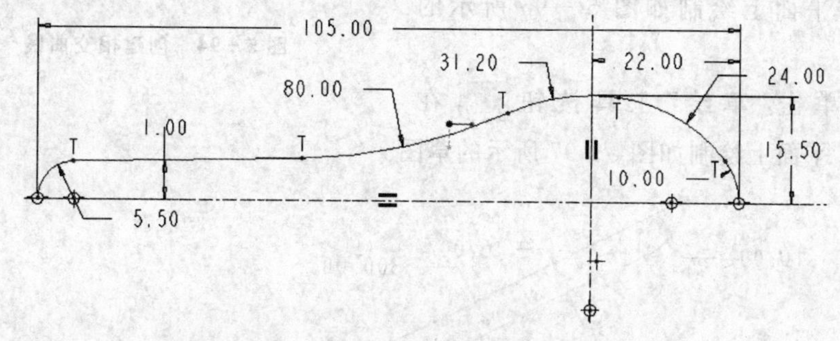

图 5－91　绘制草图

② 单击"草绘"工具按钮，在 TOP 平面上绘制如图 5－92 所示的草图。使用上一步同样的方法将草绘图元转换为样条。

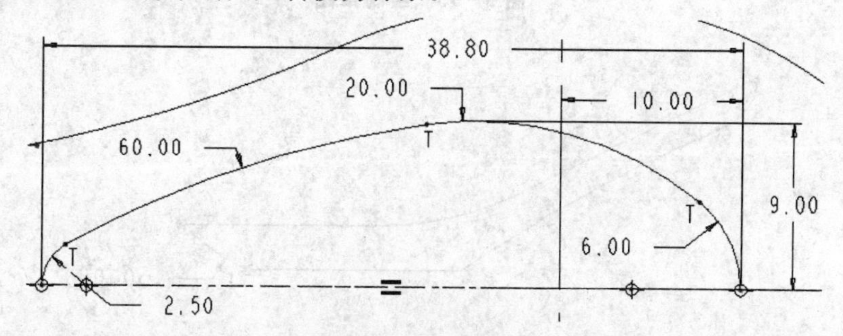

图 5－92　绘制草图

③ 单击"草绘"工具按钮，在 FRONT 平面上绘制如图 5－93 所示的草图。

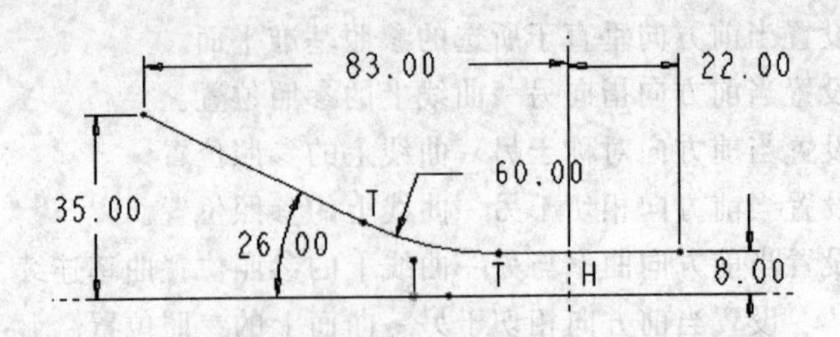

图 5－93　绘制草图

④ 按住 Ctrl 键，选择步骤①和步骤③绘制的草图，选择菜单“编辑”|“相交”选项，结果如图 5－94 所示。

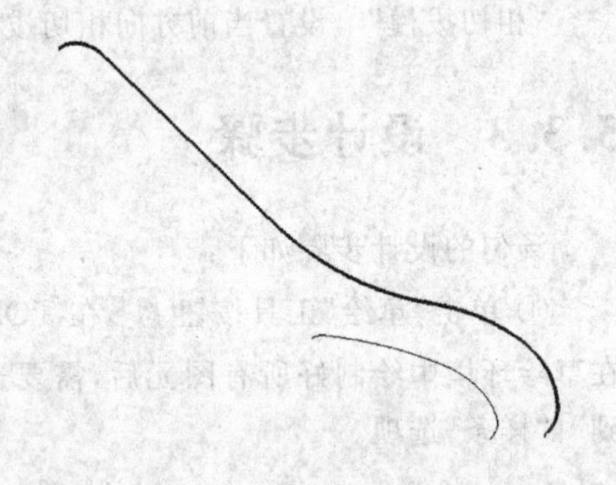

图 5－94　创建相交曲线

⑤ 取消步骤③绘制草图的隐藏状态，单击“草绘”工具按钮，在 FRONT 平面上绘制如图 5－95 所示的草图。

⑥ 单击“草绘”工具按钮，在 FRONT 平面上绘制如图 5－96 所示的草图。

⑦ 单击“草绘”工具按钮，在 FRONT 平面上绘制如图 5－97 所示的草图。

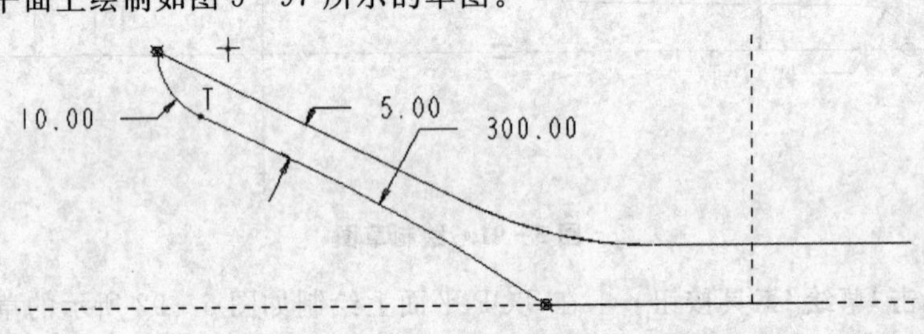

图 5－95　绘制草图

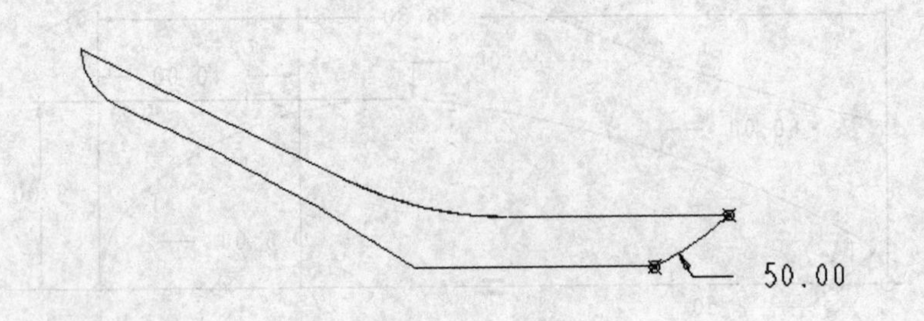

图 5－96　绘制草图

⑧ 单击“点”工具按钮，选择步骤⑤和步骤⑦绘制的草图，如图 5－98 所示。

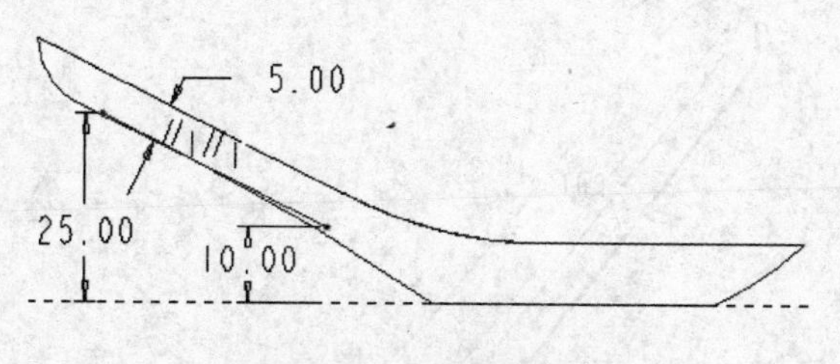

图 5-97　绘制草图

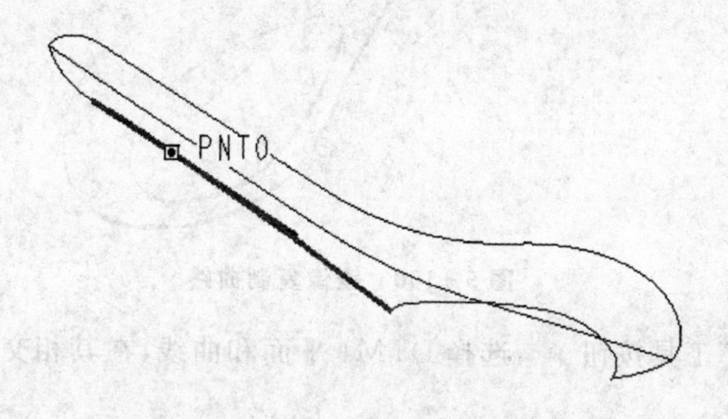

图 5-98　创建基准点

⑨ 单击“平面”工具按钮，选择上一步创建的点以及步骤③创建的草图，在“基准平面”对话框中将“曲线”选为“法向”，单击“确定”按钮，如图 5-99 所示。

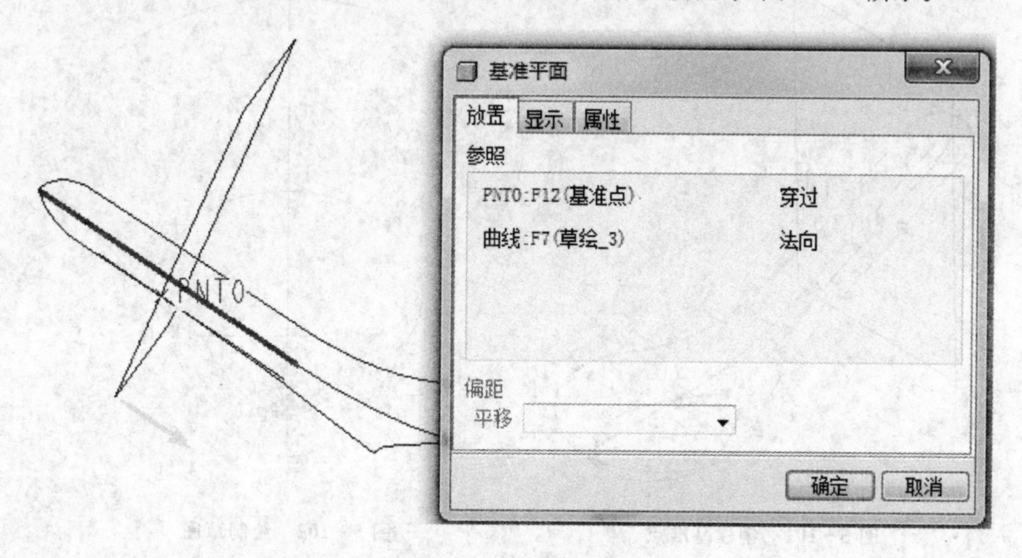

图 5-99　创建基准平面

⑩ 选择步骤②和步骤④创建的曲线，单击“镜像”工具按钮，选择 FRONT 平面，结果如图 5-100 所示。

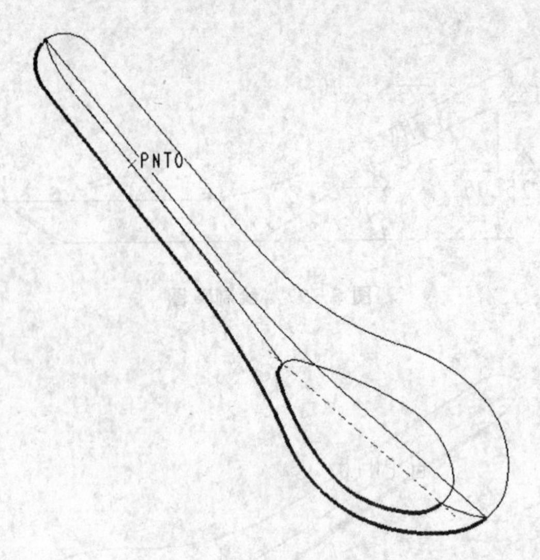

图 5-100 镜像复制曲线

⑪ 单击"点"工具按钮，选择 DTM1 平面和曲线，在其相交的位置创建点，如图 5-101 所示。

⑫ 单击"草绘"工具按钮，在 DTM1 平面上绘制如图 5-102 所示的草图，并将其转换为样条。

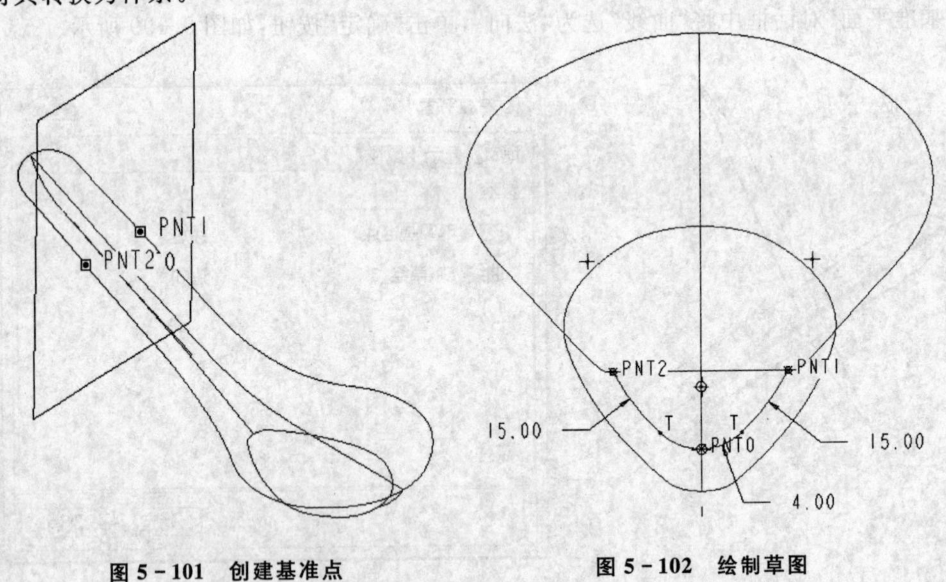

图 5-101 创建基准点

图 5-102 绘制草图

⑬ 单击"点"工具按钮，创建两个点，方法比较简单，此处不详细讲述，结果如图 5-103 所示。

⑭ 单击"草绘"工具按钮，在 RIGHT 平面上绘制如图 5-104 所示的圆弧。

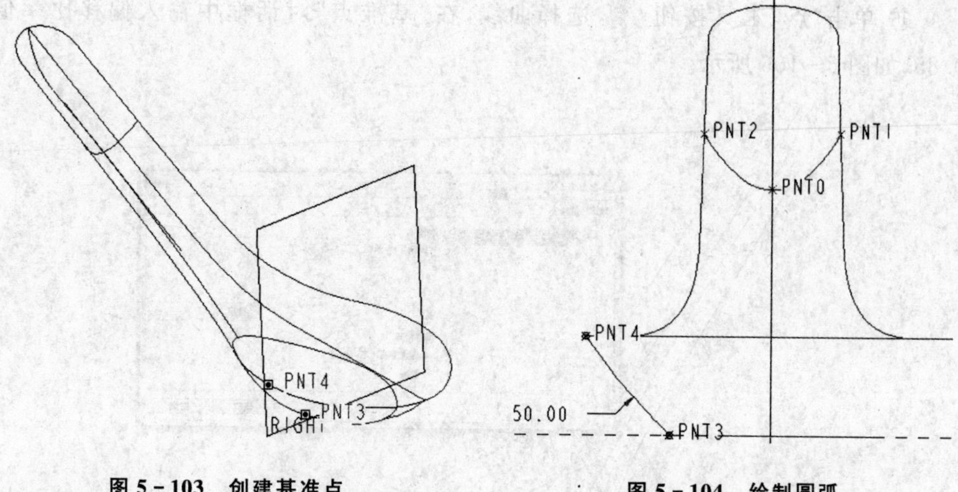

图 5-103　创建基准点

图 5-104　绘制圆弧

⑮ 单击"造型"工具按钮，进入"造型"模块，单击"曲线"工具按钮，按住 Shift 键，捕捉两曲线，单击"曲线编辑"工具按钮，拖动两个端点到曲线的最下方，右击两端点处的控制手柄，在弹出的快捷菜单中选择"相切"选项，在控制面板中单击"完成"按钮，单击工具栏中的"完成"按钮，退出"造型"模块，结果如图 5-105 所示。

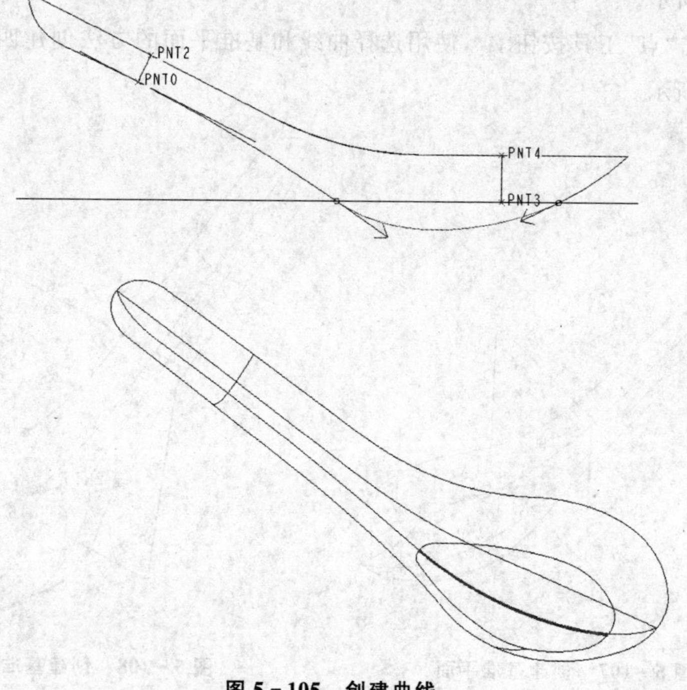

图 5-105　创建曲线

⑯ 单击“点”工具按钮，选择曲线，在“基准点”对话框中输入偏移比率值 0.85，如图 5-106 所示。

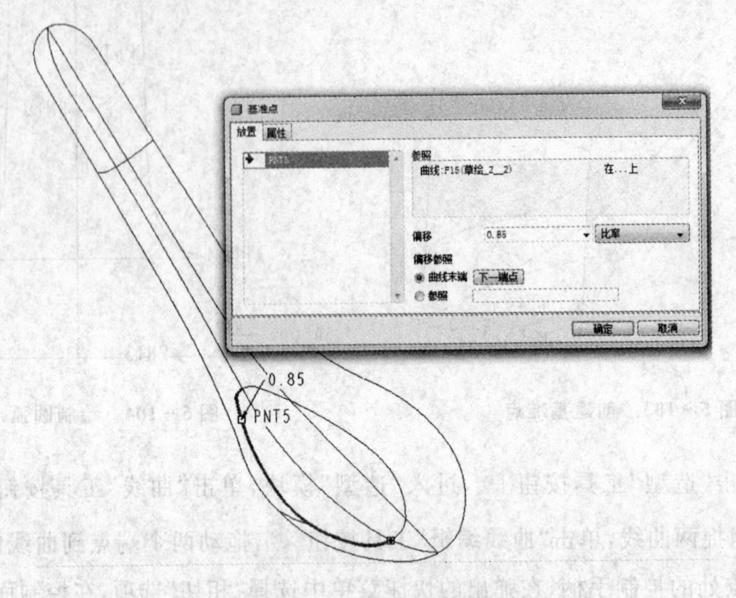

图 5-106　创建基准点

⑰ 单击“平面”工具按钮，选择 RIGHT 平面以及上一步创建的点，如图 5-107 所示。

⑱ 单击“点”工具按钮，使用选择曲线和基准平面的方法创建四个基准点，如图 5-108 所示。

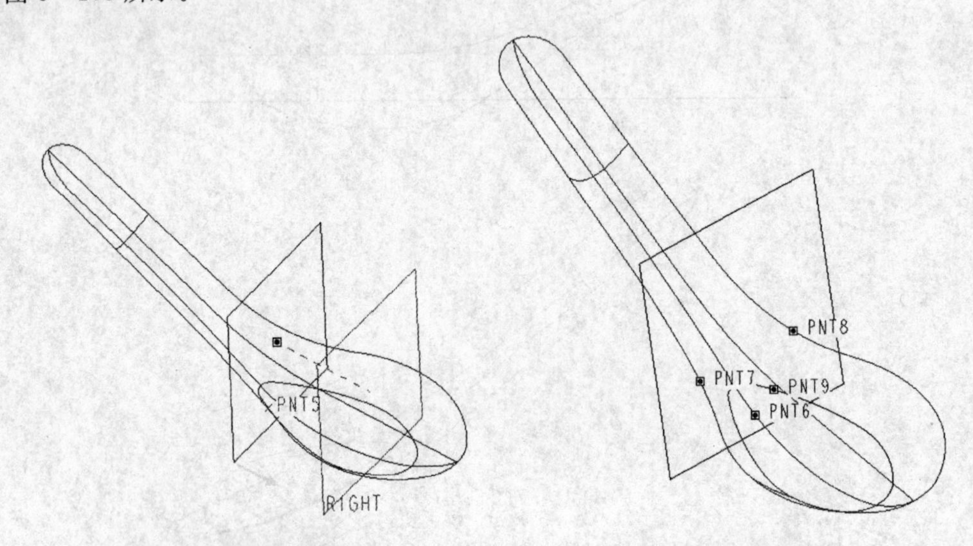

图 5-107　创建基准平面　　图 5-108　创建基准点

⑲ 单击"平面"工具按钮，选择 RIGHT 平面以及上一步创建的点，如图 5－109 所示。

⑳ 单击"点"工具按钮，使用选择曲线和基准平面的方法创建三个基准点，如图 5－110 所示。

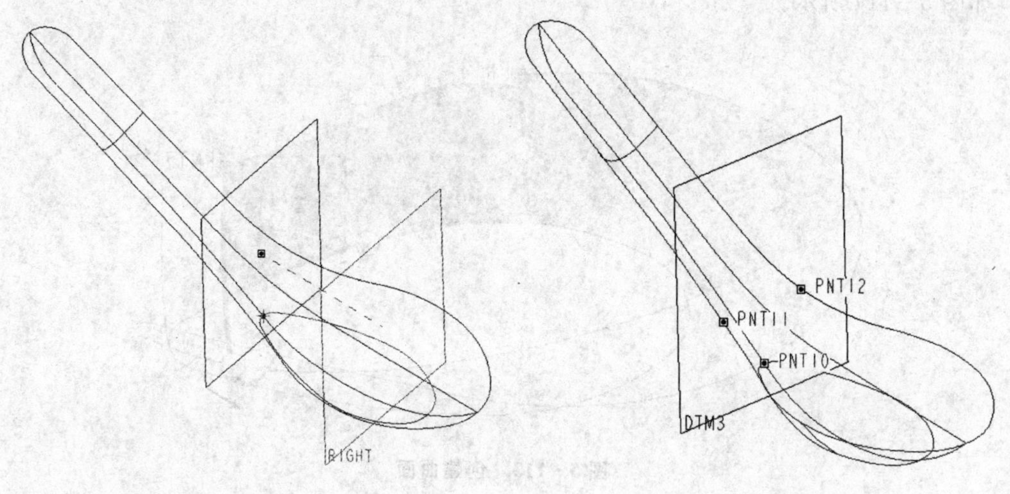

图 5－109　创建基准平面　　图 5－110　创建基准点

㉑ 单击"造型"工具按钮，进入"造型"模块，单击"曲线"工具按钮，按住 Shift 键，捕捉各点绘制两个曲线，结果如图 5－111 所示。

㉒ 单击"边界混合"工具按钮，按住 Ctrl 键，选择两条曲线，将其填入到第一方向中，选择两条边填入到第二方向中，如果选择的边过长，可以在其端点处的方框中右击，在弹出的快捷菜单中选择"修剪位置"选项，然后再选择"修剪到"的点即可。单击控制面板中的"完成"按钮，如图 5－112 所示。

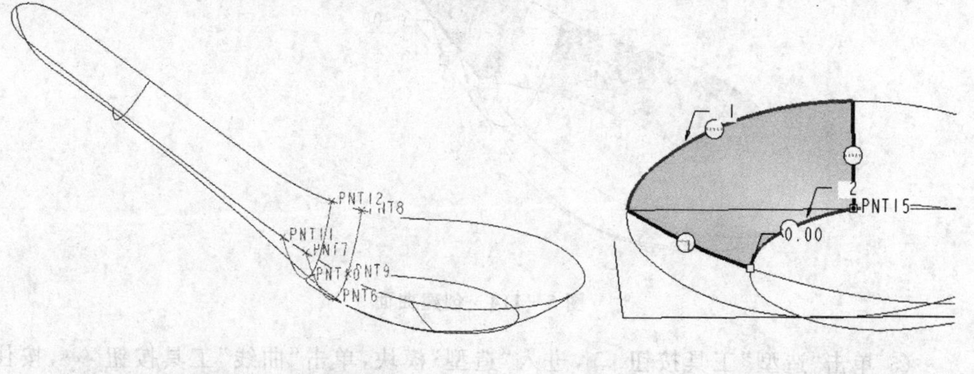

图 5－111　绘制曲线　　图 5－112　创建曲面

㉓ 单击"边界混合"工具按钮，按住 Ctrl 键，选择两条曲线，将其填入到第一

方向中，选择两条边填入到第二方向中，右击边上的边界条件，在弹出的快捷菜单中选择“切线”选项，单击控制面板中的“完成”按钮，如图 5－113 所示。

㉔ 单击“边界混合”工具按钮，创建曲面，注意有一条边的连接关系为垂直，如图 5－114 所示。

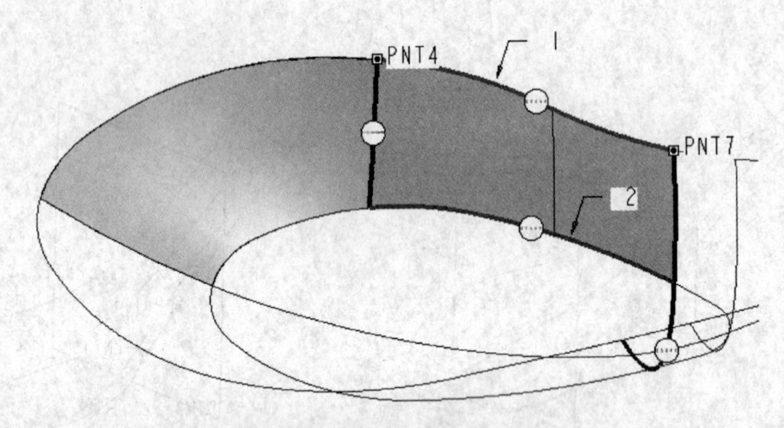

图 5－113　创建曲面

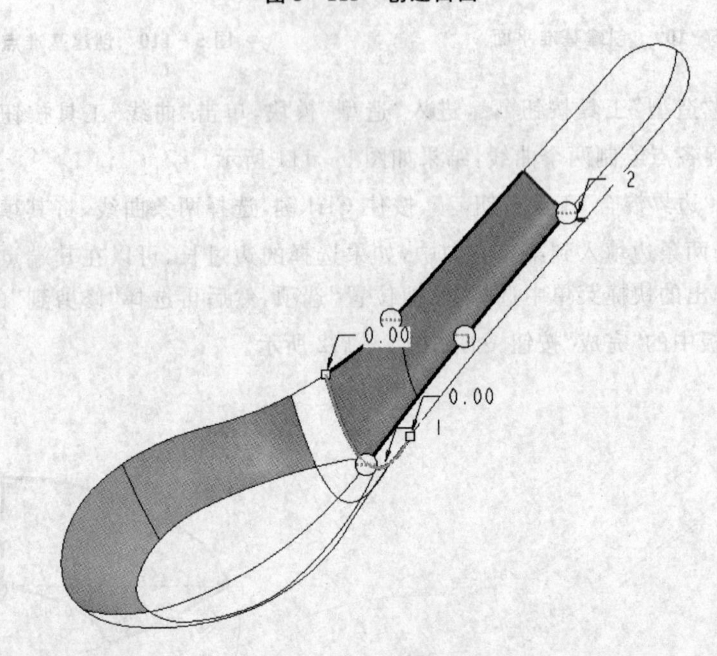

图 5－114　创建曲面

㉕ 单击“造型”工具按钮，进入“造型”模块，单击“曲线”工具按钮，按住 Shift 键，捕捉曲面的边，单击“曲线编辑”工具按钮，拖动两个端点到曲线的最下方，右击两端点处的控制手柄，在弹出的快捷菜单中选择“曲面相切”选项，在控制面

板中单击“完成”按钮，单击工具栏中的“完成”按钮，退出“造型”模块，结果如图 5 - 115 所示。

㉖ 单击“边界混合”工具按钮，创建曲面，注意曲面连接关系，如图 5 - 116 所示。

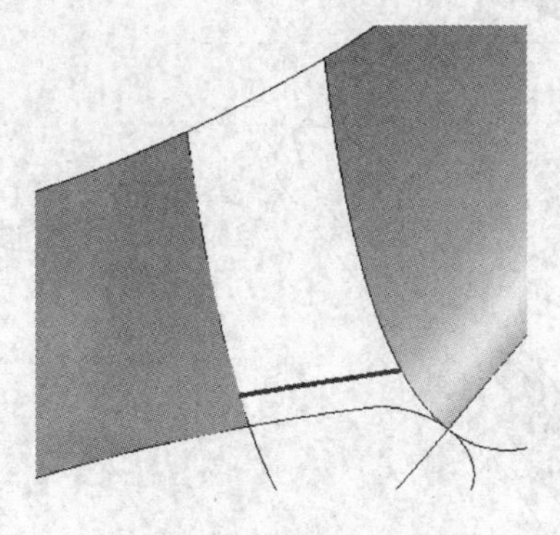

图 5 - 115　创建曲线

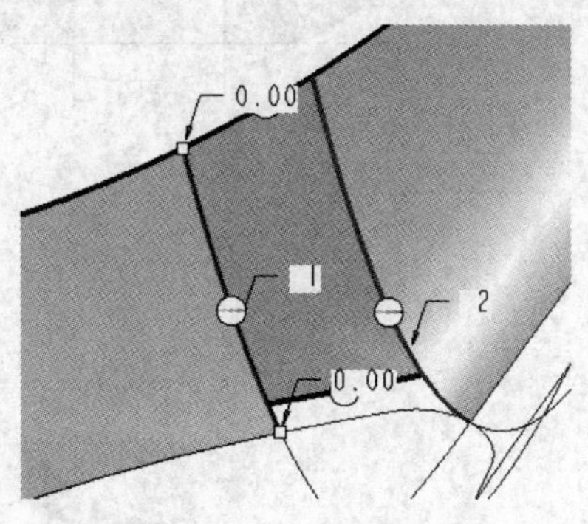

图 5 - 116　创建曲面

㉗ 选择曲面，单击“合并”工具按钮，合并曲面，如图 5 - 117 所示。

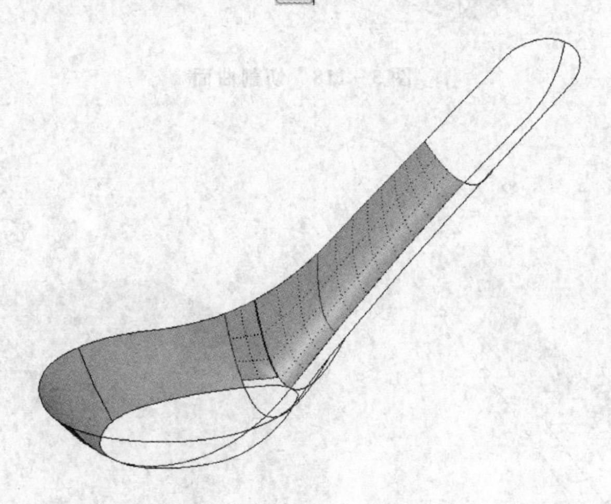

图 5 - 117　合并曲面

㉘ 单击“拉伸”工具按钮，绘制草图切割曲面，结果如图 5 - 118 所示。

㉙ 选择曲面，单击“合并”工具按钮，合并曲面，如图 5 - 119 所示。

㉚ 单击“边界混合”工具按钮，创建曲面，注意曲面连接关系，如图 5 - 120 所示。

㉛ 选择曲面，单击“合并”工具按钮，合并曲面，如图 5 - 121 所示。

㉜ 单击“平面”工具按钮，创建一个基准平面，如图 5 - 122 所示。

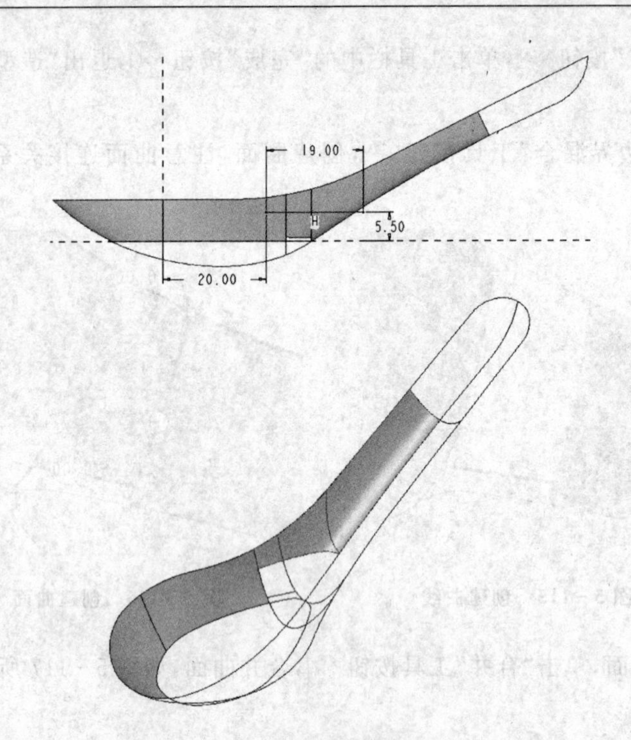

图 5-118　切割曲面

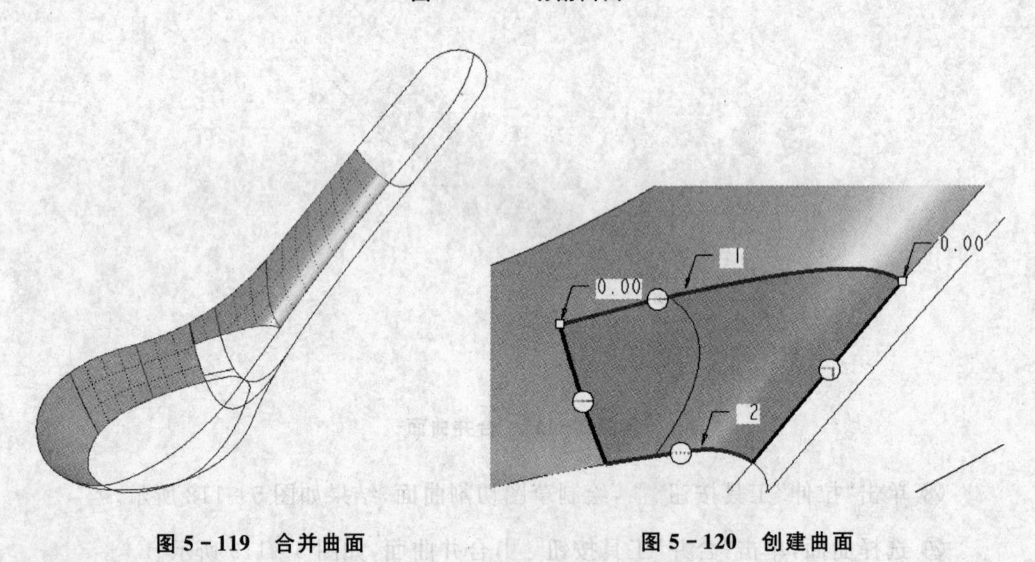

图 5-119　合并曲面　　　图 5-120　创建曲面

㉝ 单击“点”工具按钮，使用选择曲线和基准平面的方法创建三个基准点，如图 5-123 所示。

㉞ 单击“造型”工具按钮，进入“造型”模块，单击“曲线”工具按钮，按住 Shift 键，捕捉各点绘制曲线，结果如图 5-124 所示。

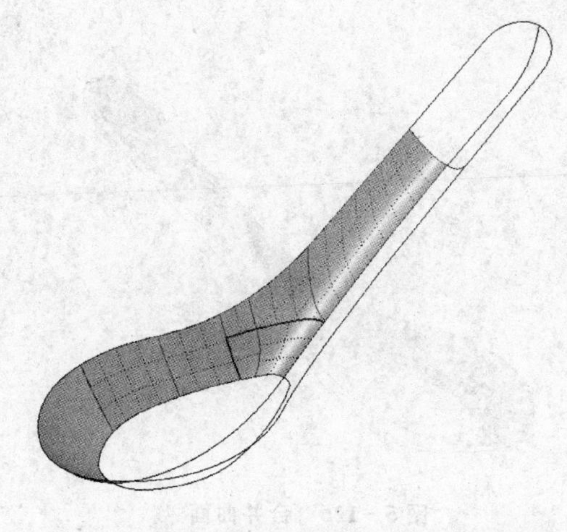

图 5 - 121　合并曲面

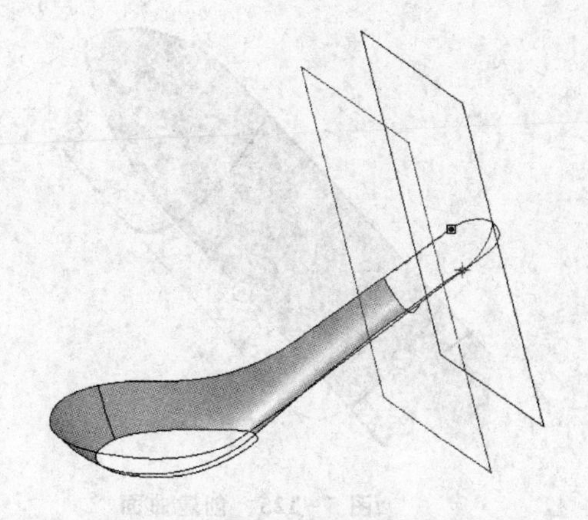

图 5 - 122　创建基准平面

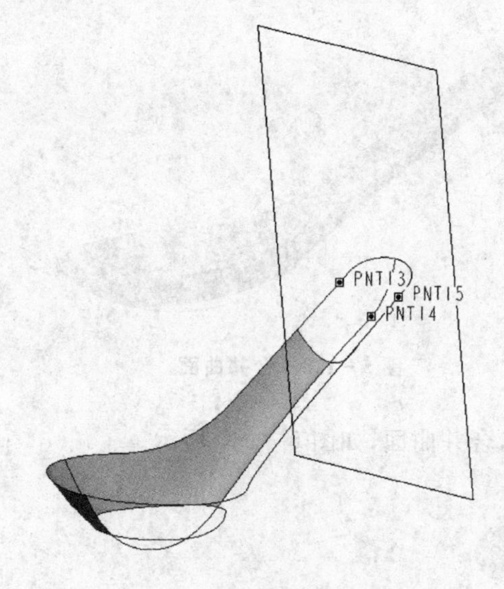

图 5 - 123　创建基准点

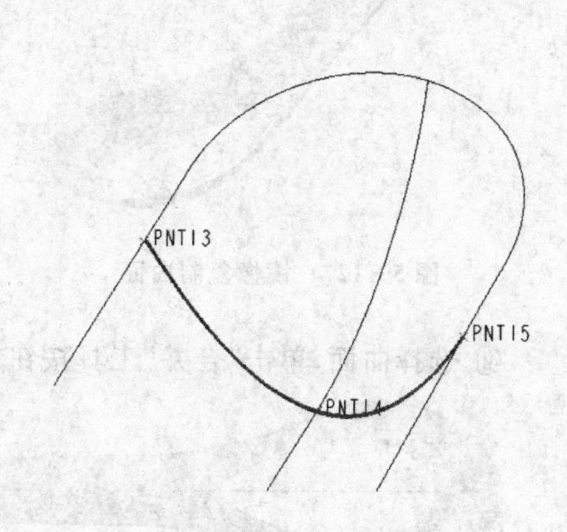

图 5 - 124　绘制曲线

㉟ 单击“边界混合”工具按钮，创建曲面，注意曲面连接关系，如图 5 - 125 所示。

㊱ 选择曲面，单击“合并”工具按钮，合并曲面，如图 5 - 126 所示。

㊲ 选择曲面，单击“镜像”工具按钮，选择 FRONT 平面，结果如图 5 - 127 所示。

㊳ 选择曲面，单击“合并”工具按钮，合并曲面，如图 5 - 128 所示。

㊴ 选择菜单“编辑”|“填充”选项，选择 TOP 平面为草绘平面，绘制草图，结果如图 5 - 129 所示。

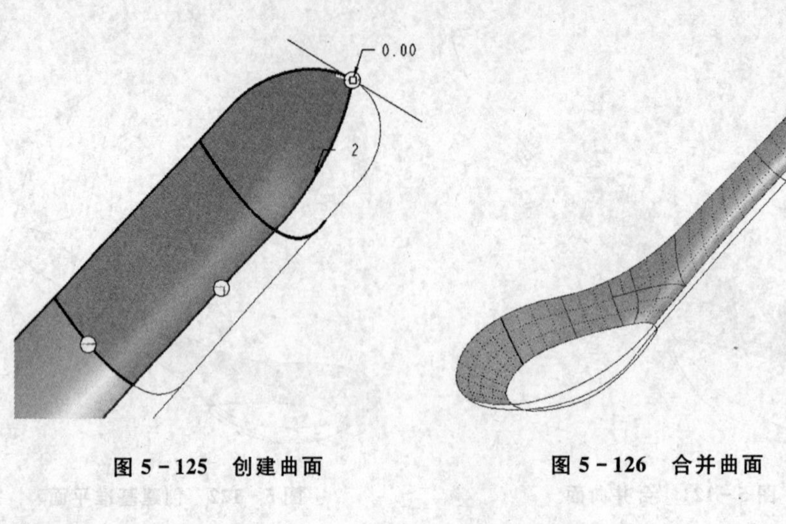

图 5-125　创建曲面

图 5-126　合并曲面

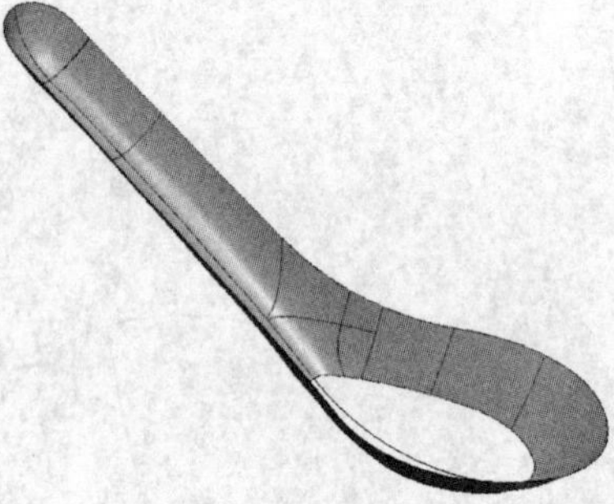

图 5-127　镜像复制曲面

图 5-128　合并曲面

㊵ 选择曲面，单击“合并”工具按钮，合并曲面，如图 5-130 所示。

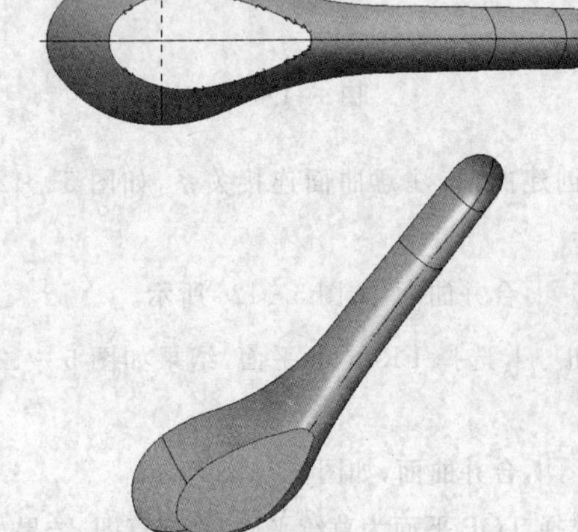

图 5-129　填充曲面

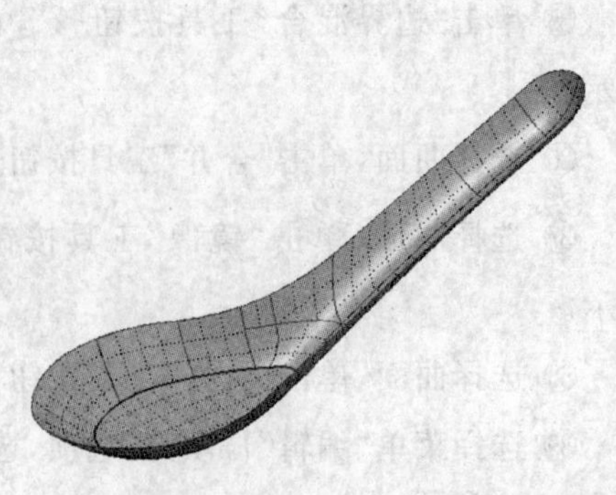

图 5-130　合并曲面

㊶ 单击“拉伸”工具按钮，绘制草图切割曲面，结果如图 5－131 所示。

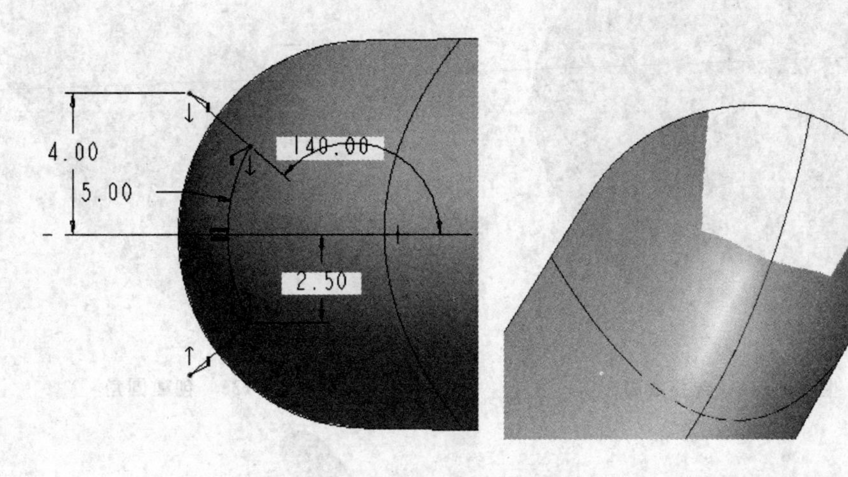

图 5－131　切割曲面

㊷ 单击“边界混合”工具按钮，创建曲面，注意曲面连接关系，如图 5－132 所示。

㊸ 选择曲面，单击“镜像”工具按钮，选择 FRONT 平面，结果如图 5－133 所示。

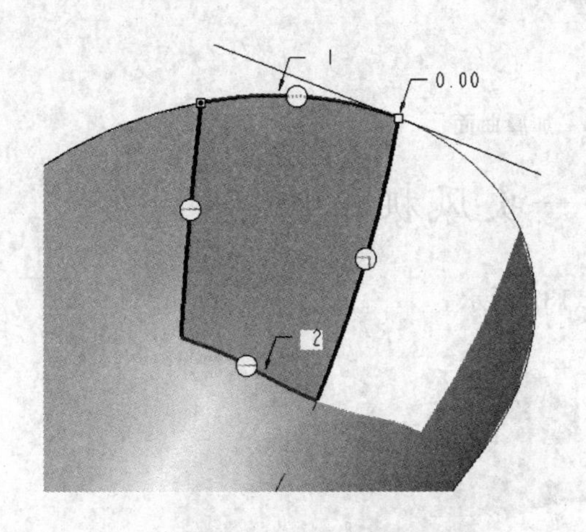

图 5－132　创建曲面

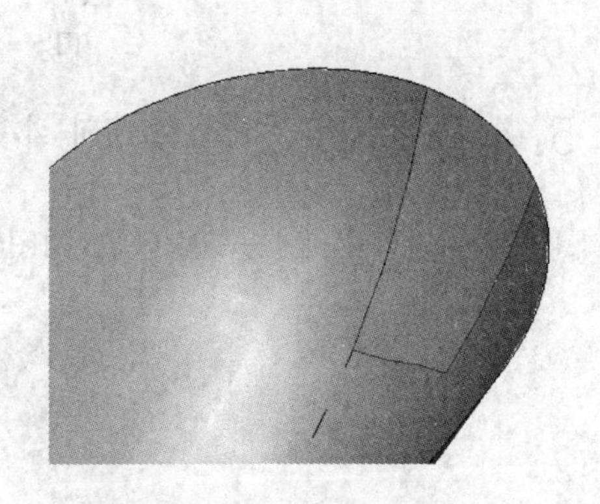

图 5－133　镜像复制曲面

㊹ 选择曲面，单击“合并”工具按钮，合并曲面，如图 5－134 所示。

㊺ 单击“圆角”工具按钮，创建一个半径为 1 的圆角，如图 5－135 所示。

㊻ 选择曲面，选择菜单“编辑”|“加厚”选项，在控制面板中输入厚度 0.5，结果如图 5－136 所示。

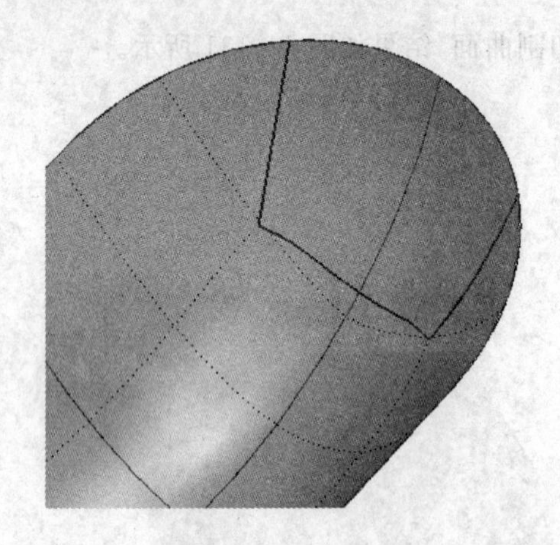

图 5-134　合并曲面

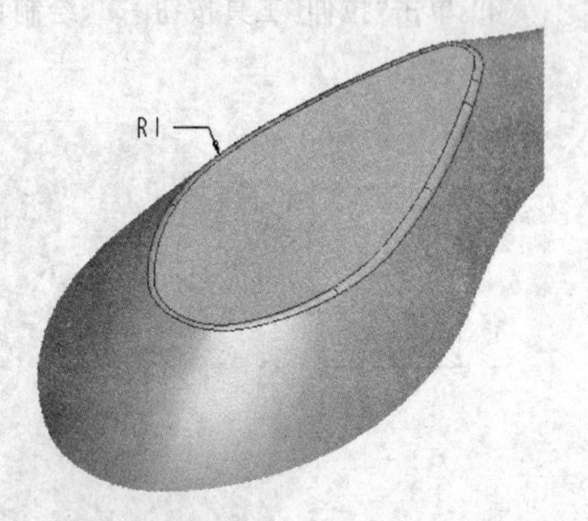

图 5-135　创建圆角

图 5-136　加厚曲面

5.4　曲面设计案例 4——吹风机

曲面设计案例 4——吹风机，如图 5-137 所示。

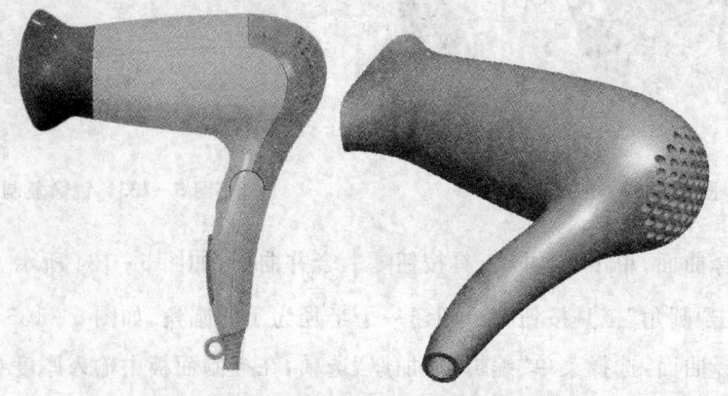

图 5-137　曲面设计案例 4——吹风机

5.4.1　案例分析

吹风机案例使用了工业设计中常用的跟踪草绘技术，构建曲面的方法比较简单，在学习过程中要注意体验跟踪草绘技术的使用方法。吹风机的设计流程如图 5－138 所示。

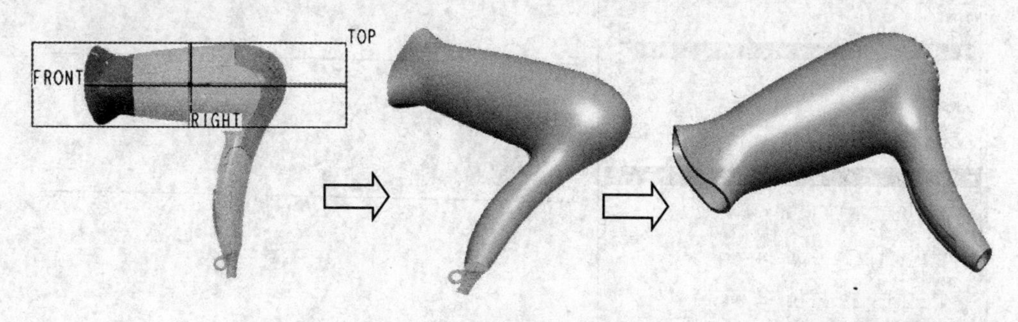

图 5－138　设计流程

5.4.2　知识点介绍：跟踪草绘

在“造型曲面”模块中，利用跟踪草绘技术可以方便地根据图片来获取必要的造型数据。但在实际工作中，设计师提供的视图都是多角度、多视图的，需要把这些视图都拼到 Pro/E 的设计环境中，以方便设计者参考各个视图的尺寸，但要注意的是，这些视图之间的尺寸未必都是能够对应得上的，所以在拼图时要注意取舍，一般的原则是：保证重要尺寸，摊分形状偏差，利用辅助基准。

5.4.3　设计步骤

吹风机的设计步骤如下：

① 单击“草绘”工具按钮，在 TOP 平面上绘制如图 5－139 所示的草图。

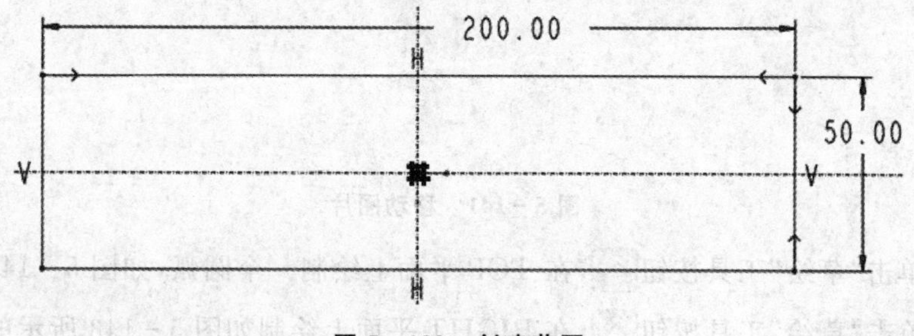

图 5－139　创建草图

② 单击“造型”工具按钮，进入“造型”模块，选择菜单“造型”|“跟踪草绘”选项，弹出“跟踪草绘”对话框，单击“顶. 吹风机”选项，弹出“打开”对话框，选择吹风机图片，在“旋转”文本框中输入－91，在“拟合”选项区域的文本框中输入 50，在绘图区域将图片上的两条水平线放置于吹风机风口处，如图 5－140 所示。

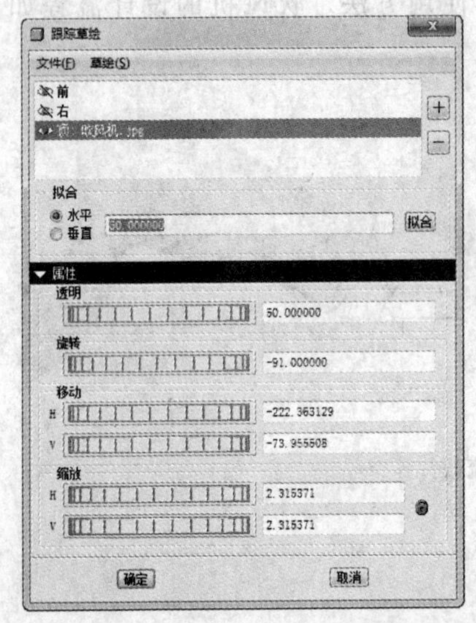

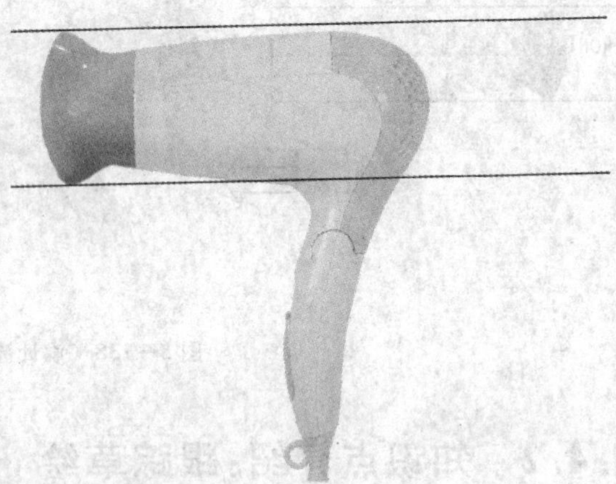

图 5－140　导入图片

③ 按住鼠标右键，移动图片，将吹风机风口移动到草绘的矩形框中，单击“完成”按钮，退出“造型”模块，如图 5－141 所示。

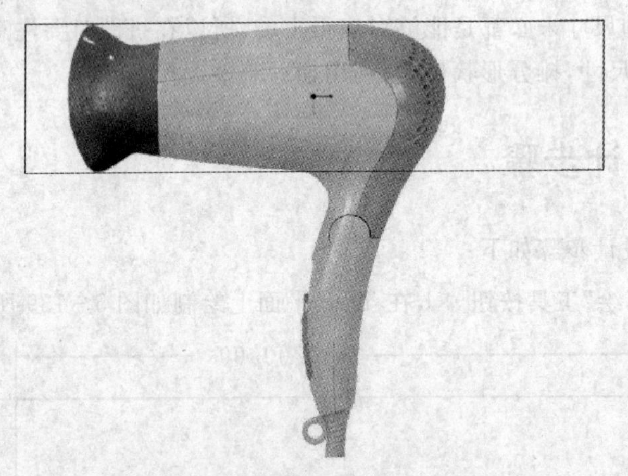

图 5－141　移动图片

④ 单击“草绘”工具按钮，在 TOP 平面上绘制一个圆弧，如图 5－142 所示。

⑤ 单击“草绘”工具按钮，在 RIGHT 平面上绘制如图 5－143 所示的草图。

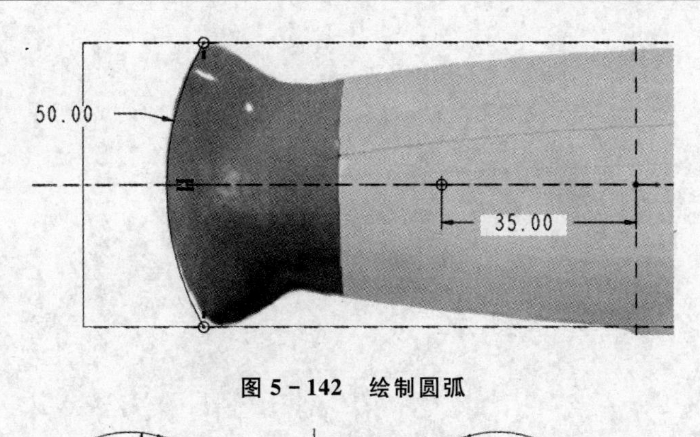

图 5-142　绘制圆弧

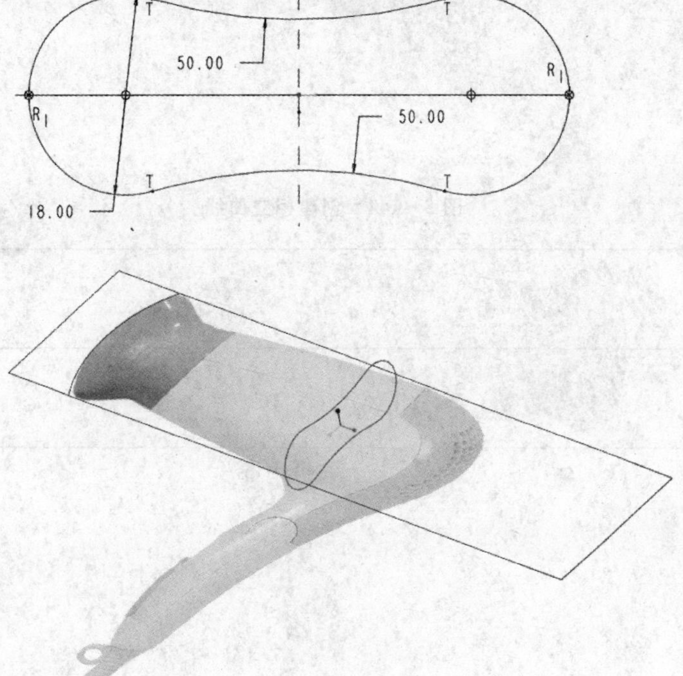

图 5-143　绘制草图

⑥ 按住 Ctrl 键，选择两个草图，选择菜单“编辑”|“相交”选项，结果如图 5-144 所示。

⑦ 单击“造型”工具按钮，进入“造型”模块，单击“曲线”工具按钮，单击“曲线编辑”工具按钮，移动曲面的编辑点，单击工具栏中的“完成”按钮，退出“造型”模块，如图 5-145 所示。

⑧ 单击“旋转”工具按钮，在控制面板中单击“曲面”工具按钮，选择 FRONT 平面为草绘平面，绘制如图 5-146 所示的草图，在控制面板中输入旋转角度 360，单击“完成”按钮。

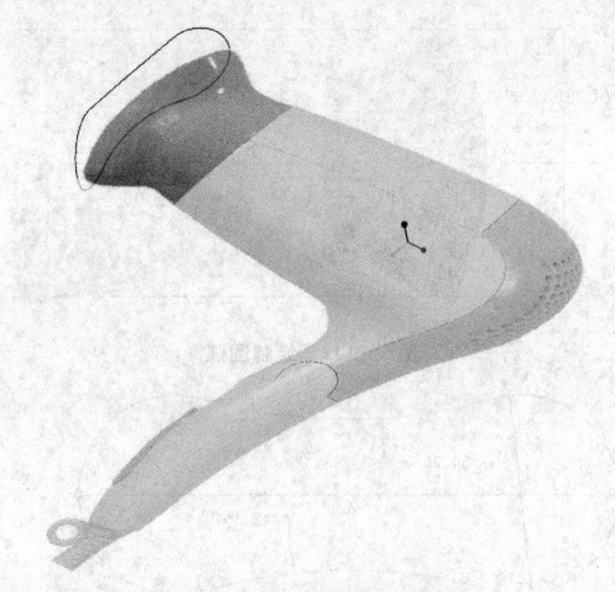

图 5-144　创建相交曲线

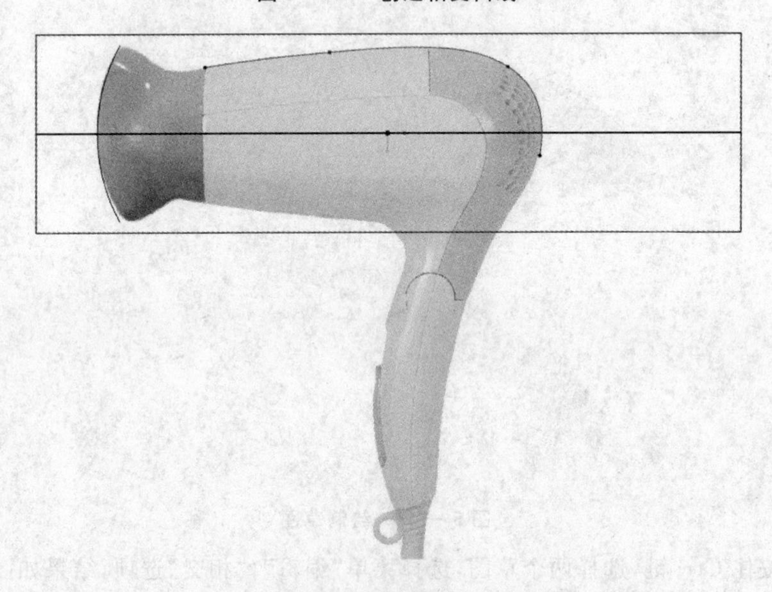

图 5-145　绘制曲线

⑨ 单击“点”工具按钮，创建两个基准点，如图 5-147 所示。

⑩ 单击“曲线”工具按钮，创建两条曲线，曲线的一端与曲面相切，如图 5-148 所示。

⑪ 单击“边界混合”工具按钮，创建一个边界曲面，如图 5-149 所示。

⑫ 单击“拉伸”工具按钮，绘制草图切割曲面，结果如图 5-150 所示。

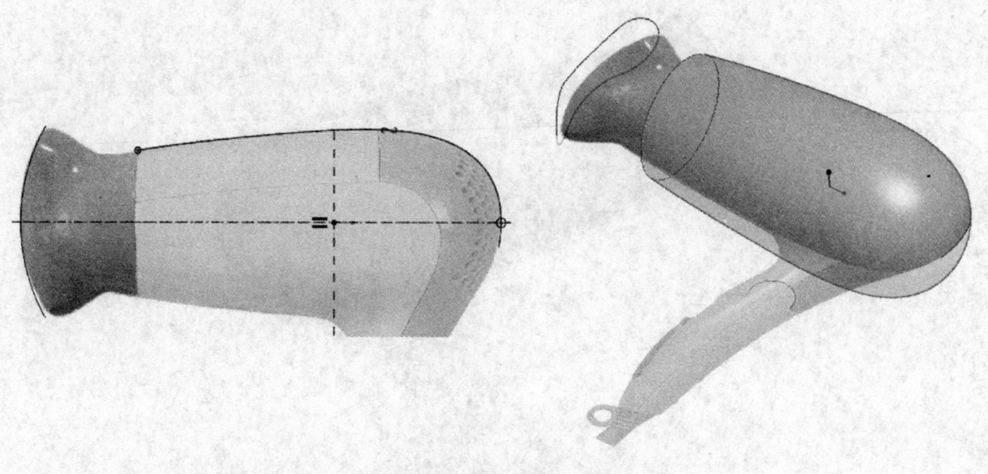

图 5－146　旋转曲面

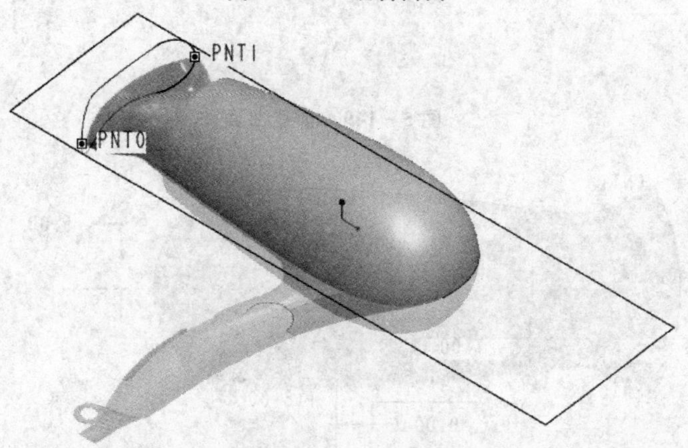

图 5－147　创建基准点

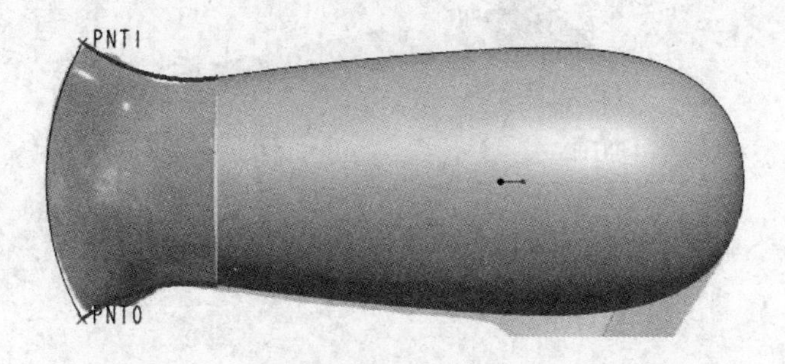

图 5－148　绘制曲线

⑬ 按住 Ctrl 键，旋转 TOP 平面和曲面，选择菜单“编辑”|“相交”选项，创建相交曲线，结果如图 5－151 所示。

⑭ 单击“造型”工具按钮，进入“造型”模块，绘制两条曲线，如图 5－152 所示。

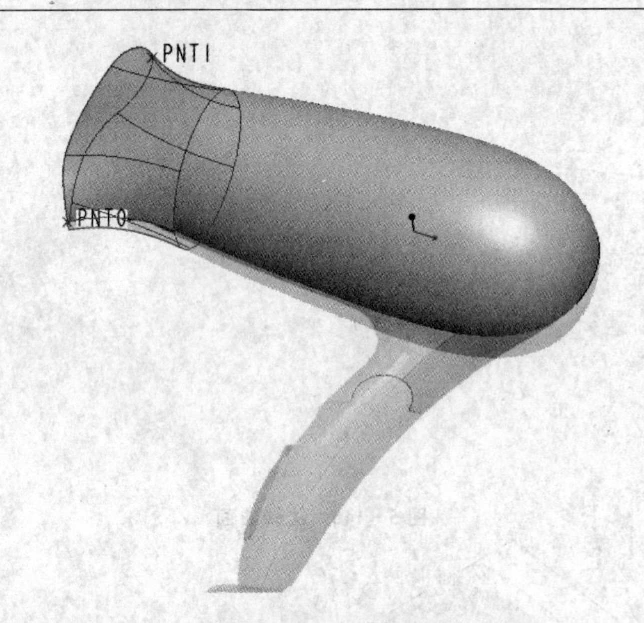

图 5-149　创建曲面

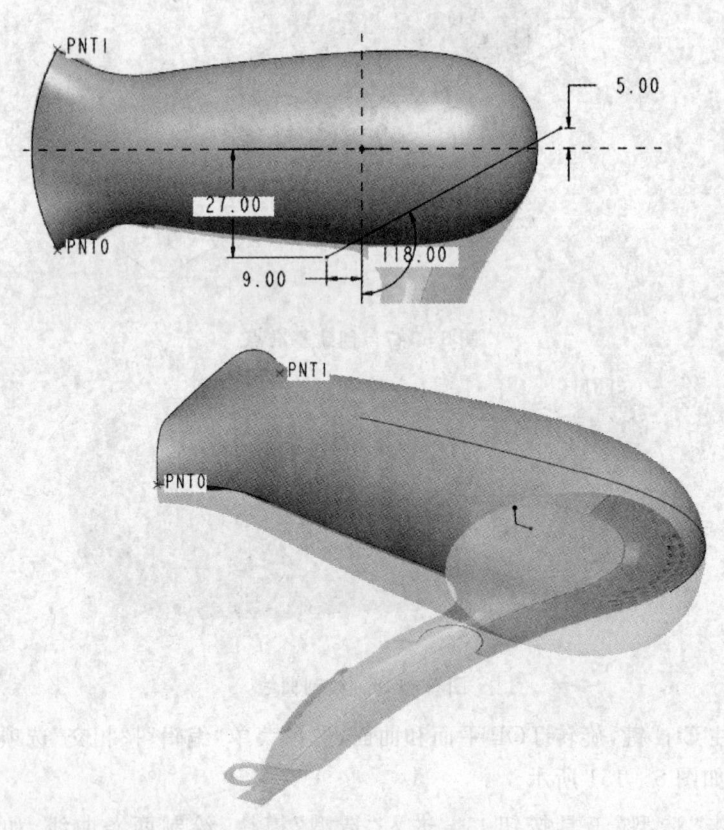

图 5-150　切割曲面

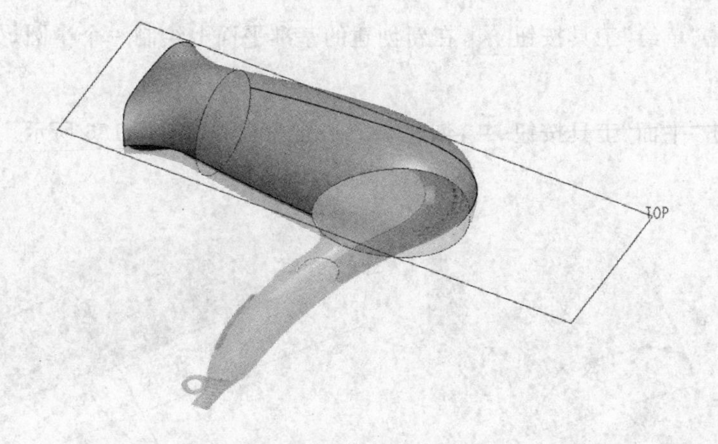

图 5－151　创建交线

⑮ 单击“曲线”工具按钮，创建一条直线，如图 5－153 所示。

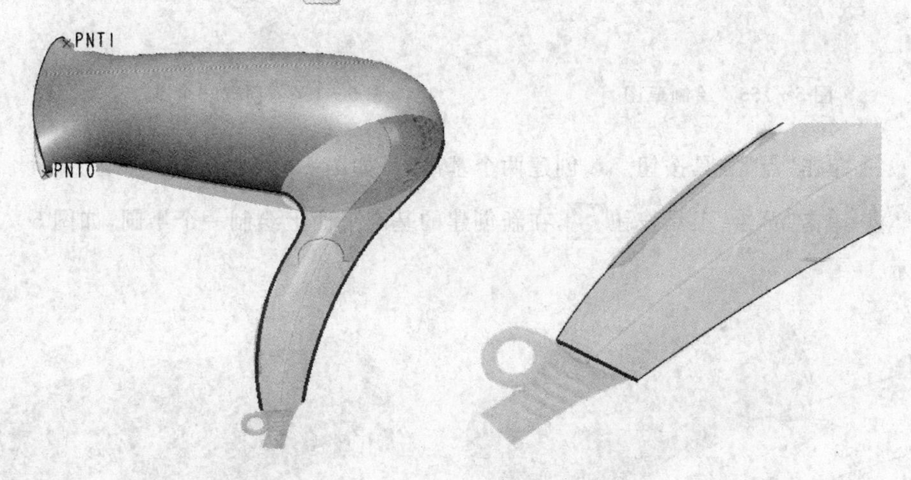

图 5－152　绘制曲线　　　　图 5－153　创建直线

⑯ 单击“平面”工具按钮，创建一个过直线且垂直于 TOP 平面的基准平面，如图 5－154 所示。

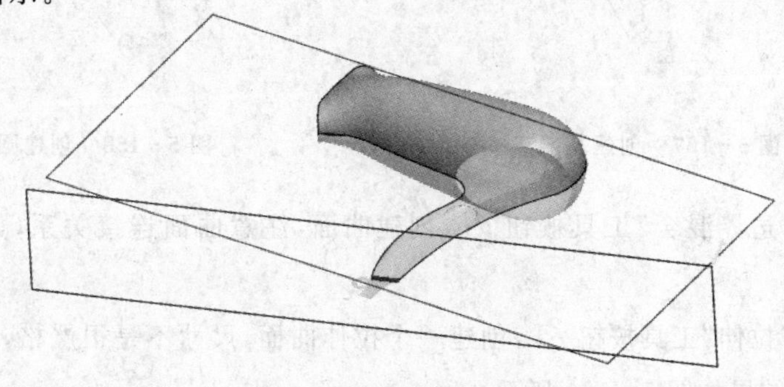

图 5－154　创建基准平面

⑰ 单击“草绘”工具按钮，在新创建的基准平面上绘制一个半圆，如图 5－155 所示。

⑱ 单击“平面”工具按钮，创建一个基准平面，如图 5－156 所示。

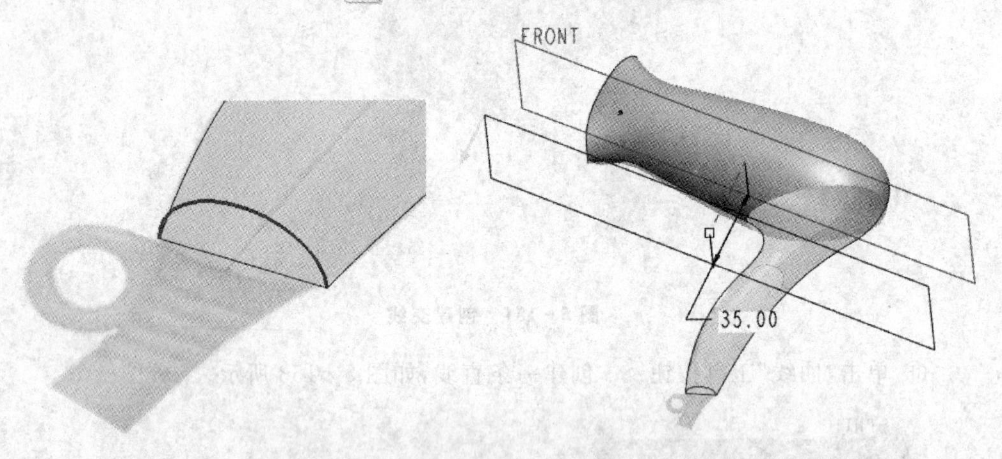

图 5－155　绘制草图　　　　图 5－156　创建一个基准平面

⑲ 单击“点”工具按钮，创建两个基准点，如图 5－157 所示。

⑳ 单击“草绘”工具按钮，在新创建的基准平面上绘制一个半圆，如图 5－158 所示。

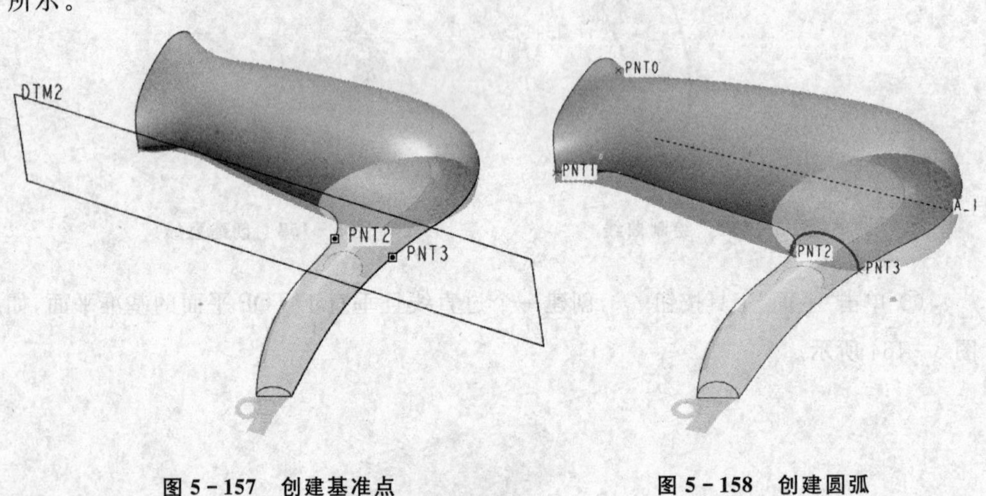

图 5－157　创建基准点　　　　图 5－158　创建圆弧

㉑ 单击“边界混合”工具按钮，创建曲面，注意曲面连接关系，如图 5－159 所示。

㉒ 单击“拉伸”工具按钮，创建一个拉伸曲面，尺寸不是很严格，形状位置基本一致即可，结果如图 5－160 所示。

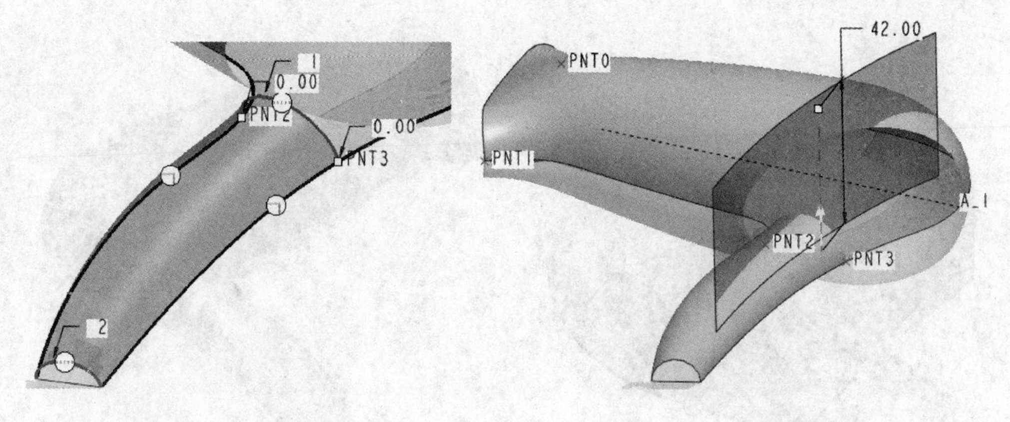

图 5-159 创建曲面　　　　图 5-160 创建拉伸曲面

㉓ 单击“点”工具按钮，创建两个基准点，如图 5-161 所示。

㉔ 单击“曲线”工具按钮，创建一条曲线，曲线两端与曲面相切，如图 5-162 所示。

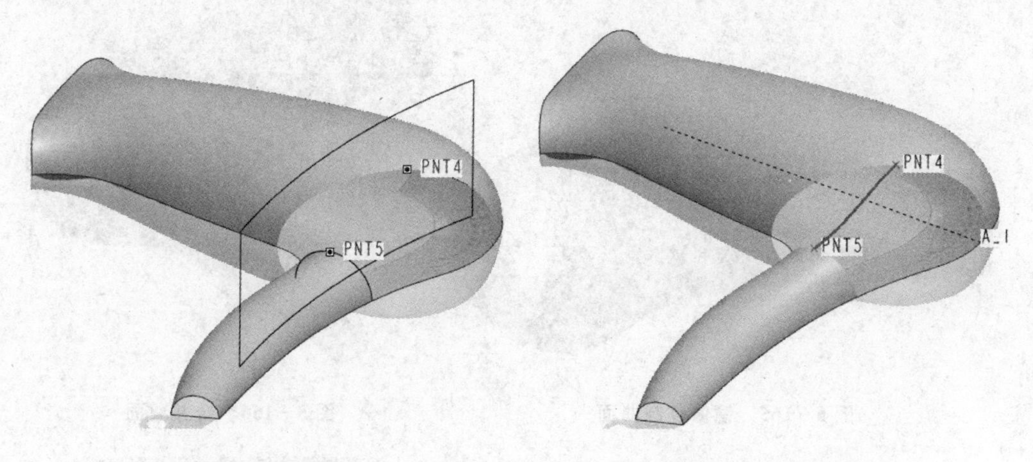

图 5-161 创建基准点　　　　图 5-162 创建曲线

㉕ 单击“边界混合”工具按钮，创建曲面，注意曲面连接关系，如图 5-163 所示。

㉖ 选择曲面，单击“合并”工具按钮，合并曲面，如图 5-164 所示。

㉗ 选择曲面，单击“镜像”工具按钮，镜像复制曲面，如图 5-165 所示。

㉘ 选择曲面，单击“合并”工具按钮，合并曲面，如图 5-166 所示。

㉙ 选择菜单“编辑”|“填充”选项，创建一个填充曲面，结果如图 5-167 所示。

㉚ 选择曲面，单击“合并”工具按钮，合并曲面，如图 5-168 所示。

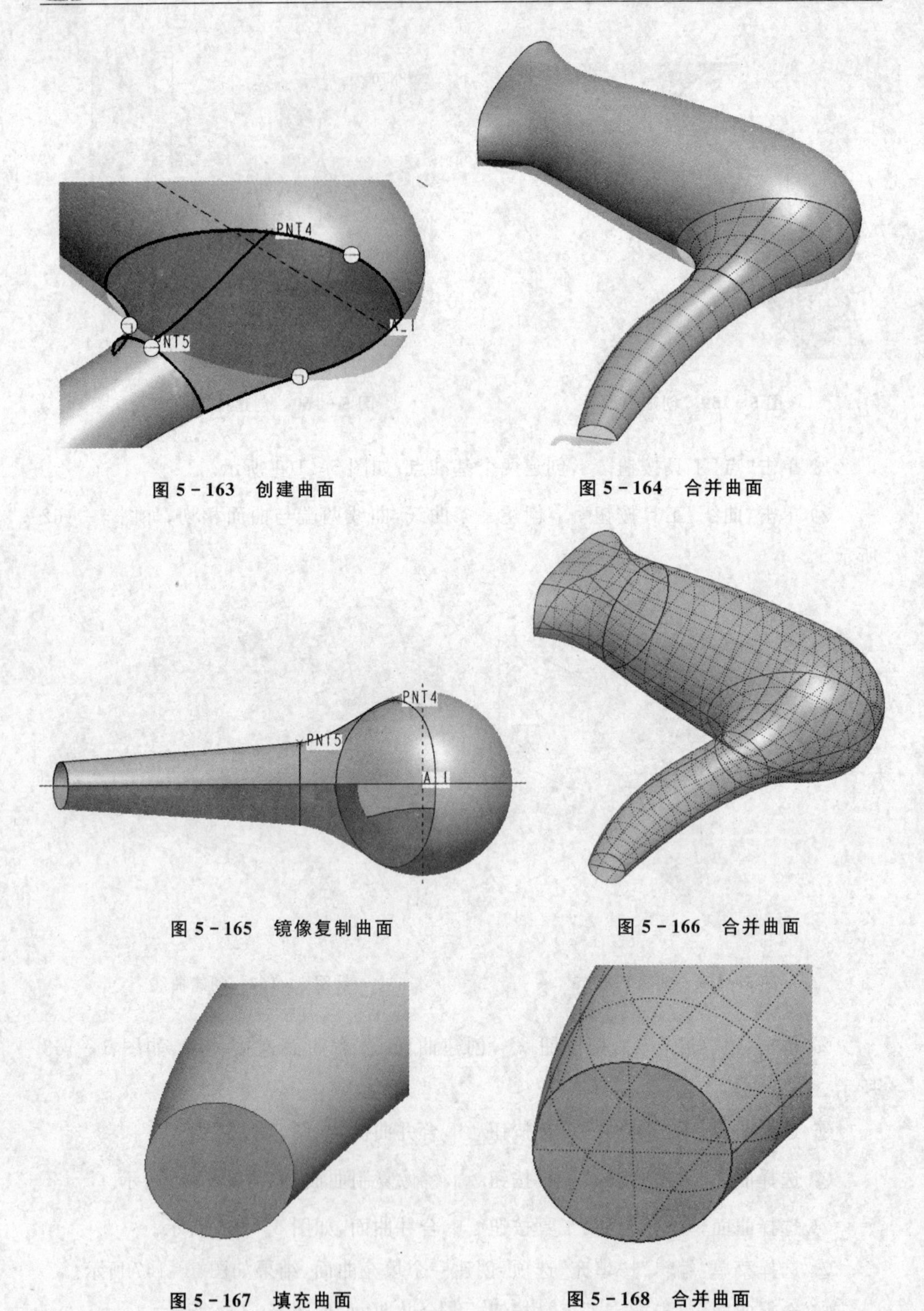

图 5-163　创建曲面

图 5-164　合并曲面

图 5-165　镜像复制曲面

图 5-166　合并曲面

图 5-167　填充曲面

图 5-168　合并曲面

㉛ 单击“拉伸”工具按钮，创建一个拉伸曲面，尺寸不是很严格，形状位置基本一致即可，结果如图5－169所示。

㉜ 选择曲面，单击“合并”工具按钮，合并曲面，如图5－170所示。

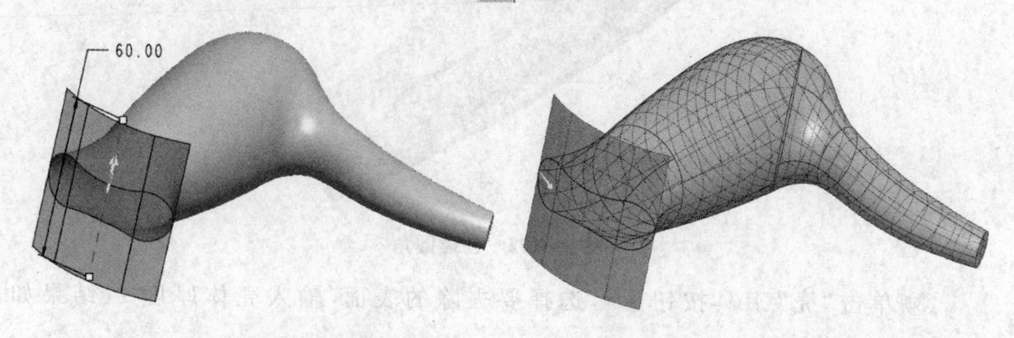

图5－169　创建拉伸曲面　　　图5－170　合并曲面

㉝ 选择曲面，选择菜单“编辑”|“偏移”选项，在控制面板中选择“拔模特征”选项，输入偏移深度1.5，拔模角度30，单击“参照”选项，单击“草绘”选项区域的“编辑”按钮，绘制草图，结果如图5－171所示。

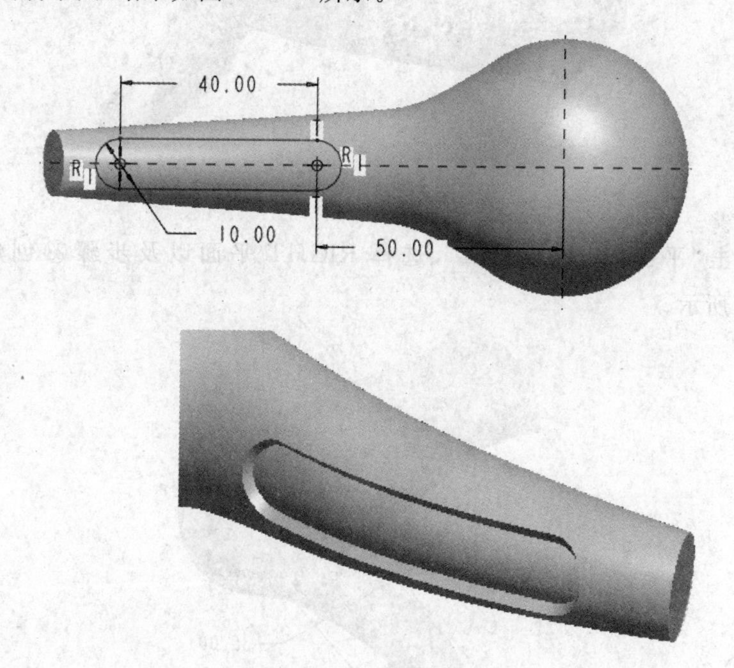

图5－171　创建偏移曲面

㉞ 选择曲面，选择菜单“编辑”|“实体化”选项，单击“完成”按钮。

㉟ 单击“圆角”工具按钮，创建两个半径为0.5的圆角，如图5－172所示。

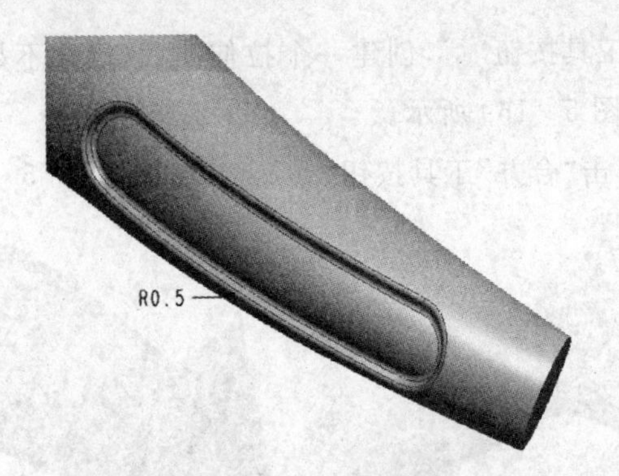

图 5-172 创建圆角

㊱ 单击“壳”工具按钮，选择要去除的表面，输入壳体厚度 2，结果如图 5-173 所示。

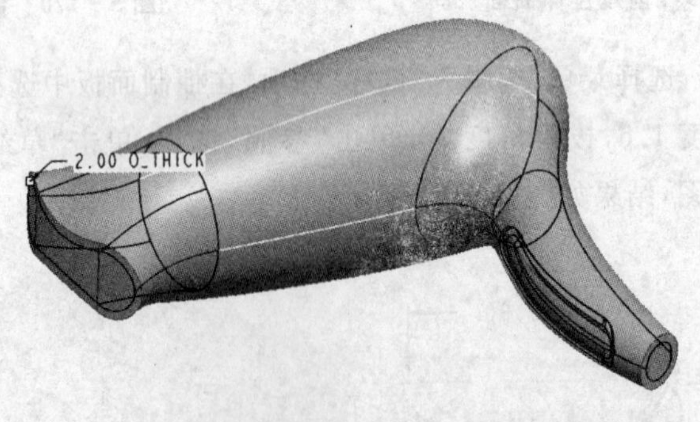

图 5-173 抽 壳

㊲ 单击“平面”工具按钮，选择 RIGHT 平面以及步骤㉓创建的点，如图 5-174 所示。

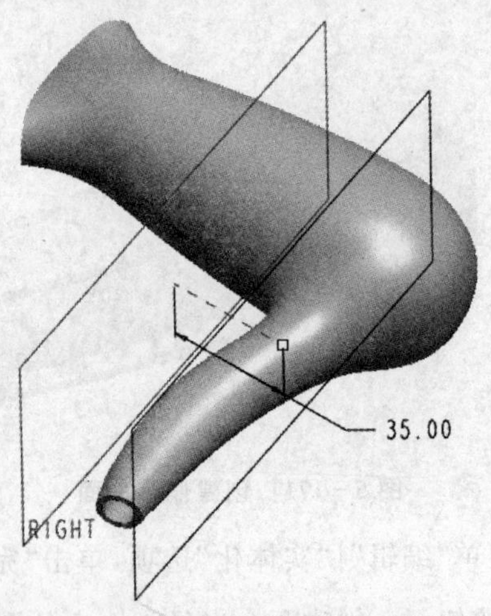

图 5-174 创建基准平面

㊳ 单击“拉伸”工具按钮，创建一个拉伸孔，结果如图 5－175 所示。

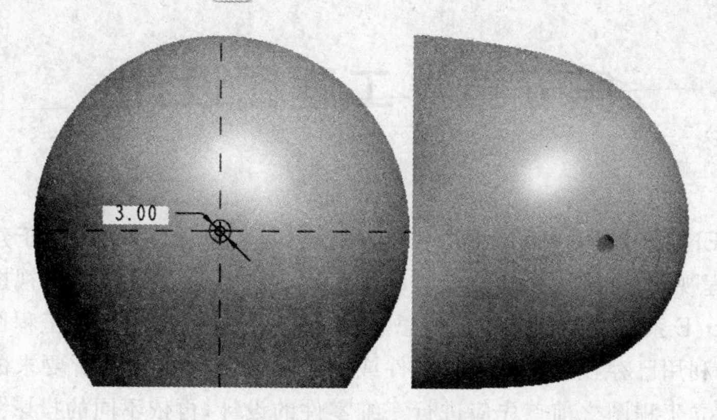

图 5－175　创建拉伸孔

㊴ 选择拉伸孔特征，单击“阵列”工具按钮，在控制面板中选择“填充”、“正方形”选项，单击“参照”选项，单击“草绘”选项区域的“编辑”按钮，绘制草图，其他参数如图 5－176 所示。

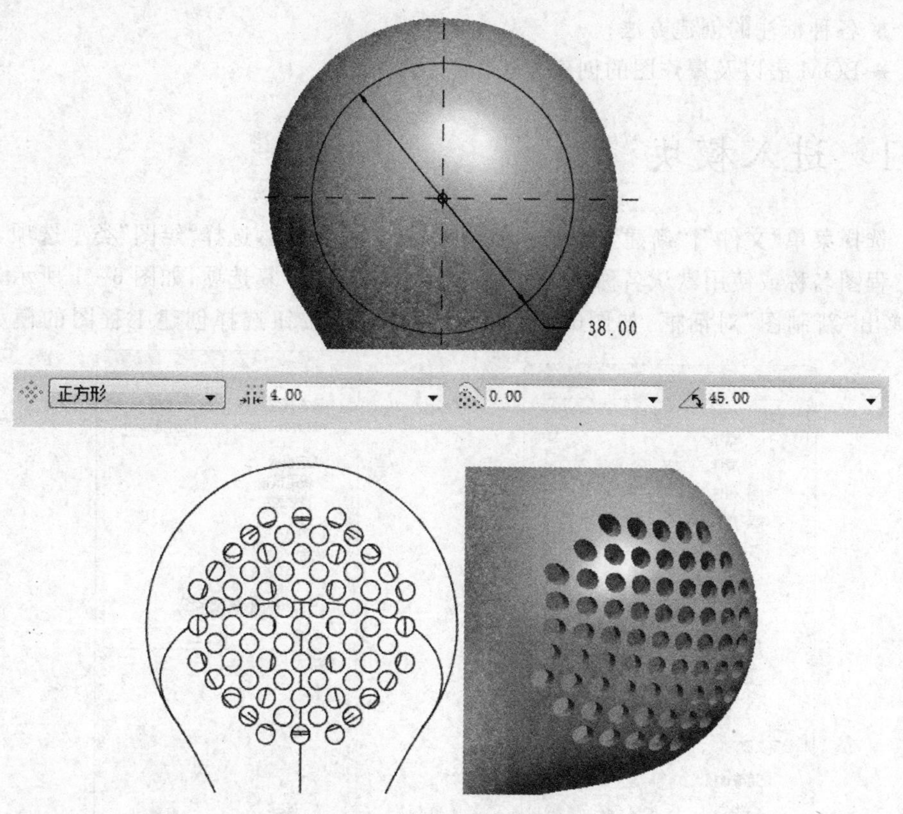

图 5－176　创建阵列特征

第6章　工程图设计

在 Pro/ENGINEER Wildfire 4.0 中,工程图是一个独立模块,用于建立零件或装配体的工程视图,可按用户的要求自动创建出视图、视图的标注、剖视图和辅助视图等。在 Pro/E 系统中建立工程图的思想与二维 CAD 系统中绘制工程图的思想是互逆的,它是利用已存在的三维实体零件或装配体模型直接生成所要求的第一个视图。因此,建立工程图之前首先应进行三维零件的设计,再依不同的投影关系生成各种工程图,并且工程图与零件或组合件之间相互关联,只要其中之一更改,另一个也会自动更改,大大提高了绘制工程图的效率。

本章知识要点:

※ 各种视图的创建方法;

※ 各种标注的创建方法;

※ BOM 表以及爆炸图的创建方法。

6.1　进入模块

选择菜单"文件"|"新建"选项,系统弹出"新建"对话框,选择"绘图"类型选项,输入工程图名称或使用默认名称,取消选择"使用缺省模板"复选项,如图 6-1 所示,系统弹出"新制图"对话框,如图6-2所示,单击"浏览"按钮选择创建工程图的模型,

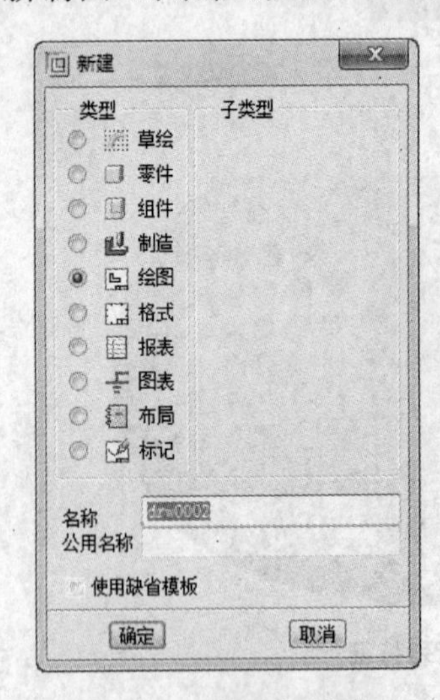

图 6-1　"新建"对话框

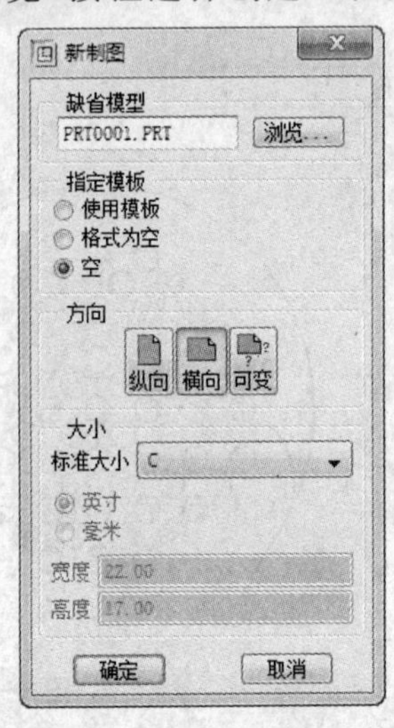

图 6-2　"新制图"对话框

在“指定模板”选项区域选择制定模板的方式，使用任一模板，单击“确定”按钮，进入 Pro/E 绘图模块，如图 6－3 所示。

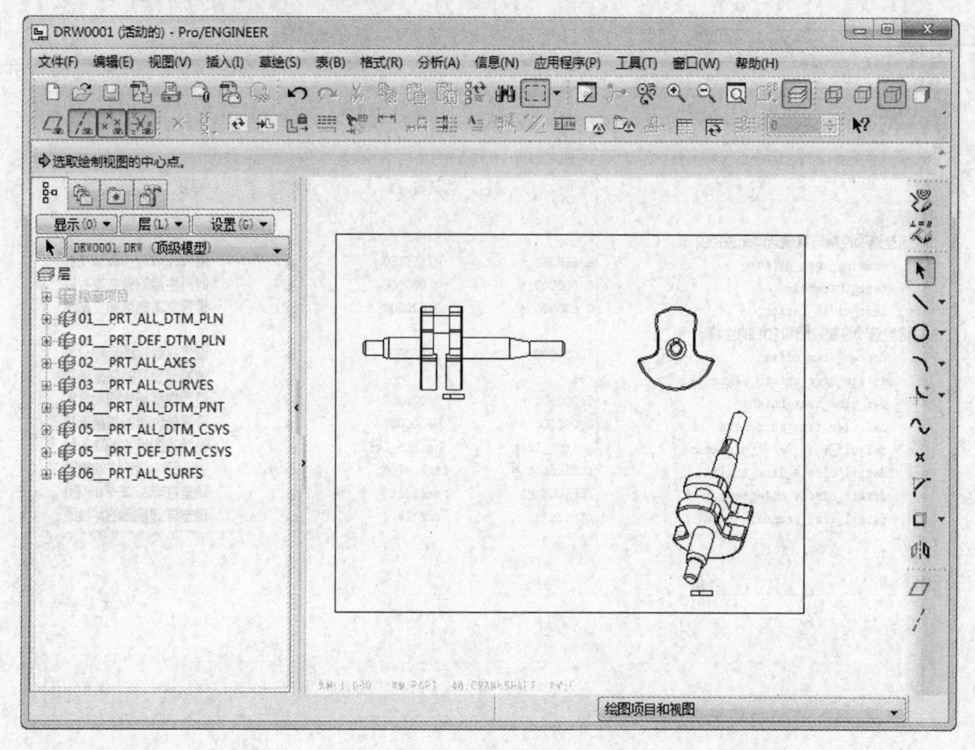

图 6－3 “绘图”模块

“指定模板”选项区域中各选项的含义如下：

“使用模板”　使用模板自动生成新的工程图。

“格式为空”　指定使用格式自动生成新的工程图。

“空”　选择图纸放置方向与大小生成的空白工程图。

6.2　参数与配置

在 Pro/ENGNEER Wildfire 4.0 中，用户可以根据不同的文件指定不同的配置文件及工程图格式。配置文件指定了图纸中一些内容的通用特征，如尺寸和注释的文本高度、文本方向、几何公差标准、字体属性、制图标准等。配置文件默认的文件扩展名为 *.dtl。

用户可以根据企业的情况配置一个适合企业使用的 dtl 文件，并在 config.pro 文件中指定配置文件的路径和名称。在选项栏中输入 drawing_setup_file，在“值”文本框中输入 dtl 文件路径。如果没有指定配置文件，则系统会利用默认的配置文件。

除了用户自己配置的 dtl 文件外，软件中还自带了几种常用的 dtl 文件。选择菜

单“文件”|“属性”选项，系统弹出“菜单管理器”，选择“绘图选项”，弹出“选项”对话框，如图 6-4 所示。

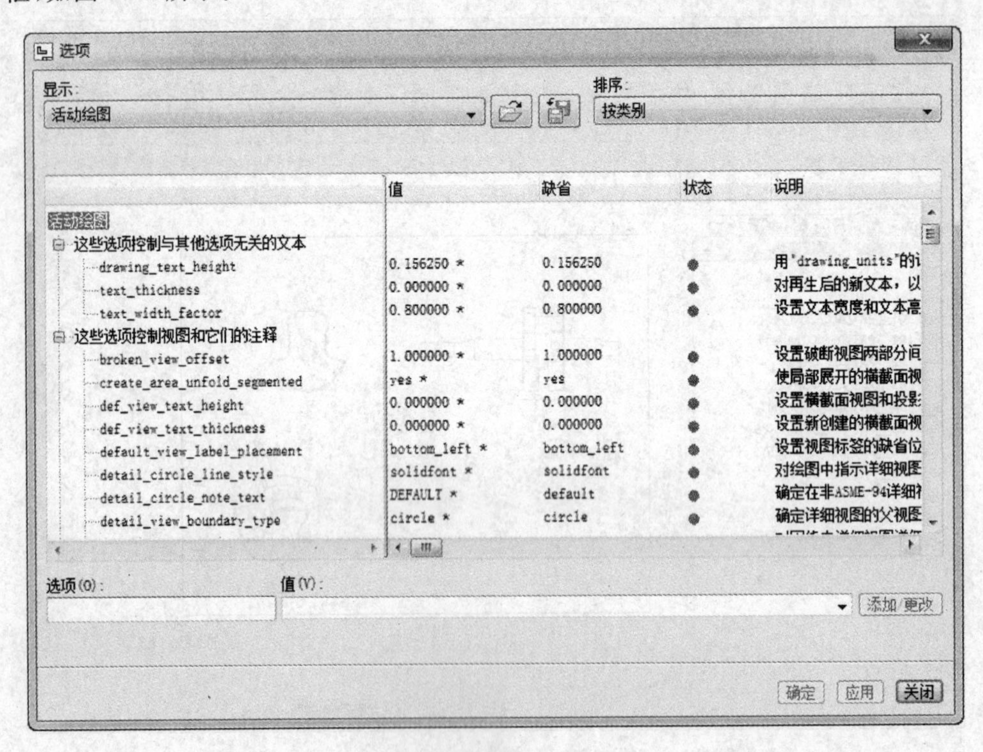

图 6-4 “选项”对话框

单击“选项”对话框中的“打开”工具按钮，弹出“打开”对话框，找到 proeWildfire 4.0 安装目录下的 text 文件夹。该文件夹中有几个 dtl 文件，比较常用的为 ISO. dtl 文件，选择该文件将其打开，单击“应用”按钮，软件会加载 ISO. dtl 中的各项配置，除了自动加载的配置外，还要记住以下各项配置，可以根据用户的使用要求自行更改。

drawing_text_height(工程图文本默认高度)	3.5
Text_width_factor(文本宽度比例因子)	0.8
projection_type(投影角法)	first_angle
view_scale_denominator(确定视图比例的分母)	10
view_scale_format(视图比例格式)	ratio_colon
tol_display(尺寸公差显示)	yes
default_font(默认文本字体)	font
aux_font(辅助文本字体)	1 filled
lead_trail_zeros(控制前、后缀零的显示)	both
angdim_text_orientation(角度标注文本的方位)	horizontal

text_orientation(标注文本的定位)　iso_parallel_diam_horiz
draw_arrow_length(标注箭头的长度)　3.5
draw_arrow_style(标注箭头的样式)　filled
drawing_unit(工程图参数的单位)　mm
gtol_datums(几何公差参照基准的显示样式)　STD_ISO
decimal_marker(小数点的符号)　comma_for_metric_dual
sym_flip_rotated_text(符号相反旋转文本)　yes

6.3 创建投影视图

6.3.1 创建主视图

单击图形窗口上方工具栏中的创建一般视图工具按钮，图形窗口上方的信息提示栏出现选取视图中心的提示，在图形窗口中间单击一点，即出现了零件的轴向视图和“绘图视图”对话框，在“视图方向”选项区域调整零件主视图的方向，单击“确定”按钮即生成主视图，如图 6-5 所示。

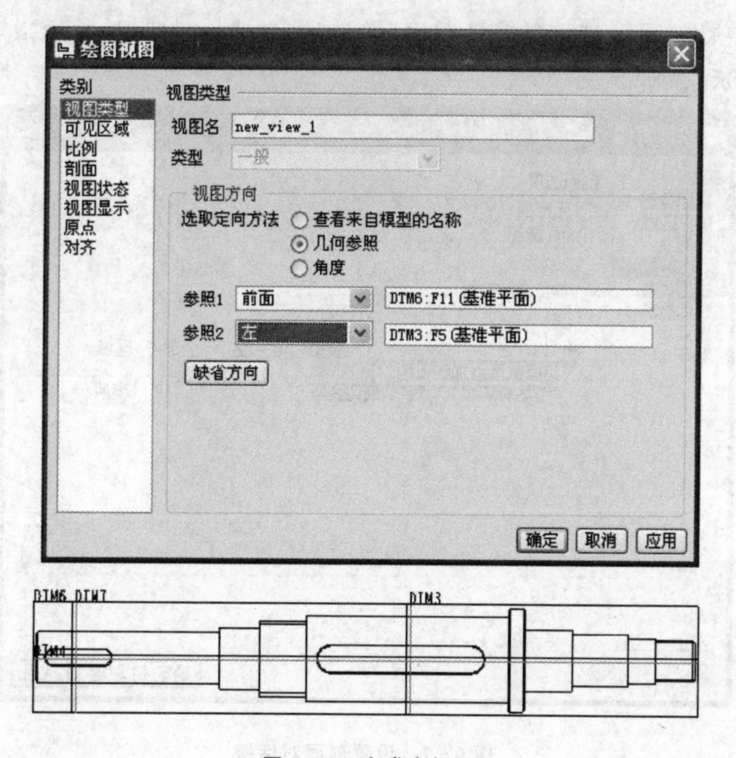

图 6-5　生成主视图

6.3.2 创建投影视图

选中主视图(此时主视图周围有一圈红色边框)右击,在弹出的快捷菜单中选择“投影”菜单项,移动光标,在适当的位置单击,即生成了投影视图,如图 6-6 所示。

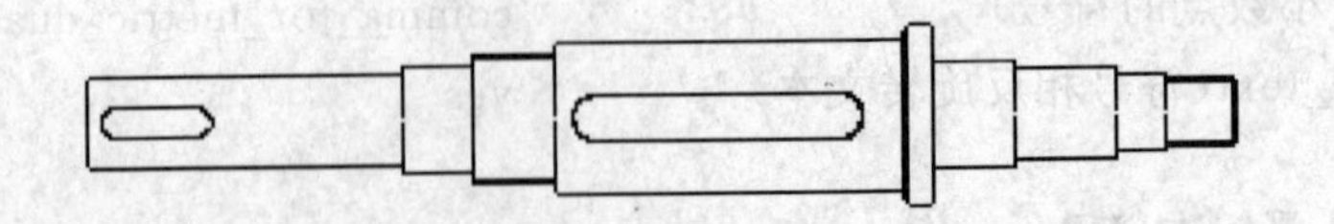

图 6-6 生成投影视图

6.3.3 创建剖视图

为了将零件或机构的结构表示清楚,常常需要创建一些剖视图来表示其内部结构。Pro/E 并不能直接生成剖视图,而是要先生成一个投影视图,再把这个投影视图变成剖视图。

双击视图,弹出“绘图视图”对话框,在左侧“类别”列表中选择“剖面”选项,在右侧“剖面选项”选项区域选择“2D 截面”单选项,单击 + 按钮,开始指定剖面,如图 6-7 所示。

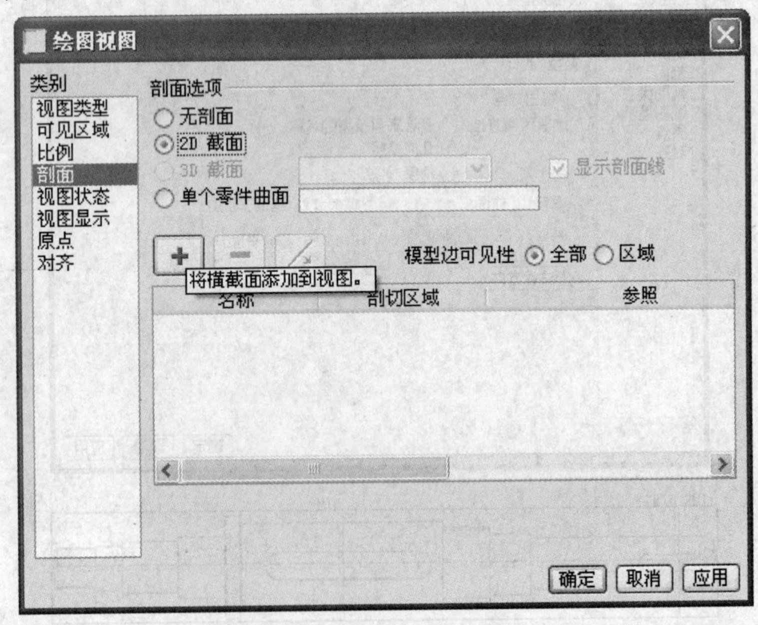

图 6-7 设置剖面对话框

系统弹出“菜单管理器”，选定剖面类型为“平面”|“单一”菜单项，如图 6－8 所示，单击“完成”按钮，在信息提示栏中输入名称，选择剖切平面，返回“绘图视图”对话框，单击“应用”按钮，如图 6－9 所示。

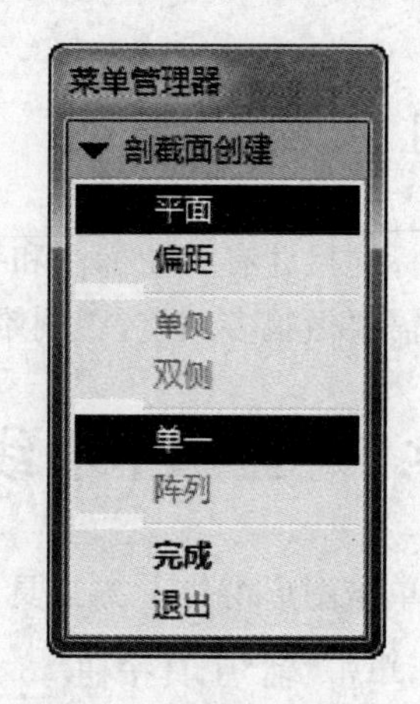

图 6－8　设置剖面类型

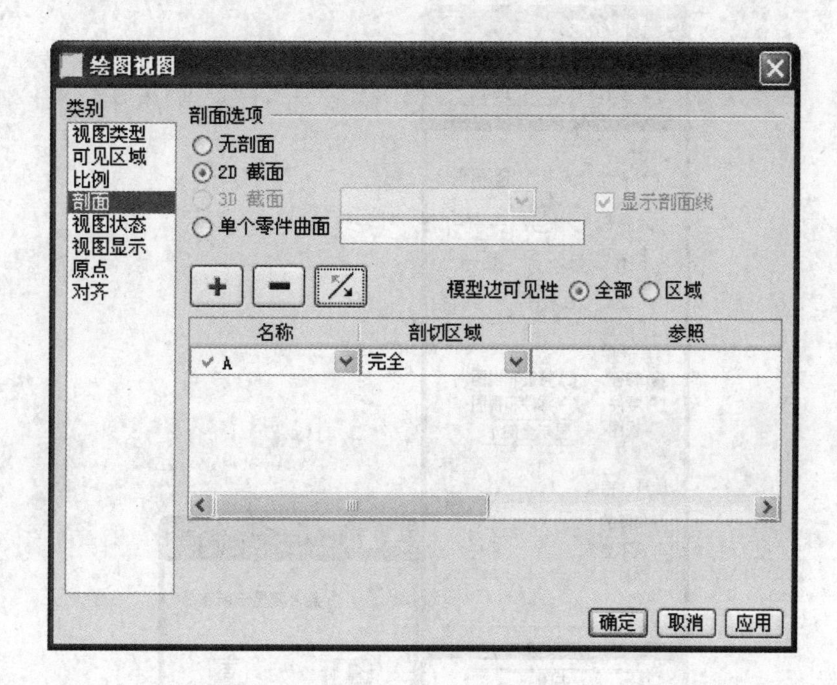

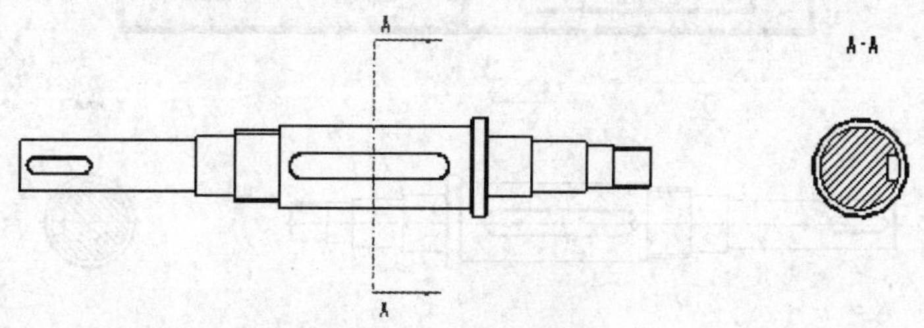

图 6－9　生成剖视图

6.4 尺寸标注

标注尺寸有自动标注和手动标注两种方式。自动标注还不太智能化，标注的尺寸还需要做很多调整，否则难以反映设计意图，而手工标注更实用。

6.4.1 显示中心线

单击图形窗口上方工具栏上的“显示及拭除”工具按钮，弹出“显示/拭除”对话框，单击“轴”工具按钮，再单击“显示全部”按钮，系统弹出“确认”对话框，单击“是”按钮，结果如图 6 - 10 所示。

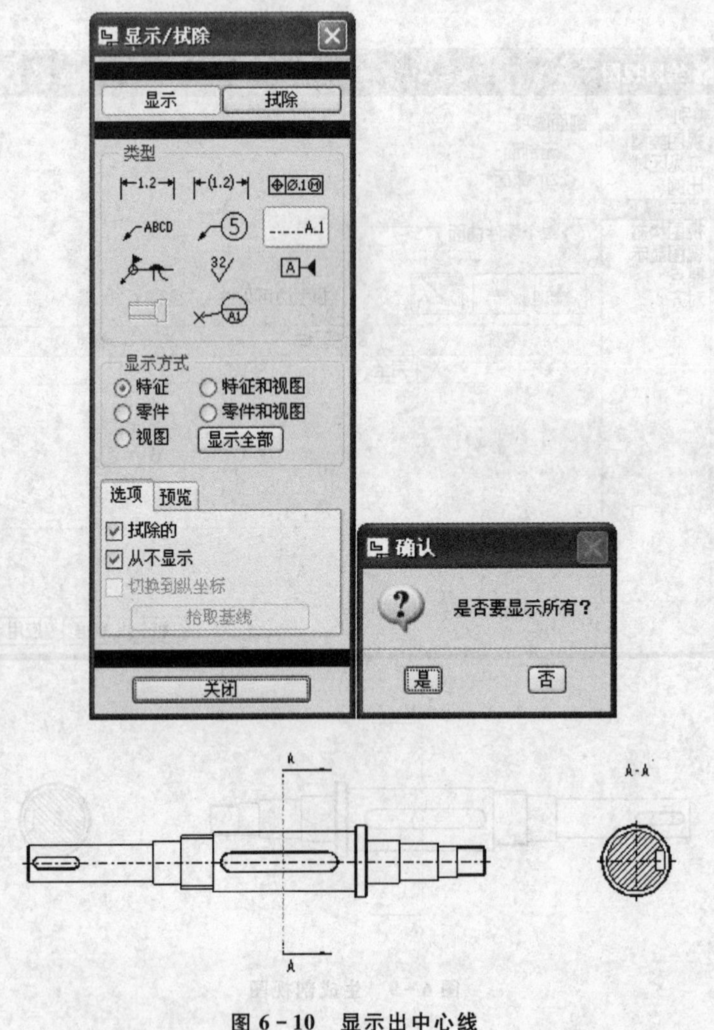

图 6 - 10　显示出中心线

6.4.2　创建捕捉线

为了使标注的尺寸对齐，位于同一高度上，需要先创建捕捉线。当标注尺寸时，尺寸线就会自动落在捕捉线上。

单击图形窗口上方工具栏上的“捕捉线”工具按钮，系统弹出创建“捕捉线”的“菜单管理器”，默认的是“偏移视图”菜单项，同时在视图周围出现蓝色虚线边框，如图 6 - 11 所示。

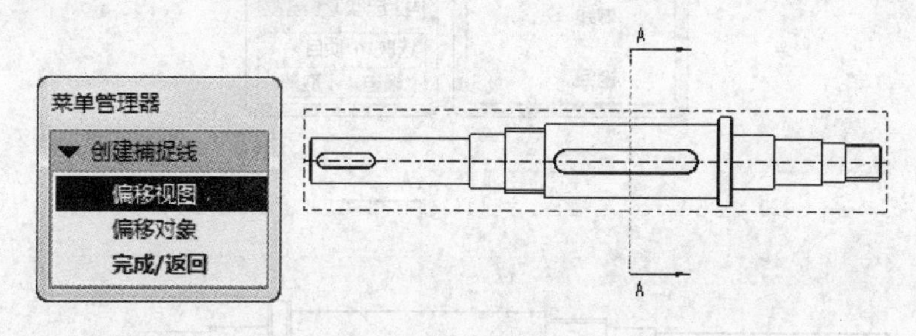

图 6 - 11　提示从视图边框开始偏移

选择视图虚线边框，被选中的边框线变成了红色，单击“选取”对话框中的“确定”按钮。系统弹出输入捕捉线与边框距离的窗口，同时边框线变成黑色，连续输入距离，按下 Enter 键，结果如图 6 - 12 所示。

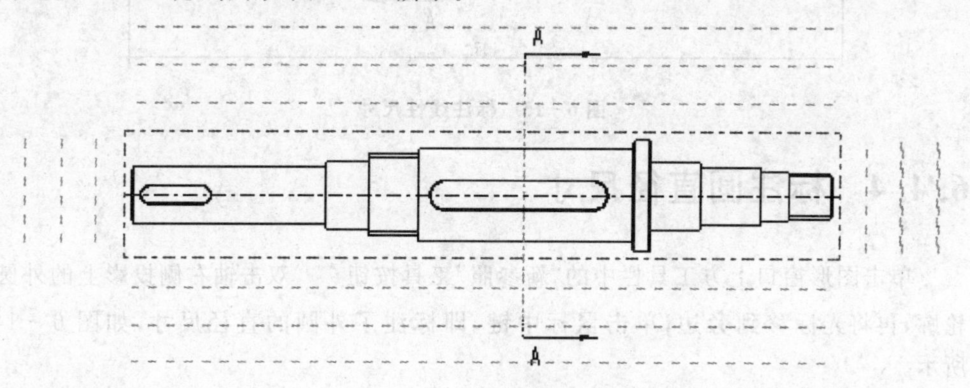

图 6 - 12　显示出的捕捉线

单击菜单上的“完成”按钮结束捕捉线创建命令。若觉得捕捉线过多，则每条捕捉线都可单独删除。

6.4.3　标注线性尺寸

单击图形窗口上方工具栏中的“新参照”工具按钮，弹出“菜单管理器”，默认的标注方式是“图元上”选项，选择轴两端边线，再将光标移到轴中间“A”字下方，单击鼠标中键，即生成线性尺寸，如图 6－13 所示。

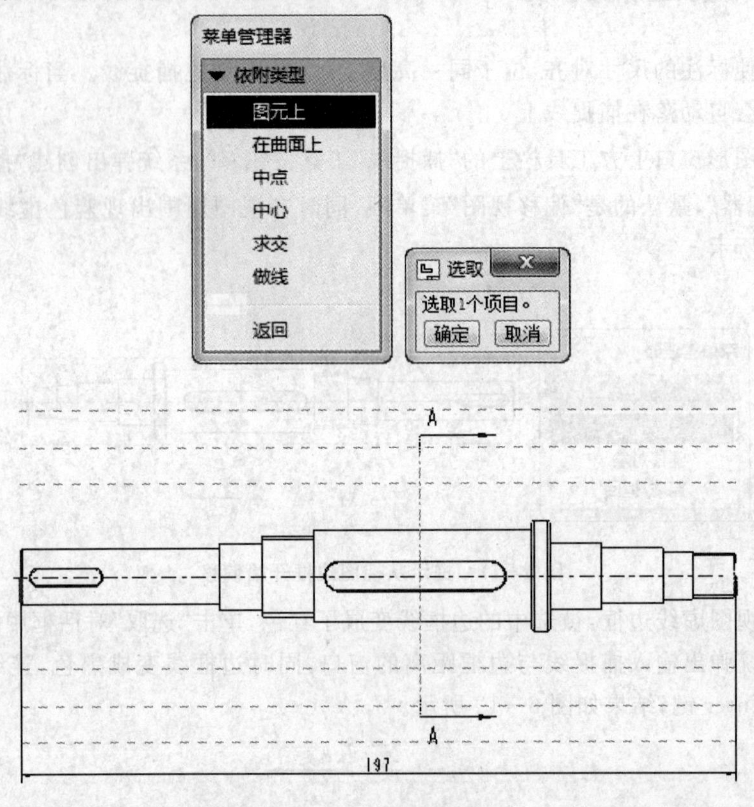

图 6－13　标注线性尺寸

6.4.4 标注圆直径尺寸

单击图形窗口上方工具栏中的“新参照”工具按钮，双击轴右侧投影上的外圆轮廓，再将光标移到旁边，单击鼠标中键，即标注了外圆的直径尺寸，如图 6－14 所示。

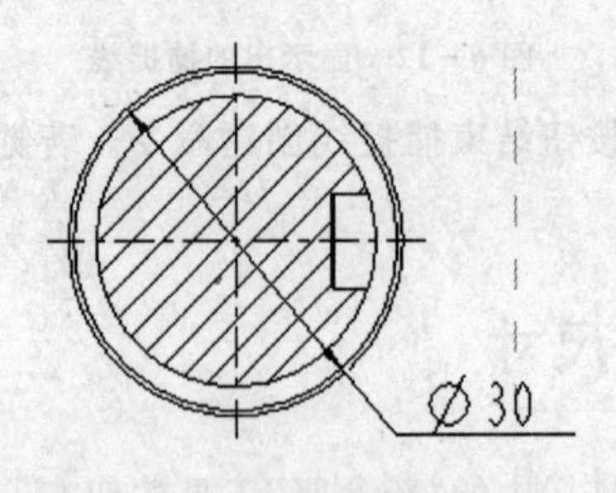

图 6－14　标注直径尺寸

6.4.5　标注圆弧半径尺寸

单击图形窗口上方工具栏中的“新参照”工具按钮，单击键槽右侧的圆弧，再将光标挪到旁边，单击鼠标中键，即生成了圆弧的半径尺寸，如图 6－15 所示。

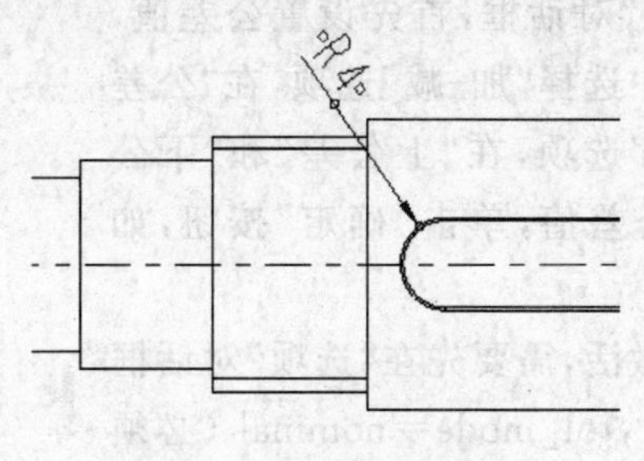

图 6－15　标注半径尺寸

6.4.6　标注两圆弧的最大距离

单击图形窗口上方工具栏中的“新参照”工具按钮，先单击键槽左侧的圆弧，再单击键槽右侧的圆弧，将光标移到轴主视图下方，再单击鼠标中键，系统弹出菜单询问是从左圆弧的中心还是在切向进行标注；选择“相切”方式，又弹出相同的菜单定义右边的圆弧，再选择“相切”；系统弹出定义“尺寸方向”的“菜单管理器”，单击“水平”选项，即生成两圆弧间的最大距离的尺寸。将尺寸线拉到捕捉线附近，尺寸线即自动落到捕捉线上，如图 6－16 所示。

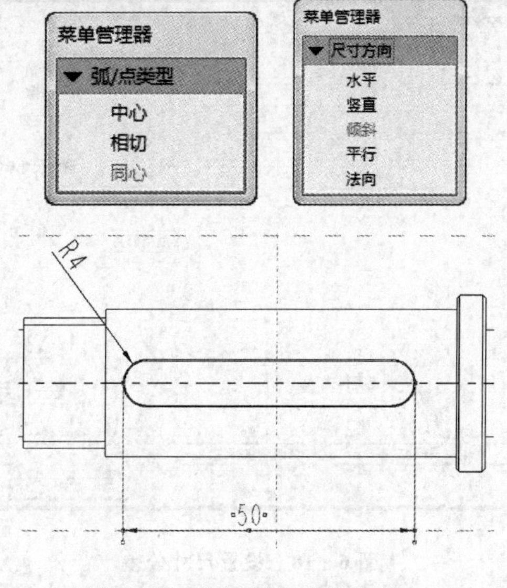

图 6－16　标注两圆弧间的尺寸

6.4.7 尺寸公差的标注

右击标注尺寸，从下拉菜单中选择“属性”菜单项，如图 6－17 所示。

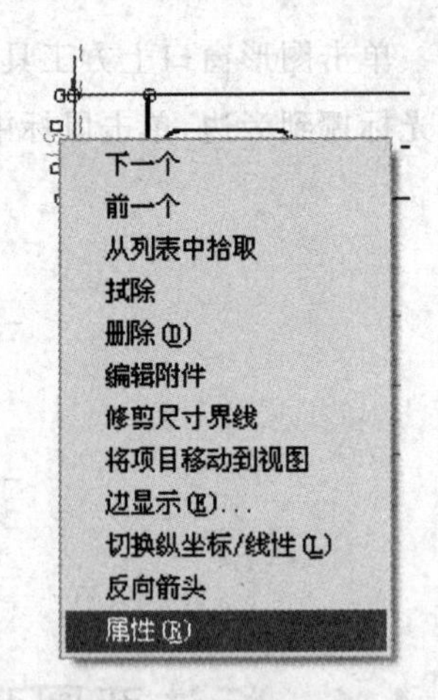

图 6－17 选择尺寸属性

系统弹出“尺寸属性”对话框，首先设置公差值，在“公差模式”下拉列表中选择“加-减”选项，在“公差表”下拉列表中选择“无”选项，在“上公差”和“下公差”文本框中分别输入公差值，单击“确定”按钮，如图 6－18 所示。

若“公差模式”未被激活，需要先在“选项”对话框中设置 tol_display＝yes ，tol_mode＝nominal（必须设置此项，否则图面中的尺寸将全有公差）。

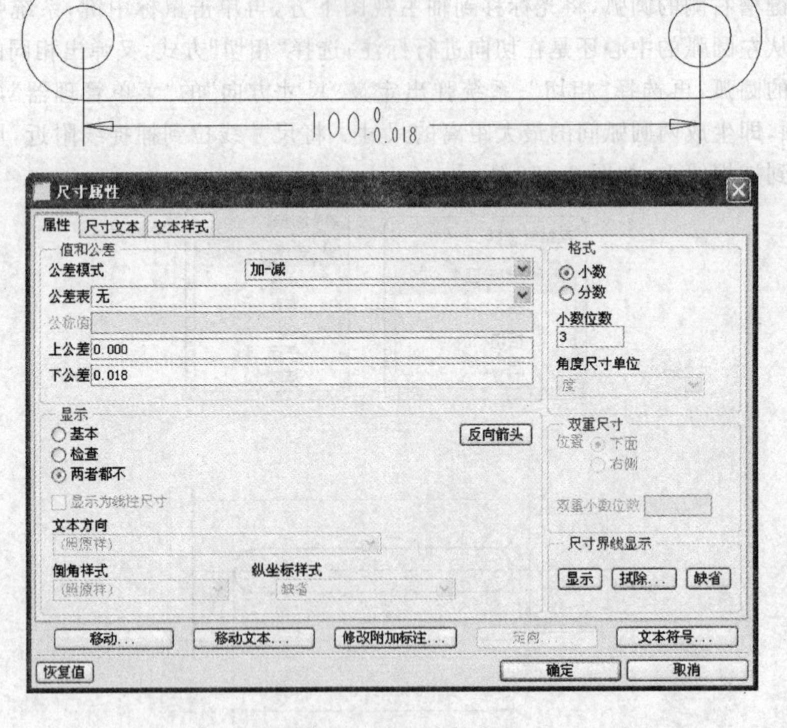

图 6－18 设置尺寸公差

6.4.8 粗糙度的标注

选择菜单“插入”|“表面光洁度”选项，弹出“菜单管理器”，选择“检索”选项，弹出“打开”对话框，对话框中显示了三个文件夹，文件夹中包含了粗糙度符号中三种不同的符号：“任何方法”、“去除材料”、“不去除材料”，如图 6－19 所示。

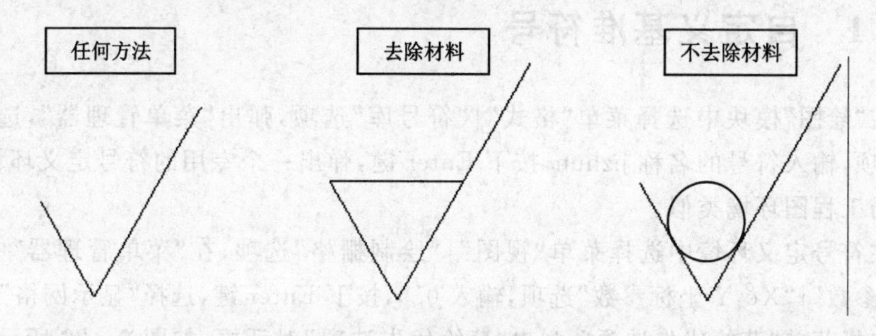

图 6－19 粗糙度符号

文件夹中除了包含基本符号外，还存在一个可以添加参数的粗糙度符号，如图 6－20 所示。

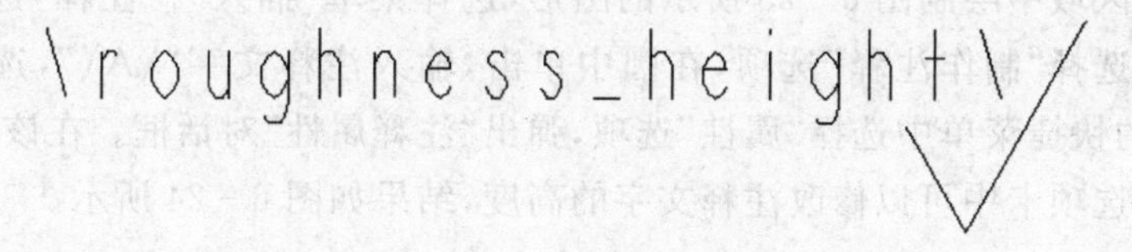

图 6－20 可以添加参数的粗糙度符号

在“打开”对话框中选择一个可以添加参数的粗糙度符号，单击“打开”按钮，在“菜单管理器”中选择“图元”选项，在绘图区域选择需要标注粗糙度的图元，输入粗糙度参数，结果如图 6－21 所示。

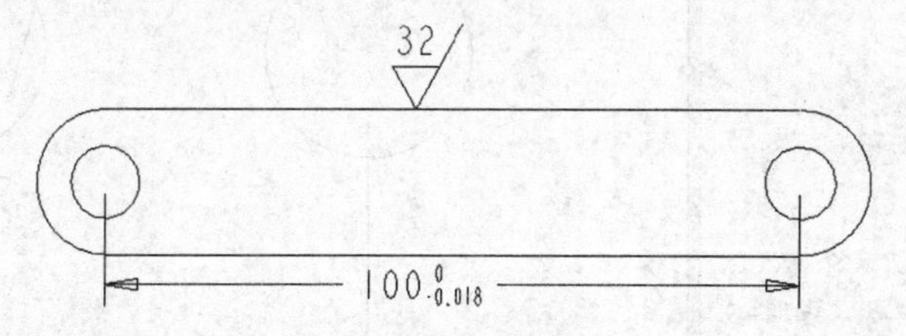

图 6－21 标注粗糙度

6.5 形位公差的创建

加工后的零件不仅有尺寸误差，构成零件几何特征的点、线、面的实际形状或相互位置与理想几何体规定的形状和相互位置都不可避免地存在差异，这种形状上的差异就是形状误差，而相互位置的差异就是位置误差，统称为形位误差。

在 Pro/E 软件中的“插入”菜单下有标注行为公差以及基准的命令，但是该命令往往不能按照国标的方式来标注，所以企业中往往将形位公差以及基准自定义为符号，这样既使用方便又可以让符号符合国标。

6.5.1 自定义基准符号

在“绘图”模块中选择菜单“格式”|“符号库”选项，弹出“菜单管理器”，选择“定义”选项，输入符号的名称 jizhun，按下 Enter 键，弹出一个专用的符号定义环境。该环境与工程图环境类似。

在符号定义环境中选择菜单“视图”|“绘制栅格”选项，在“菜单管理器”中选择“网格参数”|“X&Y 坐标参数”选项，输入 0.5，按下 Enter 键，选择“显示网格”。

选择菜单“草绘优先选项”，弹出“草绘优先选项”对话框，如图 6-22 所示，单击“栅格交点”工具按钮，单击“关闭”按钮，这样在绘制图形的时候就可以捕捉栅格了。如果取消“栅格交点”按钮的选择，则将取消该功能。

在绘图区域中绘制图 6-23 所示的图形，选择菜单“插入”|“注释”选项，在弹出的“菜单”中选择“制作注释”选项，在圆中单击，输入注释文字“\A\”，选择文字，右击，在弹出的快捷菜单中选择“属性”选项，弹出“注释属性”对话框。在该对话框中的“文本样式”选项卡中可以修改注释文字的高度，结果如图 6-24 所示。

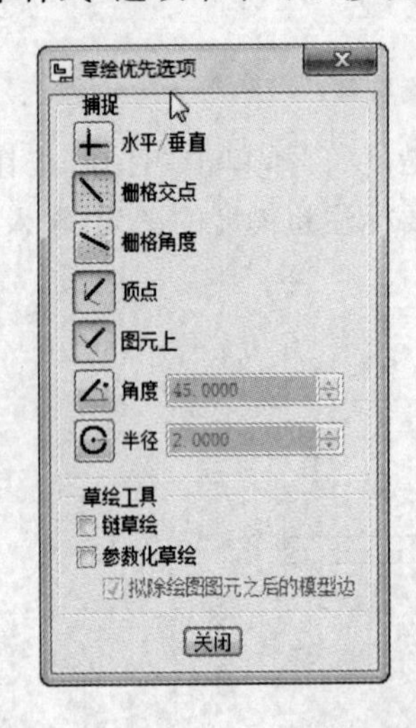

图 6-22 “草绘优先选项”对话框

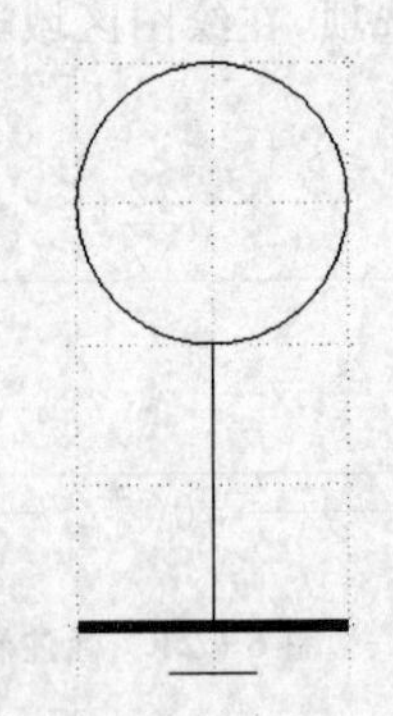

图 6-23 绘制图形

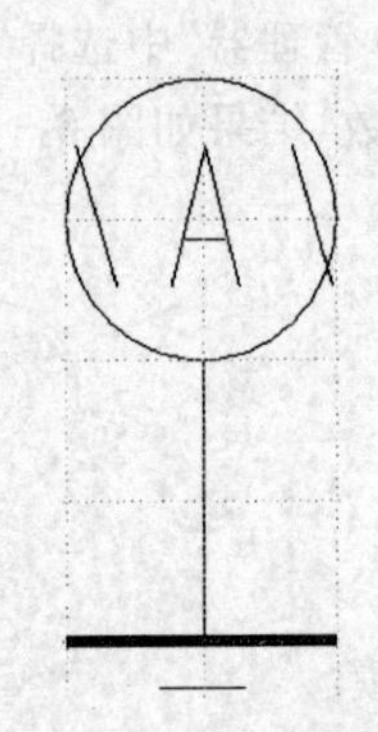

图 6-24 添加注释

在“菜单管理器”中选择“符号编辑”下的“属性”选项，弹出“符号定义属性”对话框，在“允许的放置类型”选项区域选择“垂直于图元”复选项，选择图形下方的短横线，在“符号实例高度”选项区域选择“可变-绘图单位”单选项，在“属性”选项区域选择“固定的文本角度”复选项，如图 6－25 所示，最后单击“确定”按钮。

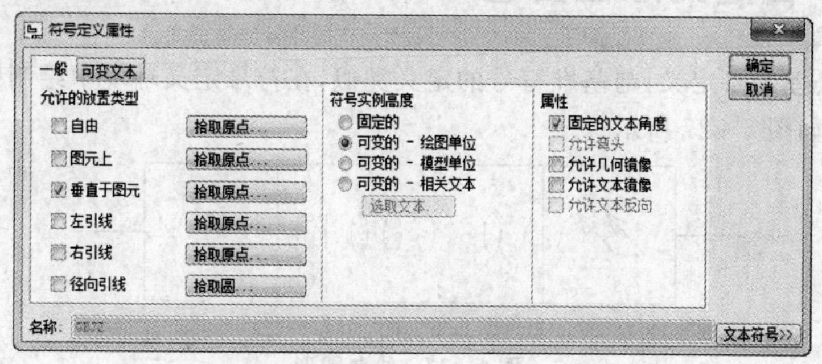

图 6－25　“符号定义属性”对话框

单击“菜单管理器”中的“完成”|“写入”选项，按下 Enter 键，这样就可以将定义的基准符号保存到“用户符号”文件夹中。

选择菜单“插入”|“绘图符号”|“定制”选项，弹出“定制绘图符号”对话框，在“定义”选项区域选择已定义的基准符号，在“属性”选项区域可以设置符号的大小以及符号的摆放角度，在“可变文本”选项卡中输入注释字母，在绘图区域选择需要摆放基准符号的图元，单击鼠标中键，单击“确定”按钮，如图 6－26 所示。

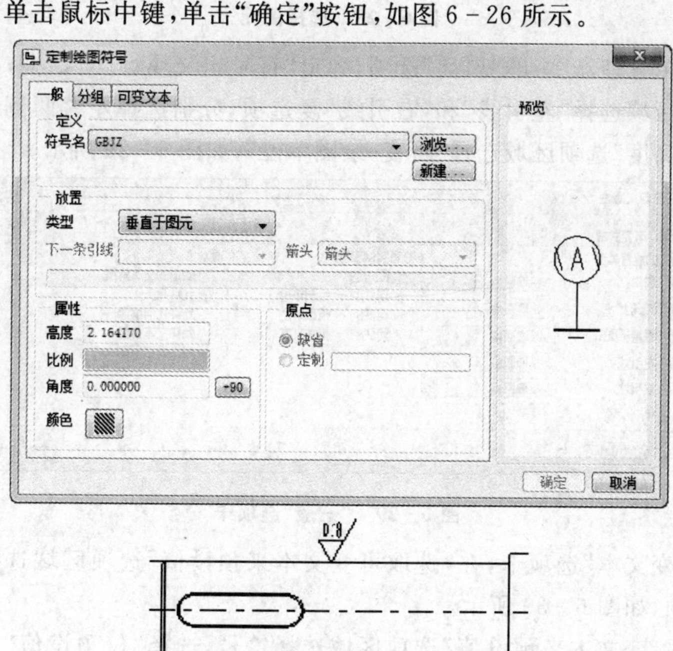

图 6－26　插入符号

6.5.2 自定义形位公差

形位公差的自定义，与基准符号的定义类似，在符号定义环境中绘制图形并注释三组文字，如图 6－27 所示。

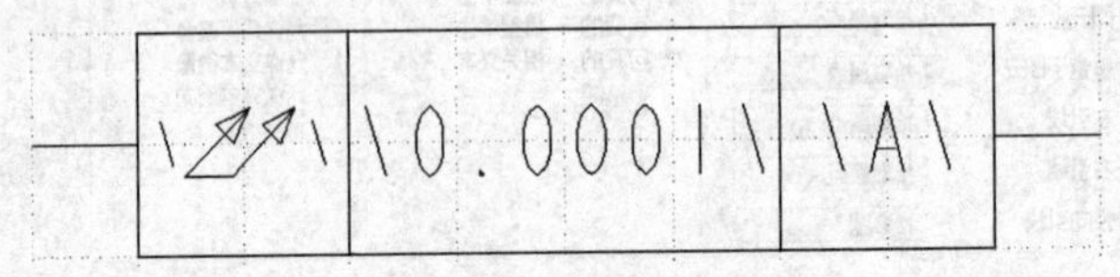

图 6－27　绘制图形

单击“菜单管理器”中的“组”|“创建”选项，输入组的名称 left，在图形中框选属于 left 的图元，如图 6－28 所示，使用同样的方法创建另一个组 right。

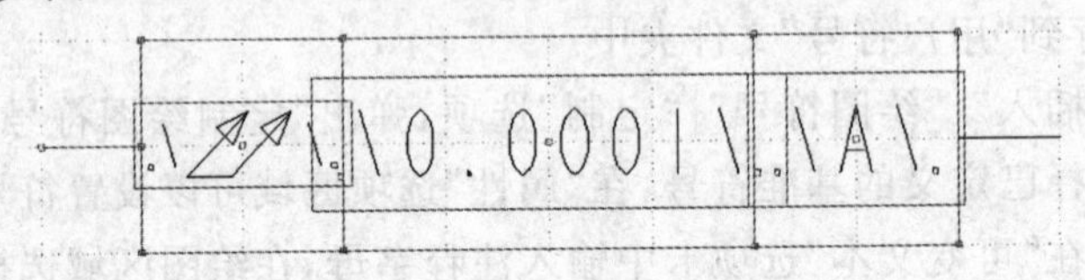

图 6－28　选择图元

单击“菜单管理器”中的“属性”选项，弹出“符号定义属性”对话框，在“允许的放置类型”选项区域选择“左引线”和“右引线”复选项，分别选择左右两侧直线的端点，在“符号实例高度”选项区域选择“可变-绘图单位”，如图 6－29 所示。

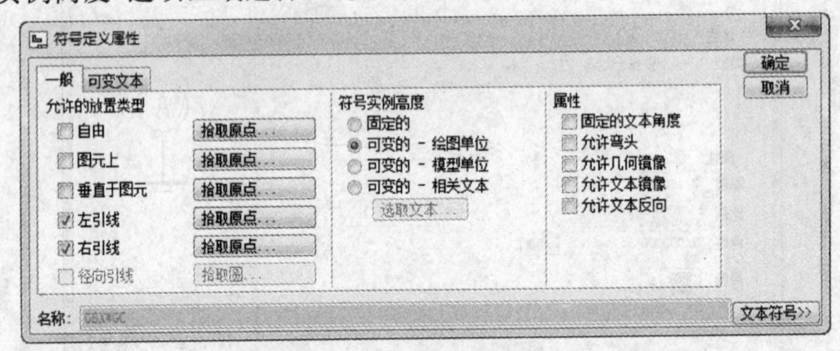

图 6－29　“一般”选项卡

选择“可变文本”选项卡，在“选取可变文本来预设值”选项区域选择数字，选择“浮点”单选项，如图 6－30 所示。

在“选取可变文本来预设值”选项区域选择符号，选择“仅预设值”复选项，选择“文本”单选项，插入各种形位公差符号，最后单击“确定”按钮，如图 6－31 所示。

单击“菜单管理器”中的“完成”|“写入”选项，按下 Enter 键，这样就可以将定义的基准符号保存到“用户符号”文件夹中。

选择菜单“插入”|“绘图符号”|“定制”选项，弹出“定制绘图符号”对话框，在“分

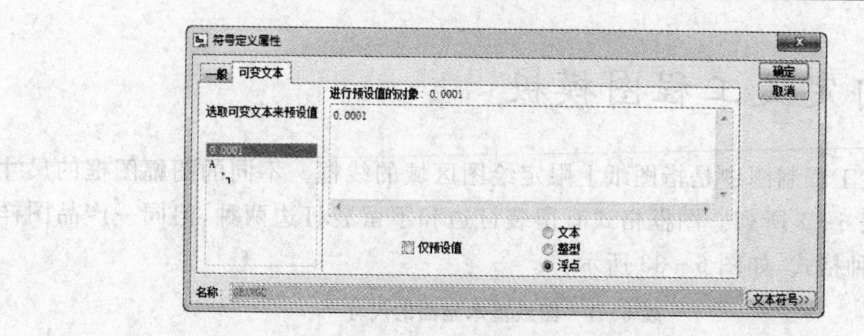

图 6－30　“可变文本”选项卡

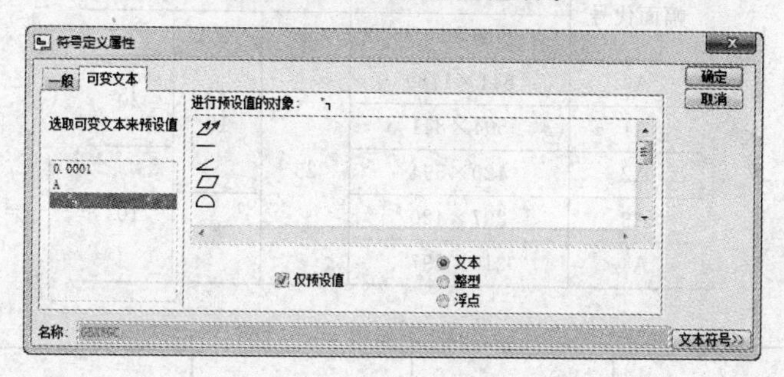

图 6－31　“可变文本”选项卡

组”选项卡中选择 left 或者 right，在“可变文本”选项卡中输入数字、字母以及选择符号。在绘图区域选择需要摆放形位公差的图元，单击鼠标中键，单击“确定”按钮，如图 6－32 所示。

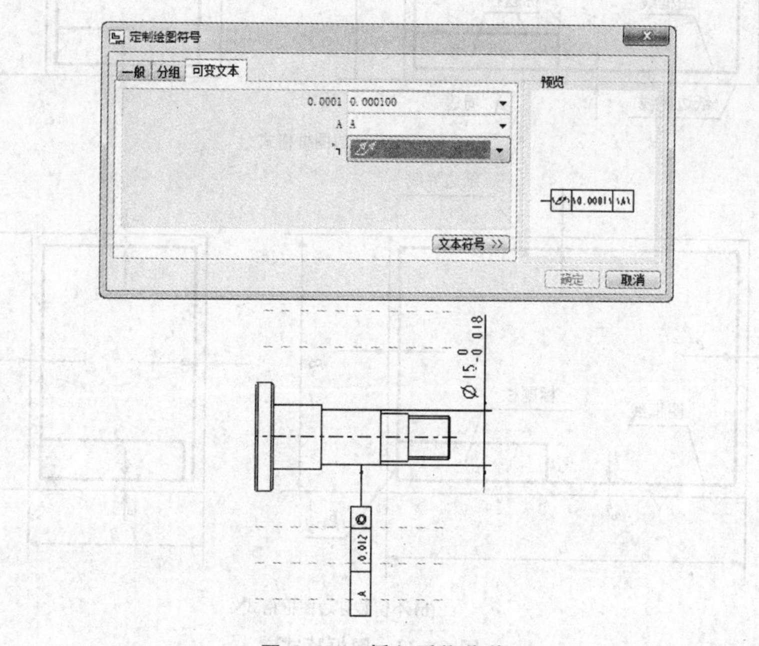

图 6－32　插入形位公差

6.6 自定义工程图模板

图框,在工程制图中是指图纸上限定绘图区域的线框。不同的图幅图框的尺寸也不同,如表 6-1 所列。图框格式有留装订边和不留装订边两种,但同一产品图样只能采用一种格式,如图 6-33 所示。

表 6-1 图纸基本幅面的尺寸

幅面代号	幅面尺寸	周边尺寸		
	$B \times L$	a	c	e
A0	841×1189	25	10	20
A1	594×841			
A2	420×594			10
A3	297×420		5	
A4	210×297			

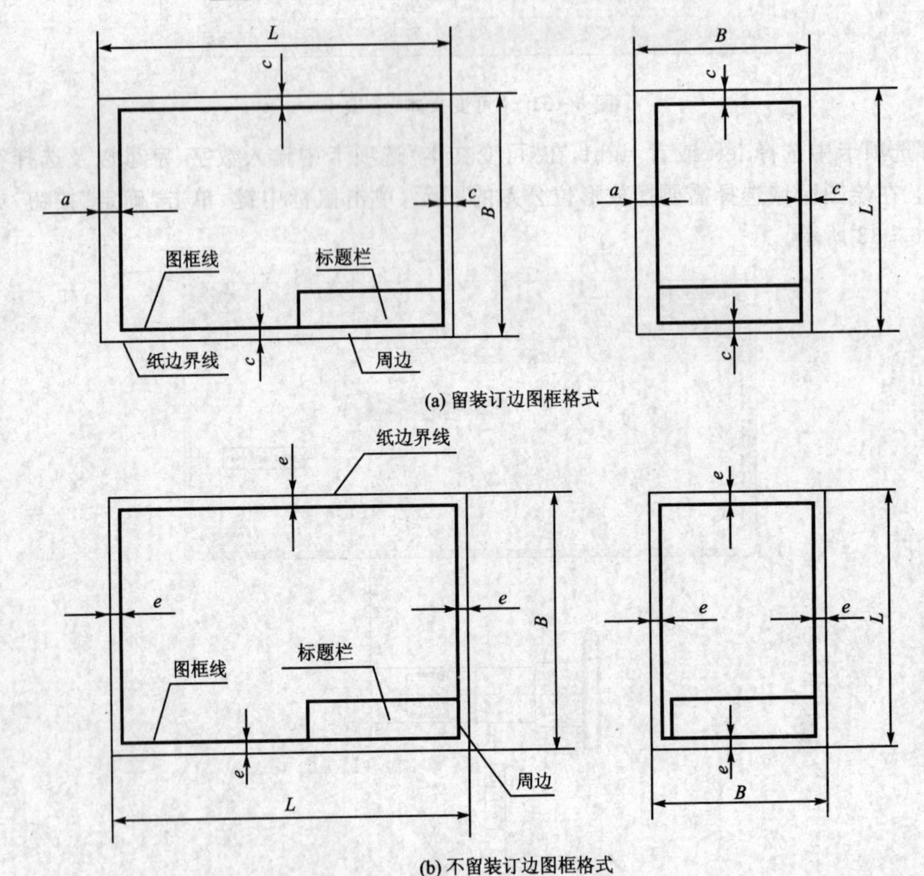

(b) 不留装订边图框格式

图 6-33 图框格式

在 Pro/E 软件中自带的标题栏并不符合国标，用户只能根据自己的需要自定义一些符合国标的图框以及标题栏。

6.6.1　设置字体

定制标准的图框需要使用仿宋体字体，所以在制作标准图框之前，将字体加入到 Pro/E 的字库中。

找到光盘中的仿宋字体文件“仿宋_GB2312”，将其复制到 X：\proeWildfire 4.0\text\fonts 下。

选择菜单“文件”|“新建”选择，弹出“新建”对话框。在“新建”对话框中的“类型”选项区域选取“格式”选项，取消选择“使用缺省模板”复选项，在“名称”文本框中输入文件名称 GB_A3，单击“确定”按钮，弹出“新格式”对话框，在“指定模板”选项区域选取“空”单选项，在“标准大小”下拉列表中选择 A3，单击“确定”按钮，如图 6－34 所示。

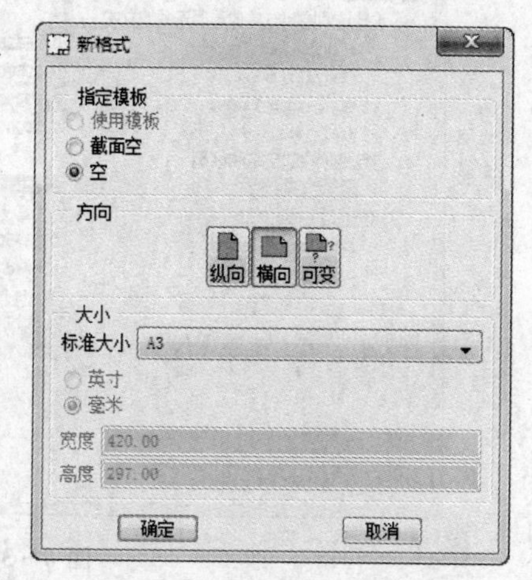

图 6－34　“新格式”对话框

进入“格式”环境，现在环境中默认的字体为 font，如图 6－35 所示，需要将默认的字体设置为 fangsongGB－2312。

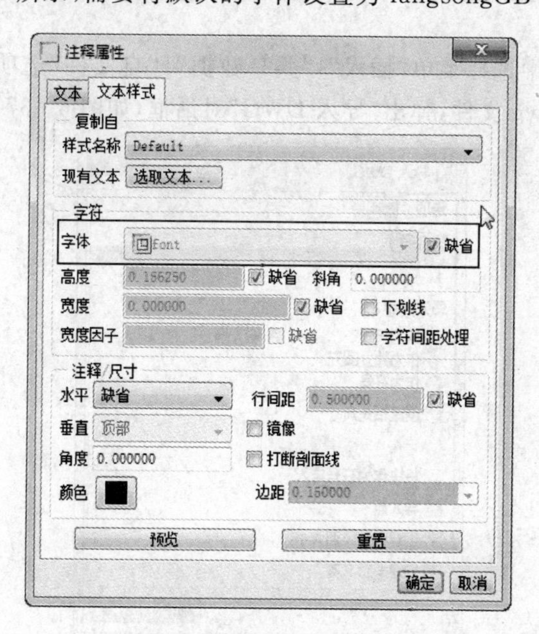

图 6－35　默认字体 font

在绘图区域右击，在弹出的快捷菜单中选择“属性”选项，弹出“选项”对话框，选择 default_font 项，将值改为 simfang，如图 6-36 所示，此时环境中的默认字体为 fangsong。

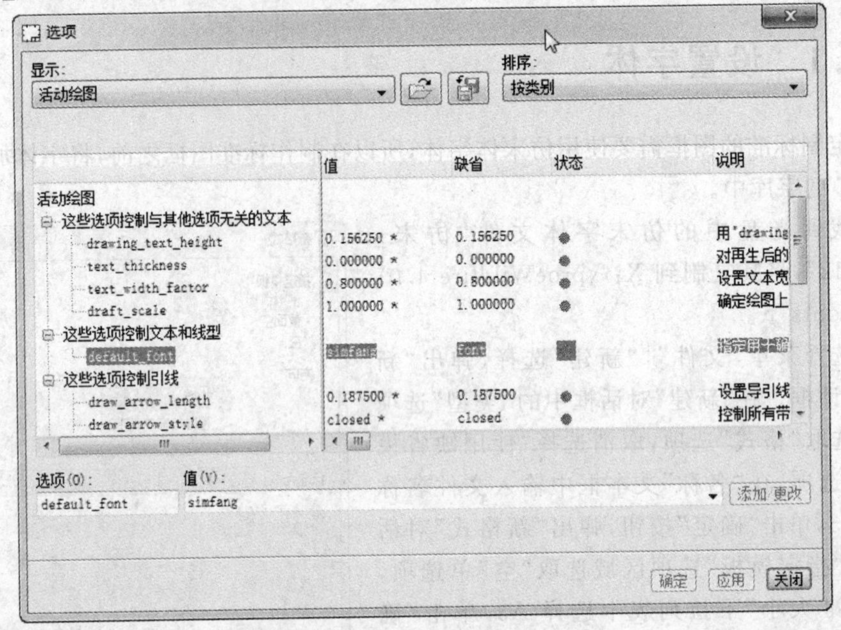

图 6-36 “选项”对话框

6.6.2 导入图框

在“格式”环境中选择菜单“插入”|“共享数据”|“自文件”选项，选择光盘中自带的 AutoCAD_a3. dwg 文件，弹出“导入 DWG”对话框，如图 6-37 所示。

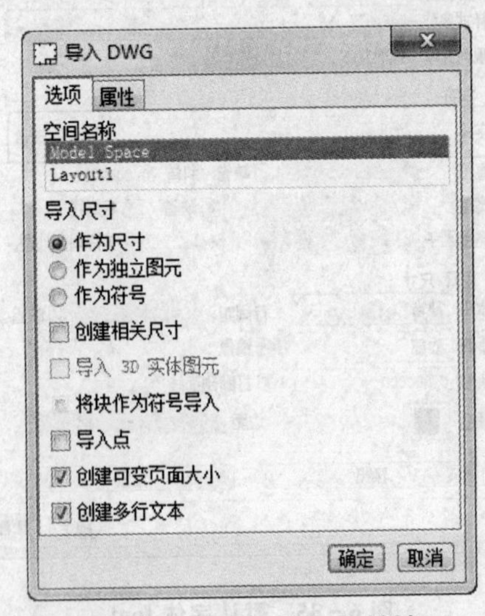

图 6-37 “导入 DWG”对话框

选择“导入DWG”对话框中的“属性”选项卡，单击“文本字体”选项卡，将DWG中的txt、gdt两种文本转换为FangSong－GB2312，如图6－38所示，单击“确定”按钮，注释文字即插入标题栏中，结果如图6－39所示。

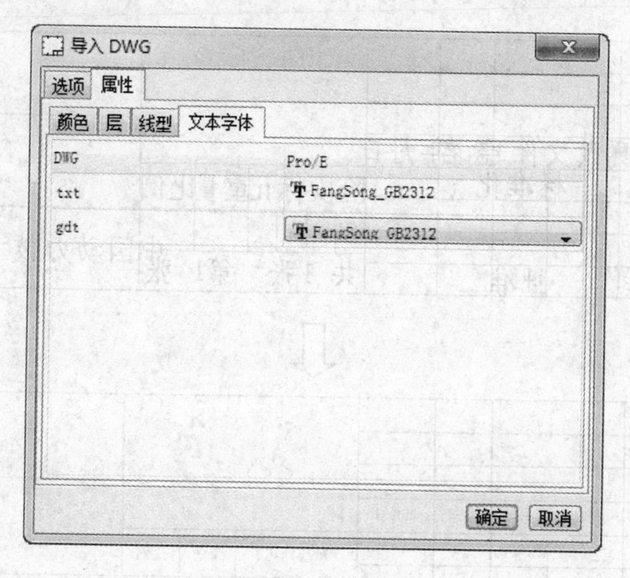

图6－38　修改字体

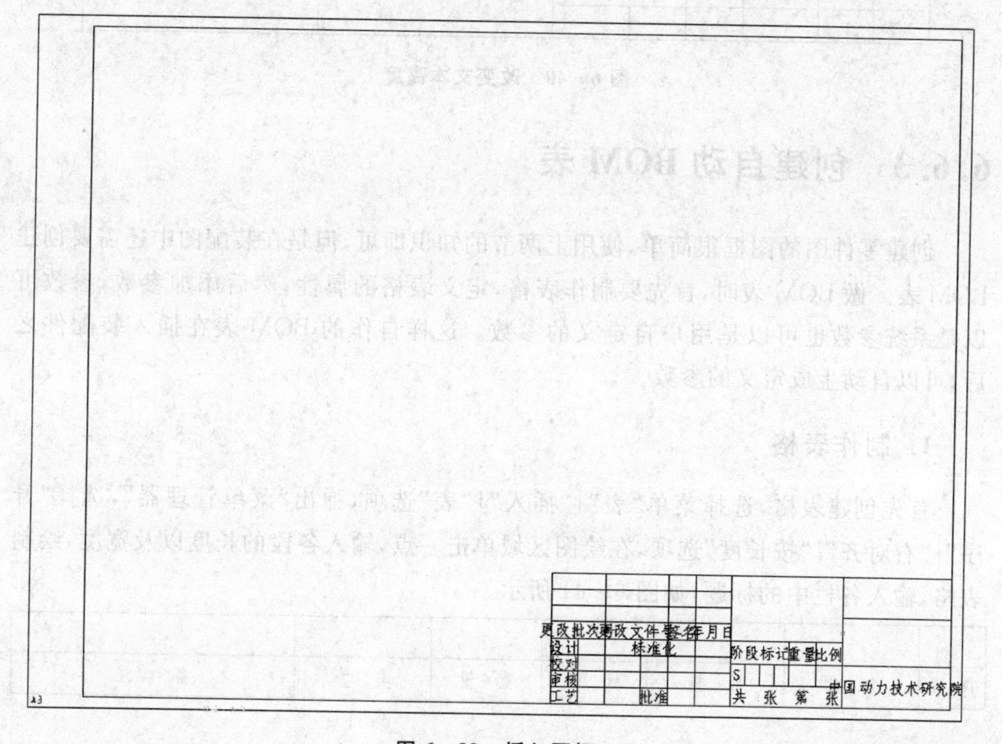

图6－39　插入图框

选择标题栏中的所有文字注释，右击，在弹出的快捷菜单中选择“文本样式”选项，弹出“文本样式”对话框，在“高度”文本框中输入 2.5，单击“确定”按钮，如图 6－40 所示。

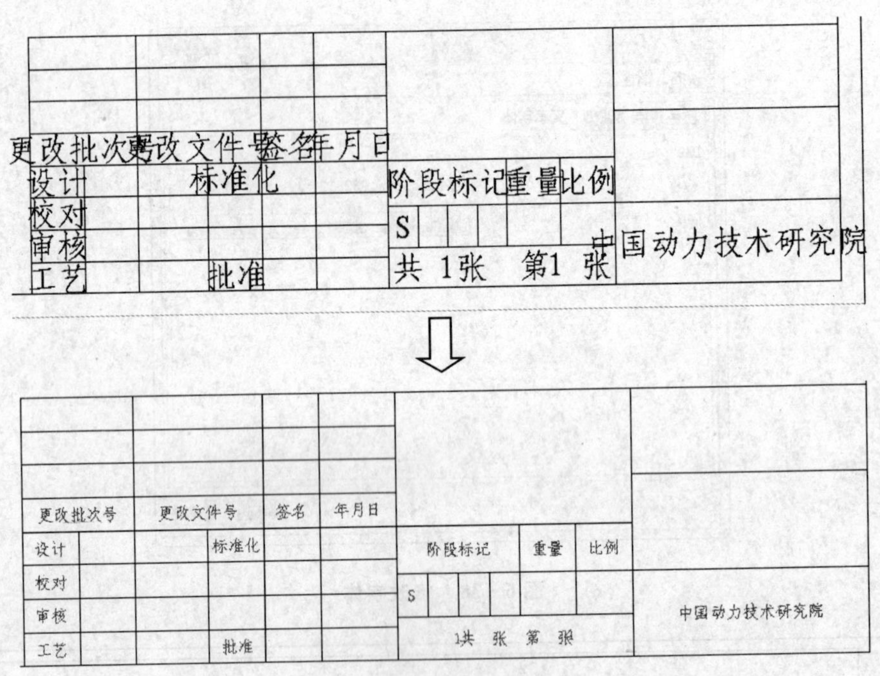

图 6－40　改变文本高度

6.6.3　创建自动 BOM 表

创建零件图的图框很简单，使用上两节的知识即可，但是在装配图中还需要创建 BOM 表。做 BOM 表时，首先要制作表格，定义表格的属性，然后添加参数，参数可以是系统参数也可以是用户自定义的参数。这样自作的 BOM 表在插入装配件之后，可以自动生成定义的参数。

1. 制作表格

首先创建表格，选择菜单“表”|“插入”|“表”选项，弹出“菜单管理器”，选择“升序”|“右对齐”|“按长度”选项，在绘图区域单击一点，输入各段的长度以及宽度，绘制表格，输入各栏中的标题，如图 6－41 所示。

序 号	名 称	数 量	材 料	重 量	类 型	备 注

图 6－41　绘制表格

将列表移动到标题栏上方，如图 6－42 所示。

序号	名称	数量	材料	重量	类型	备注

更改批次号	更改文件号	签名	年月日				
设计		标准化		阶段标记	重量	比例	
校对							
审核				S			
工艺		批准		共　张	第　张		中国动力技术研究院

图 6－42　移动列表

2. 定义表格属性

将表格定义为“重复区域”。所谓的“重复区域”，就是表中用户指定的变量填充的部分，这部分会根据相关模型所含的数据量的大小相应地进行展开或收缩，以显示所有符合条件的数据。重复区域的信息是由基于文本的报表符号来决定的，它们以文本的形式填充到重复区域内的表格中。

选择菜单“表”|“重复区域”选项，弹出“菜单管理器”，选择“添加”|“简单”选项，在同一行表格中的左右两侧单元格中各单击一点，如图 6－43 所示。

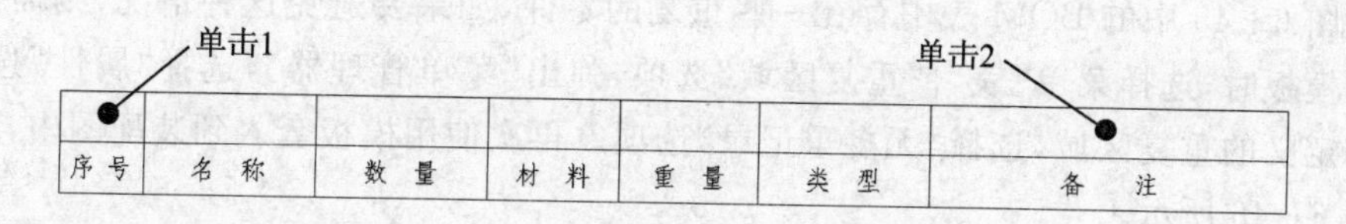

图 6－43　创建重复区域

双击重复区域的单元格，弹出“报告符号”对话框，然后单击相应的报告参数，或者单击单元格，然后右击，在弹出的快捷菜单中选择“属性”选项，然后在文本框中输入相对应的内容，如图 6－44 所示，添加的参数如下：

序号：&rpt. index

名称：&asm. mbr. name

数量：&rpt. qty

材料：&asm. mbr. material

重量：&asm. mbr. weight

类型：&asm. mbr. type

备注：&asm. mbr. 备注

此时的模板保存后，导入到装配图中，自动生成的 BOM 表如图 6－45 所示。

&rpt.index	&asm.mbr.name	&rpt.qty	&asm.mbr.material	&asm.mbr.weight	&asm.mbr.type	&asm.mbr.备注
序号	名称	数量	材料	重量	类型	备注

图 6-44 添加参数

13	CONNECTING_ROD				PART	
12	PISTON				ASSEMBLY	
11	CRANK				ASSEMBLY	
10	BOLT_5-28				PART	
9	BOLT_5-28				PART	
8	BOLT_5-28				PART	
7	BOLT_5_18				PART	
6	BOLT_5_18				PART	
5	CYLINDER				PART	
4	ENG_BEARING				PART	
3	ENG_BLOCK_FRONT				PART	
2	ENG_BEARING				PART	
1	ENG_BLOCK_REAR				PART	
序号	名称	数量	材料	重量	类型	备注

图 6-45 自动生成 BOM 表

图 6-45 中的 BOM 表中存在一些重复的零件，如果要避免这种情况，则需要在制作模板时，选择菜单“表”|“重复区域”选项，弹出“菜单管理器”，选择“属性”选项，选择定义的重复区域，选择“无多重记录”选项。再次使用模板套入到装配图中，结果如图 6-46 所示。

9	PISTON	1			ASSEMBLY	
8	ENG_BLOCK_REAR	1			PART	
7	ENG_BLOCK_FRONT	1			PART	
6	ENG_BEARING	2			PART	
5	CYLINDER	1			PART	
4	CRANK	1			ASSEMBLY	
3	CONNECTING_ROD	1			PART	
2	BOLT_5_18	2			PART	
1	BOLT_5-28	3			PART	
序号	名称	数量	材料	重量	类型	备注

图 6-46 BOM 表

6.7　综合案例 1——零件图 1

综合案例 1——零件图 1，如图 6-47 所示。

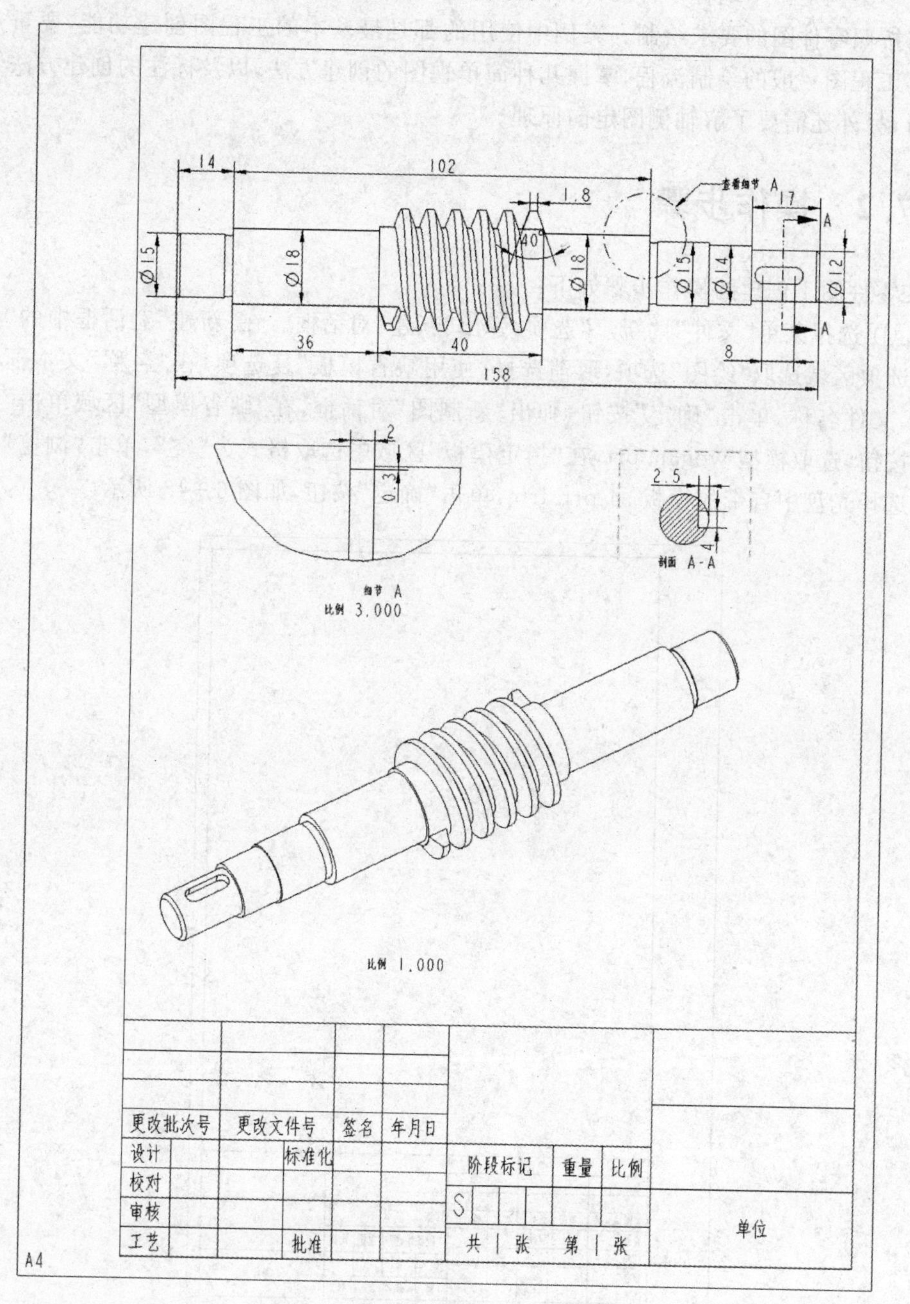

图 6-47　综合案例 1——零件图 1

6.7.1 案例分析

本案例是一个蜗杆零件图，蜗杆是一个典型的轴类零件，在绘制的过程中并没有严格按照零件图的要求绘制。案例中使用的都是最基本的工程图创建功能，要重点了解工程图一般的绘制流程，掌握几种简单视图的创建方法，以及标注的创建方法与编辑，另外还需要了解轴侧图定向原理。

6.7.2 操作步骤

零件图 1 创建的操作步骤如下：

① 选择菜单“文件”|“新建”选项，弹出“新建”对话框。在“新建”对话框中的“类型”选项区域选取“绘图”选项，取消选择“使用缺省模板”复选项，在“名称”文本框中输入文件名称，单击“确定”按钮，弹出“新制图”对话框，在“缺省模型”区域单击“浏览”按钮，选取模型 wogan. prt，在“指定模板”区域中选取格式为“空”，单击“浏览”按钮，选择光盘中自带的模板 a4-prt. frm，单击“确定”按钮，如图 6 - 48 所示。

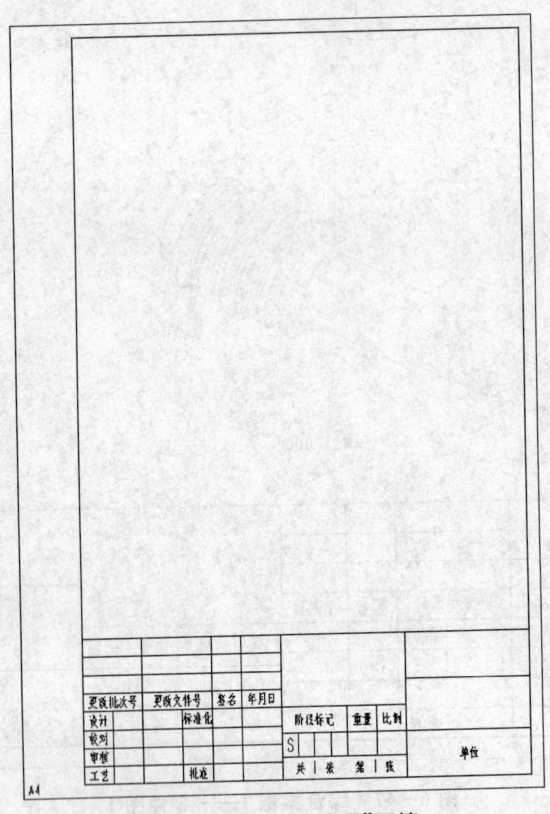

图 6 - 48　进入“绘图”环境

② 选择菜单“文件”|“属性”选项，弹出“菜单管理器”，选择“绘图选项”菜单项，弹出“选项”对话框，单击对话框中的“打开”工具按钮，选择光盘中的 China. dtl 文件，单击“确定”按钮关闭对话框，单击“菜单管理器”中的“完成/返回”按钮。

③ 单击工具栏中的“一般”工具按钮，在绘图区域单击一点，确定视图的中心点，弹出“绘图视图”对话框，如图 6-49 所示，在“视图方向”选项区域选择“几何参照”单选项，在“参照 1”中选择 RIGHT 基准平面，在“参照 2”中选择 FRONT 基准平面。在“类别”列表中选择“比例”选项，在“定制比例”文本框中输入 1，单击“确定”按钮，如图 6-50 所示。

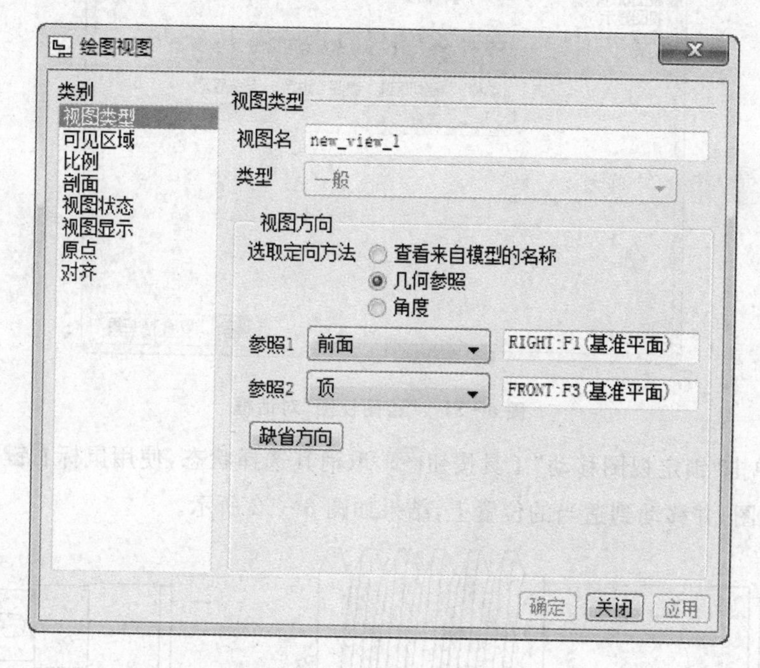

图 6-49　“绘图视图”对话框

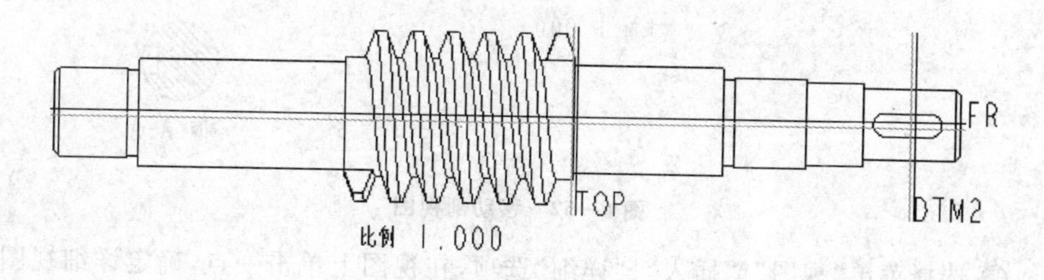

图 6-50　创建主视图

④ 右击主视图，在弹出的快捷菜单中选择“插入投影视图”选项，向右侧移动光标到适当的位置单击，生成左视图。

⑤ 双击左侧的视图，弹出“绘图视图”对话框，在“类别”列表中选择“剖面”选项，

选择"2D 截面"单选项，单击"将横截面添加到视图"工具按钮[+]，弹出"菜单管理器"，选择"完成"选项，输入截面名称 A，按下 Enter 键，选择基准平面 DTM2，单击"箭头显示"栏选择主视图，如图 6－51 所示；在"类别"列表中选择"对齐"选项，取消选择"将此视图与其他视图对齐"单选项，单击"确定"按钮关闭对话框。

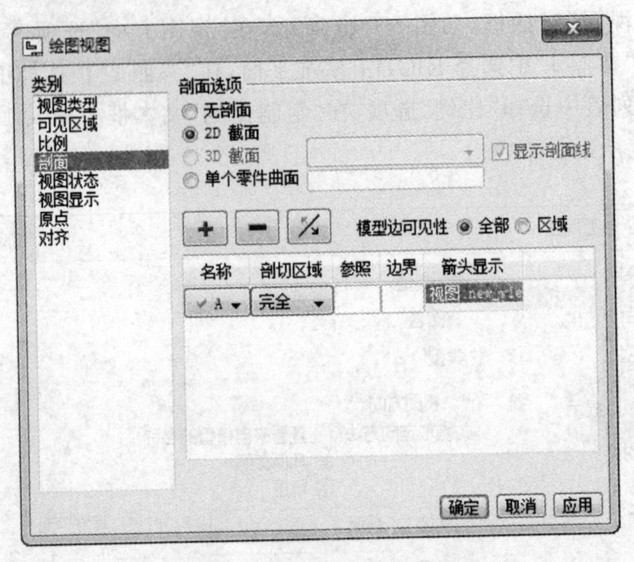

图 6－51 "绘图视图"对话框

⑥ 单击"锁定视图移动"工具按钮，取消其选择状态，使用鼠标右键按住新创建的剖视图，并移动到适当的位置上，结果如图 6－52 所示。

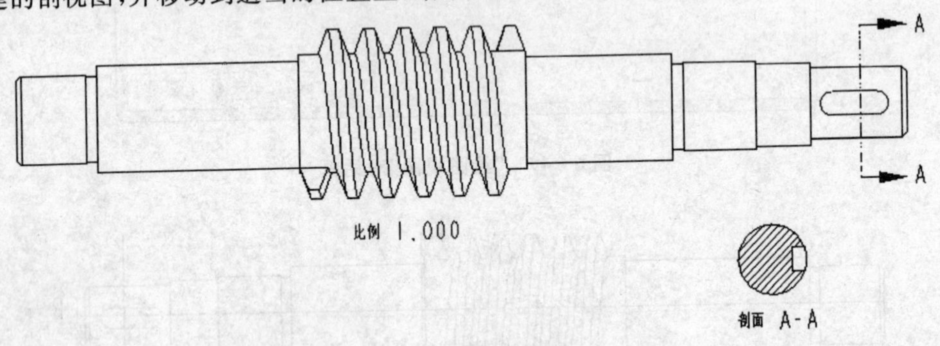

图 6－52 移动剖视图

⑦ 选择菜单"视图"|"插入"|"详细"选项，在视图上单击一点，确定详细视图的中心点，围绕中心点单击几点绘制一个样条曲线，然后单击鼠标中键封闭样条曲线，最后在适当位置单击，确定详细视图的放置位置如图 6－53 所示。

⑧ 双击详细视图，弹出"绘图视图"对话框，在"类别"列表中选择"比例"选项，在"定制比例"文本框中输入 3，单击"确定"按钮。

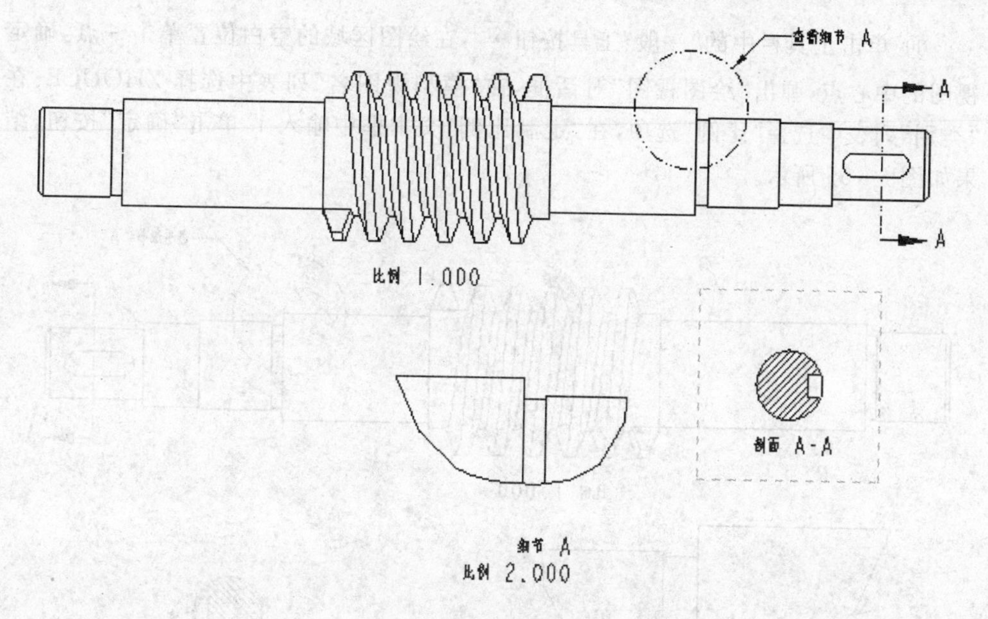

图 6-53　创建详细视图

⑨ 选择菜单“文件”|“打开”选项，打开 wogan. prt 文件，按住鼠标中键并移动，旋转零件，将其摆放成一个适合做轴测图的角度。单击“重定向”工具按钮，弹出“方向”对话框，在“名称”文本框中输入 ZHOUCE，单击“保存”按钮保存设置，再单击“确定”按钮退出对话框，如图 6-54 所示。

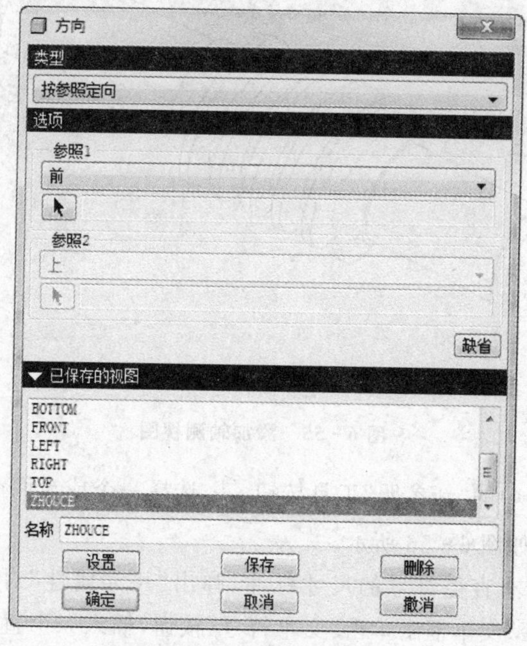

图 6-54　“方向”对话框

⑩ 单击工具栏中的“一般”工具按钮，在绘图区域的空白位置单击一点，确定视图的中心点，弹出“绘图视图”对话框，在“模型视图名”列表中选择 ZHOUCE；在“类别”列表中选择“比例”选项，在“定制比例”文本框中输入 1，单击“确定”按钮，结果如图 6－55 所示。

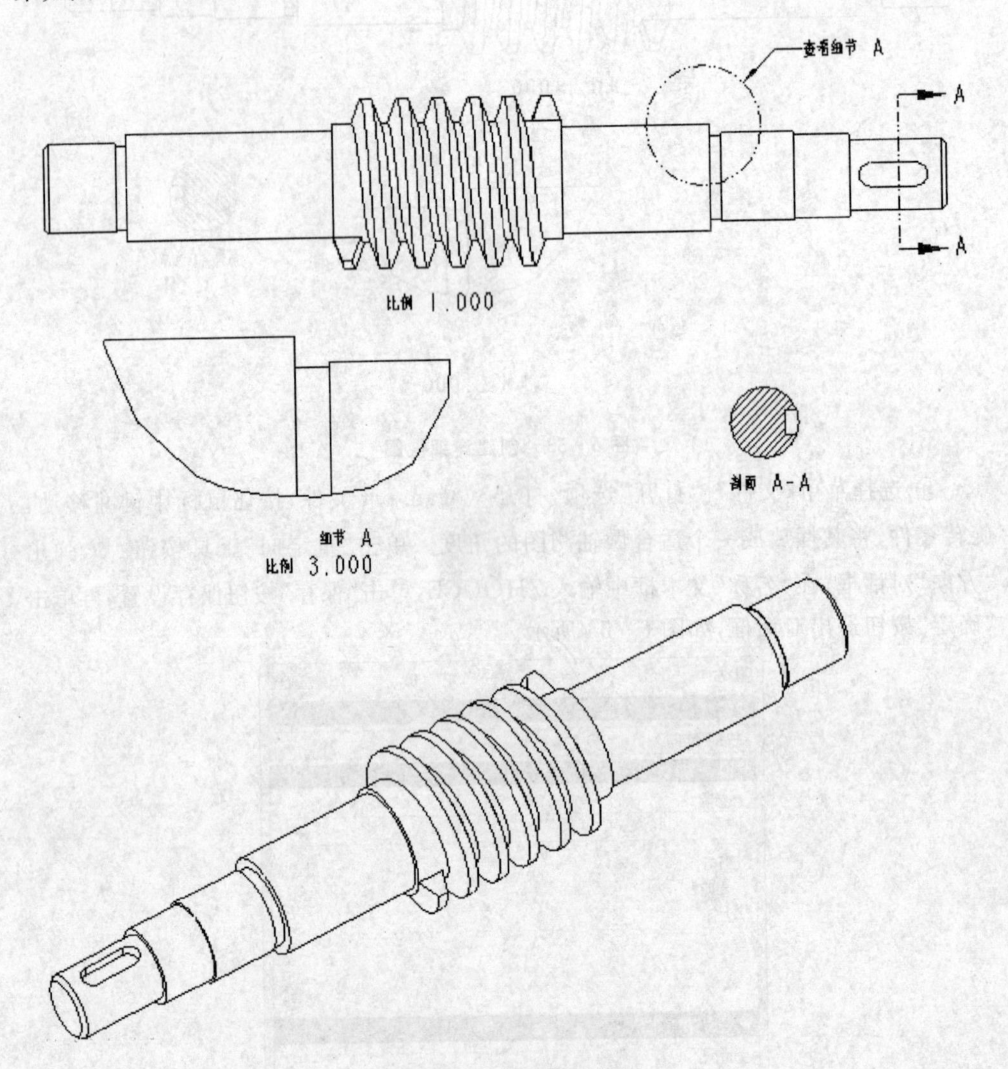

图 6－55　添加轴测视图

⑪ 单击工具栏中的“新参照”工具按钮，选择一个或者两个图元，单击鼠标中键，进行尺寸标注，如图 6－56 所示。

⑫ 双击需要带有直径符号的尺寸标注，弹出“尺寸属性”对话框，选择“尺寸文本”选项卡，在“前缀”文本框中单击“文本符号”按钮，插入一个直径符号，如图 6－57 所示，使用同样的方法添加其他直径符号。

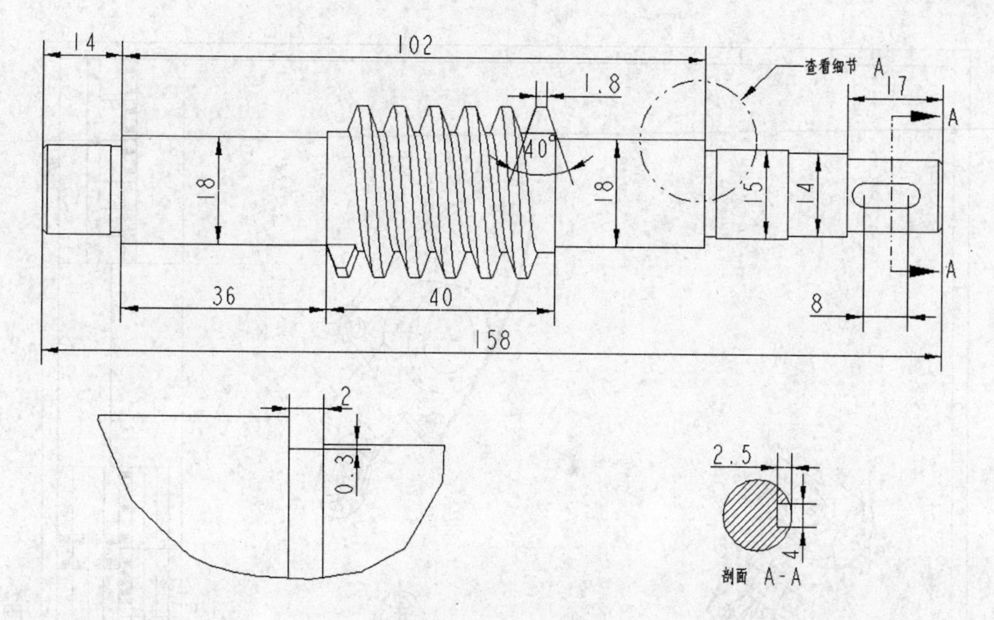

图 6-56　尺寸标注

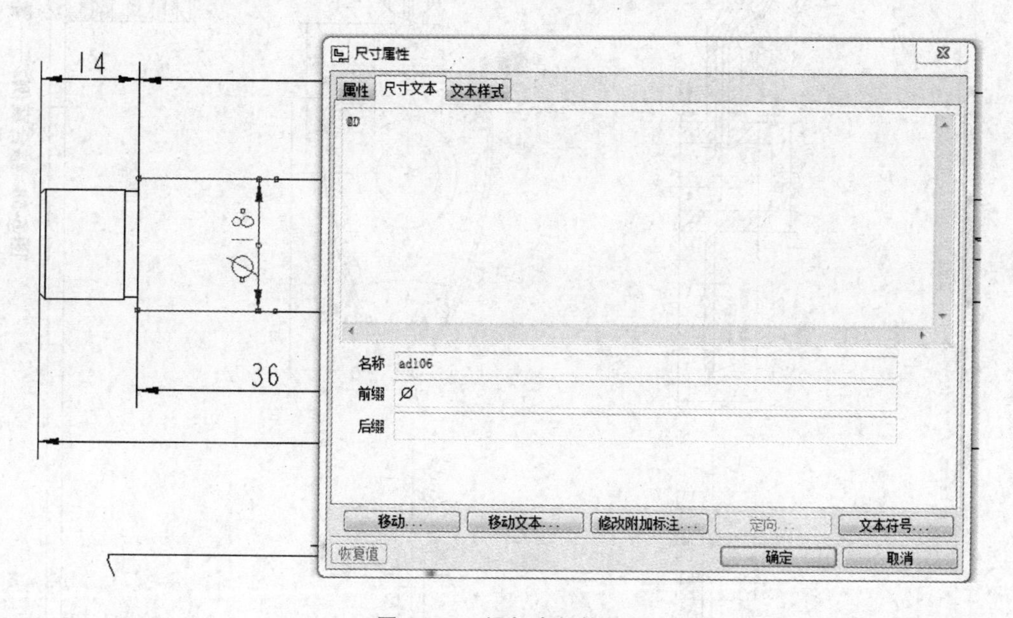

图 6-57　添加直径符号

6.8　综合案例 2——零件图 2

综合案例 2——零件图 2，如图 6-58 所示。

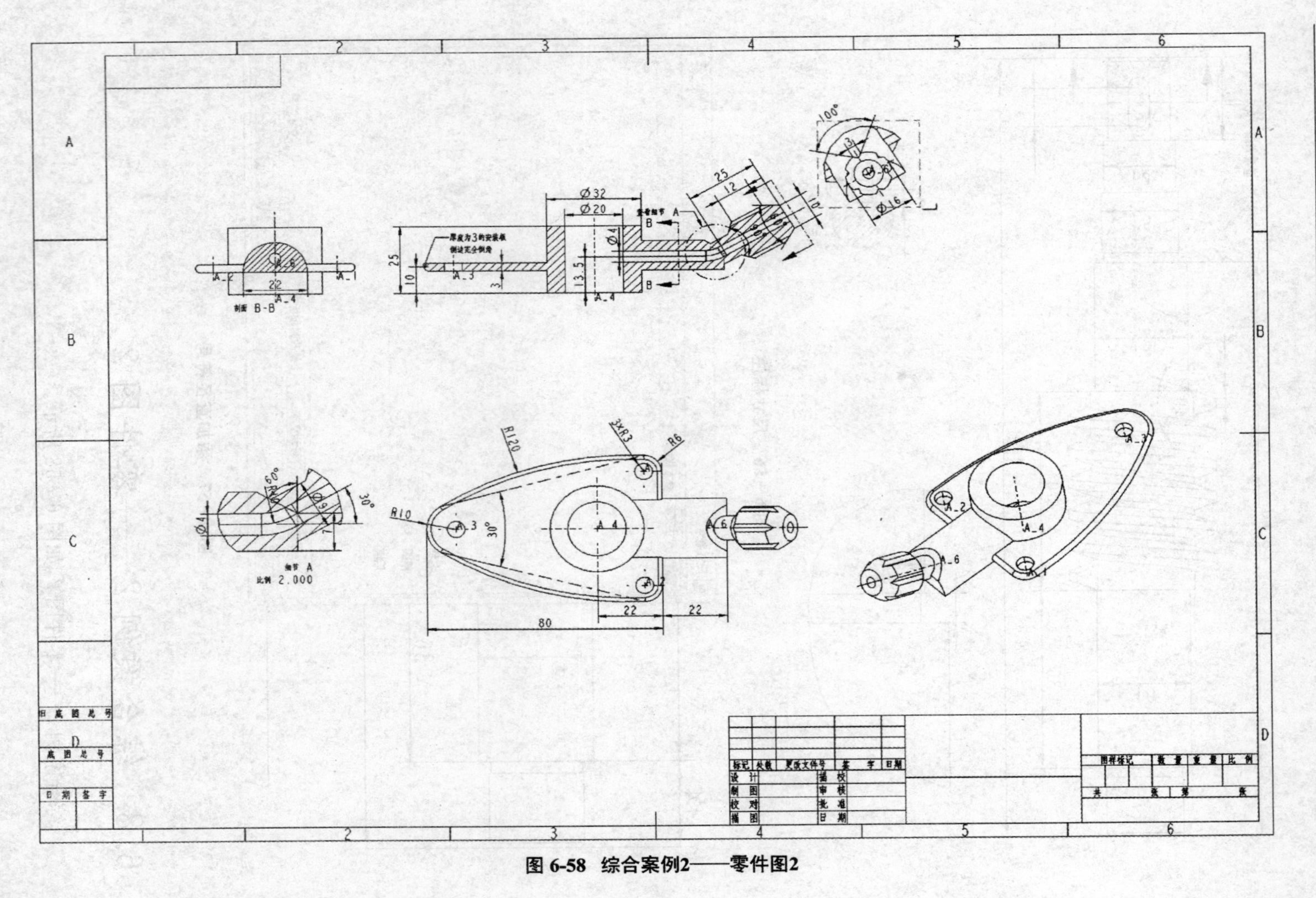

图 6-58 综合案例2——零件图2

6.8.1　案例分析

本案例视图比较多，视图的类型也比较多，在创建过程中要注意辅助视图以及剖视图的创建方法。

6.8.2　操作步骤

零件图 2 创建的操作步骤如下：

① 选择菜单"文件"|"新建"选项，弹出"新建"对话框。在"新建"对话框中的"类型"选项区域选取"绘图"选项，取消选择"使用缺省模板"复选项，在"名称"文本框中输入文件名称，单击"确定"按钮，弹出"新制图"对话框，在"缺省模型"区域单击"浏览"按钮，选取模型 lingjian2. prt，在"指定模板"区域选取格式为"空"选项，单击"浏览"按钮，选择光盘中自带的模板 a3-prt. frm，单击"确定"按钮，如图 6－59 所示。

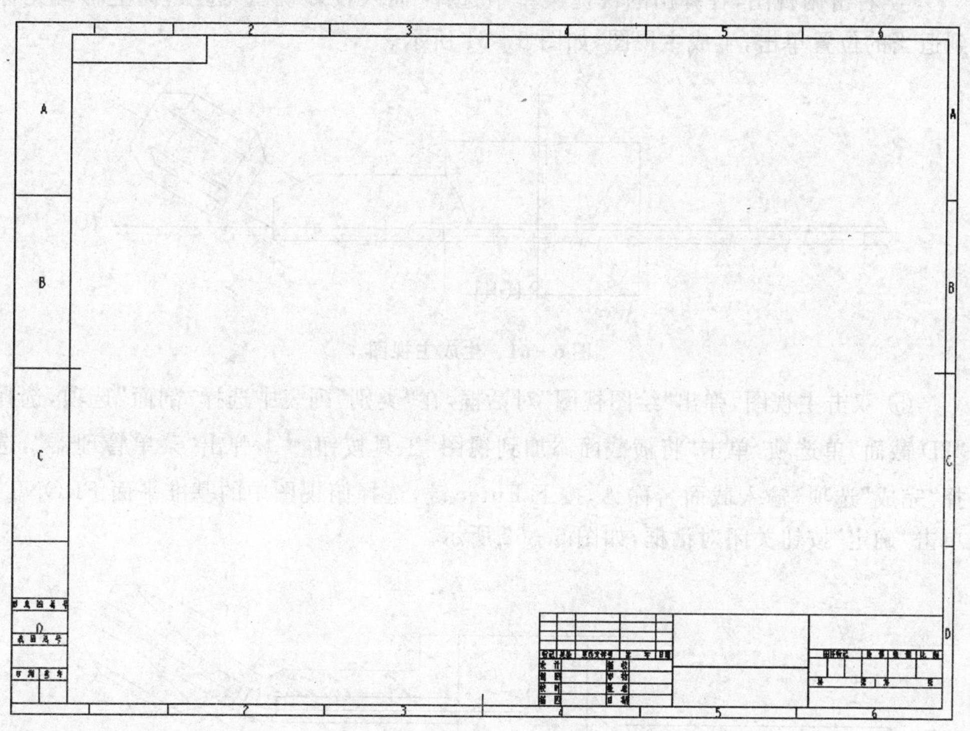

图 6－59　进入"绘图"环境

② 选择菜单"文件"|"属性"选项，弹出"菜单管理器"，选择"绘图选项"菜单项，弹出"选项"对话框，单击对话框中的"打开"工具按钮，选择光盘中的 China. dtl 文件，单击"确定"按钮关闭对话框，单击"菜单管理器"中的"完成/返回"选项。

③ 单击工具栏中的“一般”工具按钮 ，在绘图区域单击一点，确定视图的中心点，弹出“绘图视图”对话框，在“模型视图名”列表中选择 TOP，单击“确定”按钮，如图 6-60 所示。

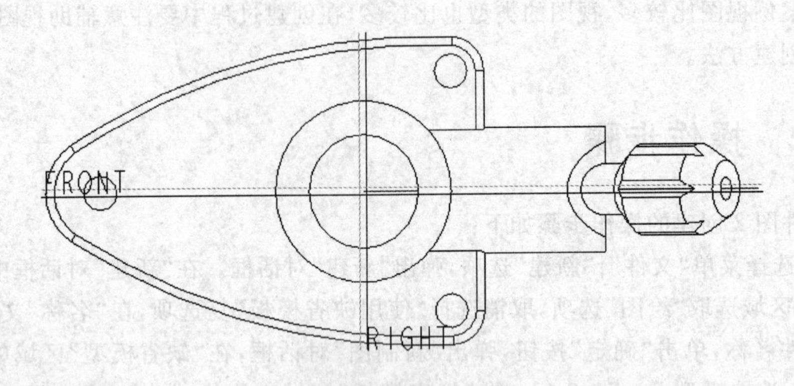

图 6-60 插入俯视图

④ 右击俯视图，在弹出的快捷菜单中选择“插入投影视图”选项，向上移动光标到适当的位置单击，生成主视图，如图 6-61 所示。

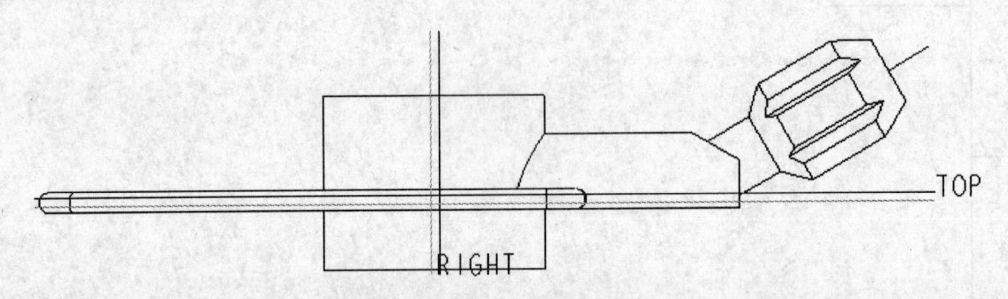

图 6-61 生成主视图

⑤ 双击主视图，弹出“绘图视图”对话框，在“类别”列表中选择“剖面”选项，选择“2D 截面”单选项，单击“将横截面添加到视图”工具按钮 ，弹出“菜单管理器”，选择“完成”选项，输入截面名称 A，按下 Enter 键，选择俯视图中的基准平面 FRONT，单击“确定”按钮关闭对话框，如图 6-62 所示。

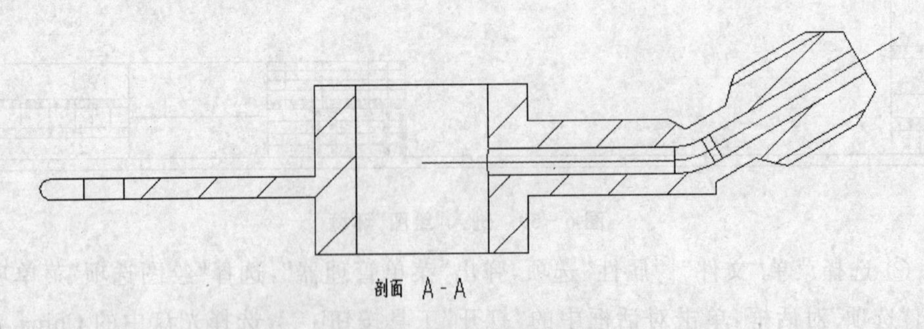

图 6-62 创建剖视图

⑥ 双击剖视图中的剖面线，弹出“菜单管理器”，选择“间距”|“值”选项，在该文本框中输入 2，按下 Enter 键，如图 6－63 所示。

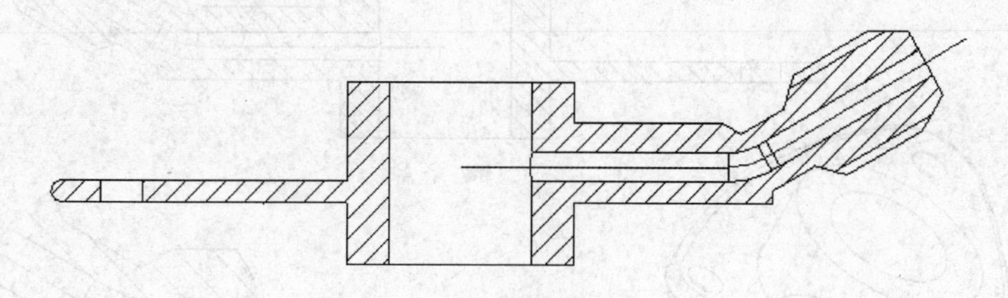

图 6－63　改变剖面线密度

⑦ 选择菜单“视图”|“插入”|“详细”选项，在视图上单击一点，确定详细视图的中心点，围绕中心点单击几点绘制一个样条曲线，然后单击鼠标中键封闭样条曲线，最后在适当位置单击，确定详细视图的放置的位置，如图 6－64 所示。

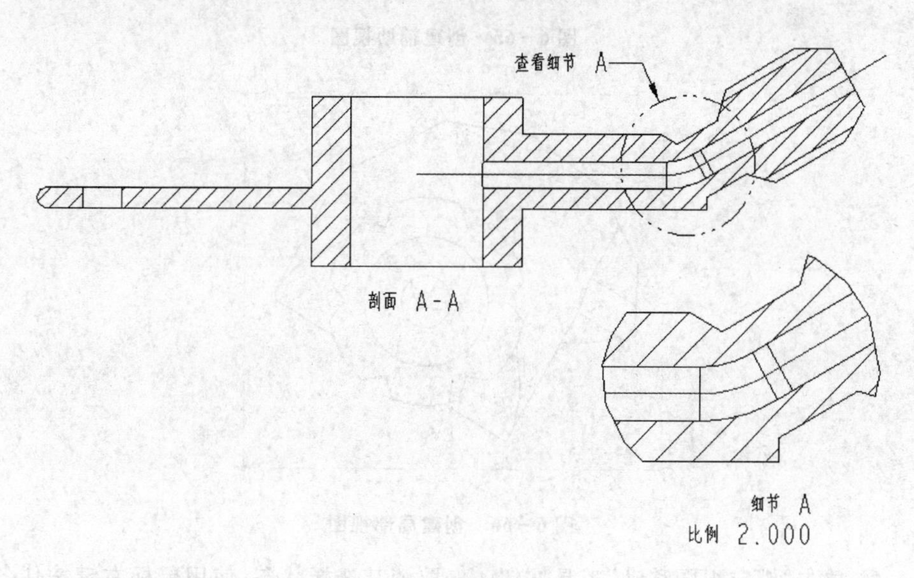

图 6－64　创建详细视图

⑧ 选择菜单“视图”|“插入”|“辅助”选项，选择直线 AB，向下方移动光标并单击，如图 6－65 所示。

⑨ 双击上一步创建的辅助视图，弹出“绘图视图”对话框，在“类别”列表中选择“视图类型”选项，选择“添加投影箭头”单选项；在“类别”列表中选择“可见区域”选项，在“视图可见性”下拉列表中选择“局部视图”选项，在辅助视图上单击一点，确定详细视图的中心点，围绕中心点单击几点绘制一个样条曲线，然后单击鼠标中键封闭样条曲线，最后在“绘图视图”对话框中单击“确定”按钮，结果如图 6－66 所示。

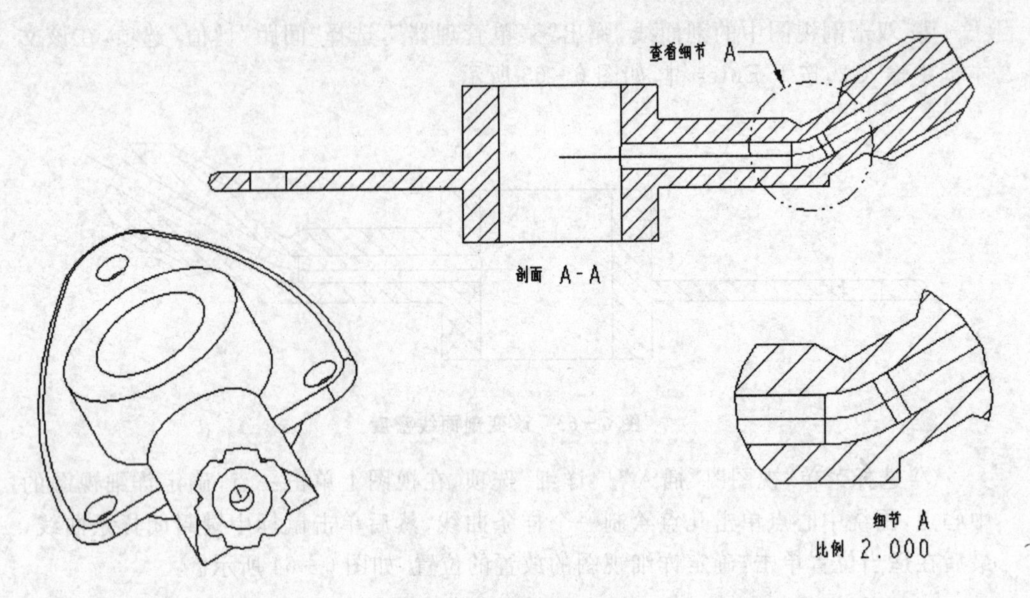

图 6-65　创建辅助视图

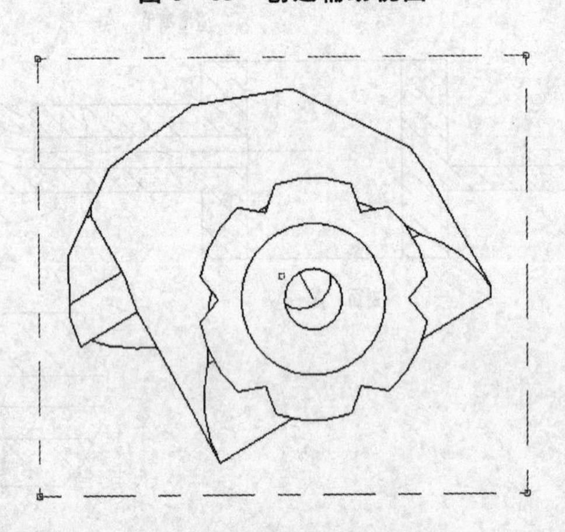

图 6-66　创建局部视图

⑩ 单击"锁定视图移动"工具按钮，取消其选择状态，使用鼠标右键按住各个视图，将其移动到适当的位置，结果如图 6-67 所示。

⑪ 右击主视图，在弹出的快捷菜单中选择"插入投影视图"选项，向左侧移动光标到适当的位置单击，如图 6-68 所示。

⑫ 双击上一步创建的视图，弹出"绘图视图"对话框，在"类别"列表中选择"剖面"选项，并选择"2D 截面"单选项，单击"将横截面添加到视图"工具按钮，弹出"菜单管理器"，选择"偏距"|"完成"选项，输入截面名称 B，按下 Enter 键，进入零件设计环境中，选择 FRONT 平面，进入草绘截面中，绘制一条竖线，如图 6-69 所示，单击"完成"按钮返回工程图环境。在"绘图视图"对话框中单击"箭头显示"栏选择主

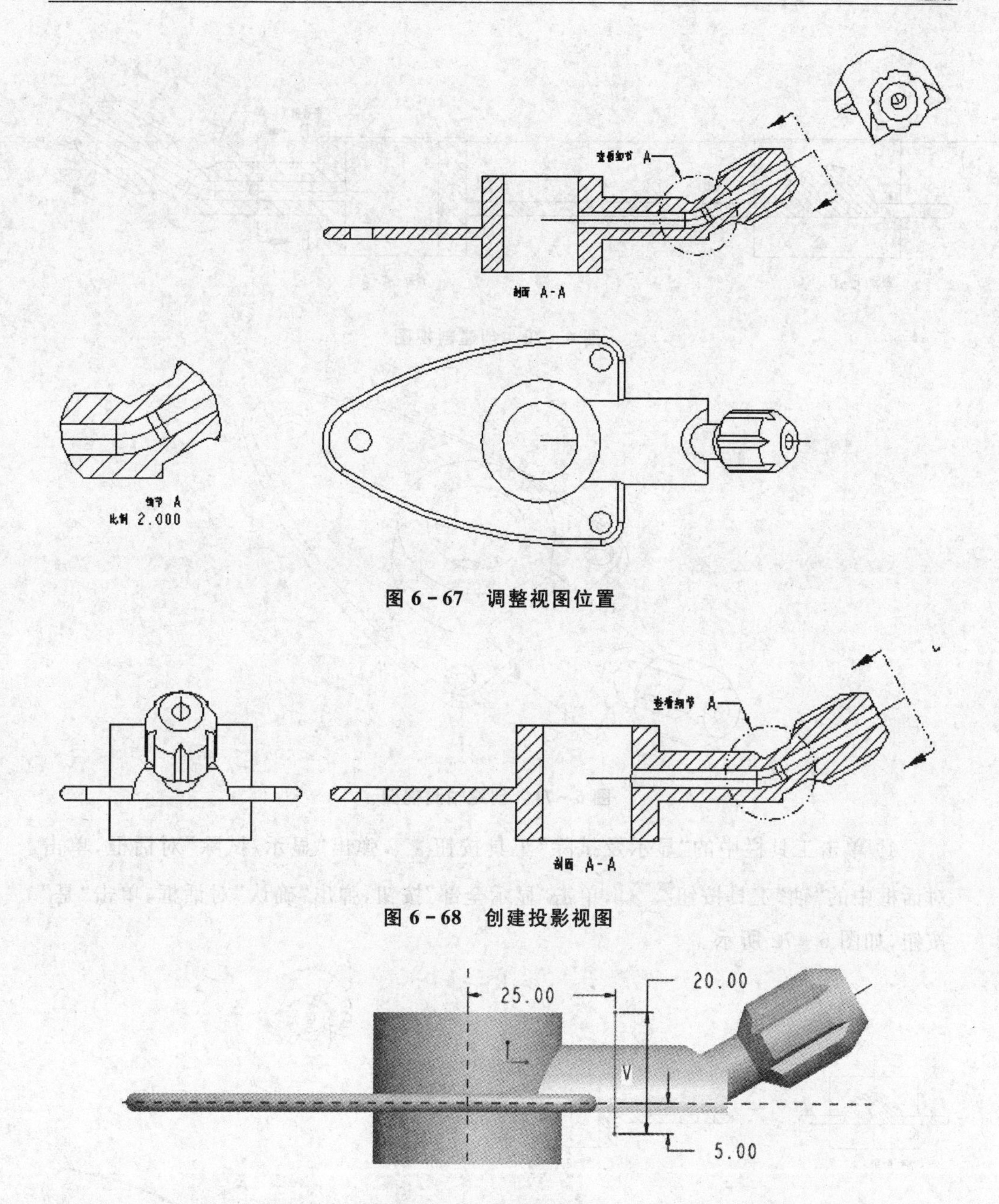

图 6-67　调整视图位置

图 6-68　创建投影视图

图 6-69　绘制剖切线

视图，如图 6-70 所示。

⑬ 单击工具栏中的“一般”工具按钮，在绘图区域的空白位置单击一点，确定视图的中心点，弹出“绘图视图”对话框，在“模型视图名”列表中选择 ZHOUCE；在“类别”列表中选择“比例”选项，在“定制比例”文本框中输入 1，单击“确定”按钮，结果如图 6-71 所示。

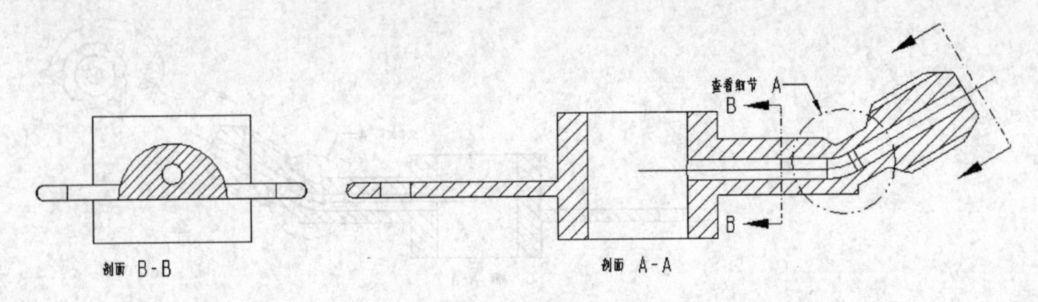

图 6-70　创建剖视图

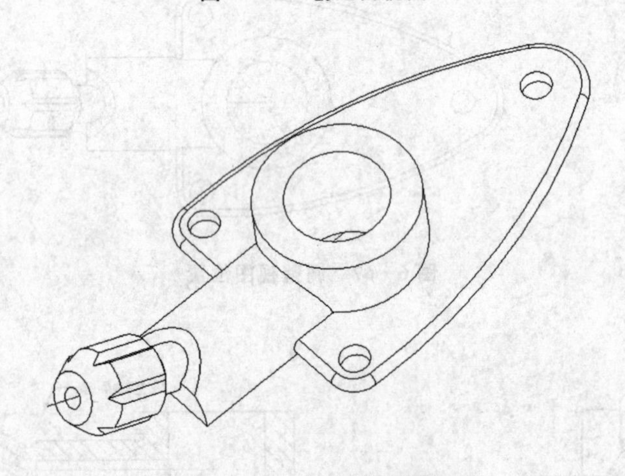

图 6-71　创建轴测视图

⑭ 单击工具栏中的“显示及拭除”工具按钮，弹出“显示/拭除”对话框，单击对话框中的“轴”工具按钮，单击“显示全部”按钮，弹出“确认”对话框，单击“是”按钮，如图 6-72 所示。

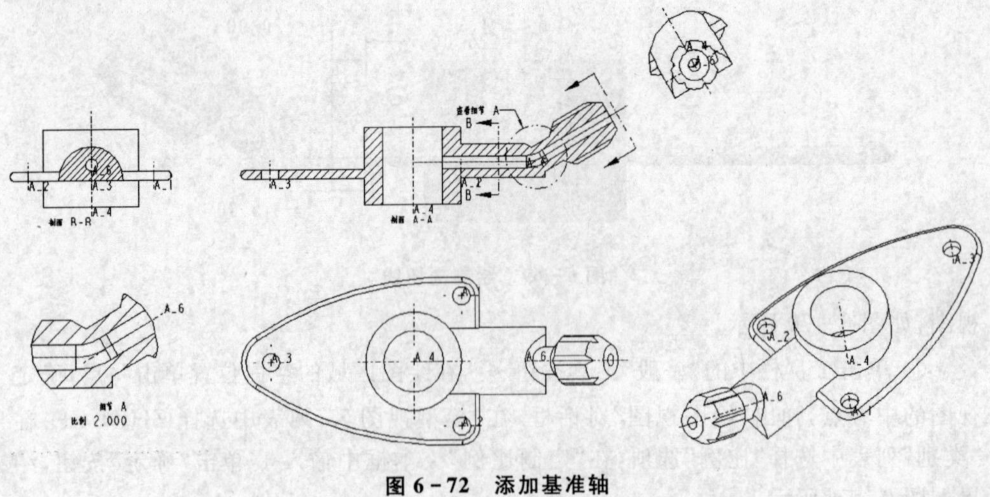

图 6-72　添加基准轴

⑮ 单击工具栏中的“直线”工具按钮，弹出“捕捉参照”对话框，单击“选取参照”工具按钮，选择两个圆弧为参照，单击“确定”按钮，再捕捉圆弧两端点绘制两条直线，如图 6 - 73 所示。

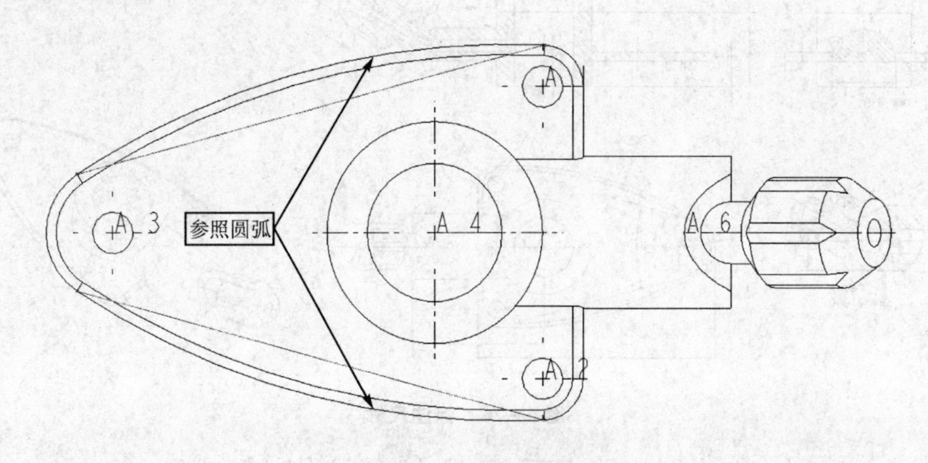

图 6 - 73　绘制直线

⑯ 使用同样的方法绘制其他直线，如图 6 - 74 所示。

⑰ 双击上一步绘制的直线，弹出“修改线体”对话框，在“线型”下拉列表中选择“控制线”选项，单击“应用”和“关闭”按钮，结果如图 6 - 75 所示。使用同样的方法修改其他绘制直线的线型。

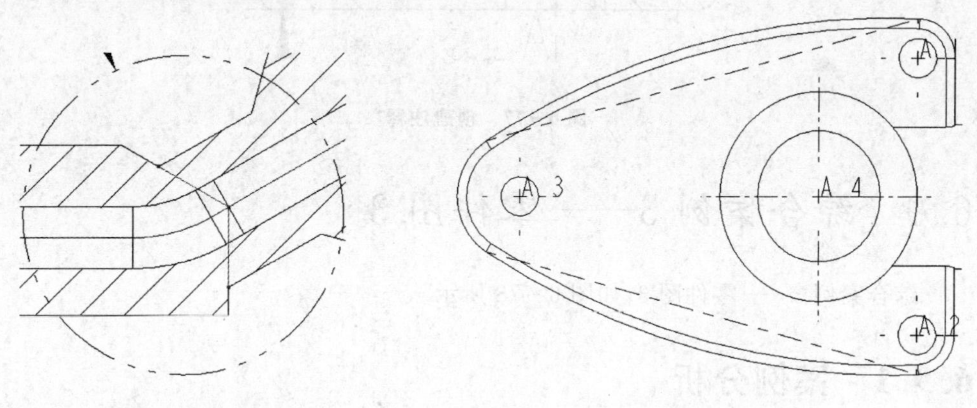

图 6 - 74　绘制直线　　　　**图 6 - 75　修改线型**

⑱ 单击工具栏中的“新参照”工具按钮，选择一个或者两个图元，单击鼠标中键，进行尺寸标注，如图 6 - 76 所示。

⑲ 选择菜单“插入”|“注释”选项，弹出“菜单管理器”，选择“带引线”|“制作注释”|“点”选项，选择图元，在适当的位置单击鼠标中键，输入注释的文字，按下 Enter 键，结果如图 6 - 77 所示。

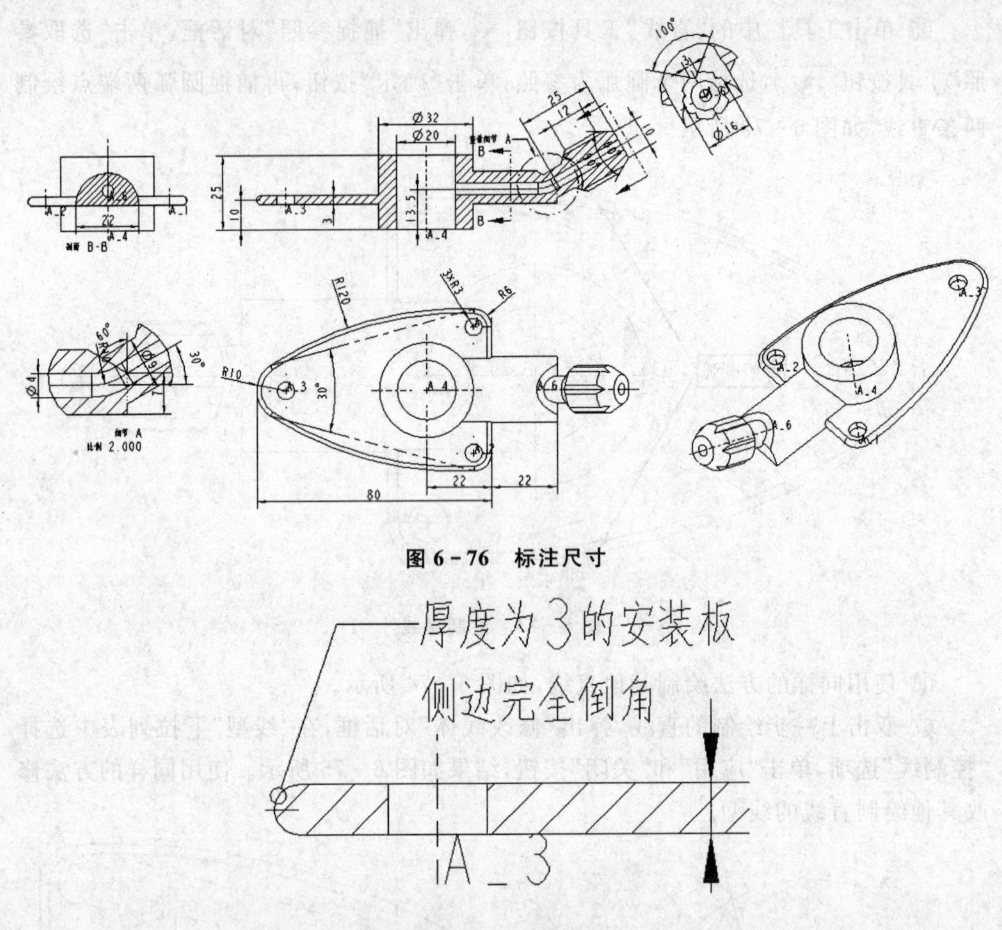

图 6-76　标注尺寸

图 6-77　创建注释

6.9　综合案例 3——零件图 3

综合案例 3——零件图 3,如图 6-78 所示。

6.9.1　案例分析

本案例比较贴近实际工程图,其中的内容包括视图的创建、尺寸标注、尺寸公差、行位公差、表面粗糙度和技术要求。

6.9.2　操作步骤

零件图 3 创建的操作步骤如下:

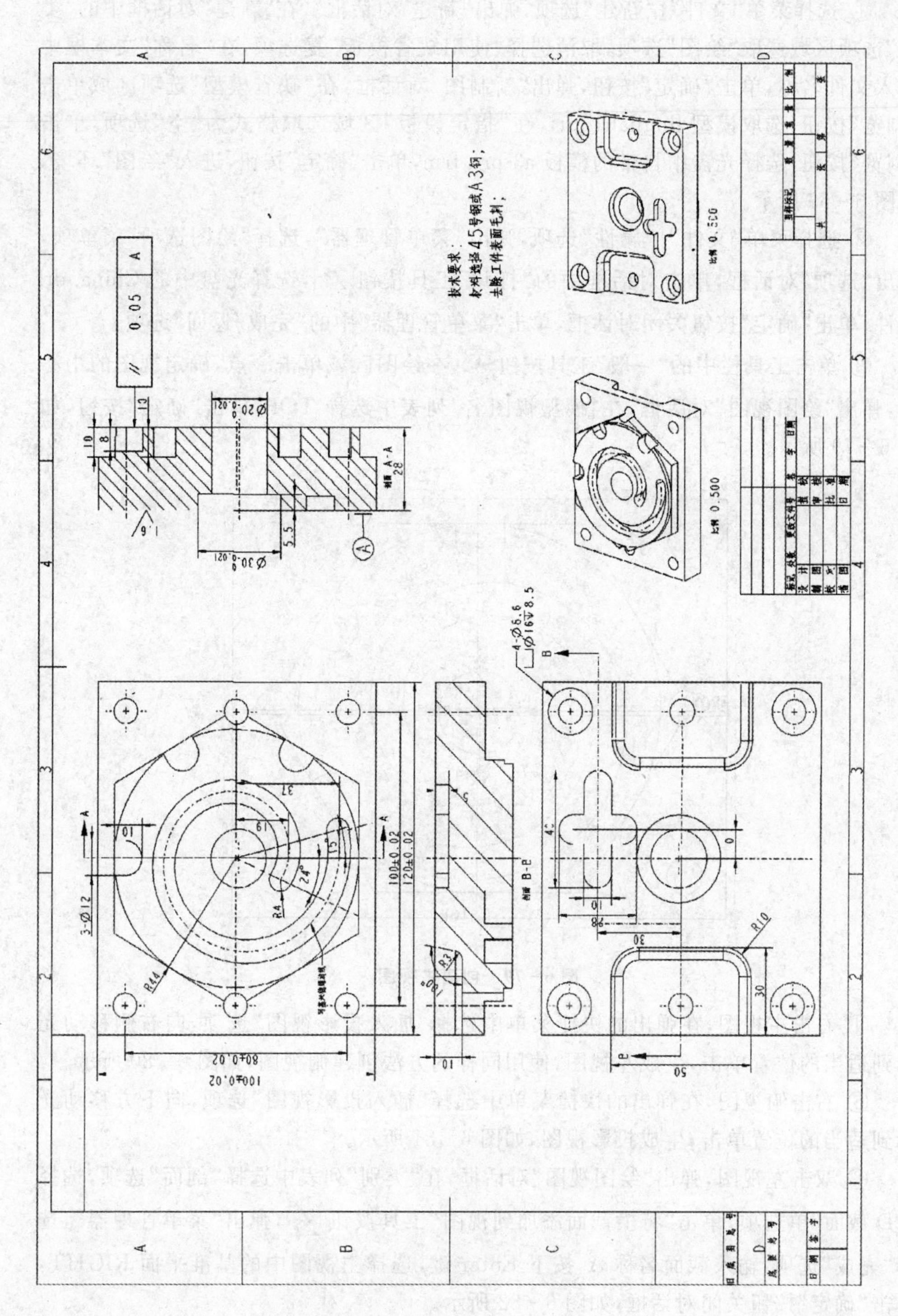

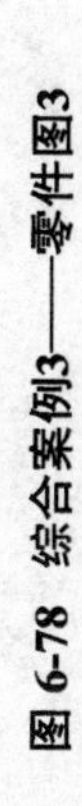

图 6-78　综合案例3——零件图3

① 选择菜单“文件”|“新建”选项，弹出“新建”对话框。在“新建”对话框中的“类型”选项区域选取“绘图”选项，取消选择“使用缺省模板”复选项，在“名称”文本框中输入文件名称，单击“确定”按钮，弹出“新制图”对话框，在“缺省模型”选项区域单击“浏览”按钮，选取模型 lingjian1. prt，在“指定模板”区域选取格式为“空”选项，单击“浏览”按钮，选择光盘中自带的模板 a3-prt. frm，单击“确定”按钮，进入“绘图”环境，如图 6－59 所示。

② 选择菜单“文件”|“属性”选项，弹出“菜单管理器”，选择“绘图选项”菜单项，弹出“选项”对话框，单击对话框中的“打开”工具按钮，选择光盘中的 China. dtl 文件，单击“确定”按钮关闭对话框，单击“菜单管理器”中的“完成/返回”选项。

③ 单击工具栏中的“一般”工具按钮，在绘图区域单击一点，确定视图的中心点，弹出“绘图视图”对话框，在“模型视图名”列表中选择 TOP，单击“确定”按钮，如图 6－79 所示。

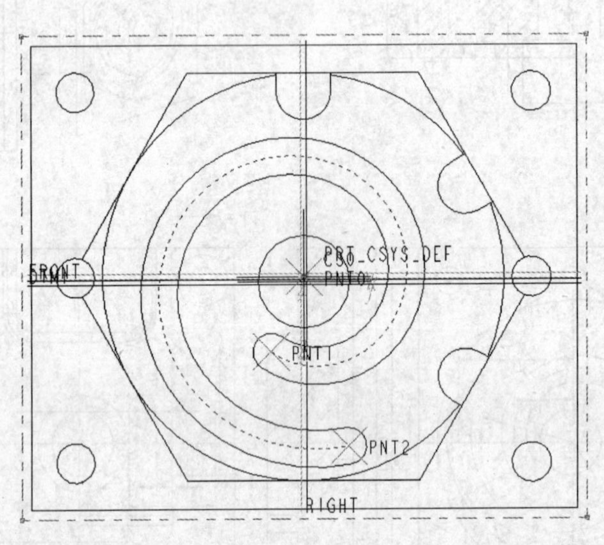

图 6－79　创建主视图

④ 右击主视图，在弹出的快捷菜单中选择“插入投影视图”选项，向右侧移动光标到适当的位置单击，生成左视图，使用同样的方法创建俯视图，如图 6－80 所示。

⑤ 右击俯视图，在弹出的快捷菜单中选择“插入投影视图”选项，向下方移动光标到适当的位置单击，生成投影视图，如图 6－81 所示。

⑥ 双击左视图，弹出“绘图视图”对话框，在“类别”列表中选择“剖面”选项，选择“2D 截面”单选项，单击“将横截面添加到视图”工具按钮，弹出“菜单管理器”，选择“完成”选项，输入截面名称 A，按下 Enter 键，选择主视图中的基准平面 RIGHT，单击“确定”按钮关闭对话框，如图 6－82 所示。

⑦ 双击俯视图，弹出“绘图视图”对话框，在“类别”列表中选择“剖面”选项，选择

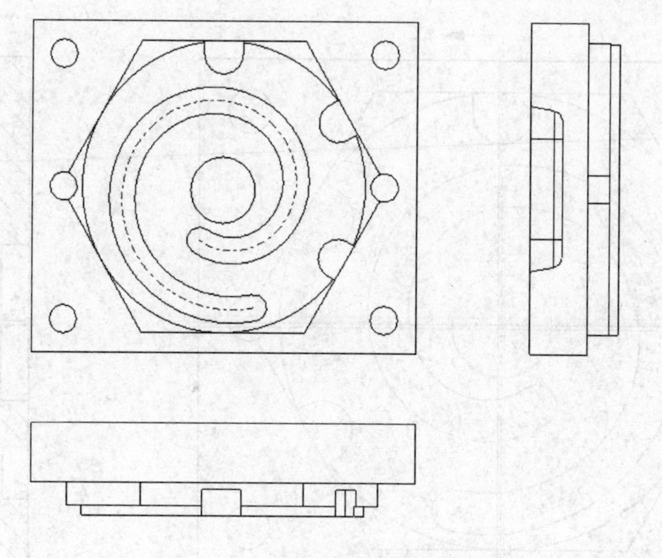

图 6-80　创建左视图以及俯视图

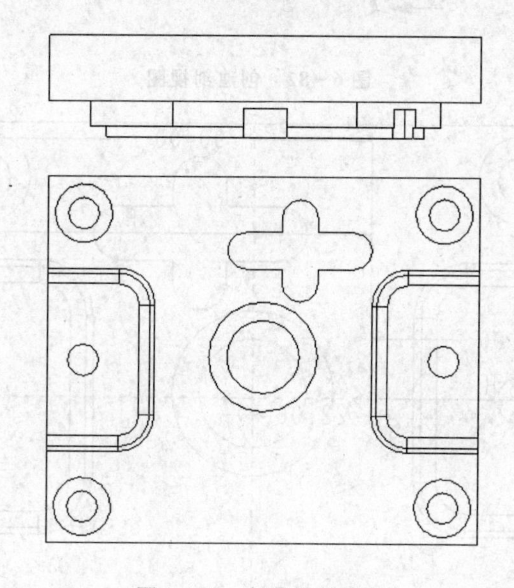

图 6-81　创建投影视图

“2D 截面”单选项，单击“将横截面添加到视图”工具按钮 ，弹出“菜单管理器”，选择“偏距”|“完成”选项，输入截面名称 B，按下 Enter 键，进入零件设计环境中，选择 TOP 平面，进入草绘截面中，绘制如图 6-83 所示的草图，单击“完成”按钮返回工程图环境，在“绘图视图”对话框中单击“箭头显示”栏选择投影视图，如图 6-84 所示。

⑧ 单击工具栏中的“一般”工具按钮 ，在绘图区域的空白位置单击一点，确定视图的中心点，弹出“绘图视图”对话框，在“模型视图名”列表中选择 ZHOUCE1；在“类别”列表中选项“比例”选项，在“定制比例”文本框输入 0.5，单击“确定”按钮，使

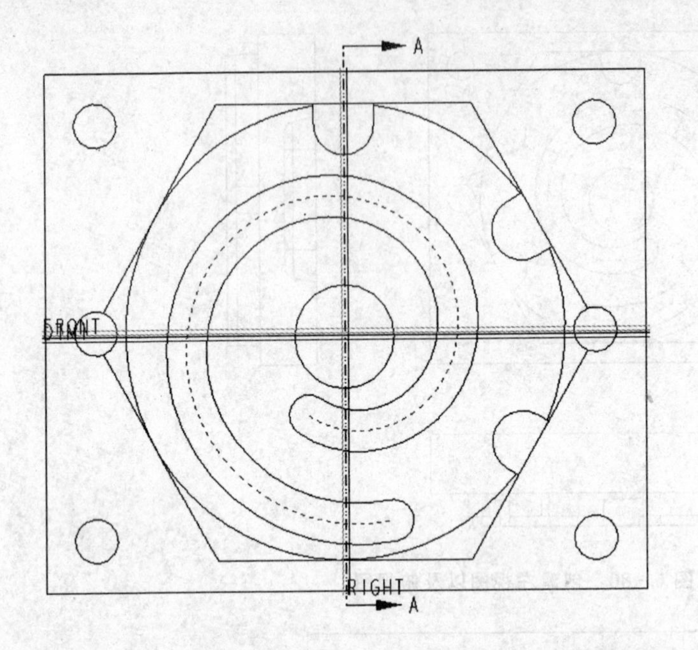

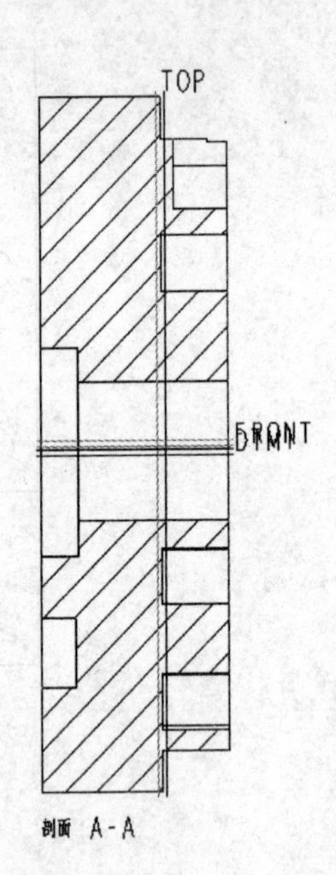

图 6-82　创建剖视图

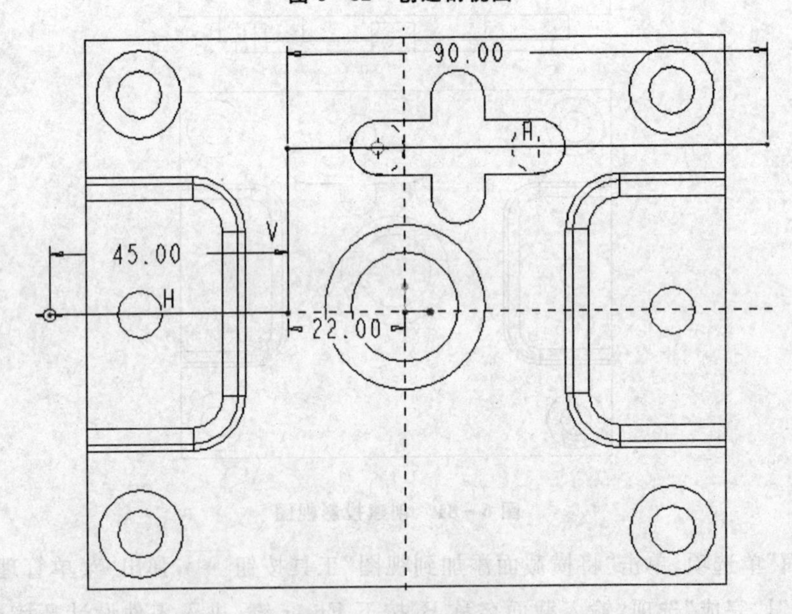

图 6-83　绘制草图

用同样的方法创建 ZHOUCE2，如图 6-85 所示。

⑨ 单击工具栏中的“显示及拭除”工具按钮，弹出“显示/拭除”对话框，单击对话框中的“轴”工具按钮，单击“显示全部”按钮，弹出“确认”对话框，单击“是”按钮。

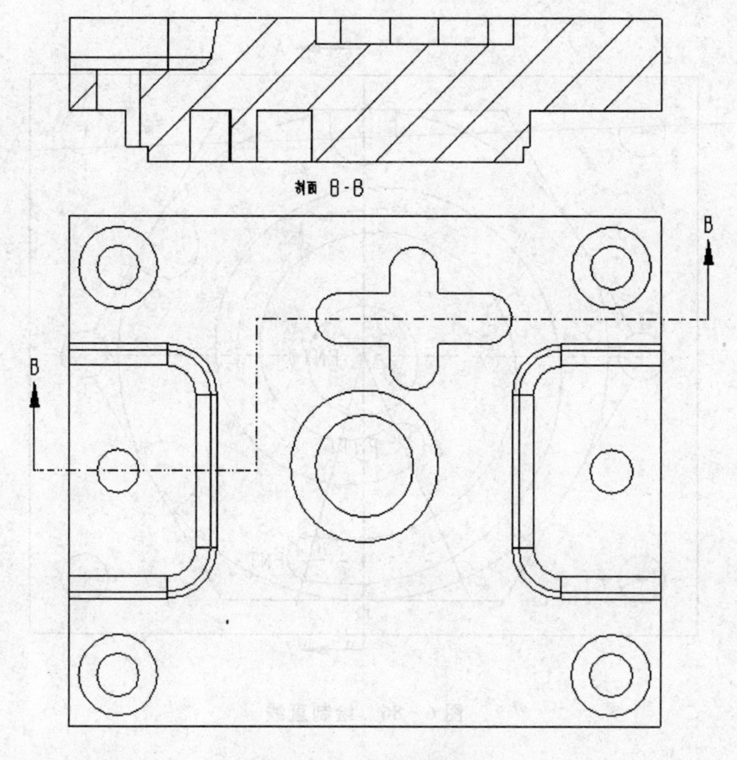

图 6-84　创建剖视图

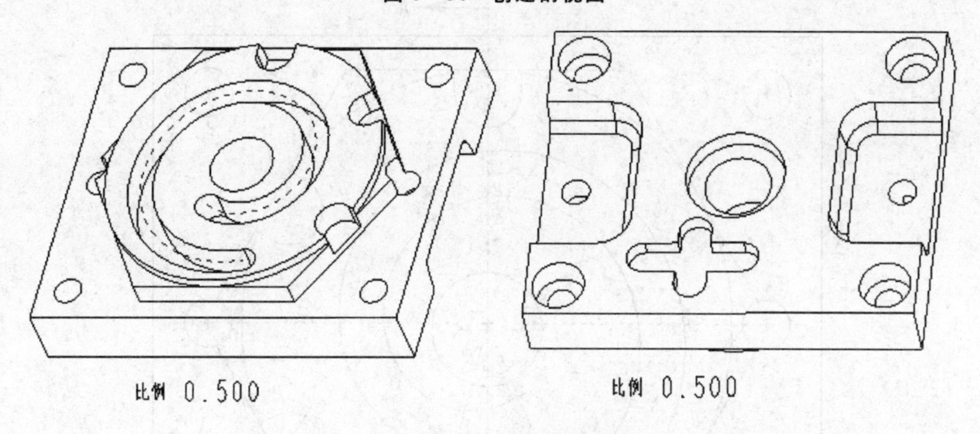

图 6-85　创建轴侧视图

⑩ 单击工具栏中的“直线”工具按钮 ，弹出“捕捉参照”对话框，单击“选取参照”工具按钮 ，选择三个点作为参照，单击“确定”按钮，再捕捉点绘制两条直线，如图 6-86 所示。

⑪ 双击上一步绘制的直线，弹出“修改线体”对话框，在“线型”下拉列表中选择“控制线”选项，单击“应用”和“关闭”按钮，结果如图 6-87 所示。使用同样的方法修改其他绘制直线的线型。

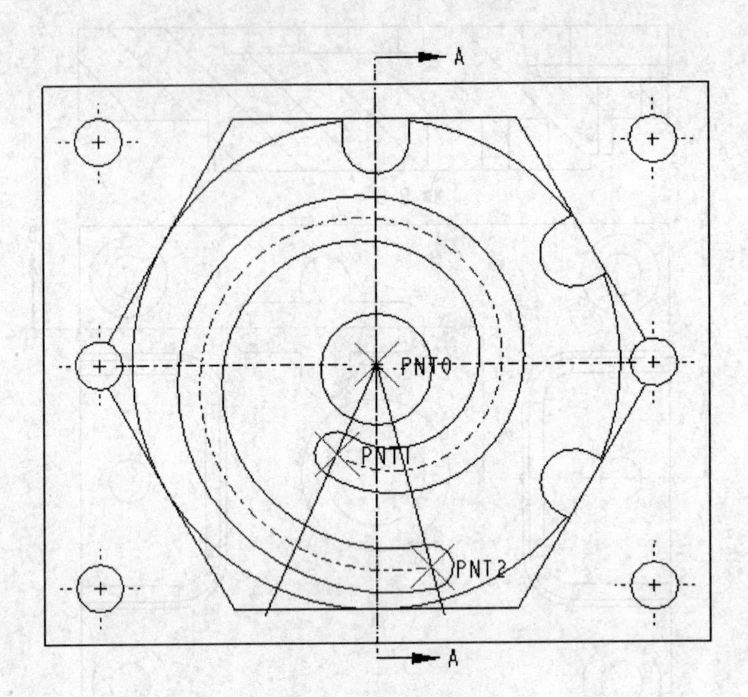

图 6-86　绘制直线

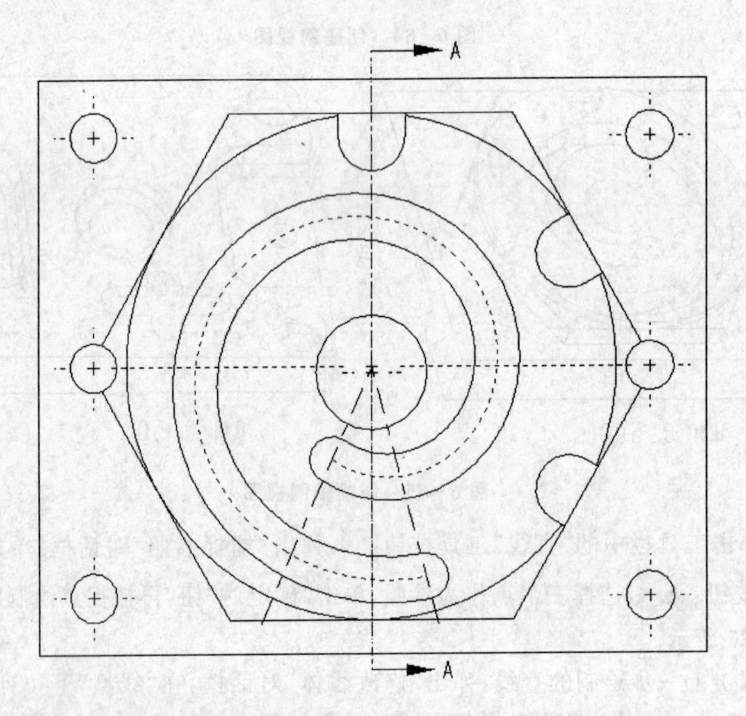

图 6-87　改变线型

⑫ 选择菜单“文件”|“属性”选项，弹出“菜单管理器”，选择“绘图选项”菜单项，弹出“选项”对话框，设置 tol_display = yes。

⑬ 选择菜单“工具”|“选项”菜单项，弹出“选项”对话框，设置 tol_mode = nominal。

⑭ 单击工具栏中的“新参照”工具按钮 ，选择一个或者两个图元，单击鼠标中键，进行尺寸标注，其中一视图如图 6 - 88 所示。

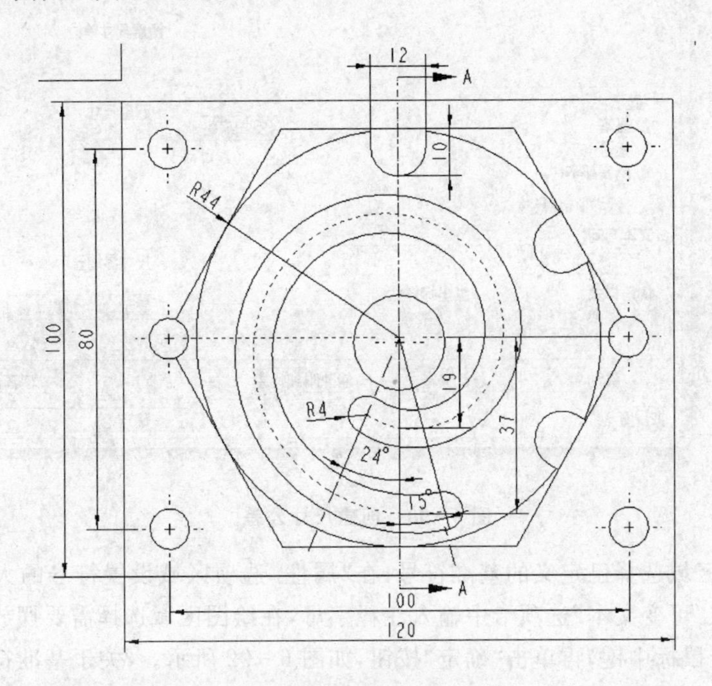

图 6 - 88　创建尺寸标注

⑮ 双击需要修改文字的尺寸标注，弹出“尺寸属性”对话框，单击“尺寸文本”选项卡，在“前缀”文本框中输入 3 -，单击“文本符号”按钮，插入一个直径符号，如图 6 - 89 所示，使用同样的方法添加其他直径符号。

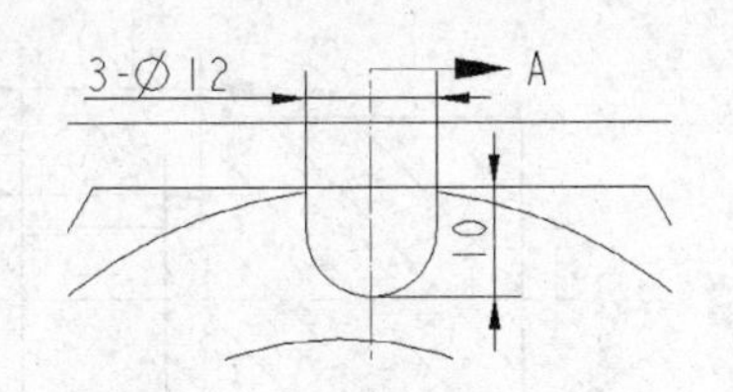

图 6 - 89　修改尺寸标注

⑯ 右击需要添加尺寸公差的标注，在弹出的快捷菜单中选择“属性”选项，在“公差模式”下拉列表中选择需要的公差形式，输入公差值，如图 6 - 90 所示。

⑰ 选择菜单“插入”|“表面光洁度”选项，弹出“菜单管理器”，选择“检索”选项，弹出“打开”对话框，选择粗糙度符号，单击“打开”按钮，在“菜单管理器”中选择“图元”，选择需要标注的图元，输入粗糙度参数，如图 6 - 91 所示。

⑱ 选择菜单“插入”|“绘图符号”|“定制”选项，弹出“定制绘图符号”对话框，在

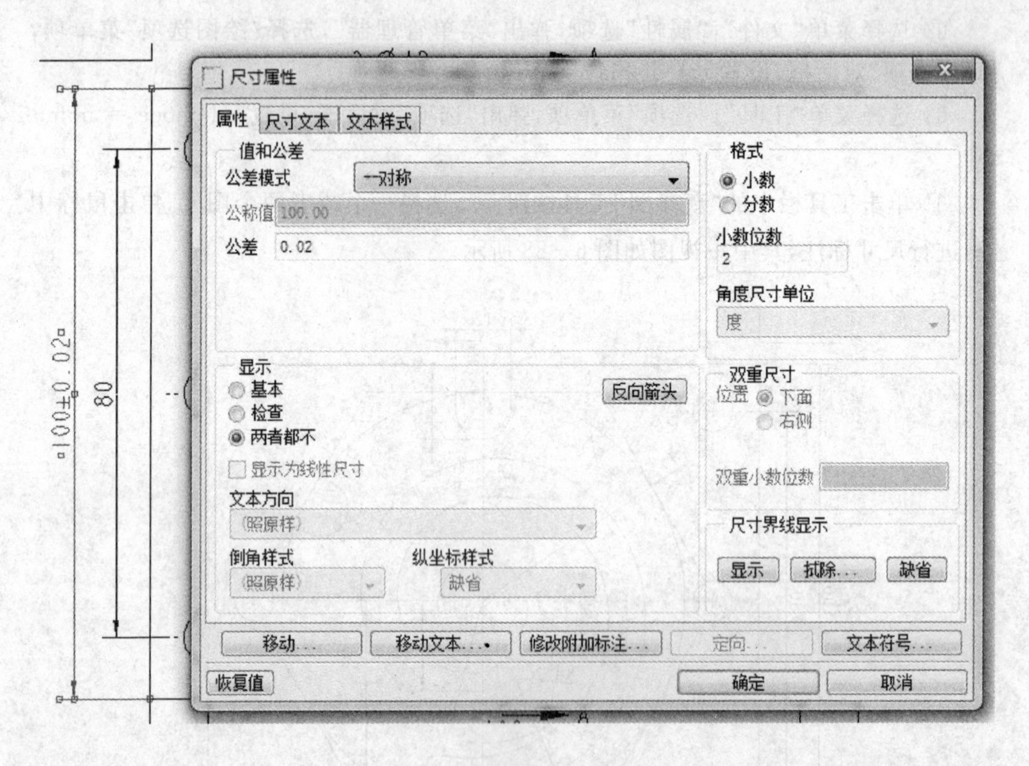

图 6－90　创建尺寸公差

“定义”选项区域选择已定义的基准符号，在“属性”选项区域设置符号的大小以及摆放的角度，在“可变文本”选项卡中输入注释字母，在绘图区域选择需要摆放基准符号的图元，单击鼠标中键，再单击“确定”按钮，如图 6－92 所示。（关于基准符号的制作方法请参考 6.5.1 节）

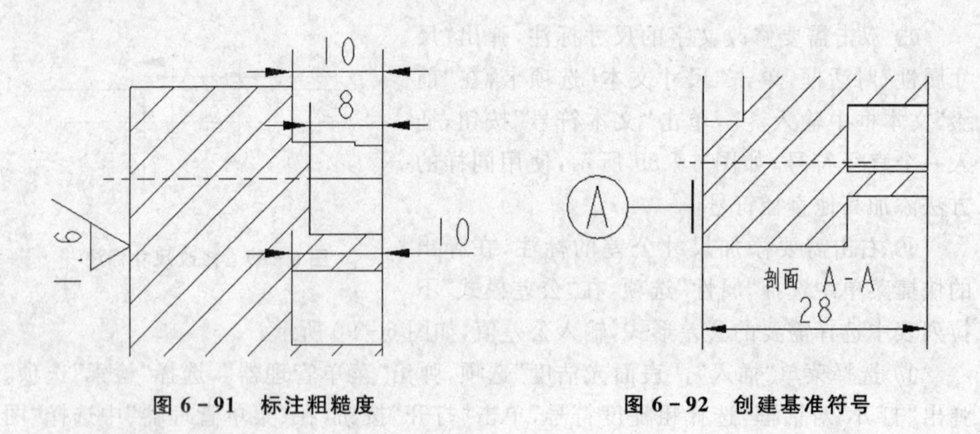

图 6－91　标注粗糙度　　　　图 6－92　创建基准符号

⑲ 选择菜单“插入”|“绘图符号”|“定制”选项，弹出“定制绘图符号”对话框，在“分组”选项卡中选择 left 或者 right，在“可变文本”选项卡中输入数字、字母以及选

择符号。在绘图区域选择需要摆放形位公差的图元，在适当的位置单击鼠标中键，单击“确定”按钮，如图 6－93 所示。（关于形位公差的制作方法请参考 6.5.2 节）

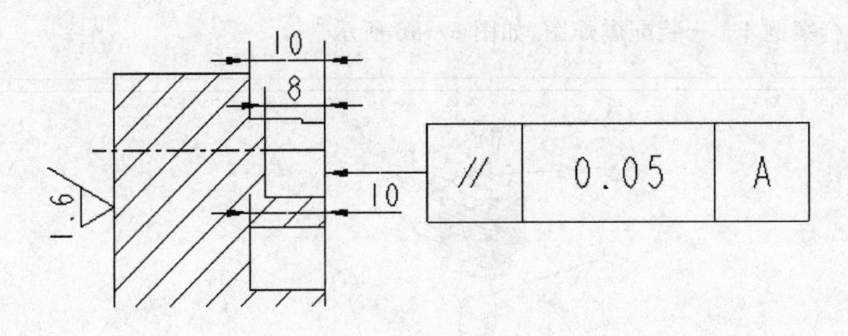

图 6－93　添加行位公差

⑳ 选择菜单“插入”|“注释”选项，弹出“菜单管理器”，选择“带引线”|“制作注释”|“箭头”选项，选择图元，在适当位置单击鼠标中键，输入注释的文字，按下 Enter 键，结果如图 6－94 所示。

图 6－94　添加注释

㉑ 选择菜单“插入”|“注释”选项，弹出“菜单管理器”，选择“无引线”|“制作注释”选项，在适当位置单击，输入注释的文字，按下 Enter 键，结果如图 6－95 所示。

技术要求：
材料选择４５号钢或Ａ３钢；
去除工件表面毛刺；

图 6－95　创建技术要求

6.10 综合案例 4——装配爆炸图

综合案例 4——装配爆炸图，如图 6－96 所示。

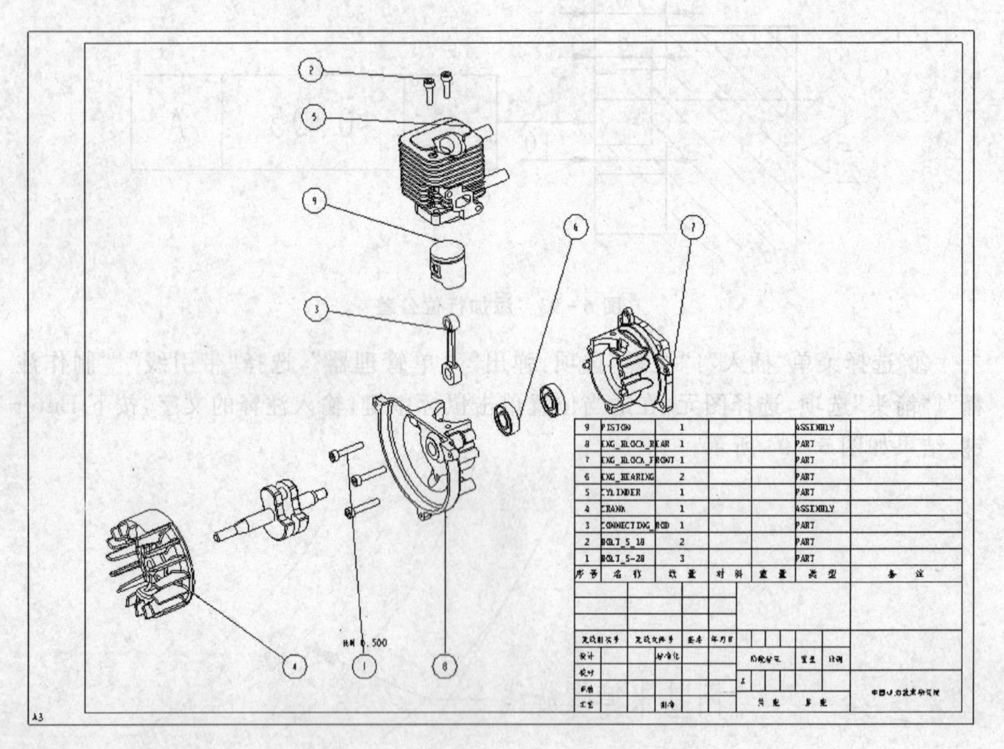

图 6－96　综合案例 4——装配爆炸图

6.10.1　案例分析

爆炸工程图是装配工程图中常用的表现形式。本案例着重讲述如何在 Pro/E 工程图模块中创建爆炸工程图，要注意自动 BOM 表以及球标的创建方法。

6.10.2　操作步骤

装配爆炸图创建的操作步骤如下：

① 选择菜单“文件”|“新建”选项，弹出“新建”对话框。在“新建”对话框中的“类型”选项区域选取“绘图”选项，取消选择“使用缺省模板”复选项，在“名称”文本框中输入文件名称，单击“确定”按钮，弹出“新格式”对话框，在“缺省模型”选项区域单击“浏览”按钮，选取模型 FADONGJI. ASM，在“指定模板”选项区域选取格式为“空”

单选项，单击“浏览”按钮，选择光盘中自带的模板 a3-zidingyi-asm. frm，单击“确定”按钮，如图 6－97 所示。

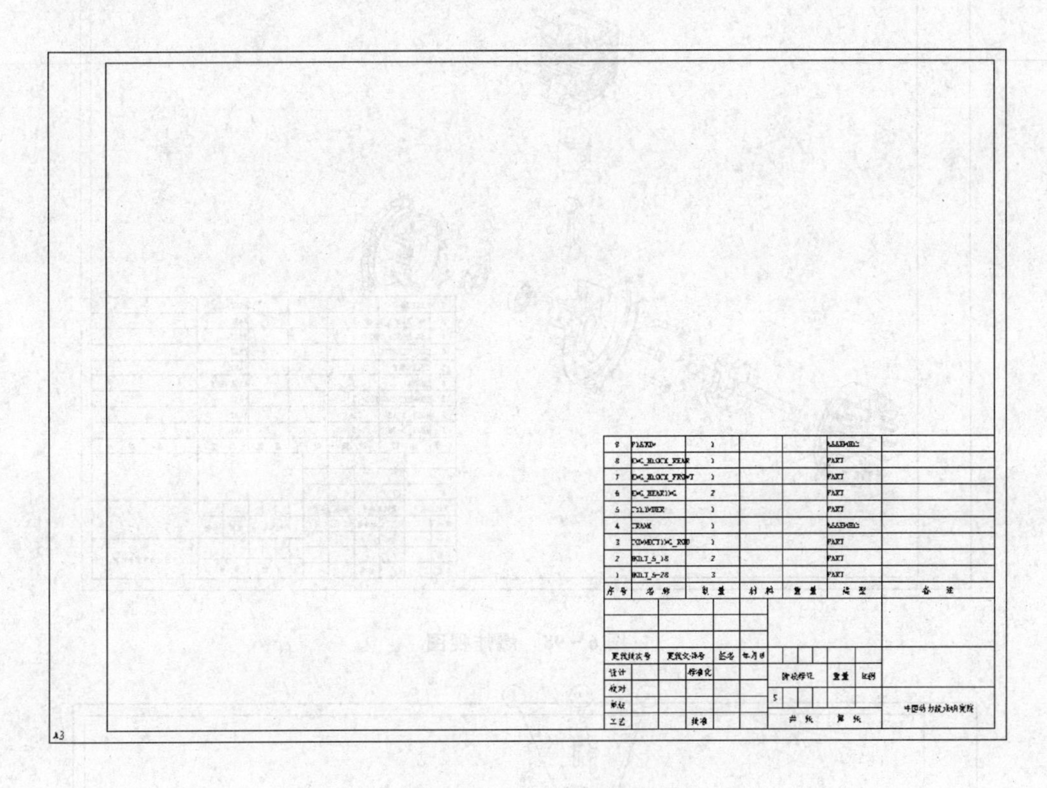

图 6－97　进入绘图环境

② 选择菜单“文件”|“属性”选项，弹出“菜单管理器”，选择“绘图选项”菜单项，弹出“选项”对话框，单击对话框中的“打开”工具按钮，选择光盘中的 China. dtl 文件，单击“确定”按钮关闭对话框，单击“菜单管理器”中的“完成/返回”选项。

③ 单击工具栏中的“一般”工具按钮，在绘图区域单击一点，确定视图的中心点，弹出“绘图视图”对话框，在“模型视图名”列表中选择 VIEW0001；在“类别”列表中选择“比例”选项，在“定制比例”文本框中输入 0.5；在“类别”列表中选择“视图类别”选项，单击“视图中的分解元件”单选项，在“组件分解状态”下拉列表中选择 EXP0001，单击“确定”按钮，如图 6－98 所示。

④ 选择菜单“表”|“BOM 球标”选项，弹出“菜单管理器”，选择绘图区域的 BOM 表，选择“菜单管理器”中的“创建球标”选项，单击绘图区域的爆炸视图，结果如图 6－99 所示。

⑤ 拖动球标到合适的位置，如图 6－100 所示。

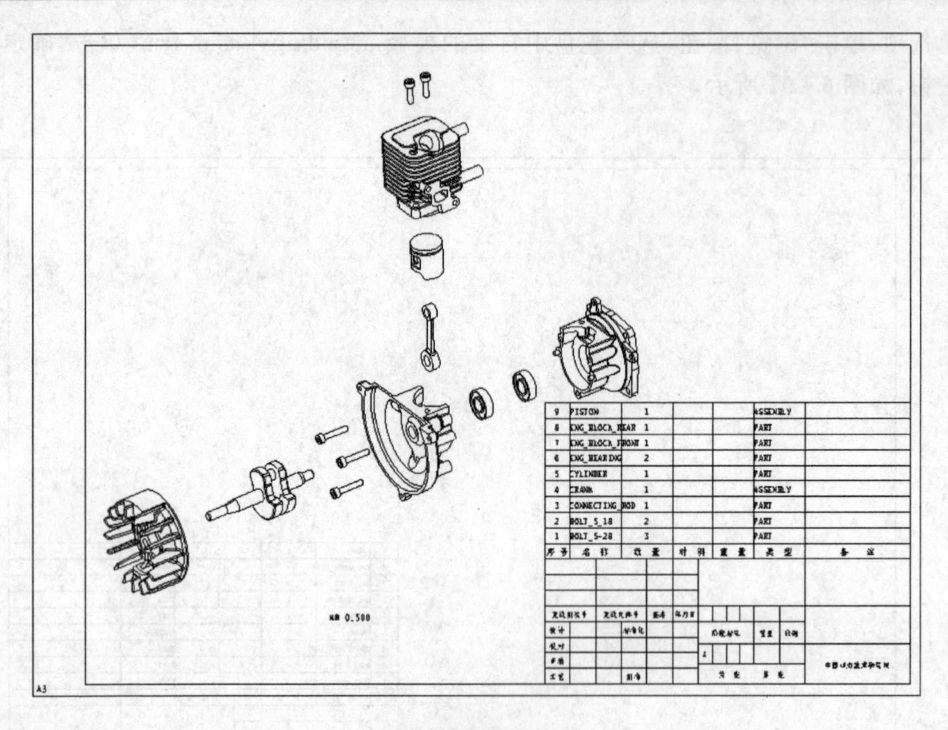

图 6-98　爆炸视图

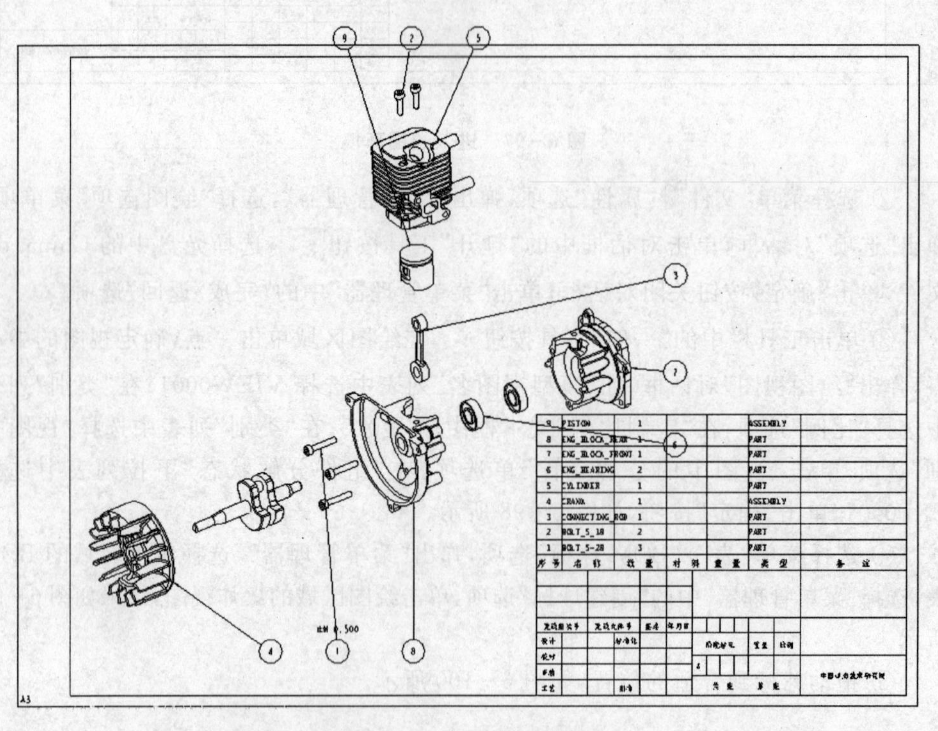

图 6-99　创建 BOM 球标

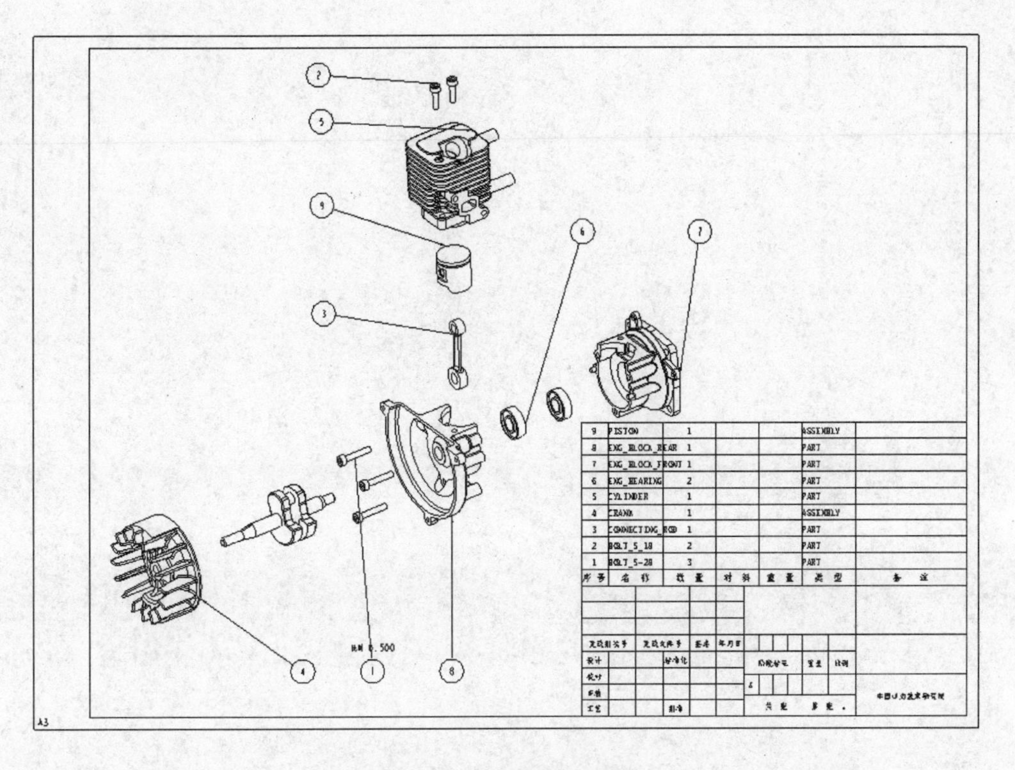

图 6-100　调整球标位置